石油高等院校特色规划教材

石油工程流变学

（第二版）

张立娟　岳湘安　编著

石油工业出版社

内 容 提 要

本书主要介绍了流变学相关的基本现象与基本概念、连续介质力学基础、流体的本构方程，同时还介绍了流变性测量方法和石油开采中一些典型流体的流变性。

本书可作为石油工程、油藏工程、采油工程、钻井工程、油田应用化学等专业的本科生教材，也可供研究生和现场工程人员参考。

图书在版编目(CIP)数据

石油工程流变学/张立娟，岳湘安编著．—2版．—北京：石油工业出版社，2022.12

石油高等院校特色规划教材

ISBN 978-7-5183-5616-4

Ⅰ.①石… Ⅱ.①张…②岳… Ⅲ.①石油工程-流变学-高等学校-教材 Ⅳ.①TE

中国版本图书馆CIP数据核字(2022)第175040号

出版发行：石油工业出版社

(北京市朝阳区安华里2区1号楼 100011)

网 址：www.petropub.com

编辑部：(010)64523693

图书营销中心：(010)64523633 (010)64523731

经 销：全国新华书店

排 版：三河市聚拓图文制作有限公司

印 刷：北京中石油彩色印刷有限责任公司

2022年12月第2版 2022年12月第1次印刷

787毫米×1092毫米 开本：1/16 印张：16.5

字数：411千字

定价：39.90元

前　言

随着世界范围内复杂油气藏的开发，钻井、压裂和提高采收率方面的新技术和新方法层出不穷、日新月异，油藏开采中涉及的流体种类增多，流变性更加复杂，同时暴露出的问题也日益增加，对从事油田开发工作的人员、工程师们和研究者们等都提出了极大的挑战，亟须补充流变学的相关知识和理论。

本教材在 2015 年出版的《石油工程流变学》基础上修订而成，在编写中更加注重基础性、实用性和系统性。

(1)基础性。学生通过第 1~5 章的学习，能够弄清流变学基本概念、基本理论和测试原理，还能涉猎一些难点问题，如张量分析是流变学学习中最难的部分，往往使一些对流变学感兴趣的学生望而却步。本教材引入张量的概念和张量代数为介绍连续介质力学基础作铺垫，让学生在张量分析方面入门，今后看到不陌生、不排斥、不困惑。此外，本书介绍了流变性的测试方法和测试原理，为认识和量化材料的宏观流变性奠定基础。

(2)实用性。如何将流变学的理论内容进行应用是学生普遍关心的问题。因此，在第 6~10 章突出流变学在石油工程中的应用。在认识含蜡原油流变性的基础上，分析如何进行原油的减阻力输送；在介绍钻井液流变性的基础上，分析具有什么样流变性的钻井液有助于高效钻进；在学习压裂液的流变性的基础上，分析如何基于压裂液的流变性的功用科学地设计压裂液；在介绍聚合物溶液的流变性的基础上，分析如何改善聚合物溶液的流变性从而提高其驱油性能；在掌握乳状液的流变性的基础上，分析非均匀分散体系微观结构如何影响其宏观流变性。

(3)系统性。在教材中以 5 个问题作为主线——什么是流变性？石油开采中所涉及的流体具有怎样的流变性？怎么表征与描述流变性？怎么测量和评价流变性？如何在实际问题中应用流变学理论与流变性测量方法？通过学习，有助于认识和理解油气田生产和工艺过程中一些复杂流体的流变性，奠定非牛顿流体力学的专业基础，具备利用流变学分析和解决工程实际问题的能力，为今后从事科学研究、油田生产和管理工作奠定理论基础。

感谢岳湘安教授，一直引领我在石油工程流变学方面开展科研工作，从而促进了教学上的不断进步，从内心深处体会到科研融入教学的助力作用。同时还要向书中引用参考文献的作者们表示诚挚的谢意。本书是在中国石油大学(北京)“本科教学工程”建设项目研究中取得的阶段成果与认识，编写过程中难免存在疏漏、不当之处，敬请读者多提宝贵意见。

张立娟

2022 年 7 月

目　录

第1章　绪论

什么是流变学呢？简单地说，流变学（Rheology）是研究物质在外力作用下流动与形变规律的科学，Rheo在希腊语中就是流动的意思。从流变学的概念出发可见，流变学具有多科学交叉性，基础学科领域是力学、物理学和数学，涉及的其他学科领域包括材料科学、化学等。流变性是物质的动力学特性，而不单纯是物理特性，一般从理论和实验两个方面去研究。

1.1　流变学概述

1.1.1　流变学的概念

1.1.1.1　典型的流变现象

1. 挤出胀大（die-swell）

当甘油类低分子水溶液（牛顿流体）和聚丙烯酰胺溶液（黏弹性流体）分别从一个大容器通过圆管流出时，将会出现如图1.1所示的现象。牛顿流体的流动直径 D_e 与圆管直径 D 几乎相等；而黏弹性流体的流动直径 D_e 却大于 D，呈胀大形状。

在聚合物加工中大量应用流变学，聚合物加工中也存在挤出胀大现象，其中一个典型的例子是口模设计。聚合物熔体从一个矩形截面的口模中流出来时，长边胀大比短边更加显著，长边中央最甚（图1.2）。因此要想产品为矩形截面，口模不能为矩形，而必须是如图1.2(b)所示的形状（狗骨状）。聚合物挤出过程中，对挤出速度有要求。如果挤出速度超过某一数值，挤出物表面就会出现竹节状、鲨鱼皮状或扭曲状等，而且影响产品的质量。

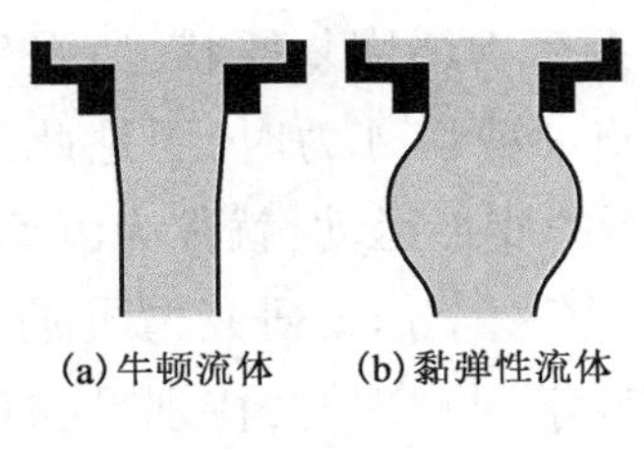

(a) 牛顿流体　(b) 黏弹性流体

图1.1　挤出胀大

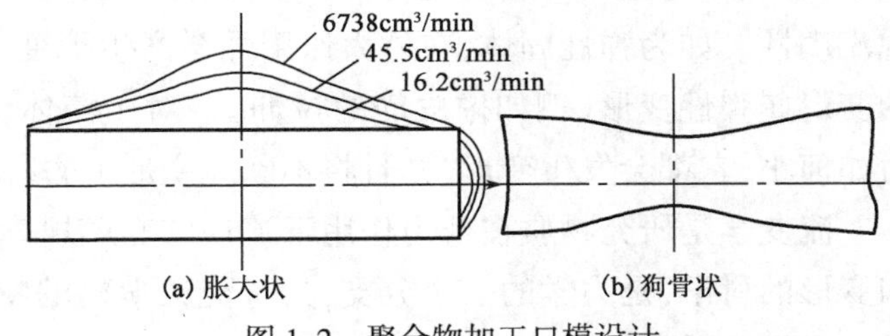

(a) 胀大状　(b) 狗骨状

图1.2　聚合物加工口模设计

2. 爬杆现象（rod-climbing）

爬杆现象常见于一些高分子溶液配制和制备过程中。取两个烧杯，一个用来配制甘

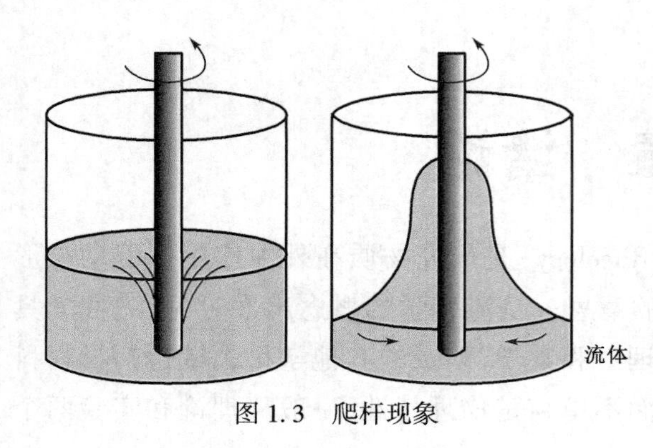

图 1.3　爬杆现象

油类低分子水溶液,另一个用来配制聚丙烯酰胺溶液。配制聚丙烯酰胺溶液过程中通常需要用搅拌器搅拌。使用搅拌器对这两种溶液同时进行搅拌,如图 1.3 所示,两者现象不同。甘油溶液液面的中央向下凹,而聚丙烯酰胺溶液沿着液面向上爬。旋转速度越快,聚丙烯酰胺溶液浓度越高,流体上爬越高。此现象称为爬杆现象,也称为 Weissenberg 效应。

以上两种现象说明,从外观上看难以分辨的两种溶液,在外力条件下的流动行为会有较大的差异性,通过对材料流变性的研究能够更加充分展现出材料本身的多样化和个性化的特点。

3. 形变(deformation)

材料除了具有明显的流动行为以外,还有形变行为。如凝胶类材料受力后除了流动,还有形变过程,如图 1.4 所示。

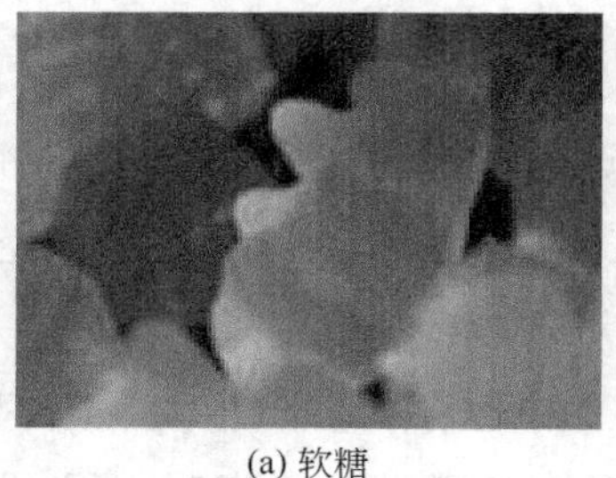
(a) 软糖

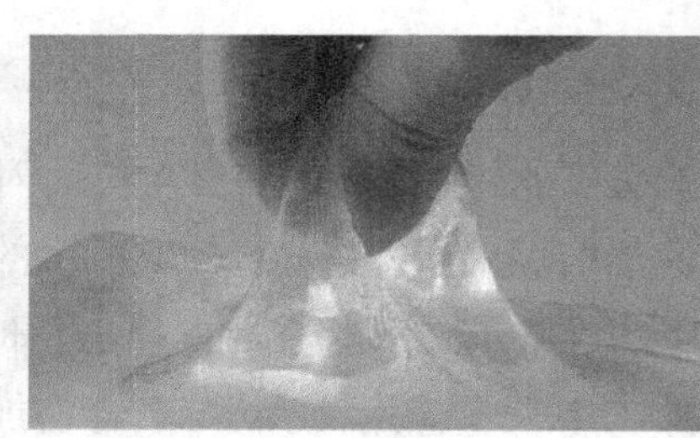
(b) 凝胶

图 1.4　凝胶类材料

1.1.1.2　流变学的定义

作用于物体的力会使物体产生变形。对于固体,当施加一定的外力时,固体也要发生变形;但变形量达到一定程度时,其内部的变形阻抗力就会阻止固体继续变形。固体不呈现流动性。如为弹性固体,在外力作用外会产生形变,当力移去后物体恢复原状,所发生的变形属弹性变形(例如橡皮筋的拉伸)。对于流体,当对它施加剪切外力时,不论此外力如何小,它都会发生变形,并且将不断地变形下去。这种不断的变形运动,就称为流动。

流变学是研究物质在外力作用下流动与变形规律的科学。流变学作为研究物质流动和变形的科学,是力学的一个分支,具有交叉学科的特点。流变学同物理学,特别是物理学和力学关系密切,就流变学所研究的物质来说,它又与化学,特别是胶体化学、高分子化学有密切关系。流变学是一门研究方法的科学,不限定其研究对象。比如,土壤流变学除了涉及土木工程外,还涉及农业科学;地球内部的流变学与地球物理学有关,还与地震、火山预报有关等。

1.1.2 流变学的发展简史

流变学应用的历史可追溯到史前狩猎时代。由狩猎工具的弓箭和文物考古出土的新石器时代的陶器可推知,当时的人类已经认识并掌握了黏土和水混合物的可塑性,例如砖、土坯的制作。塑性的实质是发生形变的有条件性及形变后的不可恢复性。如陶器是土和水混合物在高温下烧制而成;树脂等高分子化合物是配料混合后再经加热加压而形成。

1.1.2.1 流变学的产生

流变学产生的时间轴如图 1.5 所示。1678 年 Hooke 提出了弹性体的拉力正比于它的拉伸量,Cauchy 约在 19 世纪 20 年代完成了 Hooke 定律的三维数学表达式,这些研究建立了古典弹性理论基础。在 Hooke 给出了理想弹性固体本构方程的基本概念的几年后,1686 年 Newton 给出了黏性流体的基本概念,他指出,在其他条件相同时,流体无滑移所引起的流动阻力正比于分开各流体层速度,阻力指局部应力,将流体各层分开的速度指速度梯度,两者之间的比例系数是指黏度,即牛顿内摩擦定律。Poiseuille 进行了毛细管流动实验,发表了论文《小管径内液体流动的实验研究》,他在文中指出,流量与单位长度上的压力降并与管径的四次方成正比。该定律后被称为泊肃叶定律。由于 Hagen 在 1839 年曾得到同样的结果,因此,该定律也称哈根—泊肃叶定律。1845 年 Stokes 将牛顿内摩擦定律最终以三维数学形式给出,即广义牛顿内摩擦定律。Couette 用同心圆筒装置详细检验了牛顿内摩擦定律,并发现他的实验结果与毛细管流动实验测得的黏度是一致的。这些研究奠定了经典流体力学理论基础。英国物理学家 Maxwell 在 1869 年发现,材料可以是弹性的,又可以是黏性的。对于弹性材料,当形变量一定时,应力保持恒定;对于黏性材料,应力不能保持恒定,而是以某一速率减小到零。弹性的实质是材料变形的可恢复性;黏性的实质是抗流动性,黏性越大,阻力越大。Maxwell 和 Kelvin 等认识到材料的变化与时间存在紧密联系的时间效应,即材料存在黏弹性。

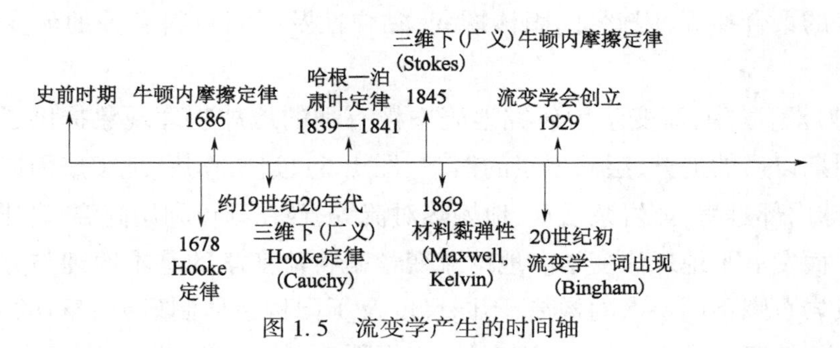

图 1.5 流变学产生的时间轴

流变学作为一门独立学科领域是在 20 世纪 20 年代。学者们在研究橡胶、塑料、油漆、玻璃、混凝土、金属等工业材料,岩石、土、石油、矿物等地质材料,血液、肌肉骨骼等生物材料的性质过程中,发现使用古典弹性理论、塑性理论和牛顿流体理论已不能说明这些材料的复杂特性。美国物理化学家 E. C. Bingham(印第安纳州拉法耶特学院教授)在研究了各种胶体物质分散体系的流动之后,深感建立一门"总和各种不同物质的流动与形变的应用科学"的必要性和重要性。在接受同事 Classics 教授的建议后,E. C. Bingham 提出用"流变学"一词,意思就是研究物质的变形和流动。这个想法得到了许多学者的赞同,并于 1929 年创立了一个新的学会——流变学会(Society of Rheology,SOR)。在第一次流变学会会议上,报道了一些性质和行为各不相同的材料,诸如沥青、润滑剂、塑料和橡胶等的文章,初步给出了研究对象所涉及的范围及所涉及的众多学科领域。流变学会的成立,标志着流变学产生了。

1.1.2.2 流变学在近代的蓬勃发展

流变学在近代得到了蓬勃的发展。自 1929 年美国在 Bingham 教授的倡议下创建流变学会以来,1939 年,荷兰皇家科学院成立了以 Burgers 教授为首的流变学小组;1940 年英国出现了流变学家学会。当时,荷兰的工作处于领先地位,1948 年国际流变学会议就是在荷兰举行的。法国、日本、瑞典、澳大利亚、奥地利、捷克斯洛伐克、意大利、比利时等国也先后成立了流变学会。后来,许多重要的流变模型和本构方程都以研究者名字进行命名,如 Maxwell 模型和 Kelvin 模型是最简单的黏弹模型,Bingham 模型是具有屈服应力广义牛顿流体模型,Burgers 模型是研究混凝土及沥青混合料时常用的模型。

1.1.2.3 流变学在现代的飞速发展

人们认识到流变学研究的重要以后,流变学的发展同世界经济发展和工业化进程密切相关。对比于流变学在近代的发展,流变学在现代获得了飞速发展。随着科技的进步及冶金制造业、聚合物加工业、石油工业、医疗卫生事业的发展,流变学渗透到各行各业。

(1)工业新产品的研制,如现代工业需要耐蠕变、耐高温的高质量的金属、合金、陶瓷;钻井过程中需要耐温的钻井液,储层改造需要耐温的压裂液,油田开发需要耐温、抗盐、稳定性好的聚合物等,因此,同固体蠕变、黏弹性及耐温材料有关的流变学迅速发展起来。

(2)在地球科学中,流变学为研究地壳中极有趣的地球物理现象提供了物理—数学工具,如冰川期以后的上升、层状岩层的褶皱(图 1.6)、造山作用、地震成因以及成矿作用等。对于地球内部过程,如岩浆活动、地幔热对流等,现在则可利用高温、高压岩石流变试验来模拟,从而发展了地球流变学。地球流变学是将流变学的基本原理与方法应用于地球的科学,按岩石圈不同层次的构造、不同尺度及不同构造体制研究岩石的流变特征,分为岩石流变学、地壳流变学、上地幔流变学、岩石圈流变学、造山带流变学、盆地流变学。

(3)蠕变断裂流变学发展起来。在土木工程中,建筑的土地基的变形可延续数十年之久。地下隧道竣工数十年后,仍可出现蠕变断裂、甚至坍塌。因此,土流变性能和岩石流变性能的研究日益受到重视。

图 1.6　多层纵弯褶皱

1.1.3　流变学的分类

流变学是一门高度综合性的交叉学科，种类繁多，可分别从研究方法、研究尺度及工程应用等不同的角度对流变学进行分类：从研究方法层面上，可分为实验流变学和理论流变学；从研究尺度层面上，可分为宏观流变学和结构流变学；从工程应用角度上，可分为聚合物流变学、生物流变学、石油工程流变学、冶金流变学、地质流变学、土壤流变学等。

1.1.3.1　实验流变学和理论流变学

实验流变学是通过现代实验技术来揭示物质的流变规律，其研究内容大致有三方面：(1)建立物质的经验或半经验流变模型，用以直接解决工业生产中的流变学问题；(2)揭示物质在不同的应力条件、变形历程、温度、辐射、湿度、压力等因素影响下其流变性的物理本质；(3)研究测量原理和测试技术，用以研制或改进测试仪器和测试手段。

理论流变学应用力学、数学等基本理论与方法，研究物质的流变现象。建立能够充分描述材料内部结构与物质力学特性之间关系的流变模型，揭示物质流动与形变的本质与规律性。

1.1.3.2　宏观流变学与结构流变学

从研究尺度上，流变学可分为宏观流变学与结构流变学两大类。

宏观流变学将材料作为连续介质处理，用连续介质力学方法来研究物质的流变性，所以又称为连续介质流变学。由于这种研究方法的目的在于探索作为整体运动的流体或者包含大量分子的流体微团的统计平均流变特性，而不考虑物质的内部结构，因此又称为唯象流变学。

结构流变学从分子、微观等不同层次出发，研究材料流变性与物质结构(包括化学结构、物理结构和形态结构)的关系。结构流变学还常被称为分子流变学或微观流变学。微观流变学注重在分子和颗粒水平上解释或描述宏观流变现象，注重流体的微观结构与其流变性之间的关系，依据物理概念将物质微观结构模型化，经数学推导，建立物质的本构方程。

人们对流变学的研究领域逐渐从宏观向微观发展，不断探索宏观流变规律的微观本质，从而揭示微观结构因素与宏观流变性的关系。

柔性链高分子稀溶液的结构流变学理论是发展得最充分的。比较典型的结构模型是弹性哑铃分子模型和珠簧链(Rouse-Zimm)模型。柔性链高分子链如同无规行走链，在平衡态服从高斯分布。由于在形变时构象熵减小，产生回复到平衡态的熵弹性。可以证明，在分子构象变化不大时，弹性力与形变量成正比，类似于胡克弹性定律，因此，熵弹性就可以抽象为一个胡克弹簧。而大分子在溶剂中运动受到的黏滞力就好像刚性球在黏性介质中运动一样。这样综合弹性和黏性概念的结果就构成了由弹簧连接两球的力学模型。假定在单位体积中有 n 个这样构成的弹性哑铃悬浮在牛顿流体中。从物理角度看，哑铃模型的最大弱点是将柔性万千的高分子简化为一弹簧，也就是忽略了大量分子的自由度，而以单一松弛时间代替。为了尽可能反映高分子的物理结构和准确描写各种实际的流变性质，Rouse 最初提出珠簧链模型，再由 Zimm 推广到包括流动力学相互作用的一般场合，再由 Lodge 等导出显式流变学本构方程。珠簧链(Rouse-Zimm)模型是将高分子链更合理地视为一系列高斯弹簧单元串联成的。将每个弹簧单元运动时受到的黏滞力集中在一个球上，这样就形成了珠簧链。每一对珠簧称为一个统计链段或亚分子。该模型在定量描述柔性链高分子的稀溶液在低剪切速率下的流变性和线性黏弹性行为方面是相当成功的。当提高剪切速率和加以高频振动就会发现该模型有一系列即使在定性上也不符合实验结果的特点：(1)高频振动时模量或黏度偏低；(2)黏度是常数，即高分子的稀溶液应是牛顿液体，实际上极稀的高分子的稀溶液也会表现出剪切变稀的现象；(3)拉伸黏度升至无穷，实际上拉伸黏度一般都随拉伸速度提高到某范围，拉伸黏度迅速增加，但趋于有限值；(4)高速下分子不现实的巨大拉伸也是模型的一个本质特点。

1.1.3.3 各种应用流变学

从工程应用角度划分，流变学种类繁多。常见的有：聚合物流变学，其研究对象为聚合物材料(聚合物熔体和溶液)；生物流变学，其研究对象为生物流体(如血液、黏液、关节液等)和生物物质(如肌肉、心脏、膀胱、其他软组织、软骨等)；石油工程流变学，其研究对象为原油、天然气、钻井液、完井液、压裂液、驱油剂、调剖剂等；另外还有冶金流变学、地质流变学、土壤流变学等。

石油工程流变学(petroleum engineering rheology)是研究石油工程中流体的流动与变形的科学。由于牛顿流体的流动与变形问题已由牛顿流体力学解决，所以石油工程流变学研究的对象是石油工程中的非牛顿流体。

1.1.4 流变学的研究内容

流体在外力的作用下将发生连续不断的变形，即所谓流动。与此同时，在流体内部则产生抵抗这类变形的力为内摩擦力，内摩擦力的规律性即为流变性。流变学的研究内容

可概括为三个方面:材料流变现象和物性的研究、材料的变形和流动规律的研究及流变学在工程中的应用研究

1.1.4.1 材料流变现象和物性的研究

流变现象是材料的流变性能的体现。将实验中观察到的流变现象和流动行为概括成一些可测量的材料函数(如黏度、法向应力等),研究测量原理和测量技术,并对材料函数进行测量。材料函数是能够反映材料在力的作用的流动行为并通过仪器可测定的时间和力的函数。

1.1.4.2 材料的变形和流动规律研究

具体而言,就是要建立反映材料多样化和个性化的本构方程。本构方程是在不同物理条件下(如温度、压力、湿度、辐射、电磁场等),以应力、应变和时间的物理变量来定量描述材料的状态的方程。严格地说,本构方程泛指所有描述材料流变特性、热力学特性的数学模型。在本书中,我们重点讨论非牛顿流体动力学特性,很少涉及热力学问题,因此,除特殊说明外,后面所谈到的本构方程均特指流体的流变本构方程。本构方程对流变学的研究有非常重要的意义,可以反映材料力学特性与结构之间的关系,可以预示尚未观察到的流体行为。

由于流变学具有交叉边缘学科的特点,因此它的应用范围相当广泛,而且在生产中发挥着越来越大的作用。

1.1.4.3 流变学在工程中的应用研究

1. 在聚合物科学与工程中的应用

众所周知,用黏度法测定黏度 η 可以确定聚合物的分子量 M,因为对于聚合物浓溶液满足 $\eta \propto M^{3.5}$;对于聚合物稀溶液满足 $\eta \propto M$。进一步的研究结果显示,分子量对第一法向应力差 ψ_1 的变化比对黏度更为敏感。对于聚合物浓溶液,第一法向应力差与分子量的关系为 $\psi_1 \propto M^7$;对于聚合物稀溶液,$\psi_1 \propto M^3$。所以,测量第一法向应力差系数以控制聚合物反应,即控制分子量大小更加有效。如果能知道 ψ_1 与聚合物反应中的分子量分布或侧链支化的关系,则可制造出相应性质的聚合物产物。

在应用中值得注意的是,无论是通过测黏度还是测第一法向应力差来确定分子量的方法只适合于纯聚合物溶液,而不适合于在聚合物溶液体系中存在交联剂等的凝胶溶液,因为聚合物分子间或分子内的交联反应会升高体系的黏度,从而得不到聚合物本身的真实分子量。

2. 在石油工程中的应用

流变学在石油工程中应用十分广泛,以下举几个典型的应用例子。

(1)筛选和研制工作液:流变性能是配方筛选和优化的一个重要指标。将在石油工

程领域中不断研制新型的钻井液、压裂液、驱油剂和调剖剂进行流变性能测试,从而得到更加适合地层条件及效果更佳的配方体系。

(2)确定工程中维持正常操作的工艺条件或范围。在聚合物驱强化采油技术时,只有聚合物的分子量、聚合度、浓度达到一定值时才能有效保证其在油藏中具有较高的视黏度,聚合物驱中确定注入速度、注入段塞的大小等需要结合流变学知识。

(3)计算管路阻力。非牛顿流体输送管路的设计计算比牛顿流体复杂得多,需要准确计算管路的阻力才能经济合理设计。在计算之前首先判断流体属于哪种,是广义牛顿流体还是黏弹性流体?比如说经过判断为幂律流体,幂律流体是广义牛顿流体的一种,对这种流体的流量推导后发现,对于高度拟塑性非牛顿流体,压降 Δp 与 $1/R$ 成正比,要想稍微降低压降,就需大大增加管径,而对于牛顿流体,$\Delta p\propto 1/R^4$,即管径稍微增加,压降即可降低。对于牛顿流体,管流方程为 $\Delta p=\dfrac{8Q\eta L}{\pi R^4}$;对于幂律型广义非牛顿流体,$Q=\dfrac{n\pi R^3}{1+3n}\left(\dfrac{\Delta pR}{2KL}\right)^{1/n}$。所以对于非牛顿流体管路输运的设计计算不能套用牛顿流体的公式,而必须运用流变学的知识寻找或建立新的公式。

1.1.5 流变学的研究方法

流变学从一开始就是作为一门实验基础学科发展起来的,因此实验是研究流变学的主要方法之一:(1)宏观试验,通过它获得物理概念,发展新的宏观理论,例如对流体材料一般用黏度计或流变仪进行试验探求应力、应变与时间的关系,研究流体的黏性和黏弹性;(2)微观实验,通过它了解材料的微观结构性质,探讨流体流变的机制。理论方法是运用连续介质力学研究材料对应力和应变的响应;通过分子运动论,研究形变与结构的关系。

1.2 牛顿流体和非牛顿流体

1.2.1 剪切流动与牛顿内摩擦定律

1.2.1.1 稳态的简单剪切流动

考察如图 1.7 所示的剪切流场。该剪切流场可以发生在两块无限长的平行平板之间,上板运动,下板固定,也可以发生在圆管层流中管壁到管中心处。以第一种情况为例,进行分析。所有流体沿平面(x 方向)作一维流动,在紧靠壁面的内法线(y)方向上,不同流体层间具有不同的速度,且其速度随 y 的增大而增大。流体在宏观运动的同时,其分子还存在着随机的热运动。当相邻流体层以不同速度运动时,由分子热运动引起的两流体层之间的动量交换,这是静止流体中所没有的特性。

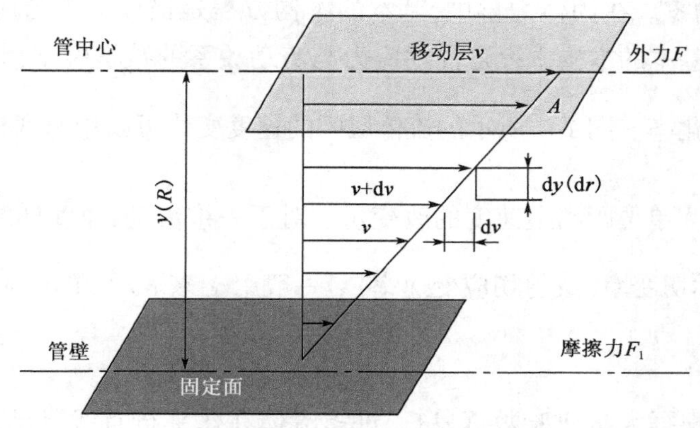

图 1.7　稳态的简单剪切流动

考察界面 $C—C$ 两侧彼此相邻、速度不同的两层流体。如图 1.8 所示,$A—A$ 层运动较快,$B—B$ 层较慢。分子热运动使两层之间的大量流体分子相互交换位置。$A—A$ 层流体的宏观运动速度较大,该层分子具有较大的动量,它们迁移到 $B—B$ 层后使该层流体加速;而 $B—B$ 层的分子动量较小,它们进入 $A—A$ 层后,使该层流体减速。由于两层流体间的分子不断地运动、碰撞,导致了动量传递。按照动量定理,界面 $C—C$ 与两侧相邻流体层之间必然存在着一个平行于该面的作用力,这一作用力在两个相邻的、速度不同的液层之间表现为剪切应力,或简称为切应力。另外,两层相邻的流体分子之间还存在着附着力。附着力包括分子间引力和使分子脱离流体微团所需的附加力。当质点之间存在相对运动时,附着力便形成一个使速度较慢的分子加速的剪切应力。剪切应力产生的机理及在流体宏观流动中的两种效应——阻力效应和能量或动力传递效应,类似于车轮与地面的摩擦力。剪切应力对宏观流动的影响分为两方面:对较高速的层(分子、粒子)流动是阻力,阻滞高速层的流体;对低速分子为动力,使速度较低的流体层加速。

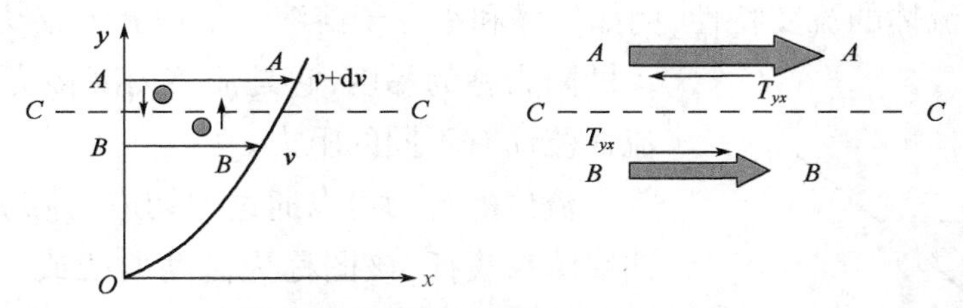

图 1.8　剪切流场和流体层间切应力

综上所述,流体在运动过程中所产生的内摩擦力是流体微观分子或质点间动量传递和附着力的宏观表现,它与流体的分子结构密切相关。

1.2.1.2　牛顿流体内摩擦定律

从对流体分子或质点动量传递的分析可知,流体中任何微元面上的应力都是该面附近分子运动及相互作用的结果。如果该面邻近区域内流体速度是均匀的,则其剪切应力为零;

反之,剪切应力不为零。在固体力学中,基本的本构方程是描述应力与应变关系的数学模型,在流体力学中,基本的本构方程是描述应力与流动关系的数学模型,对流动的表征是用流体层间的速度变化率。图 1.7 所示的流体层间的速度变化可以用速度梯度$\frac{dv}{dy}$来描述。$\frac{dv}{dy}$的物理意义可解释为单位距离上速度的改变量。对于一维流动,速度梯度$\frac{dv}{dy}$还可以理解为剪切形变速率,简称切变率(或剪切应变速率)。一般用 $\dot{\gamma}$ 来表示,单位为 s^{-1},即

$$\dot{\gamma}=\frac{dv}{dy} \tag{1.1}$$

1686 年,牛顿根据大量实验数据发现,许多流体在作平行直线运动时,相邻流体层之间的剪切应力 τ_{yx} 与该处的剪切速率 $\dot{\gamma}$ 呈线性关系:

$$\tau_{yx}=\eta\dot{\gamma} \tag{1.2}$$

其中

$$\tau_{yx}=\frac{F}{A}$$

式中,τ_{yx} 为单位面积上的剪切力;F 为外部作用于面积 A 上的剪切力,Pa。τ_{yx} 下标中的第一个字母 y 表示剪切应力的作用面的法向方向为 y 轴,第二个字母 x 表示该剪切应力的作用方向为 x 轴;比例常数 η 为动力黏度,单位为 Pa · s 或 P 或 cP[1]。

式(1.2)即为著名的牛顿内摩擦定律。牛顿流体内摩擦定律的物理意义是:流体的内摩擦力的大小与流体性质有关,与流体的速度梯度和接触面积成正比。

1.2.2 牛顿流体和非牛顿流体的概念

1.2.2.1 牛顿流体

凡是流变性服从牛顿内摩擦定律的流体称为牛顿流体。大多数分子结构简单的单相体系表现为牛顿流体的流变特性,例如气体和小分子溶液。牛顿流体流动时,内部抵抗流动的阻力称为黏度,它是流体内摩擦力的表现,不同的流体流动有不同的阻力。

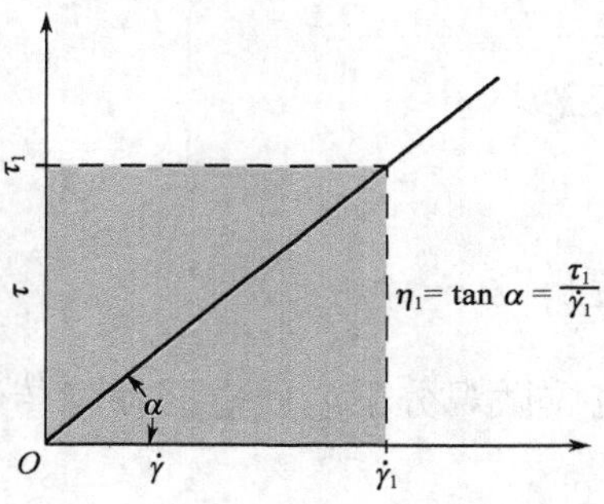

流体的行为可以通过剪切应力随剪切应率的变化曲线图来表征,该图称为流动曲线或“流变图”。流动曲线或“流变图”可以提供以下直观的信息:流动的开始(屈服应力)、剪切速率的影响、剪切时间的影响以及搅动或运动后的恢复。牛顿流体的流动曲线是通过原点的直线,如图 1.9 所示。该直线的斜率 η_1 是牛顿流体的黏度。

图 1.9 牛顿流体的流动曲线

[1] 1P = 0.1Pa · s;1P = 100cP;1Pa · s = 1000cP。

1.2.2.2 非牛顿流体

凡是流变性不服从牛顿内摩擦定律的流体称为非牛顿流体。一般来说,分子结构比较复杂的单相体系和多相混合物在一定条件下都表现出明显的非牛顿流变性。例如,聚合物溶液和熔体、原油、油脂、泥浆、纸浆、凝胶、油漆、染料、血液、大多数食品原料和化妆品、熔化的玻璃和金属、岩浆等,均属此类。这些流体的流变性一般都不能用式(1.2)所表示的线性本构方程来描述,属于非牛顿流体。

非牛顿流体的流动称为非牛顿型流动。这些流体在一定温度下,其剪切应力与剪切速率不成正比线性关系,其黏度不是常数。类似于牛顿流体,把剪切应力和剪切速率之比定义为非牛顿流体的表观黏度,常称为视黏度或黏度函数。

1.2.3 流变性的意义和流体的分类

1.2.3.1 流体的流变性

流体的流变性是流体的一种动力学特性,而不是单纯的物理特性,可以从以下三个方面认识:(1)流体所表现出来的流变性不仅与其组成、分子结构有关,而且与该流体所处的动力学条件有关,某些高分子溶液在低剪切速率下表现为牛顿流变性,而在中等剪切速率下则表现为拟塑性;(2)同一种介质,在不同的流动条件下,所表现出来的流变性也有可能不一样,需要用不同的流变本构方程来描述;(3)对于流变性的认识,必须在某种特定的形变和流动条件下进行。在本书中所论及的牛顿流体与非牛顿流体并不是指物理意义上的某些特定介质,而是指某类介质在特定动力学条件下的流变行为。

1.2.3.2 流体的分类

流体的种类繁多、性质千差万别,难以对其进行严格的分类。根据流体在简单剪切流条件下的流变行为,流体大致可分为无黏流体、牛顿流体和非牛顿流体三大类,如图1.10所示。无黏流体也称为理想流体,其流动满足伯努利方程,即单位重量流体的总机械能在流动的过程中保持不变。牛顿流体流动满足黏性流体力学理论。非牛顿流体又可进一步细分为:

(1)黏性非牛顿流体(广义牛顿流体)。这类流体的切应力仅与剪切速率有关,而且是剪切速率的单值函数。

(2)时变非牛顿流体。这类流体的流变行为依赖于时间,其应力不仅与剪切速率有关,而且与承受剪切的时间长短有关。在一定剪切速率下,切应力随时间增长而减小的流体称为触变流体,如油漆等;其切应力随时间增长而增大的流体称为震凝流体,如石膏水溶液等。

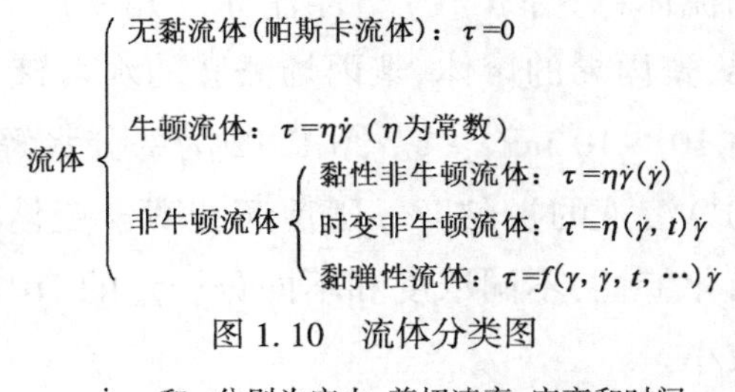

图1.10 流体分类图

τ、$\dot{\gamma}$、γ和t分别为应力、剪切速率、应变和时间

(3)黏弹性流体。这类流体既具有黏性,又具有弹性,变形后表现出部分弹性恢复。其应力不仅与剪切速率有关,而且与形变大小有关。本构方程中的流变参数除了黏度外,还有第一、第二法向应力系数等。

非牛顿流体的力学性质比牛顿流体复杂得多,这是由其内部组成及结构的复杂性引起的。例如,在聚合物溶液中,聚合物分子链在溶剂中形成复杂的空间结构;在悬浮液中,固体颗粒带有不同的静电,在静电作用下这些颗粒形成一定的空间结构;纸浆中的纤维、血液中的血球、原油中的结晶蜡等,都会形成不同的空间结构。介质内部结构不同,抵抗变形的能力与规律就不同,在流动时必然产生复杂的力学响应,表现出比牛顿流体更为复杂的流变性。有关非牛顿流体的流变性及其本构方程,将在后面有关章节中详细讨论。

1.3 典型的流变现象

1.3.1 剪切稀释与剪切增稠

1.3.1.1 剪切稀释

剪切稀释,也称为剪切变稀(剪切稀化),定义为非牛顿流体视黏度随剪切速率的增加而降低。

设有两个相同直径与长度的两端敞口的玻璃圆管,把它们垂直置于平板上。两管均充入相同高度、相同黏度的两种流体,一种低分子溶液(例如甘油的水溶液)为牛顿流体,一种高分子聚合物溶液(例如羧甲基纤维素,即 CMC 的水溶液)为非牛顿流体。取两个相同的小球使之在管中降落,通过调整溶液的浓度使两者具有相同的速度[图 1.11(a)],这两种溶液便具有相同的低剪切速率下黏度。当抽去两管底部平板时,管中流体因重力作用而流出,且非牛顿流体最先流完。这时可以发现,高分子流体的流出速率比低分子流体快得多[图 1.11(b)]。根据黏性流体力学原理,在一定压降下,流体在圆管中的流量与其黏度成反比。可见,当剪切速率增大时,聚合物溶液的黏度减小。这说明黏度不是一个常数而是剪切速率的函数。

这种黏度随剪切速率增高而降低的现象,称为剪切稀化。这类具有剪切稀化性质的流体称为拟(假)塑性流体。几乎所有的高分子溶液或熔体都属于这一类,如聚乙烯、聚丙烯的熔体,聚丙烯酰胺的水溶液等。这类流体的黏度变化范围一般很大,有时达 $10^3 \sim 10^4$mPa·s。图 1.12 为部分水解聚丙烯酰胺 HPAM(分子量为 $950\times10^4 \sim 1200\times10^4$)溶液的视黏度 η 随剪切变率 $\dot{\gamma}$ 变化的情况。由图 1.12 可见,HPAM 具有显著剪切稀化特征,不同浓度和不同分子量的 HPAM 均表现出视黏度随着剪切速度率的增加而减小。

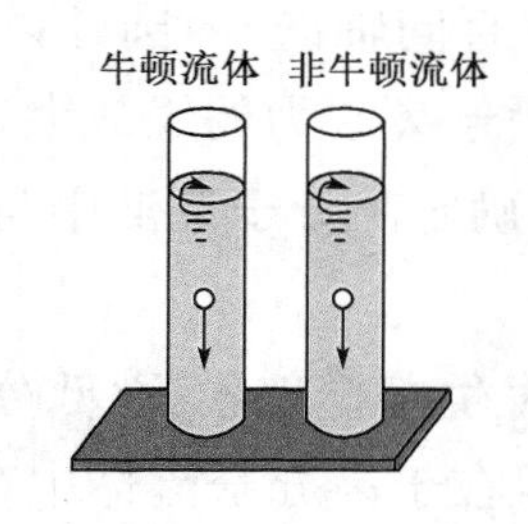

(a)落球法测定两管内流体的黏度

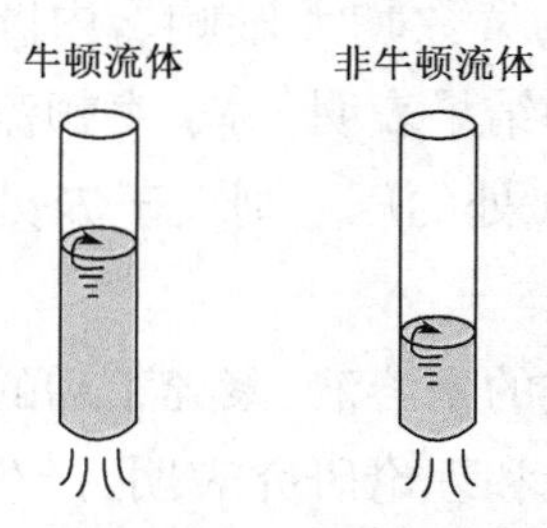

(b)两管底部平板被抽掉后管内流体的流动

图 1.11 非牛顿流体的剪切稀释特性

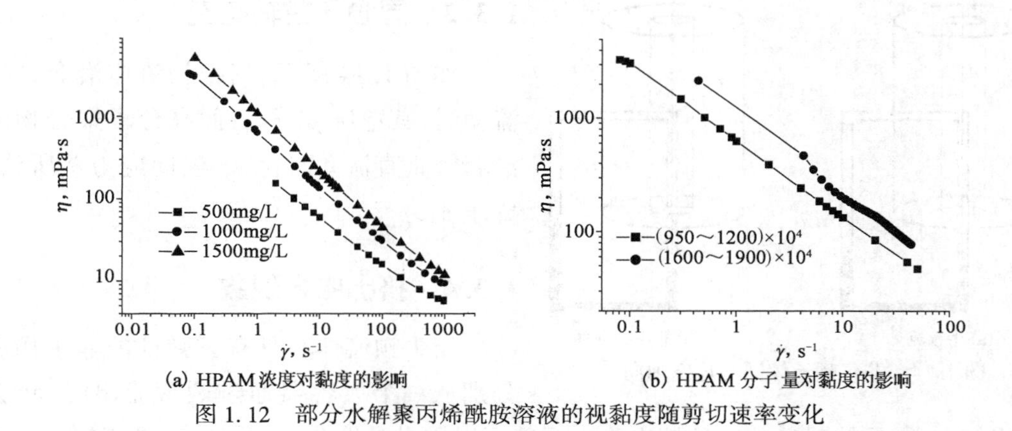

(a) HPAM 浓度对黏度的影响　　(b) HPAM 分子量对黏度的影响

图 1.12 部分水解聚丙烯酰胺溶液的视黏度随剪切速率变化

1.3.1.2 剪切增稠

剪切增稠(剪切稠化)定义为非牛顿流体视黏度随剪切速率的增加而增加。剪切增稠流体在工程上较少遇到,一般为高浓度的含有不规则形状固体的悬浮液,如淀粉糊、芝麻酱等。

非牛顿流体中,黏弹性流体在流动中的弹性效应往往会引起一些与纯黏流体不同的特殊流动现象。

1.3.2 Weissenberg 效应

如图 1.13 所示,分别用搅拌器搅拌水、聚丁烯液体和水解聚丙烯酰胺(HPAM)水溶液,我们会发现聚丁烯液体和水一样,由于受离心力的作用,中央液面呈凹形;而 HPAM 溶液则正好相反,中央液面沿杆上爬,受离心力作用越大,爬杆越高。此现象就是爬杆现象,通称为 Weissenberg 效应,是 Weissenberg 于 1944 年在英国伦敦帝国学院首先公开演示的,并于 1946 年最先解释的。

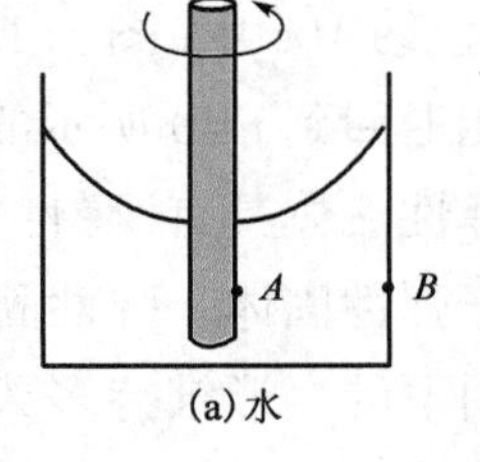

(a)水

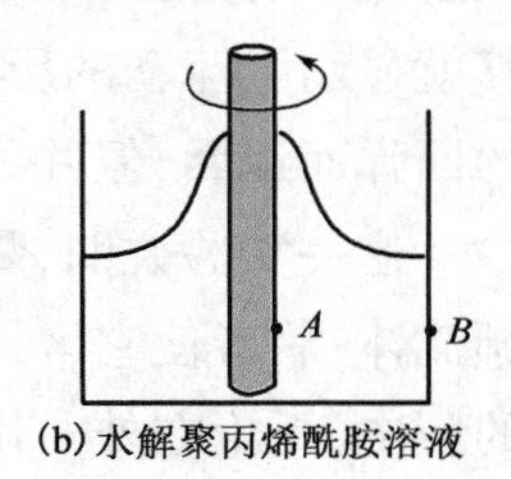

(b)水解聚丙烯酰胺溶液

图 1.13 爬杆现象

为了进一步理解这种现象,可进行另一种测量。在 A、B 两处设置测压孔,两孔位于同一水平面。选择位置时,注意使自由面与

底部对于 A、B 的读数均无影响。内圆柱和外圆柱是垂直同轴的,内圆柱以等角速度旋转。压力测定的结果表明:对于牛顿流体,B 处的压力由于离心力的缘故大于 A 处;而在高分子溶液中,A 处的压力则大于 B 处。用这一压差可确定高分子溶液中与离心力相对抗的力。

聚丙烯酰胺的水溶液、聚异丁烯的萘烷溶液,均可发生爬杆现象,而低分子量的聚丁烯则不能。实验和理论研究表明,产生这种现象的原因在于高分子流体中存在"法向应力差"。法向应力差是由流体的弹性所造成的。

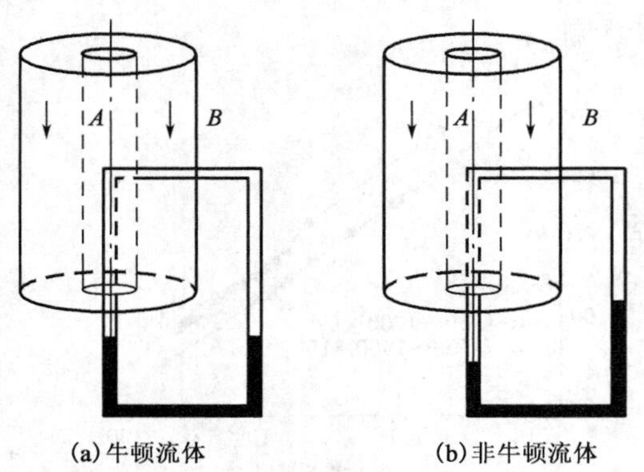

图 1.14　非牛顿流体同心环空轴向流

1.3.3　同心环空轴向流

如图 1.14 所示,当牛顿流体沿套管垂直流动时,其壁压 $p_A=p_B$;而高分子聚合物溶液沿套管垂直流动时,由于法向应力差所致,其壁压 $p_A>p_B$。

1.3.4　挤出胀大现象

当牛顿流体和具有黏弹性的非牛顿流体分别从一个大容器通过圆管流出时,将会出现如图 1.1 所示的现象。这种挤出胀大现象可以用黏弹性非牛顿流体所具有的记忆性加以解释。黏弹性流体在进入圆管之前是盛在一个大容器里,当它被迫流经较细的圆管之后,将趋于恢复它的原始状态,从而出现胀大。这类流体的记忆性随时间的增大而逐渐衰减,即具有一个衰退的记忆特性。因此,圆管越长,流体在管中的时间越长,它对其原始状态的记忆就越"模糊",胀大程度也就越小。

1.3.5　回弹现象

当我们将拉长的弹簧突然放松,它就会立刻缩回到原始状态,这就是回弹现象。产生这一现象的原因,显然是弹簧的弹性。牛顿流体只有黏性而无弹性,因此没有回弹现象,非牛顿流体则不然。Kapoor 于 1963 年做了黏弹性流体的回弹实验,该实验显示了黏弹性非牛顿流体与纯黏性牛顿流体性质上的显著差别。图 1.15 为实验中拍摄的流动情况的示意图。圆管中的流体是浓度为 2%的甲基纤维素水溶液。为了显示流动状态,从圆管顶部用注射器注入一条木炭浆色线,然后在溶液上加压力梯度使其流动,色线的变形和位移就显示了流动的历史。约 10s 后(图 1.15 中 $t=10.12$s),取消压力梯度,色线就随流体的回弹而退回,但并不能退回到 $t=0$ 所示的原始状态。

这一实验说明,黏弹性流体具有"弹性"和"衰减记忆"两种效应。前者使它区别于牛顿流体;后者使它区别于弹性固体。弹性固体的记忆不存在衰减效应,它能精确地记住它的历史,无论在外力作用下的变形维持多久,一旦外力消除,它就立即恢复原状。黏弹性流体虽有弹性,在外力消除后,它有立即缩回的能力,但由于它的记忆是衰减的,对于它过

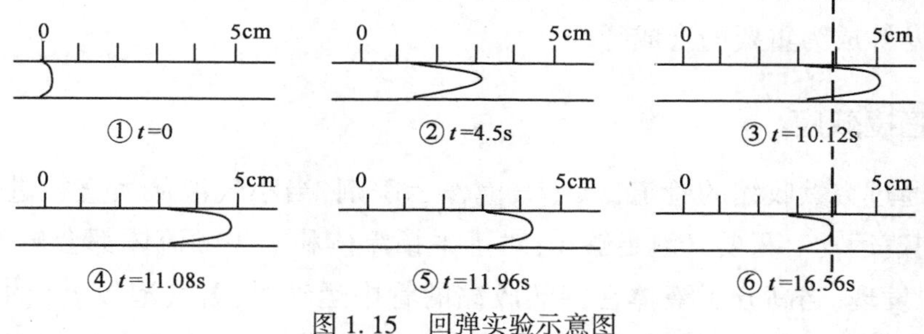

图 1.15　回弹实验示意图

去位形的记忆逐渐淡薄,所以它不能像弹性介质那样完全回弹到其初始位形。

回弹现象还可以从许多实验中观察到,如将一玻璃球放入盛有铝皂溶液的烧杯中,就可以看到玻璃球像皮球掉在地上那样在溶液中上下跳动,但其高度逐渐降低,最后落到杯底。

用油灰也可做回弹实验。把一团油灰突然拉伸到一定长度并维持一定时间,然后让它缩回,随着维持时间的增长,油灰的恢复量迅速减少,若伸长到一定长度并维持几秒钟后,将看不到回弹现象。由此可以定性地说,油灰的记忆特征时间是几秒钟。当运动的特征时间与流体记忆特征时间相比很小时,流体显示出类似于弹性固体的性质,反之则显示出类似于黏性流体的特性。例如一团油灰与刚性地面碰撞时,有点像弹性球;但将它放在地面上,长时间观察它在重力作用下的运动情况,可以看到它像黏性流体那样向周围流开。

1.3.6　无管虹吸现象

在两个分别盛有牛顿流体与黏弹性流体的烧杯内插入一根玻璃管以造成虹吸。当虹吸开始后,慢慢地将虹吸管从液体中提出,此时看到牛顿流体虹吸中断,而黏弹性流体却继续有虹吸现象,这就是无管虹吸现象。

分别用牛顿流体和某种高分子流体进行虹吸试验,如图 1.16 所示。将虹吸管从烧杯内的流体中提起,使管口离开液面。对于牛顿流体,管中的流体流空后,虹吸便终止;而对于非牛顿流体却不是这样,杯内流体会继续向上流入虹吸管,并通过虹吸管流出。

还可用聚氧化乙烯进行如下实验:将一个大烧杯放在桌上,内盛质量分数为 1%或 2%的聚氧化乙烯(分子量 $M=4\times10^6$)水溶液,再取一个空烧杯置于地上。为使虹吸开始,可将手指浸入高分子溶液中拉出液体细丝,向下引入地面的烧杯中,或者将上面的烧杯略加倾斜,使液体开始流出。这样上面烧杯中的高分子溶液就会沿着细丝流入下面烧杯中,产生无管虹吸的现象。用这种方法可

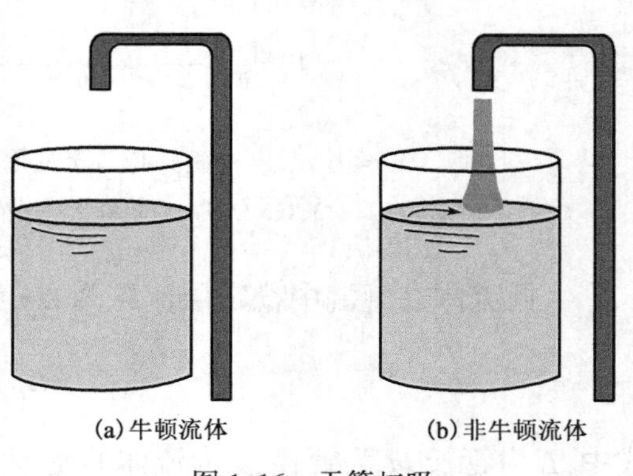

图 1.16　无管虹吸

将杯中大约 3/4 的液体虹吸出来。这个实验表明,高分子液体具有可纺丝性,正是由于这种性质使尼龙等成为重要的合成纤维。

1.3.7 尤伯拉效应

使流体通过突然收缩的管道,以小气泡作示踪剂,当小气泡从大直径进入小直径管时,会产生加速运动。只要气泡足够小,对于牛顿流体和非牛顿流体都会出现上述现象。但是,尤伯拉发现,当高分子液体在突然收缩的管中运动时,若气泡较大(约为小管直径的 1/6~1/8)时,沿中心运动的气泡会突然停在小管的进口处,持续约 1min 甚至更长的时间,然后才进入小管。这种现象称为尤伯拉效应。

这种现象在用气泡作示踪剂测定高分子液体运动速度时影响很大,必须予以注意。此外,它对于将气体加入高分子熔体制造泡沫塑料的过程也是有意义的。从尤伯拉效应所得的启示是,高分子流体在两相流动中可能出现某些奇特的现象,这些现象绝不是凭直觉所能预料到的,这是一个亟待深入研究的领域。

1.3.8 减阻(汤姆斯)效应

在牛顿流体中加入少量高分子物质,流体就有可能成为黏弹性流体,使其紊流时的阻力大幅度降低,产生所谓减阻现象。这一现象是汤姆斯在 1948 年首先发现的。他将 10mg/L 的聚甲基丙烯酸甲酯加入作紊流运动的氯苯中,发现在一定流率下,压降显著降低。此后,又发现有许多其他减阻的例子,例如聚异丁烯在萘烷中,羧甲基纤维素在水中等。聚氧化乙烯在水中的摩擦阻力系数与 Re 的关系表明了减阻效果,如图 1.17 所示。

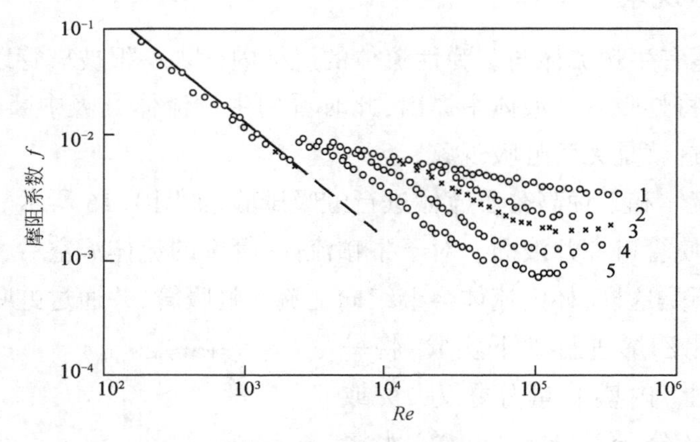

图 1.17 聚氧化乙烯水溶液的摩阻系数

实验点 1、2、3、4、5 分别对应聚氧化乙烯浓度为 0mg/L、5mg/L、20mg/L、100mg/L、450mg/L

牛顿流体在管流中稳定层流压降 Δp 为

$$\Delta p = f\frac{L}{d}\frac{\rho v^2}{2} \tag{1.3}$$

式中,L 为管长,d 为管径,ρ 为流体的密度,v 为平均流速。其摩擦阻力系数为

$$f=\frac{64}{Re} \tag{1.4}$$

紊流条件下 $f=\varphi(Re,\varepsilon)$，$\varepsilon$ 为管道的相对粗糙度。

从图中可见，层流时无减阻效应，紊流时效果明显。添加 5mg/L 的聚氧化乙烯于水中，$Re=1.0\times10^5$ 时，摩擦阻力系数 f 减小 40%，而这时黏度仅比纯水增加 1%。

目前，国内外已对减阻现象进行了广泛的研究，虽然其机理尚未完全弄清，但却已确定了选择减阻剂的许多实用的经验规则。聚合物的长主链和柔性是良好减阻剂的重要特征。例如，相同分子量和相同结构单元的聚合物，线型结构的比高度支化的减阻效果更好。还有，具有相似构型及相同分子量的两种不同聚合物，若采用相同质量浓度，则带有低分子量单体者有较好的减阻效果。

在水中加入减阻剂可降低消防水龙带中的流动阻力，增加喷水距离。石油工业中用长距离管道输送油品，添加适当的减阻剂，可减少运输费用，这是一个很有吸引力的研究领域。

复习思考题

1. 什么是流变学？流变性的意义是什么？

2. 什么是剪切稀释和剪切增稠？

3. 何为本构方程？

4. 试分析内摩擦力(切应力)产生的机理及其对流体宏观流动的影响。

5. 牛顿本构方程所描述的流体流变性的基本特点是什么？

6. 流变学的主要研究内容包括哪些？

7. 什么是流动曲线？请绘制牛顿流体的流动曲线。

8. 什么是非牛顿流体，在物理和化学结构上有什么特点？

9. “流变性是流体的一种物理特性”的说法对吗？为什么？

10. 以流变性作为分类原则，流体可分为哪几类？每类流体的流变学主要特点是什么？

11. 流变学有哪几类分类原则？按各分类原则共有哪几个流变学分支？

12. 请描述挤出胀大现象、爬杆现象和无管虹吸现象。

第 2 章　张量代数与分析基础

在流变学研究中，对于物质受力、流动和变形的描述、本构方程和相应流动控制方程的构建都应不依赖于数学上的任何坐标系。张量是用来描述客观存在的物理量的数学工具，作为一个数学实体，是一种独立于坐标系的量，具有高度概括、形式简洁的特点，因此，张量分析是流变学中最常用的数学工具之一，也是研究固体力学、流体力学及连续介质力学的重要数学工具。

2.1　基本概念

2.1.1　标量、矢量和张量

在一定单位制下，只需指明其大小即足以被说明的物理量，统称为标量（scalar），例如温度、密度、质量、功、压力等，在坐标变换时其值保持不变，即满足

$$\varphi(\boldsymbol{x}_1,\boldsymbol{x}_2,\boldsymbol{x}_3)=\varphi'(\boldsymbol{x}'_1,\boldsymbol{x}'_2,\boldsymbol{x}'_3)$$

在一定单位制下，除指明其大小还应指出其方向的物理量，称为矢量（vector），例如位移、速度、加速度、重力、电场强度等。标量只需一个量就可确定，而矢量则需三个分量来确定。

若我们以 r 表示维度（如三维空间），以 n 表示阶数，则描述一切物理恒量（所有与坐标系选取无关的量，统称为物理恒量）的分量数目 M 可统一地表示成

$$M=r^n$$

统一称这些物理量为张量（tensor）。表 2.1 给出了 n 为不同值时所表示张量类型及相应的分量数。

表 2.1　n 为不同值时所表示张量类型及相应的分量数

n	张量类型	M	表述形式	物理量
0	零阶张量	3^0	标量	温度、密度、质量、功、压力
1	一阶张量	3^1	矢量	位移、速度、加速度、重力、电场强度
2	二阶张量	3^2	矩阵	应力、形变速率
n	n 阶张量	3^n		

二阶以上的张量已不可能在三维空间有明显直观的几何意义，但它作为物理恒量，其分量间可由坐标变换关系式来解释、定义。

由一组坐标系变换到另一组坐标系时，研究对象的分量若能按照一定规律变化，则称这些分量的集合为张量，即张量是与坐标系有联系的一组量，并满足一定的坐标变换规律。

2.1.2 指标记法

在张量分析中,$x_1,x_2,\cdots,x_n$ 记作 $x_i(i=1,2,\cdots,n)$,下标符号 i 称为指标;n 为维数。指标 i 可以是下标,如 x_i,也可以是上标,如 x^i。指标的取值范围如不作说明,均表示从 1~3。以二阶张量 $\boldsymbol{T}$ 为例,指标在上角、下角和上、下角分别记为 $\boldsymbol{T}^{ij}$(逆变张量)、$\boldsymbol{T}_{ij}$(协变张量)、$\boldsymbol{T}_j^i$(混合标张量)。

2.1.2.1 Einstein 约定求和法则

凡在某一项内,重复一次且仅重复一次的指标,表示对该指标在它的取值范围内(如从 1 到 3 求和)求和,并称这样的指标为哑指标。凡在同一项内不重复出现的指标,称为自由指标。例如在 A_iB_i 中,指标 i 重复出现一次,其含义是

$$A_iB_i=A_1B_1+A_2B_2+A_3B_3$$

i 是哑标,必须求和并且在展开式中不再出现,因此,称为"哑指标"或哑标,如不特殊说明,今后张量下标符号的变程,仅限于三维空间,即变程为 3。显然,哑标所用字母可以更换,因为在三维空间,A_iB_i 和 A_jB_j 的结果是相同的。同一个方程中各项自由标必须相同,如果在一个表达式或方程的一项中,一种指标出现的次数多于两次,则是错误的。

[**例 2.1**] 试写出下式的展开式。

$$y=\frac{\partial q^m}{\partial x^m}(m=1,2,3)$$

解:因为式中无自自由指标,m 为哑标,根据哑标的含义可知:

$$y=\frac{\partial q^1}{\partial x^1}+\frac{\partial q^2}{\partial x^2}+\frac{\partial q^3}{\partial x^3}$$

[**例 2.2**] 试展开下式:

$$y=a_m^n\frac{\partial q^m}{\partial x^n}(m,n=1,2,3)$$

解:式中 m 和 n 均为哑标,先写出含 $m=1,2,3$ 的求和,即

$$y=a_1^n\frac{\partial q^1}{\partial x^n}+a_2^n\frac{\partial q^2}{\partial x^n}+a_2^n\frac{\partial q^3}{\partial x^n} \tag{2.1}$$

式中 n 也是哑标,再写出详式如下:

$$y=a_1^1\frac{\partial q^1}{\partial x^1}+a_1^2\frac{\partial q^1}{\partial x^2}+a_1^3\frac{\partial q^1}{\partial x^3}+a_2^1\frac{\partial q^2}{\partial x^1}+a_2^2\frac{\partial q^2}{\partial x^2}+a_2^3\frac{\partial q^2}{\partial x^3}+a_3^1\frac{\partial q^3}{\partial x^1}+a_3^2\frac{\partial q^3}{\partial x^2}+a_3^3\frac{\partial q^3}{\partial x^3}$$

[**例 2.3**] 试展开下式:

$$y_i=a_ib_m^n\frac{\partial q^m}{\partial x^n}(i,m,n=1,2,3)$$

解:可以看出上式后面两项可以展成 9 项,自由指标 i 也有 3 项,如下:

$$y_1=a_1 b_m^n \frac{\partial q^m}{\partial x^n}, y_2=a_2 b_m^n \frac{\partial q^m}{\partial x^n}, y_3=a_3 b_m^n \frac{\partial q^m}{\partial x^n}$$

展开指标 m 和 n 已如上述,此外从略。

[例 2.4] 试写出 $A_{ij}B_j$ 的展开式。

解:在上式中 j 是哑标,要求和;i 是自由标,不参加求和,因为 $j=1,2,3$,所以其展开式如下:

$$A_{1j}B_j=A_{11}B_1+A_{12}B_2+A_{13}B_3$$
$$A_{2j}B_j=A_{21}B_1+A_{22}B_2+A_{23}B_3$$
$$A_{3j}B_j=A_{31}B_1+A_{32}B_2+A_{33}B_3$$

此外,必须指出,某种场合需要取消哑标的求和惯例时,可以采取下列方法:(1)在方程的后面需接着写上"—不求和";(2)在哑标下面划线,以示不再求和。

2.1.2.2 Kronecker delta($\boldsymbol{\delta}_{ij}$)符号

$\boldsymbol{\delta}_{ij}$ 是张量分析中的一个基本符号,称为柯氏符号,又称单位张量,也叫置换算子。$\boldsymbol{\delta}_{ij}$ 符号定义为当 $i\neq j,\boldsymbol{\delta}_{ij}=0$;当 $i=j,\boldsymbol{\delta}_{ij}=1$。可以写成

$$\boldsymbol{\delta}_{ij}=\begin{pmatrix}\delta_{11} & \delta_{12} & \delta_{13}\\ \delta_{21} & \delta_{22} & \delta_{23}\\ \delta_{31} & \delta_{32} & \delta_{33}\end{pmatrix}=\begin{pmatrix}1 & 0 & 0\\ 0 & 1 & 0\\ 0 & 0 & 1\end{pmatrix}$$

它是一个十分简单的算符,此算符的逆变和混合的形式有相同的定义。由定义可知,$\boldsymbol{\delta}_{ij}$ 又是一个二阶对称张量,即

$$\boldsymbol{\delta}_{ij}=\boldsymbol{\delta}_{ji}$$

$\boldsymbol{\delta}_{ij}\boldsymbol{v}_j=\boldsymbol{v}_i$ 即在将 $\boldsymbol{\delta}_{ij}$ 应用于 $\boldsymbol{v}_j$ 是将 $\boldsymbol{v}_j$ 中的 j 用 i 置换;对于单位矢量,点积 $\boldsymbol{e}_i\cdot\boldsymbol{e}_j=\boldsymbol{\delta}_{ij}$,$\boldsymbol{e}_i\cdot\boldsymbol{e}_i=\boldsymbol{\delta}_{ii}$。

$\boldsymbol{\delta}_{ij}$ 还满足下列关系式:

$$\boldsymbol{\delta}_{ii}=\boldsymbol{\delta}_{11}+\boldsymbol{\delta}_{22}+\boldsymbol{\delta}_{33}=3$$
$$\boldsymbol{\delta}_{ij}\boldsymbol{\delta}_{ij}=(\boldsymbol{\delta}_{11})^2+(\boldsymbol{\delta}_{22})^2+(\boldsymbol{\delta}_{33})^2=3$$
$$\boldsymbol{\delta}_{ij}\boldsymbol{\delta}_{jk}=\boldsymbol{\delta}_{i1}\boldsymbol{\delta}_{1k}+\boldsymbol{\delta}_{i2}\boldsymbol{\delta}_{2k}+\boldsymbol{\delta}_{i3}\boldsymbol{\delta}_{3k}=\boldsymbol{\delta}_{ik}$$
$$\boldsymbol{a}_{ij}+\boldsymbol{\delta}_{ij}=\boldsymbol{a}_{11}\boldsymbol{\delta}_{11}+\boldsymbol{a}_{22}\boldsymbol{\delta}_{2}+\boldsymbol{a}_{33}\boldsymbol{\delta}_{33}=\boldsymbol{a}_{ii}$$
$$\boldsymbol{a}_i\boldsymbol{\delta}_{ij}=\boldsymbol{a}_1\boldsymbol{\delta}_{1j}+\boldsymbol{a}_2\boldsymbol{\delta}_{2j}+\boldsymbol{a}_3\boldsymbol{\delta}_{3j}=\boldsymbol{a}_j(\text{即 }\boldsymbol{a}_1\text{ 或 }\boldsymbol{a}_2\text{ 或 }\boldsymbol{a}_3)$$
$$\boldsymbol{\sigma}_{ij}\boldsymbol{l}_j-\boldsymbol{\lambda}\boldsymbol{l}_i=\boldsymbol{\sigma}_{ij}\boldsymbol{l}_j-\boldsymbol{\lambda}\boldsymbol{\delta}_{ij}\boldsymbol{l}_j=(\boldsymbol{\sigma}_{ij}-\boldsymbol{\lambda}\boldsymbol{\delta}_{ij})\boldsymbol{l}_j$$
$$\begin{aligned}\delta_{ij}A_i&=\delta_{1j}A_1+\delta_{2j}A_2+\delta_{3j}A_3=\begin{cases}A_1 & j=1\\ A_2 & j=2\\ A_3 & j=3\end{cases}\\ &=A_j\end{aligned}$$
$$\mathrm{d}s^2=\mathrm{d}x^2+\mathrm{d}y^2+\mathrm{d}z^2=\mathrm{d}x_i\mathrm{d}x_i=\delta_{ij}\mathrm{d}x_i\mathrm{d}x_j$$

$$\delta_{ij}\delta_{ij}=\delta_{ii}=\delta_{11}+\delta_{22}+\delta_{33}=3$$

$$A_{ij}\delta_{ij}=A_{ii}=A_{jj}=A_{11}+A_{22}+A_{33}$$

$$A_{ij}\delta_{jk}=A_{ik}$$

$$\delta_{ij}\delta_{jk}=\delta_{ik}$$

$$\delta_{ij}\delta_{jk}\delta_{kl}=\delta_{il}$$

$$\frac{\partial x_i}{\partial x_j}=x_{i,j}=\delta_{ij}$$

$$\frac{\partial a_{ii}}{\partial a_{jk}}=\delta_{jk}$$

［**例 2. 5**］　完成指标变换 $\boldsymbol{A}_i \to \boldsymbol{A}_k$。

解:

$$\boldsymbol{\delta}_{ki}\boldsymbol{A}_i=\boldsymbol{A}_k$$

［**例 2. 6**］　完成指标变换 $\boldsymbol{T}_{kj} \to \boldsymbol{T}_{ij}$。

解:

$$\boldsymbol{\delta}_{ik}\boldsymbol{T}_{kj}=\boldsymbol{T}_{ij}$$

采用 Einstein(爱因斯坦)约定求和法则和 Kronecker 符号,将给人们以后的书写和运算带来极大的方便。

3. 坐标变换

首先考虑 Hawkins 和 Spain 所选择的矢量的坐标变换例,即粒子从空间 $\boldsymbol{P}$ 点到 $\boldsymbol{Q}$ 点的位移(矢量),如图 2. 1 所示。现在的问题是在两个不同的坐标系中如何描写这个位移。在一种坐标系内可以用 $\mathrm{d}z^1$, $\mathrm{d}z^2$ 和 $\mathrm{d}z^3$ 来标记,在另一个坐标系则记为 $\mathrm{d}x^1$, $\mathrm{d}x^2$ 和 $\mathrm{d}x^3$,注意,下面几乎不再用 x, y 和 z 的坐标记号,而改用同一字母标记所有的给定的坐标系的轴,各轴可用不同的上标予以区别。如果 x 坐标系为已知,则 z 坐标系可由下列转换关系予求取,即

$$\begin{cases} z^1=z^1(x^1,x^2,x^3) \\ z^2=z^2(x^1,x^2,x^3) \\ z^3=z^3(x^1,x^2,x^3) \end{cases} \tag{2.2}$$

微分式(2. 2),则可得

$$\begin{cases} \mathrm{d}z^1=\dfrac{\partial z^1}{\partial x^1}\mathrm{d}x^1+\dfrac{\partial z^1}{\partial x^2}\mathrm{d}x^2+\dfrac{\partial z^1}{\partial x^3}\mathrm{d}x^3 \\ \mathrm{d}z^2=\dfrac{\partial z^2}{\partial x^1}\mathrm{d}x^1+\dfrac{\partial z^2}{\partial x^2}\mathrm{d}x^2+\dfrac{\partial z^2}{\partial x^3}\mathrm{d}x^3 \\ \mathrm{d}z^3=\dfrac{\partial z^3}{\partial x^1}\mathrm{d}x^1+\dfrac{\partial z^3}{\partial x^2}\mathrm{d}x^2+\dfrac{\partial z^3}{\partial x^3}\mathrm{d}x^3 \end{cases} \tag{2.3}$$

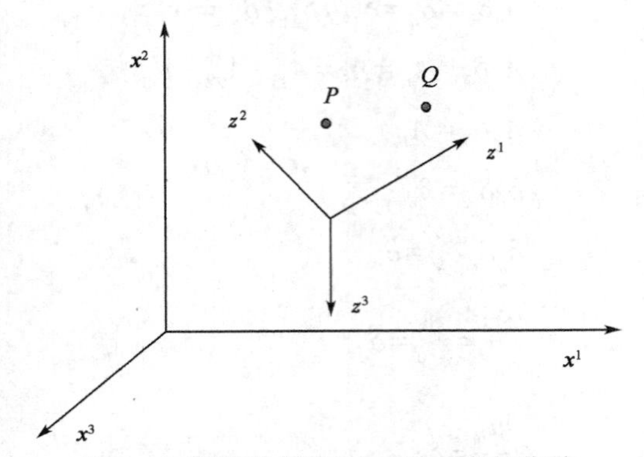

图 2.1　两种坐标系下 P 到 Q 点的位移

以上各式如果用 Einstein 约定求和法则,可以简化为

$$Z^a = z^a(x^1, x^2, x^3)\ (a=1,2,3)$$

以及

$$dz^a = \frac{\partial z^a}{\partial x^m} dx^m \quad (a, m=1,2,3) \tag{2.4}$$

式(2.4)给出了一阶逆变张量或逆变矢量的坐标变换规则或规律。此式说明,任何一个逆变一阶张量均可从一个坐标系变换到另一个坐标系。只要我们知道了某一坐标系中的位移(dx^m)就立即可以计算出它在第二个坐标系中的位移(dz^a),为达此目的只需知道两坐标系之间的关系,如式中偏导数项所反映即可。注意 a 和 m 各应取 3 个值,故应当有 9 个偏导数项。

[**例 2.7**]　如果矢量 $\boldsymbol{A}$ 的逆变分量在 x 坐标系中为 $\boldsymbol{A}^i$,其相应的量在 z 坐标中以上面加"–"来表示,给出它对应的 z 坐标系中的分量 $\overline{\boldsymbol{A}}^a$。

解:

$$\overline{\boldsymbol{A}}^a(z) = \frac{\partial z^a}{\partial x^i} \boldsymbol{A}^i$$

若二阶张量 $\boldsymbol{A}^{ij}$ 在三维空间被定义为

$$\boldsymbol{A}^{ij} = B^i C^j$$

由式(2.4)得知,在 x 坐标系中定义的 $\boldsymbol{A}^{ij}$ 可以变换到另一个 z 坐标系,其对应的量 $\overline{\boldsymbol{A}}^{mn}$ 为

$$\overline{\boldsymbol{A}}^{mn}(z) = \frac{\partial z^m}{\partial x^i} \frac{\partial z^m}{\partial x^j} \boldsymbol{A}^{ij} \tag{2.5}$$

式(2.5)给出了一个二阶逆变张量的变换规则或变换规律。如果 $\boldsymbol{A}^{ij}$ 服从式(2.5)的坐标变换规则,称其为二阶逆变张量。

相应地,协变张量的分量可用下述规则变换:

$$\overline{\boldsymbol{A}}_{\alpha\beta-\delta}(z) = \frac{\partial x^i}{\partial z^\alpha} \frac{\partial x^j}{\partial z^\beta} \cdots \frac{\partial x^l}{\partial z^\delta} \boldsymbol{A}_{ij-l} \tag{2.6}$$

如果 $\boldsymbol{A}_{ij}$ 服从式(2.6)的坐标变换规则,称其为二阶协变张量。

混合张量可由上述逆变与协变分量的变换规则相结合而求取,如

$$\overline{A}_{\delta}^{\alpha\beta}(x)=\frac{\partial x^{\alpha}}{\partial z^{i}}\frac{\partial x^{\beta}}{\partial z^{j}}\frac{\partial z^{k}}{\partial x^{\delta}}A_{k}^{ij}(z) \tag{2.7}$$

式(2.7)中具有三个指标的符号 A_k^{ij} 代表一个三阶张量 $\boldsymbol{A}$ 的分量,两个指标为逆变,一个为协变指标。如果 $\boldsymbol{A}_k^i$ 服从式(2.7)的坐标变换规则,称其为二阶逆变张量。

由上述得知,指标的数目和位置能够使我们一看便知一张量是几阶以及如何从一个坐标系变换到另一个坐标系。但事实上并不是所有的地方都作如此详细的表示,人们将会碰到仅用一个粗体字 $\boldsymbol{T}$ 表示一个张量;如果 $\boldsymbol{T}$ 是一个二阶张量,其分量可以是 T_{ij},T^{ij} 或 T_j^i,这取决于人们是否选取逆变、协变或混合形式以描述其分量。如前所见,人们将位移从逻辑上处理为逆变的变换形式,但是,这绝不是说位移只可以用逆变来描述,逆变可以通过一些规则算法变到协变。

2.2 张量代数

张量的运算法则与矢量相类似。如:张量相等即对应分量相等;张量相加即对应分量相加;张量相乘构成一个阶数是原张量的阶数之和的新张量;n 阶张量缩并后变为 $n-2$ 阶张量等。

2.2.1 张量的加减

凡是同阶的张量可以相加(减),并得到同阶的张量,它的分量等于原来张量中标号相同的诸分量之代数和,如

$$\boldsymbol{a}_{ij}\pm\boldsymbol{b}_{ij}=\boldsymbol{c}_{ij}$$

两个张量的和($\boldsymbol{A}_k^{ij}+\boldsymbol{A}^{ij}$)与其差($\boldsymbol{A}_k^{ij}-\boldsymbol{A}^{ij}$)是不明确定的,只有相同阶数和相同的自由标的两张量才能相加或相减。($\boldsymbol{A}_k^{ij}+\boldsymbol{B}_k^{ij}$)和($\boldsymbol{A}_k^{ij}-\boldsymbol{B}_k^{ij}$)服从相同的变换规则,其和及差也将是相同类型的张量。

2.2.2 张量的乘积

张量 $\boldsymbol{A}$ 的每一个分量乘以张量 $\boldsymbol{B}$ 中的每一个分量所组成的集合仍然是一个张量,称为张量积。积张量的阶数等于因子张量阶数之和。根据式(2.4)至式(2.7)可知,两个形如$\overline{\boldsymbol{B}}^{\alpha}$ $\overline{\boldsymbol{A}}^{\beta\gamma}$ 的张量之积将含有三个自由指标并且服从如下的变换规则:

$$\boldsymbol{C}^{\overline{\alpha\beta\gamma}}=\overline{\boldsymbol{B}}^{\alpha}\quad\overline{\boldsymbol{A}}^{\beta\gamma}=\frac{\partial z^{\alpha}}{\partial x^{i}}\frac{\partial z^{\beta}}{\partial x^{j}}\frac{\partial z^{\gamma}}{\partial x^{k}}C^{ijk} \tag{2.8}$$

此乘积也称之为两个张量$\overline{\boldsymbol{B}}$ 和$\overline{\boldsymbol{A}}$ 的外积。张量乘法不服从交换律,但张量乘法服从分配律和结合律。如

$$(\boldsymbol{a}_{ij}+\boldsymbol{b}_{ij})\boldsymbol{c}_k=\boldsymbol{a}_{ij}\boldsymbol{c}_k+\boldsymbol{b}_{ij}\boldsymbol{c}_k$$

或 $$(a_{ij}b_k)c_m = a_{ij}(b_k c_m)$$

缩并是令一个逆变指标等于一个协变指标并最终取消一对哑标的过程，即将一个逆变指标和一个协变指标写成相同的字条，再约定求和，就得到一个比原来张量低两阶（逆变指标和一个协变指标各少一个）的张量。例如，$A_{k1}^{ikj}=B_l^{ij}$，张量 B 是张量 A 的缩并。

m 阶张量 A 和 n 阶张量 B 的张量积缩并一次后，就得到 A 和 B 的内积，记作 $A \cdot B$，有

$$T_{ij} = A_{ik} \cdot B_{kj}$$

为 $m+n-2$ 阶张量。

两个张量的标量积（双重积）记作 $A:B$，是这两个张量的内积所得的新张量之对角线各分量代数和。该代数和称为迹（trace），简写为 tr，即

$$A:B = B:A = \mathrm{tr}(A_{ij} \cdot B_{ij}) \tag{2.9}$$

式（2.9）所得结果为一标量。

2.2.3 张量的求导

一个张量是坐标函数，则该张量的每个分量都是坐标参数 x_i 的函数。张量导数就是把张量的每个分量都对坐标参数求导数。对张量的坐标参数求导数时，采用在张量下标符号前方加“，”的方式来表示。例如 $A_{i,j}$，就表示对一阶张量 A_i 的每一个分量对坐标参数 x_j 求导。

求导记号的缩写约定为

$$(\quad)_{,j} = \frac{\partial}{\partial x_j}(\quad), u_{i,j} = \frac{\partial u_i}{\partial x_j}$$

和

$$(\quad)_{,ij} = \frac{\partial^2(\quad)}{\partial x_i \partial x_j}, u_{k,ij} = \frac{\partial^2 u_k}{\partial x_i \partial x_j}$$

如果在微商中下标符号 i 是一个自由下标，则算子 $\partial_i(\quad)$ 作用的结果，将产生一个新的升高一阶的张量，ϕ 为标量：

$$\phi_{,i} = \frac{\partial \phi}{\partial x_i} = \left(\frac{\partial \phi}{\partial x_1}, \frac{\partial \phi}{\partial x_2}, \frac{\partial \phi}{\partial x_3}\right)$$

如果在微商中下标符号 i 是哑标号，则作用的结果将产生一个新的降低一阶的张量，u 矢量微商后变为标量，如下：

$$u_{i,i} = \frac{\partial u_i}{\partial x_i} = \frac{\partial u_1}{\partial x_1} + \frac{\partial u_2}{\partial x_2} + \frac{\partial u_3}{\partial x_3}$$

2.3 度规张量和共轭度规张量

借助于度规张量和共轭度规张量，能够描述任意坐标空间的距离，并且能够找出一个

给定物理量的逆变和协变描写之间的联系。

2.3.1 度规张量

设考虑两点 O 和 P 之间的微分距离,此距离 $\mathrm{d}s$ 实际上是一个数量不变量,即它与用以描述 O 与 P 点的坐标系无关。如果首先考虑直角坐标系,其分量为 z^α,那么就可以引用 Pythagoran 定理,得

$$\mathrm{d}s^2=\mathrm{d}z^\alpha \mathrm{d}z^\alpha \tag{2.10}$$

式中,$\alpha=1,2,3$。

变换到一个任意的第 2 个含有 x^i 的坐标系中,则得

$$\mathrm{d}z^\alpha=\frac{\partial z^\alpha}{\partial x^m}\mathrm{d}x^m \tag{2.11}$$

或者相应地变换其哑标得

$$\mathrm{d}z^\alpha=\frac{\partial z^\alpha}{\partial x^n}\mathrm{d}x^n \tag{2.12}$$

将式(2.11)和式(2.12)代入式(2.14),则有

$$\begin{aligned}\mathrm{d}s^2&=\mathrm{d}z^\alpha \mathrm{d}z^\alpha=\frac{\partial z^\alpha}{\partial x^m}\frac{\partial z^\alpha}{\partial x^n}\mathrm{d}x^m \mathrm{d}x^n\\&=g_{mn}\mathrm{d}x^m \mathrm{d}x^n\end{aligned} \tag{2.13}$$

式(2.13)中,定义

$$g_{mn}=\frac{\partial z^\alpha}{\partial x^m}\frac{\partial z^\alpha}{\partial x^n} \tag{2.14}$$

由于 $\mathrm{d}x^m$ 和 $\mathrm{d}x^n$ 是任选的,从方程(2.8)可见 g_{mm} 一个二阶张量 $\boldsymbol{g}$ 的协变分量。又从式(2.14)可以看出,$\boldsymbol{g}$ 是一个对称张量,即 $g_{mn}=g_{nm}$,张量 $\boldsymbol{g}$ 即被定义为 x 坐标系的度规张量。以后将用式(2.18)计算任何坐标系中的距离;度规张量的分量 g_{mn} 在所选坐标系中利用式(2.14)均可计算。

2.3.2 共轭度规张量

共轭度规张量定义如下:

$$\boldsymbol{g}^{ij}=\boldsymbol{G}^{ij}/\det\boldsymbol{g} \tag{2.15}$$

G^{ij} 为度规张量 $\boldsymbol{g}$ 的代数余子式。对于直角坐标系,$g_{ij}=0$,当 $i\neq j$ 时,由式(2.15)可得

$$g_{ij}=1/g^{ij}$$

2.3.3 张量指标的升降

度规张量和共轭度规张量提供人们一个升降指标的方法,表达式为

$$A_k g^{km}=A^m \tag{2.16}$$

$$A^m g_{mk}=A_k \tag{2.17}$$

式中,A^m 和 A_k 称为结合张量,如同 g^{km} 和 g_{km} 一样。

为此,在张量的分析中包括代数运算,不管选择逆变还是协变分量的形式,数学上是一样的。在直角笛卡儿的特殊情况下有

$$g_{ij}=\delta_{ij}$$

于是,式(2.16)变为

$$A_k=A^m g_{mk}=A^m\delta_{mk}=A^k$$

由此可见,在直角坐标系中逆变分量和协变分量是无差别的。

2.4 张量的大小、不变量

2.4.1 张量的大小(模)

矢量的模由式(2.13)可知

$$\sqrt{\mathrm{d}s^2}=|\mathrm{d}s|=[g_{ij}\mathrm{d}x^i\mathrm{d}x^j]^{1/2}$$

也可以写成

$$|\mathrm{d}s|=[\mathrm{d}x_j\mathrm{d}x^j]^{1/2}$$

此定义可以推广到所有的矢量,有

$$|A|=[A_jA^j]^{1/2} \tag{2.18}$$

从式(2.16)和式(2.17)的观点,上式与下式相等:

$$|A|=(g_{ij}A^iA^j)^{1/2}=(g^{ij}A_iA_j)^{1/2} \tag{2.19}$$

如式(2.16)所定义的模量也可以推广到任意阶的张量中去,即

$$|A|=[A_{k-m}A^{k-m}]^{1/2} \tag{2.20}$$

当 $\boldsymbol{A}$ 为二阶张量且在直角坐标系时,式(2.20)即表示所有张量元素的平方和。

由于以上定义的模量不含有自由标,可以直觉地将它看作是一个数量不变量,与其坐标系无关。

2.4.2 张量的主值和主方向

二阶张量 $\boldsymbol{A}$ 可以看成是矢量 $\boldsymbol{a}$ 到矢量 $\boldsymbol{b}$ 的线性变换。若有 $\boldsymbol{a}\neq 0$,可以使矢量 $\boldsymbol{a}$ 到矢量 $\boldsymbol{b}$ 两者方向相同仅有模的差别,则它对应的 $\boldsymbol{b}=\lambda\boldsymbol{a}$,有

$$A\cdot\boldsymbol{a}=\lambda\boldsymbol{a} \tag{2.21}$$

则称 λ 是张量 $\boldsymbol{A}$ 的主值(特征值),主值 λ 是与坐标无关的标量;而相应的非零解就称为张量 $\boldsymbol{A}$ 对应于主值 λ 的特征矢量,特征矢量 $\boldsymbol{a}$ 的方向就称为张量 $\boldsymbol{A}$ 的主方向,或称为特征方向或主轴方向。显然,若 $\boldsymbol{a}$ 是张量 $\boldsymbol{A}$ 的一个特征矢量,则 $c\boldsymbol{a}$(c 为任一标量)也是对应同一主值的特征矢量。

2.4.3 张量不变量

求二阶张量 $\boldsymbol{A}$ 的主值和主方向时,应解方程式(2.21),即

$$(\boldsymbol{A}-\lambda\boldsymbol{I})\cdot\boldsymbol{a}=0 \tag{2.22}$$

式中，$\boldsymbol{I}=\delta_{ij}$ 是单位张量。式(2.22)是关于 $\boldsymbol{a}$ 的分量 $\boldsymbol{a}_1,\boldsymbol{a}_2,\boldsymbol{a}_3$ 的线性齐次代数方程组

$$\begin{bmatrix} A_{11}-\lambda & A_{12} & A_{13} \\ A_{21} & A_{22}-\lambda & A_{23} \\ A_{31} & A_{32} & A_{33}-\lambda \end{bmatrix}\begin{bmatrix} a_1 \\ a_2 \\ a_3 \end{bmatrix}=0 \tag{2.23}$$

欲使方程组(2.23)有非零解，必须

$$\det(\boldsymbol{A}-\lambda\boldsymbol{I})=\begin{bmatrix} A_{11}-\lambda & A_{12} & A_{13} \\ A_{21} & A_{22}-\lambda & A_{23} \\ A_{31} & A_{32} & A_{33}-\lambda \end{bmatrix}\begin{bmatrix} a_1 \\ a_2 \\ a_3 \end{bmatrix}=0$$

将此行列式展开，得到 λ 的三次方程式为

$$\lambda^3-I_A\lambda^2+I\!I_A\lambda-I\!I\!I_A=0 \tag{2.24}$$

称式(2.24)为张量 $\boldsymbol{A}$ 的特征方程。式中 I_A、$I\!I_A$、$I\!I\!I_A$的值分别为

$$I_A=A_{ij}=\mathrm{tr}A \tag{2.25}$$

$$\begin{aligned} I\!I_A &= \begin{vmatrix} A_{22} & A_{23} \\ A_{32} & A_{33} \end{vmatrix}+\begin{vmatrix} A_{11} & A_{31} \\ A_{13} & A_{33} \end{vmatrix}+\begin{vmatrix} A_{11} & A_{21} \\ A_{12} & A_{22} \end{vmatrix} \\ &=\frac{1}{2}[A_{ii}A_{jj}-A_{ij}A_{ij}]=\frac{1}{2}[(\mathrm{tr}A)^2-\mathrm{tr}(A)^2] \\ &=[A_{11}A_{22}+A_{22}A_{33}+A_{11}A_{33}-A_{12}A_{21}-A_{13}A_{31}-A_{23}A_{32}] \end{aligned} \tag{2.26}$$

$$I\!I\!I_A=\det\boldsymbol{A}=A_{11}A_{22}A_{33}+A_{12}A_{31}A_{23}+A_{13}A_{21}A_{32}-A_{11}A_{23}A_{32}-A_{22}A_{13}A_{31}-A_{33}A_{12}A_{21} \tag{2.27}$$

式(2.24)、式(2.25)和式(2.26)中，三个对角线元素之和 A_{ij} 写成张量的迹，即 $\mathrm{tr}\boldsymbol{A}$。由上可知，二阶张量至多有三个不同的特征值，若 A_{ij} 皆是实数，则 $\boldsymbol{A}$ 至少有一个实的特征值。

设方程式(2.24)的三个根(即 $\boldsymbol{A}$ 的三个主值)为 $\lambda_1,\lambda_2,\lambda_3$，则式(2.24)可写成

$$\det(\boldsymbol{A}-\lambda\boldsymbol{I})=(\lambda-\lambda_1)(\lambda-\lambda_2)(\lambda-\lambda_3)=0$$

由根与系数的关系，可知

$$\begin{cases} \lambda_1+\lambda_2+\lambda_3=A_{ii}=I_A \\ \lambda_1\lambda_2+\lambda_1\lambda_3+\lambda_2\lambda_3=\dfrac{1}{2}(A_{ii}A_{jj}-A_{ij}A_{ji})=I\!I_A \\ \lambda_1\lambda_2\lambda_3=\det A=I\!I\!I_A \end{cases} \tag{2.28}$$

由于主值 λ 都是坐标变换下的不变量，因此，I_A、$I\!I_A$、$I\!I_A$为也是坐标变换下的不变量，称 I_A为张量第一不变量，$I\!I_A$为张量第二不变量，$I\!I\!I_A$为张量第三不变量。

复习思考题

1. 试述标量、矢量和张量的关系。
2. 何为自由指标和哑标?

3. 用求各约定写出以下各式：

(1) $(x^1)^2+(x^2)^2+(x_3)^2+\cdots+(x_n)^2$；

(2) $\dfrac{\mathrm{d}x^i}{\mathrm{d}t}$；

(3) $a_{ij}b_ic_j$。

4. 写出张量 $\boldsymbol{A}_{ij}$ 的模、第一不变量、第二不变量和第三不变量。

5. 已知标量场梯度 $\nabla\varphi$，写出梯度及其分量的表达式。

6. 如何将矢量 $\boldsymbol{X}$ 进行如下指标变换 $\boldsymbol{X}_i \rightarrow \boldsymbol{X}_j$。

7. 如何将协变张量 $\boldsymbol{X}_i$ 变换为逆变张量 $\boldsymbol{X}^j$，如果将逆变张量 $\boldsymbol{X}^j$ 变为协变张量 $\boldsymbol{X}_i$。

8. 在 x 坐标系中定义的 $\boldsymbol{A}^{ij}$ 可以变换到另一个 z 坐标系中的 $\overline{A}^{mn}$？

9. 完成指标变换 $A_{kj} \rightarrow A_{ij}$。

10. Einstein 约定求和法则，写出下式的展开式：

$$y_j = a_j b_m^n \frac{\partial p^m}{\partial x^n}(m,n,j=1,2,3)$$

第3章　连续介质力学基础

流变学是研究物质流动和形变与应力之间关系的科学，具体而言，什么是流动和形变？如何表征？介质内部的应力状态如何？怎样描述和表征？流体的流动满足哪些守恒定律，解决一个流动问题需要补充哪些方程和条件？通过对本章连续介质力学基本概念和理论的学习，将回答上述问题，并初步建立起学习流变学的理论基础。

3.1　连续介质力学基本概念

3.1.1　连续介质模型

3.1.1.1　流体的连续介质假设的概念

连续介质假设认为流体质点连续地充满流体所在的整个空间。质点是流体力学研究的最基本单元。作为流体，无论是液体还是气体，都是由大量不断地运动着的分子所组成。从微观角度来看，流体的物理量在空间并不是连续分布的，这是因为分子之间总是存在一定间隙，分子间的真空区尺度远大于分子本身，并且分子内部的质量分布也不连续。同时，每个分子无休止地作不规则的运动，相互间经常碰撞、交换着动量和能量。由于分子的随机运动，流体的微观结构和运动无论在时间还是在空间上充满着不均匀性、离散性和随机性，又导致任一空间点上的流体物理量对于时间的不连续性。这样，从微观角度来看，流体的物理量在空间和时间上都是不连续的。

但是，在流体力学中，我们所讨论的问题的特征尺寸一般远大于流体的分子平均自由程，而且人们感兴趣的一般是流体的宏观特性，即大量分子的统计平均特性。因此，我们有理由不以流体分子作为研究对象，而是引入流体的连续介质模型，并以连续介质作为我们的研究对象。为了建立连续介质模型的概念，首先观察一个很有启发性的试验结果。

如图3.1(a)所示，取一包含点$P(x,y,z)$的微元体积ΔV，在此体积中的流体质量为Δm。体积ΔV中的体积平均密度为$\Delta m/\Delta V$。绕P点取大小不同的微元体积ΔV_i，测出其中质量Δm_i，计算出其中平均密度$\Delta m_i/\Delta V_i$。实测结果如图3.1(b)所示。

在包括P点的微元体积ΔV向$\Delta V'$逐渐收缩的过程中，其平均密度逐渐趋于一个确定的极限值，而且当体积ΔV继续收缩时，其平均值不再变化。此时，分子的个性并未显示出来。只有当体积ΔV收缩到比$\Delta V'$更小，此时ΔV中的分子数已减少到这样的程度，随机进入和飞出此体积的分子数不能及时平衡，因此体积ΔV中的分子数也将随机波动，从而引起体积ΔV内流体平均密度的随机波动，这时流体表现出分子的个性，比值$\Delta m/\Delta V$

不再具有确定的数值[图 3.1(b)]。

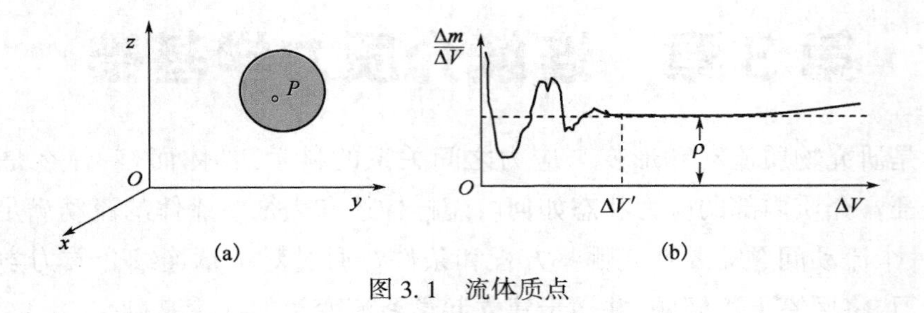

图 3.1　流体质点

由以上分析可见,$\Delta V'$是一种特征体积,它是宏观几何尺寸充分小(在数值上可视为一个点)、微观尺寸足够大(包括足够多个分子)的体积。在此体积中,流体的宏观特性就是其中分子的统计平均特性。我们把微元体积$\Delta V'$中的所有流体分子的总体称作流体的质点。由此,$\Delta V'$中的平均密度为

$$\rho = \lim_{\Delta V \to \Delta V'} \frac{\Delta m}{\Delta V}$$

即为流体质点的密度,并作为$P(x,y,z)$点上的流体密度。利用流体质点的概念,可以得出流体连续介质模型的定义:流体是由连续分布的流体质点所组成。

3.1.1.2　流体连续介质假设的适应性

流体连续介质模型只适用流场特征尺寸远远大于流体质点特征尺寸的情况。在大多数流体力学问题中,这一条是完全能够得到满足的。例如,在许多工程问题中,流场特征尺寸大于 1cm,一般来说,能了解到流场中 10^{-3}cm 距离上的物理量的平均值就足够精确了。这样,我们可取质点的特征尺寸为 10^{-3}cm,即以 $\Delta V' = 10^{-9}\text{cm}^3$ 中分子的平均物理量作为当地流体质点上的物理量。在标准状态(0℃,1atm)下,在这样一个宏观上充分小的体积中,仍包含了足够多(2.69×10^{10})个分子(对于液体,$\Delta V'$中所包含的分子个数更多),由如此众多分子足以得到与分子数无关的统计平均特性。

通常所说的流体力学,就是建立在连续介质假设基础上的。如果我们所研究的问题的特征尺寸接近或小于质点的特征尺寸(对于研究对象的宏观尺度与物质结构的微观尺度量级相当的情况),则连续介质模型不再适用。如分析空间飞行器和高层稀薄大气的相互作用时,由于空气分子的平均自由程可以和飞行器的尺度相当,连续介质的流体力学将不再适用。又如,在高空稀薄气体中飞行的火箭,由于空气稀薄,相应的质点特征尺寸较大,以至于它与火箭的特征尺寸具有相同的量级,在此情况下,不能用连续介质模型来研究问题。但是,如果我们研究的对象是地球这样大的物体,则高空稀薄气体又可视为连续介质。可见,流体的连续介质模型是一个具有相对意义的概念。

在石油工程研究和应用领域,经常要涉及气液两相流、乳状液和聚合物的流动问题。气泡或乳状液滴的尺度一般在介于几百微米和几微米之间,如图 3.2 所示。驱油的聚合物(聚丙烯酰胺)分子链长几十微米,溶于 NaCl 水溶液中为变为几微米。显然,在采油过

程中油气水在井筒的举升和地面的输运过程中，气泡或乳状液滴的流动在井筒中和大于厘米量级的管道中流动，可以近似用连续介质理论来研究。但是对于泡沫或乳状液及聚合物溶液在油藏多孔介质中的渗流，由于储层孔隙尺度较小（我国典型油层砂岩孔隙直径范围在4~20μm，见表3.1；低渗透油藏孔隙平均直径更小，见表3.2，我们不可能选出大于气泡/乳滴/聚合物分子团尺度同时又远小于流场尺度的质点，因而就不能用连续介质去研究。特别的是，气泡/乳滴/聚合物分子团在油藏不同尺度的孔隙中存在不同的形态及运移方式。近年来国内外的研究结果表明，水在与油藏孔隙尺度相当的微米量级管道中流动，出现了明显的微尺度效应，如图3.3所示。图3.3为水通过不同直径石英微管实验测得的 C^* 随 Re 的变化。阻力系数比 $C^*=\frac{f_{ex}}{f_{th}}$，$f_{ex}$ 为实验测得的阻力系数，f_{th} 为理论计算的阻力系数，见式（1.2）。由图3.3可知，水在5μm和2μm管径的微管中流动，其流动规律偏离了基本连续介质理论建立的流动方程，此时，需采用分子动力学论。分子动力学论是用质点力学和统计学相结合的方法来研究物质宏观力学和热力学性质的科学。这一理论取得了很大的成就，但是，目前也只能应用于某些简单的气体，远不能解决流体力学和固体力学中的大量问题。

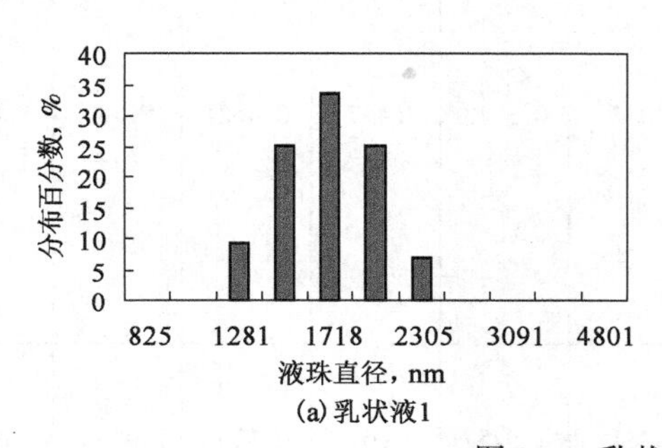

(a)乳状液1

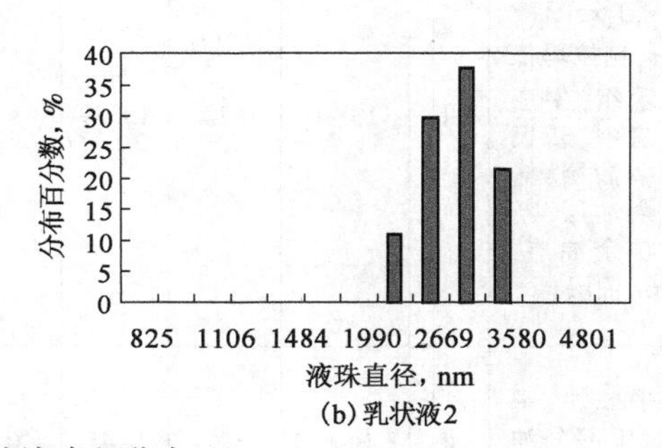

(b)乳状液2

图3.2　乳状液滴直径分布

表3.1　大庆油田葡Ⅰ1-3层岩心平均孔隙结构参数

	油区			
	喇嘛甸、萨北	萨中、萨南	杏北	杏南
岩样块数	25	25	25	25
K_a/ϕ，μm^2	5.757	5.478	2.112	1.165
$\bar{r}$，μm	11.01	10.36	7.29	6.53
G	2.625	2.467	3.141	4.357
a	0.451	0.506	0.476	0.421
退汞实验岩样块数	21	20	12	5
K_a/ϕ（退汞后），μm^2	8.363	8.041	4.951	3.171
W_E，%	75.3	76.5	69.8	49.0

注：K_a/ϕ 为空气渗透率与孔隙度的比值；$\bar{r}$ 为岩石的平均喉道半径；G 为结构系数；a 为均质系数；W_E 为退汞效率。

表 3.2 我国低渗透砂岩油层微观孔隙结构参数分类表

油田、油层	分类	K $10^{-3}\mu m^2$	样品块数	压汞毛细管压力曲线基本参数						
				ϕ,%	$K,10^{-3}\mu m^2$	p_d,MPa	p_{c50},MPa	R_{50},μm	S_{Hg},%	>1μm,%
彩南油田 J_1s,尕斯库勒油田 E_3^1,扶余油田扶余油层,马岭油田 Y10 油层	Ⅰ	100~50	1151	19.83	66.2762	0.1072	0.5847	1.5557	83.12	55.48
枣园油田 K_2^2,丘陵油田 J_2s,文留油田盐间层,朝阳沟油田扶余油层,老君庙油田 M 层,牛庄油田沙三下Ⅰ油层,新立油田葡萄花油层,马西深层板Ⅱ、板Ⅲ油组	Ⅰ	50~10	1727	16.31	20.5843	0.2399	1.1707	1.3352	78.55	44.12
火烧山平三段,彩南西山窑组,鄯善油田 J_2s、J_2x,丘陵油田 J_2x,克拉玛依下乌尔禾组,牛庄油田沙三中,新民油田扶余油层,榆树林扶余油层,新立油田扶余油层,安塞长 6_1 油层	Ⅱ	10~1	674	13.89	4.4042	0.3713	3.4973	0.4621	76.87	42.22
火烧山平二段,鄯善油田 J_2x 部分油层样品	Ⅱ	1.0~0.1	202	8.45	0.3285	1.9757	9.6679	0.1203	50.32	18.121

注:ϕ 为孔隙度;K 为气测渗透率;p_d 为排驱压力,是孔隙系统中最大的连通毛细管压力;p_{c50} 为汞饱和中值压力,是指在进入孔隙中的汞饱和度为50%时相应的注入曲线的毛细管压力;R_{50} 为中值孔隙半径,即汞饱和中值压力对应的孔隙半径;S_{Hg} 为残余汞饱和度,即做退汞实验时,当压力由最高注入压力退到试验起始注入压力(或当地大气压)时残留在岩样中的汞饱和度;>1μm 为平均孔隙半径大于 1μm 所占的百分比。

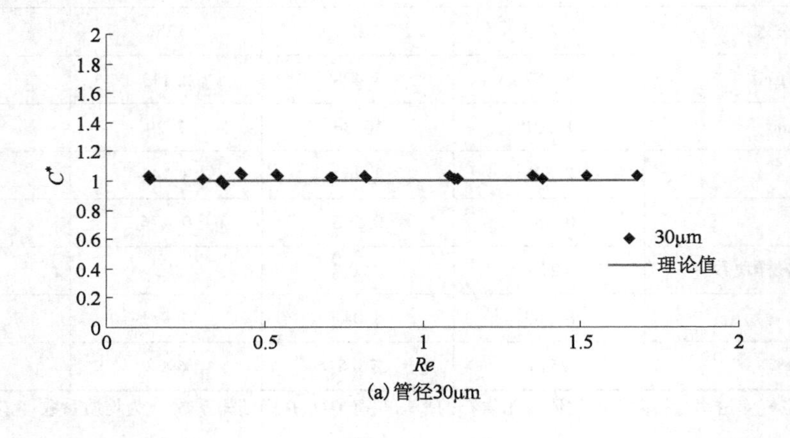

(a)管径30μm

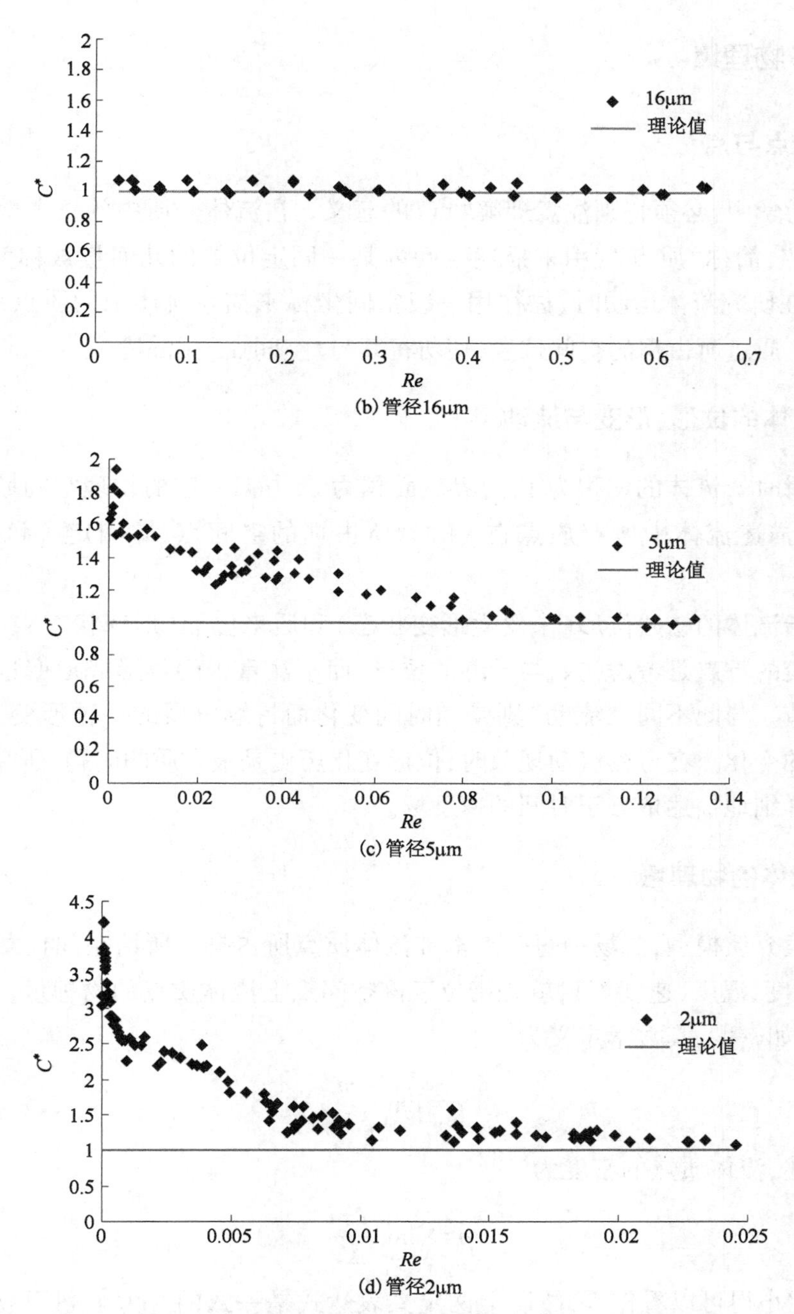

(b) 管径16μm

(c) 管径5μm

(d) 管径2μm

图 3.3　水通过不同直径石英微管实验测得的 C^* 随 Re 的变化

此外,引申出另一个关于聚合物溶液等非牛顿流体在多孔介质中的流变性问题,流变仪中所测的结果能否反映聚合物溶液在孔隙尺度下的流变性,同轴圆筒流变仪两筒间隙是毫米量级,而储层孔隙通常是微米量级的。这些问题有待于今后的深入研究。总而言之,流体的连续介质假设只有当流场特征尺寸(管直径或流场的边界尺寸)远远大于流体分子或粒子的特征尺度时(分子、粒子、的自由程),才能成立。

3.1.2 基本物理量

3.1.2.1 质点与点

在流体力学中,必须特别注意理解“点”的意义。在流体介质中的一个微小体积元被称为“物质点”,简称“质点”;用来描述空间内某一固定位置的几何量被称为“空间点”,简称“点”。在研究流体运动时,往往用一组空间坐标来描述流体中的质点,此时只是表明流体的某个质点所占据的空间位置,切勿将其与“空间点”相混淆。

3.1.2.2 流体的位形、形变与流动

在任一瞬时 t,流体的体积为 V,边界表面积为 S,占据一定的物理空间域 Ω。选定适当的坐标系,描述流体中所有质点在 t 时刻所占据的空间点,即确定了该瞬时流体的位形。

形变是指流体的初始位形(未发生形变状态)和后来位形(形变状态)在形状上的变化。研究形变的重点是考虑初始与最终的位形,而不注重中间位形或形变过程中位形变化的详情细节。与此不同,“流动”则是随时间变化而持续发展的一种形变,它注重形变过程中位形的变化。在考察流动现象时,位形变化历史是最本质的问题,研究流体位形的变化史可以详细地描述依赖于时间的速度场。

3.1.2.3 流体的物理量

根据连续介质模型,流场中每一点都被流体质点所占据。所谓空间任意点上的流体物理量(如密度、温度、速度等),就是指位于该空间点上流体质点的物理量。空间某点的流体物理量,如密度,其数学定义为

$$\rho = \lim_{\Delta V \to 0} \frac{\Delta m}{\Delta V} \tag{3.1}$$

依前所述,流体质点的密度为

$$\rho = \lim_{\Delta V \to \Delta V'} \frac{\Delta m}{\Delta V}$$

由于 $\Delta V'$ 小得可以看作零,故以上两定义表达式是一致的。为了利用数学分析这一有力工具,今后我们采用如式(3.1)的形式来定义流体的其他物理量。

在任意时刻,空间任意点上流体质点的密度具有确定的值,因此,密度是坐标点 $r=(x_1,x_2,x_3)$ 和时间 t 的函数:

$$\rho=\rho(r,t)$$

类似地,还可以给出流体的温度场:

$$T=T(r,t)$$

速度场:

$$u = u(r,t)$$

压力场：

$$p = p(r,t)$$

应当指出，在流体的连续介质模型中，还假定流体的物理量是空间位置和时间的高阶连续可微函数。

3.2 连续介质流动的描述

在对流动和形变进行描述之前，先来研究两质点间的相对速度。

3.2.1 两质点间的相对速度

考虑如图 3.4 所示的直角坐标系中原点 O 的速度记为 v_{Oi}（O 不是一个指标），与 O 点邻近的点 P 的速度记为 v_i，将 v_i 在 O 点附近展成 Taylor 级数得

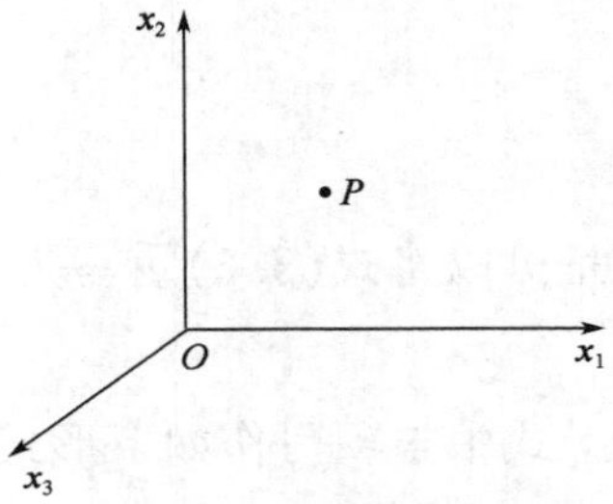

$$v_i = v_{Oi} + \frac{\partial v_i}{\partial x_m} dx_m + O(dx_m)^2$$

x_2

P

O x_1

x_3

图 3.4 相距为 dx_m 两点 O 和 P 之间的相对运动

对充分小的 dx_m 来说，有：

$$v_i - v_{Oi} = dv_i = \frac{\partial v_i}{\partial x_m} dx_m \tag{3.2}$$

即如果 dx^m 表示自 O 点到 P 点的位移，则 dv_i 即表示连续介质中速度分量的变化。更近一步，如$\frac{\partial v_i}{\partial x_m}=0$，则说明此两物质点间无相对速度，即此区域内无形变发生。这就说明，形变（形变速率）在连续介质中依赖于速度梯度。

如果将$\frac{\partial v_i}{\partial x_m}$变换到广义坐标系，则必须以协变导数 $v_{i,m}$ 予以替代，协变导数是一个比原张量升一阶的张量，所以我们知道 $v_{i,m}$ 项是一个二阶张量的分量，称为速度梯度张量 $\boldsymbol{V}$。

再回图 3.3 所示的坐标系中，将上述速度梯度张量在此坐标中的分量写下来，则有

$$\frac{\partial v_i}{\partial x_m} = \begin{pmatrix} \frac{\partial v_1}{\partial x_1} & \frac{\partial v_2}{\partial x_1} & \frac{\partial v_3}{\partial x_1} \\ \frac{\partial v_1}{\partial x_2} & \frac{\partial v_2}{\partial x_2} & \frac{\partial v_3}{\partial x_2} \\ \frac{\partial v_1}{\partial x_3} & \frac{\partial v_2}{\partial x_3} & \frac{\partial v_3}{\partial x_3} \end{pmatrix} \tag{3.3}$$

3.2.2 速度梯度的分解

为了便于研究，将速度梯度进行分解：

$$\frac{\partial v_i}{\partial x_m}=\frac{1}{2}\left(\frac{\partial v_i}{\partial x_m}+\frac{\partial v_m}{\partial x_i}\right)+\frac{1}{2}\left(\frac{\partial v_i}{\partial x_m}-\frac{\partial v_m}{\partial x_i}\right) \tag{3.4}$$

记作 $\boldsymbol{L}=\frac{\partial v_i}{\partial x_m}$,$\boldsymbol{L}^{\mathrm{T}}=\frac{\partial v_m}{\partial x_i}$,$\boldsymbol{L}^{\mathrm{T}}$ 是 $\boldsymbol{L}$ 的转置，或者写为

$$\boldsymbol{L}=\boldsymbol{D}+\boldsymbol{W}$$

其中

$$D=\frac{1}{2}(L+L^{\mathrm{T}}),W=\frac{1}{2}(L-L^{\mathrm{T}})$$

或

$$\boldsymbol{L}_{im}=\boldsymbol{D}_{im}+\boldsymbol{W}_{im} \tag{3.5}$$

于是可以将式(3.2)重写为

$$\mathrm{d}v_i=(D_{im}+W_{im})\mathrm{d}x_m \tag{3.6}$$

将上式中末项写作如下形式：

$$(\mathrm{d}v_i)_W=W_{im}\mathrm{d}x_m$$

上式再乘以 $\mathrm{d}x_i$ 则可得两个张量 $(\mathrm{d}x_i)_W$ 和 $\mathrm{d}x$ 的内积或点积：

$$(\mathrm{d}v_i)_W\mathrm{d}x_i=W_{im}\mathrm{d}x_i\mathrm{d}x_m \tag{3.7}$$

由于上式中无自由指标，所以式(3.7)为一个数量张量，并且可以任意变更哑标而方程不变。让我们先将哑标 m 换成 n，i 换成 j，再将 n 换成 i，j 换成 m，即

$$(\mathrm{d}v_i)_W\mathrm{d}x_i=W_{im}\mathrm{d}x_i\mathrm{d}x_m=W_{in}\mathrm{d}x_i\mathrm{d}x_n=W_{mi}\mathrm{d}x_m\mathrm{d}x_i$$

或者写成

$$(W_{im}-W_{mi})\mathrm{d}x_i\mathrm{d}x_m=0 \tag{3.8}$$

$$W_{im}=\frac{1}{2}\left(\frac{\partial v_i}{\partial x_m}-\frac{\partial v_m}{\partial x_i}\right)=-W_{mi} \tag{3.9}$$

将式(3.8)代入式(3.9)则得

$$2W_{im}\mathrm{d}x_i\mathrm{d}x_m=0$$

或者写成

$$(\mathrm{d}v_i)_W\mathrm{d}x_i=0 \tag{3.10}$$

回想一下矢量代数，两个矢量点积为

$$\boldsymbol{A}\cdot\boldsymbol{B}=A_iB_i=|A||B|\cos\theta$$

如果 $\boldsymbol{A}$、$\boldsymbol{B}$ 均为非零矢量，要想其点积为零，必须其夹角的余弦为零。对 $(\mathrm{d}v_i)_W\mathrm{d}x_i=(\mathrm{d}v)_W\mathrm{d}x$ 亦然，只有当 $\theta=90°$，$\cos\theta=0$，即两矢量相互垂直时才可得零，即式(3.10)成立。

如果 $(\mathrm{d}v)_W$ 垂直于 $\mathrm{d}x$，这必然表明 P 点和 O 点作刚体转动。因此，$\boldsymbol{W}$ 叫转动张量。由于相对于运动系由 $\boldsymbol{D}$ 与 $\boldsymbol{W}$ 两部分合成，而转动不在形变之列，$\boldsymbol{W}$ 不能贡献于形变。当然，由此推知只有 $\boldsymbol{D}$ 能对形变作贡献，故称之为形变(应变)速率张量，即

$$D_{im}=\frac{1}{2}\left(\frac{\partial v_i}{\partial x_m}+\frac{\partial v_m}{\partial x_i}\right) \tag{3.11}$$

$\boldsymbol{D}$ 与 $\boldsymbol{W}$ 均为二阶张量,分别含有 9 个分量。由于 $D_{im}=D_{mi}$,我们可以将它看作是速度梯度张量的对称部分。反过来,由于 $W_{im}=-W_{mi}$,称此转动张量为速度梯度张量中的非对称部分。形变速率张量的重要性在于事实:各种类型的材料,其应力分量 T_{ij} 只依赖于形变速率张量 d_{ij},而且提供了液体动力学量与运动学量之间的本质联系。

对广义坐标系来说,可以将式(3.11)代表的形变速率张量写为协变张量形式:

$$D_{ij}=\frac{1}{2}(v_{i,j}+v_{j,i}) \tag{3.12}$$

在此基础上,还可以导出形变速率的逆变分量和混合张量形式为

$$D^{ij}=g^{is}g^{jt}D_{st} \tag{3.13}$$

$$D_j^i=g_{rj}D^{ir} \tag{3.14}$$

式(3.12)至式(3.14)在计算形变速率时均可采用,这要看针对什么问题,选择哪个坐标系最方便。

[**例 3.1**] 对于一维简单剪切流场,此流场系由两个平行平板所组成,其中下板固定不动,上板移动时,两板间流体受剪切作用形成线性速度分布。如设此为 y、x 两维流场,则剪切速率为$\frac{\partial v_x}{\partial y}=\dot{\gamma}$,写出形变速率张量。

解:运动条件(或速度场为)$v_x=v_x(y)$,$v_y=v_z=0$,形变速率张量为

$$D=\begin{pmatrix} 0 & \dot{\gamma}/2 & 0 \\ \dot{\gamma}/2 & 0 & 0 \\ 0 & 0 & 0 \end{pmatrix}$$

此外,为便于查阅应用,给出了 $A=2d_{ij}$ 在直角坐标系、柱坐标系和球坐标系中的表达式。直角坐标系(x,y,z):

$$d_{xx}=2\frac{\partial v_x}{\partial x},d_{xy}=d_{yx}=\frac{\partial v_x}{\partial y}+\frac{\partial v_y}{\partial x}$$

$$d_{yy}=2\frac{\partial v_y}{\partial y},d_{xz}=d_{zx}=\frac{\partial v_x}{\partial z}+\frac{\partial v_z}{\partial x}$$

$$d_{zz}=2\frac{\partial v_x}{\partial z},d_{yz}=d_{zy}=\frac{\partial v_y}{\partial z}+\frac{\partial v_z}{\partial y}$$

柱坐标系(r,θ,z):

$$d_{rr}=2\frac{\partial v_r}{\partial r},d_{r\theta}=d_{\theta r}=r\frac{\partial}{\partial r}\left(\frac{v_\theta}{r}\right)+\frac{1}{r}\frac{\partial v_r}{\partial \theta}$$

$$d_{\theta\theta}=2\left(\frac{1}{r}\frac{\partial v_\theta}{\partial \theta}+\frac{v_r}{r}\right),d_{\theta z}=d_{z\theta}=r\frac{\partial v_\theta}{\partial z}+\frac{1}{r}\frac{\partial v_z}{\partial \theta}$$

$$d_{zz}=2\frac{\partial v_x}{\partial z},d_{zr}=d_{rz}=\frac{\partial v_z}{\partial r}+\frac{\partial v_r}{\partial z}$$

球坐标系(r,θ,ϕ)：

$$d_{rr}=2\frac{\partial v_r}{\partial r},d_{r\theta}=d_{\theta r}=r\frac{\partial}{\partial r}\left(\frac{v_\theta}{r}\right)+\frac{1}{r}\frac{\partial v_r}{\partial\theta}$$

$$d_{\theta\theta}=2\left(\frac{1}{r}\frac{\partial v_\theta}{\partial\theta}+\frac{v_r}{r}\right),d_{\theta\phi}=d_{\phi\theta}=\frac{\sin\theta}{r}\frac{\partial}{\partial\theta}\left(\frac{v_\theta}{\sin\theta}\right)+\frac{1}{r\sin\theta}\frac{\partial v_\theta}{\partial\phi}$$

$$d_{\phi\phi}=2\left(\frac{1}{r\sin\theta}\frac{\partial v_\phi}{\partial\phi}+\frac{v_r}{r}+\frac{v_\theta\cot\theta}{r}\right)$$

$$d_{r\phi}=d_{\phi r}=\frac{1}{r\sin\theta}\frac{\partial v_r}{\partial\phi}+r\frac{\partial}{\partial r}\left(\frac{v_\phi}{r}\right)$$

3.2.3 形变(应变)速率张量的构成

形变速率张量由直线形(应)变速率和剪切形(应)变速率构成。直线应(形)变速率定义为每单位长度的直线形变速度；剪切形(应)变速率定义为直角减少的速度。

以某一瞬间 t，在图 3.5 所示流场中一矩形六面体微元的变形速度为例，解释直线形(应)变速率和剪切形(应)变速率。该矩形六面体微元的边长分别为无限小量 x_1，y_1 和 z_1。点 $M(x,y,z)$ 为该矩形六面体微元的一个顶点。先分析平面 $MBDC$(图 3.6)上的变形速度。设此是点 M 的速度分量为 u，v，w，则 C 点的速度应为

$$u_C=u+\frac{\partial u}{\partial x}x_1$$

$$v_C=v+\frac{\partial v}{\partial x}x_1$$

故点 C 水平速度的改变量为

$$u_C-u=\frac{\partial u}{\partial x}x_1$$

其作用是使 MC 边拉长。

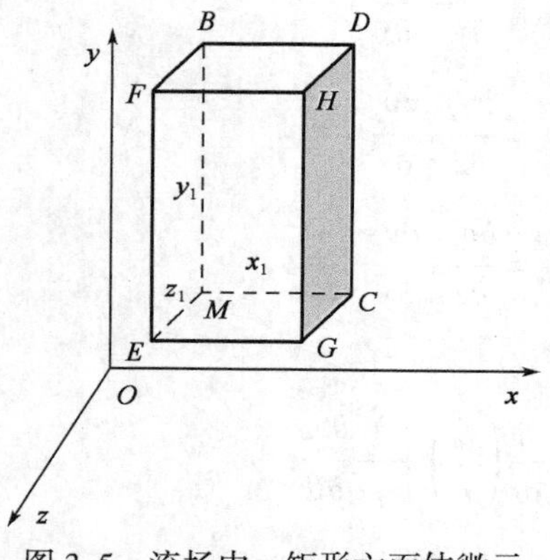

图 3.5 流场中一矩形六面体微元

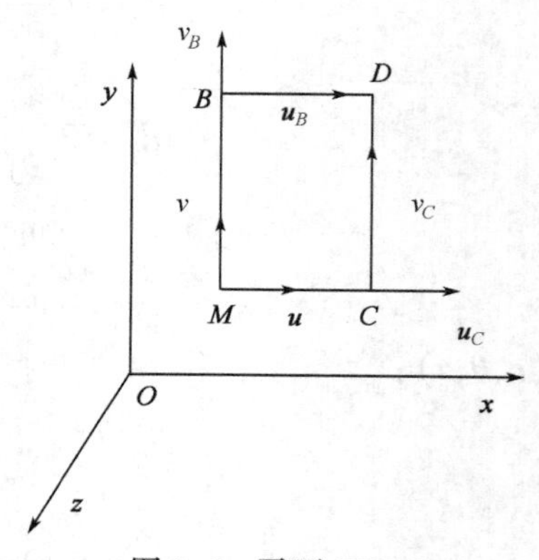

图 3.6 平面 $MBDC$

点 C 铅垂速度改变量为

$$v_C - v = \frac{\partial v}{\partial x}x_1$$

其作用是使 MC 转动,转动角速度为

$$\frac{v_C - v}{x_1} = \frac{\partial v}{\partial x}$$

其转动方向是逆时针的。

点 B 的速度为

$$u_B = u + \frac{\partial u}{\partial x}y_1$$

$$v_B = v + \frac{\partial v}{\partial y}y_1$$

故点 B 的铅垂速度改变量为

$$v_B - v = \frac{\partial v}{\partial y}y_1$$

其作用是使 MB 边拉长。

点 B 的水平速度改变量为

$$u_B - u = \frac{\partial u}{\partial y}y_1$$

其作用是使 MB 边转动,其转动的角速度为

$$\frac{u_B - u}{y_1} = \frac{\partial u}{\partial y}$$

其转动方向是顺时针的。

因此,矩形 $MBDC$ 在此瞬间的 x 方向的直线变形速度为$\frac{\partial u}{\partial x}x_1$,$y$ 方向的直线变形速度为$\frac{\partial v}{\partial y}y_1$,直角 $\angle BMC$ 将以角速度$\left(\frac{\partial u}{\partial y}+\frac{\partial v}{\partial x}\right)$来减小。同样,$z$ 方向的直线变形速度为$\frac{\partial w}{\partial z}z_1$。直角 $\angle BME$ 以角速度$\left(\frac{\partial v}{\partial z}+\frac{\partial w}{\partial y}\right)$来减小,直角 $\angle CME$ 以角速度$\left(\frac{\partial w}{\partial x}+\frac{\partial u}{\partial z}\right)$来减小。已知,$MC$,$MB$,$ME$ 之长度分别为 x_1,y_1 和 z_1,直线形(应)变速率为每单位长度的直线形变速率,在三维空间,点 M 有 3 个直线形变速率:

$$\dot{\varepsilon}_x = \frac{\partial u}{\partial x} = \frac{u_C - u}{x_1}(x\text{ 方向的直线应变速率})$$

$$\dot{\varepsilon}_y = \frac{\partial v}{\partial y} = \frac{v_B - v}{y_1}(y\text{ 方向的直线应变速率})$$

$$\dot{\varepsilon}_z = \frac{\partial w}{\partial z} = \frac{w_E - w}{z_1}(z\text{ 方向的直线应变速率})$$

剪切形(应)变速率是直角减少的速度,在三维空间,点 M 有 6 个剪切形(应)变速率:

$$\dot{\gamma}_{xy}=\dot{\gamma}_{yx}=\frac{1}{2}\left(\frac{\partial u}{\partial y}+\frac{\partial v}{\partial x}\right)$$

$$\dot{\gamma}_{xz}=\dot{\gamma}_{zx}=\frac{1}{2}\left(\frac{\partial u}{\partial z}+\frac{\partial w}{\partial x}\right)$$

$$\dot{\gamma}_{yz}=\dot{\gamma}_{zy}=\frac{1}{2}\left(\frac{\partial v}{\partial z}+\frac{\partial w}{\partial y}\right)$$

现在就知道了形变速率张量 9 个分量所表示的物理意义了,其中 3 个对角线上的分量表示直线形(应)变速率,非对角线上的 6 个分量表示剪切形(应)变速率的一半。

由以上可知,在求得点 $M(x,y,z)$ 的 9 个应变率 $\dot{\epsilon}_x,\dot{\epsilon}_y,\dot{\epsilon}_z,\dot{\gamma}_{xy}=\dot{\gamma}_{yx},\dot{\gamma}_{yz}=\dot{\gamma}_{zy}$ 和 $\dot{\gamma}_{zx}=\dot{\gamma}_{xz}$ 后,其邻点 $M'(x+\mathrm{d}x,y+\mathrm{d}y,z+\mathrm{d}z)$ 因变形而引起的速度就可以立即求得了。

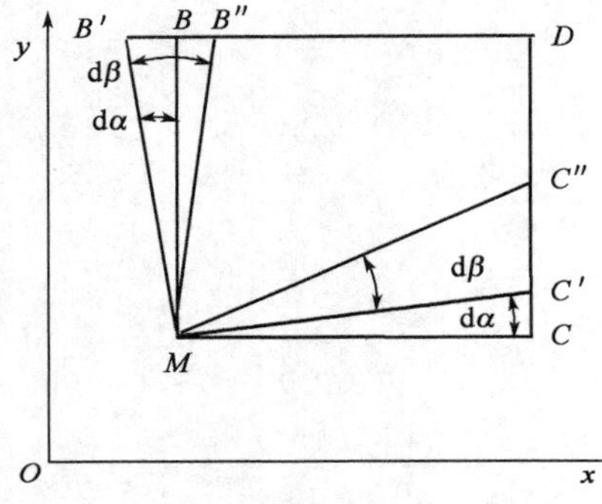

图 3.7　流体微团的转动示意图

3.2.4　转动角速度

矩形 $MBDC$ 对点 M 的相对运动可视为如刚体一样绕点 M 的转动与变形之和。现在单独考察 $\angle BMC$ 角度的变化情况。设在瞬间 t 的矩形 $MBDC$ 经过 $\mathrm{d}t$ 时间后,其两边 MC 和 MB 分别转动到了 MC'' 和 MB'' 的位置,如图 3.7 所示。设在 $\mathrm{d}t$ 时间内,由于微团有旋转运动,整个矩形绕点 M 转了一个角度 $\mathrm{d}\alpha$(即 MC 边和 MB 边转到了 MC' 和 MB' 的位置);但因同时有剪切变形,MC' 和 MB' 边又各转了一个角度 $\mathrm{d}\beta$,才到达最后位置 MC'' 和 MB''。现在来求这两个角度 $\mathrm{d}\alpha$ 和 $\mathrm{d}\beta$。

前已说明,MC 边的旋转角速度为 $\frac{\partial v}{\partial x}$,旋转方向是逆时针,故

$$\mathrm{d}\alpha+\mathrm{d}\beta=\frac{\partial v}{\partial x}\mathrm{d}t$$

MB 边的旋转角速度为 $\frac{\partial u}{\partial y}$,旋转方向是顺时针,故

$$\mathrm{d}\beta-\mathrm{d}\alpha=\frac{\partial u}{\partial y}\mathrm{d}t$$

所以

$$\mathrm{d}\beta=\frac{1}{2}\left(\frac{\partial u}{\partial y}+\frac{\partial v}{\partial x}\right)\mathrm{d}t$$

矩形 $MBDC$ 在瞬间 t 的角速度 ω_z(绕通过 M、平行于 z 轴的转动角速度)为

$$\omega_z=\frac{\mathrm{d}\alpha}{\mathrm{d}t}=\frac{1}{2}\left(\frac{\partial v}{\partial x}-\frac{\partial u}{\partial y}\right)$$

$\angle BMC$ 的剪切应变率为

$$2\frac{d\beta}{dt}=\frac{\partial u}{\partial y}+\frac{\partial v}{\partial x}=2\dot{\gamma}_{xy}=2\dot{\gamma}_{yx}$$

这正是前面已得到的结果。

同样,将上述方法应用于矩形 *MBFE* 和矩形 *MEGC*,得

$$\omega_x=\frac{1}{2}\left(\frac{\partial w}{\partial y}-\frac{\partial v}{\partial z}\right)$$

$$\frac{\partial w}{\partial y}+\frac{\partial v}{\partial z}=2\dot{\gamma}_{yz}=2\dot{\gamma}_{zy}$$

$$\omega_y=\frac{1}{2}\left(\frac{\partial u}{\partial z}-\frac{\partial w}{\partial x}\right)$$

$$\frac{\partial u}{\partial z}+\frac{\partial w}{\partial x}=2\dot{\gamma}_{zx}=2\dot{\gamma}_{xz}$$

3.2.5 流体的流动类型

在一定条件下的流速、流速的变化、外部作用力的作用方式、流道的几何形状和热量传递情况不同,流体均会表现出不同的流动类型。因此,需要对流动进行分类,认识流体的流动类型是分析流体流变行为、流动规律的重要前提。

3.2.5.1 剪切流动和拉伸流动

这两类流动是在油气田中普遍存在的两种流动类型。流体流动时,即使流动状态为层状稳定流动,流体内各点的速度并不完全相同。质点速度的变化方式稳定为速度分布。按照流体内质点速度分布与流动方向的关系,可以将流动分为两类:剪切流动和拉伸流动。

剪切流动是指质点速度仅沿与流动方向垂直的方向发生变化,如图 3.8 所示。

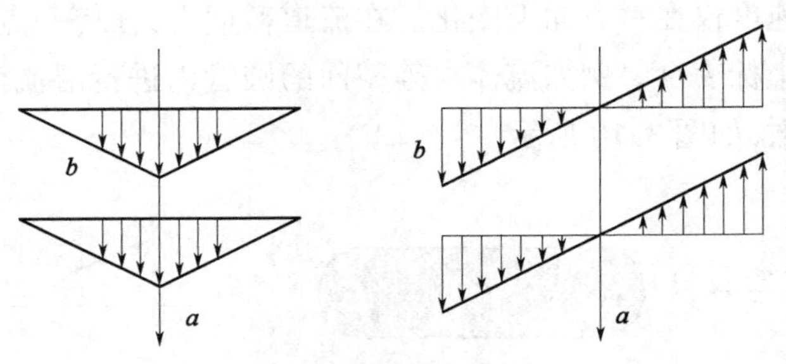

图 3.8 剪切流动示意图

a—流动方向;*b*—速度变化

拉伸流动指质点速度仅沿流动方向发生变化,如图 3.9 所示的单轴拉伸,此外还有双轴拉伸。单轴拉伸的特点是一个方向补拉长,另一方向则缩小。双轴同时沿纵横两个方向拉伸取向。这种流动方式常见于塑料的中空吹塑、薄片生产等。

剪切流动根据流动的边界条件可分为两类:压力流动和拖曳流动。压力流动又称为

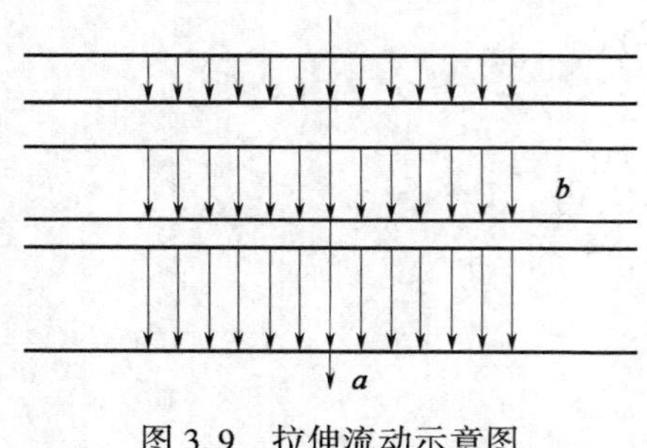

图 3.9　拉伸流动示意图
a—流动方向；b—速度变化

泊肃叶流动，施加在流体上的外压为产生速度场，体系的边界是刚性的和静止不动的。圆管在两端维持着固定压力差的流动，就是这类流动的典型例子。塑料熔体注射成型或挤出成型等也是压力流动，在流道内的流动属于压力梯度引起的剪切流动。拖曳流动也称为库特(Couette)流动，是指由于边界的运动而产生的流动，没有对流体加上压力梯度，即在黏性的影响下，边界的拖动使流体跟它一起运动。流体在旋转黏度计环形空间中的流动便是这类流动的例子。另外，运转的滚筒表面对流体的剪切摩擦而使流体产生流动，压延成型片材加工中流体的流动。

螺旋流可视为上述两类基本流动(压力流动和拖曳流动)的叠加。当流体处于半径为 R 的圆管以等角速度沿其自身轴线旋转，且同时又有一个平行于轴线的压力梯度 p 作用于流体之上时，则流体在圆管中发生螺旋流动。同样，当流体处于两个同轴的圆柱体(其半径分类为 R_o 和 R_i)构成的环形空间中，外圆柱静止，而内圆柱以等角速度沿轴线旋转，且同时又有一个平行于轴线的压力梯度作用于流体之上时，则流体在这个环形空间中也发生螺旋流动。在螺旋流动中，流体质点的运动轨迹是一条环绕管子轴线的螺旋线。钻井液在环形空间中的流动是典型的螺旋流的例子。

3.2.5.2　一维、二维和三维流动

当流体在流道内流动时，由于外力作用方式和流道几何形状的不同，流体内质点的速度分布具有不同的特征。

1. 一维流动

流体内质点的速度仅在一方向上变化。在流道截面上，任何一点的速度只需用一个垂直于流动方向的坐标表示。例如流体在等截面的圆管内进行层流流动时，其速度分布仅是圆管半径的函数，如图 3.10 所示。

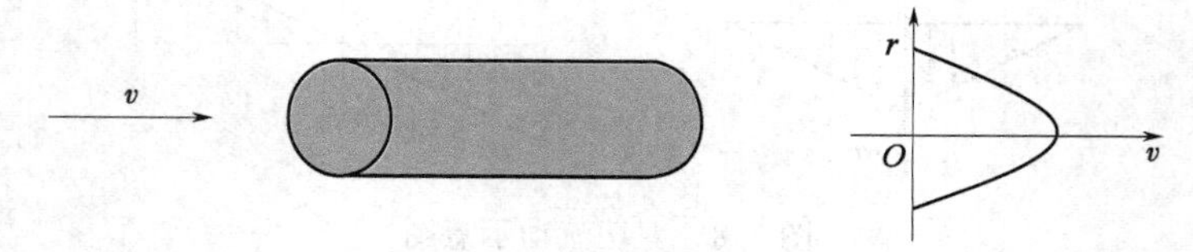

图 3.10　流体在圆管内的一维流动

2. 二维流动

流道截面上各点的速度需要用两个垂直于流动方向的坐标表示。例如：流体在矩形截面通道中流动时，其流速在通道高度和宽度两个方向均发生变化，是典型的二维流动，如图 3.11 所示。

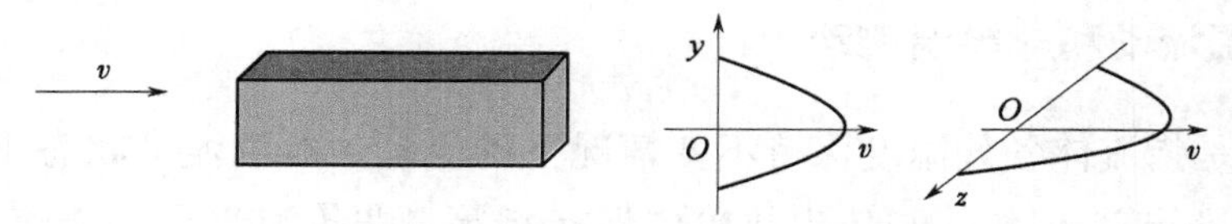

图 3.11　矩形截面通道内的二维流动示意图

3. 三维流动

质点速度不仅沿通道界面的纵横两个方向变化,而且也沿主流动方向变化,流体的流动需要用两三个互相垂直的坐标表示。例如:流体在截面变化的通道中流动,如锥形通道,如图 3.12 所示。

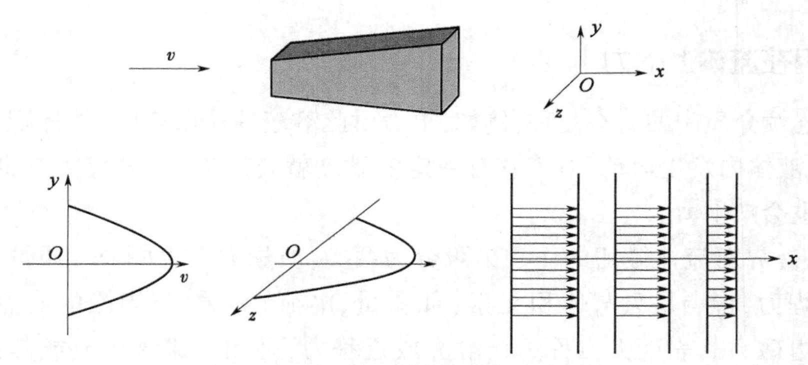

图 3.12　锥形通道的三维流动示意图

二维和三维流动的规律在数学处理上,比一维流动复杂得多。但是有的二维流动,如平行板狭缝通道和间隙很小的圆环通道中的流动,按一维流动进行近似处理,不会有很大误差。

3.2.5.3　层流和紊流

层流,也称为稳流,是流体在低速管流中呈层状流动,质点沿着与管轴平行的方向做直线运动;紊流又称为湍流,是当流速增加到很大时,流体做不规则运动,有垂直于管轴方向的分速度产生。通常用雷诺数 Re 来区分流动是层流还是紊流。经常遇见的层流的情况,如毛细管或多孔介质中的流动、轴承润滑膜中的流动、微小颗粒在黏性流体中运动时引起的流动、液体或气体流经物体表面附近形成的边界层中的流动等。通常聚合物熔体的流动 $Re \ll 1$,一般呈层流状态。但是,在某些特殊的加工过程中,如熔体经小的浇口注射进大的型腔,由于剪切应力过大的原因,会出现弹性引起的湍流,造成熔体破裂。

3.2.5.4　稳定流动和不稳定流动

稳定流动是指流体流动时,任一点处的流速、压力、密度等与流动有关的流动参数都不随时间而变化。反之,只要有一个流动参数随时间而变化,则为不稳定流动。

3.2.5.5 等温流动和非等温流动

等温流动是指流体各处温度保持不变情况下的流动。等温流动状态下,流体与外界面可以进行热量传递,但传入与传出热量应保持相等。非等温流动是指流体各处温度不同时的流动。在塑料成型的实际条件下,聚合物熔体的流动一般呈现非等温状态。一方面由于成型工艺有要求将流程各区域控制在不同的温度下;另一方面黏性流动过程中有生热和热效应。这些都使流体在通道的径向和轴向上存在一定的温度差。

3.3 连续介质中的应力

3.3.1 作用在流体上的力

作用在连续介质中的力有几种,例如,重力对此溶液的作用产生了"体积力",如果我们搅拌溶液,液体内发生运动,由于它有一定的黏度就要产生"内摩擦力",此外,液体内的压力分布也会产生力。

实际上,外界对流体微团的作用力可分为两类:质量力和表面力。质量力也称为非接触力或长程力,特点是只与体积元素(如质量、电荷)有关,与周围的质点无关,如重力、静电力、电磁力。表面力也称为接触力或近程力,是相邻流体质点或其他物体所直接施加的表面接触力,如压力、内摩擦力。作用在流体的应力是指任一点所受到的表面力。

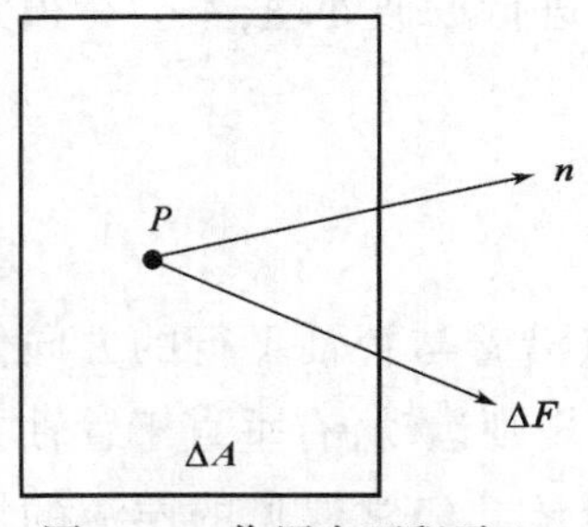

图 3.13 作用在面积元 ΔA 上力的示意图

3.3.2 应力和应力张量

对于表面力,我们可设想它作用在 P 点附近微小区域内的一团流体上,如图 3.13 所示。现考虑包括 P 点在内的一个面积微元 $\Delta \boldsymbol{A}$,要注意这个面积实际上是一个矢量,因为要描写它除了 $\Delta \boldsymbol{A}$ 的大小外,还要它的法向矢量 $\boldsymbol{n}$ 的方向。假设作用到 $\Delta \boldsymbol{A}$ 上的力为 $\Delta \boldsymbol{F}$,$\Delta \boldsymbol{F}$ 表示作用在面元上所有方向的力,当然也是一个矢量,一般与 $\boldsymbol{n}$ 的方向不同,图 3.13 说明了这种情况。

在用 $\boldsymbol{n}$ 和面积微元 $\Delta \boldsymbol{A}$ 内两个轴组成的坐标系,我们可以将矢量 $\Delta \boldsymbol{F}$ 分解为三个分量,即 $\Delta \boldsymbol{F}_{n1}$、$\Delta \boldsymbol{F}_{n2}$、$\Delta \boldsymbol{F}_{n3}$。

$\Delta \boldsymbol{F}$ 具有双重下标的原因为:只有一个下标不足以说明 $\Delta \boldsymbol{F}$。其中第一个下标说明它的作用的方向,第二个下标说明它是沿什么坐标轴方向分解的。

依照压强的定义方法,将质点的应力矢量定义为

$$T=\lim_{\Delta A \to 0} \frac{\Delta \boldsymbol{F}}{\Delta \boldsymbol{A}}$$

则有 $$\lim_{\Delta A\to 0}\frac{\Delta F_{n1}}{\Delta A}=T_{ni}$$

其中 i 表示坐标轴 x_1,x_2 和 x_n,如此便定义了作用到方向为 $\boldsymbol{n}$ 的面上应力矢量 $\boldsymbol{T}$ 的分量。

由于 $\boldsymbol{n}$ 可以任意选择,岂不是有无穷多组 $\boldsymbol{T}$ 的分量吗?这是否意味着必须用无穷多组才能完全表征连续介质中的应力呢?

答案是否定的。可以证明,表征应力所需最大信息为作用力 $\boldsymbol{F}$ 分解到三个彼此正交面上的分量。在流体力学的讨论中,我们经常抽象出一个小立方体微元作为对象。所以,最好通过讨论作用于此流体微元立方体的三个面上的三个力,来说明应力张量的物理意义。图 3.14 给出了示意图,在所示的坐标系中,从任意方向作用于 $ABCD$ 画上的力(一个矢量)可以分解为三个分量,即作用在 x_1 方向上的力是 $T_{11}\mathrm{d}x_2\mathrm{d}x_3$,作用在 x_2 方向上的力是 $T_{12}\mathrm{d}x_2\mathrm{d}x_3$ 以及作用在 x_3 方向上的力是 $T_{13}\mathrm{d}x_2\mathrm{d}x_3$。同样,在 $BCFE$ 面上,在 x_1 方向上的力是 $T_{21}\mathrm{d}x_1\mathrm{d}x_3$,在 x_2 方向上的力是 $T_{22}\mathrm{d}x_1\mathrm{d}x_3$,在 x_3 方向上的力是 $T_{23}\mathrm{d}x_1\mathrm{d}x_3$。作用于 $DCFG$ 面上的力,在 x_1 方向上的力是 $T_{31}\mathrm{d}x_1\mathrm{d}x_2$,在 x_2 方向上的力是 $T_{32}\mathrm{d}x_1\mathrm{d}x_2$,在 x_3 方向上的力是 $T_{33}\mathrm{d}x_1\mathrm{d}x_2$。可以证明,如果知道以上 9 个分量,就能求得在任何坐标系中的分量值。也就是说,9 个分量 T_{ij} 是完全确定连续介质中某点的应力状态的充要条件。

应力张量分量可以写成矩阵形式:

$$\boldsymbol{T}=\begin{pmatrix}T_{11} & T_{12} & T_{13}\\ T_{21} & T_{22} & T_{23}\\ T_{31} & T_{32} & T_{33}\end{pmatrix} \tag{3.15}$$

式中,应力张量分量 T_{ij} 是作用在垂直于 x_i 方向的单位面积上在 x_i 方向的力。分量 T_{11}、T_{22}、T_{33} 称为法向应力,因为它们垂直于表面,而混合分量 T_{12}、T_{13} 等则称为剪切应力。在笛卡儿 x,y,z 坐标系中,可写成如下形式:

$$\boldsymbol{T}=\begin{pmatrix}T_{xx} & T_{xy} & T_{xz}\\ T_{yx} & T_{yy} & T_{yz}\\ T_{zx} & T_{zy} & T_{zz}\end{pmatrix}$$

如图 3.14 所示的微元立方体的各个表面分别平行于坐标平面,现作如下规定。正表面是指外法线方向与坐标轴正向相同的表面。负表面是指外法线与坐标轴负向相同的表面。正表面中,所有沿坐标之正向的应力为正,正表面所画的应力均为正,反之为负。对于 3 个负表面,则规定沿坐标负向的应力为正,反之为负。

3.3.3 剪应力互等定理

剪(切)应力互等定理是指,式(3.15)中的 6 个剪(切)应力满足下列关系:

$$T_{12}=T_{21},T_{13}=T_{31},T_{23}=T_{32}$$

也可以写作:

$$T_{ij}=T_{ji} \tag{3.16}$$

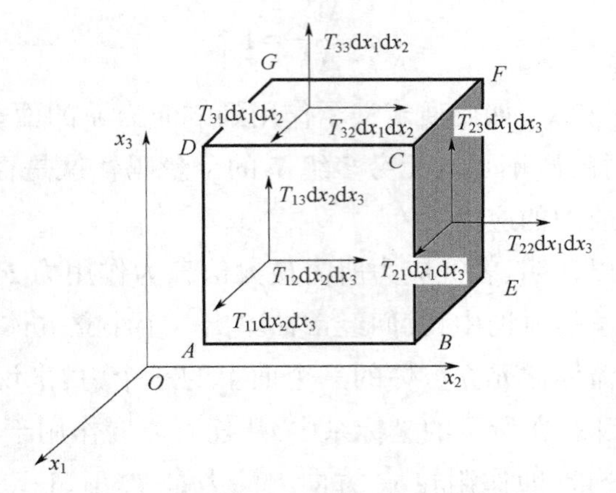

图 3.14　微元立方体上的应力分量

剪应力互等定理说明应力张量具有对称性。根据力学原理，我们可以证明，应力张量是对称张量。

设如图 3.15 所示的坐标系中，在任一瞬间，取流场中任一点 M，并以 M 为几何中心取一个边长为 $\mathrm{d}x_i$ 的平行六面体流体微团，边长为 $\mathrm{d}x_1$，$\mathrm{d}x_2$，$\mathrm{d}x_3$，此时的应力为 T。

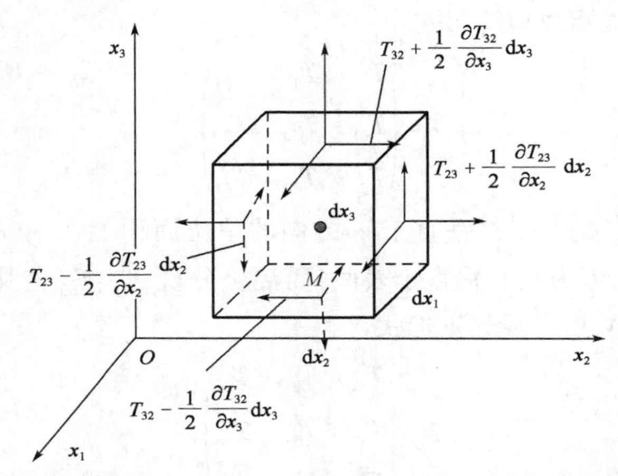

图 3.15　流场中任一以点 M 为几何中心的平行六面体流体微团

此微团所受的质量力为 $\rho b_1\mathrm{d}x_1\mathrm{d}x_2\mathrm{d}x_3\rho b_2\mathrm{d}x_1\mathrm{d}x_2\mathrm{d}x_3\rho b_3\mathrm{d}x_1\mathrm{d}x_2\mathrm{d}x_3$，此微团加速度为 $a_1a_2a_3$，应用达朗伯原理，将惯性力（$-\rho a_1\mathrm{d}x_1\mathrm{d}x_2\mathrm{d}x_3$，$-\rho a_2\mathrm{d}x_1\mathrm{d}x_2\mathrm{d}x_3$，$-\rho a_3\mathrm{d}x_1\mathrm{d}x_2\mathrm{d}x_3$）加于微团上，则表面力、质量力和惯性力就可视为一个平衡力系。对通过 M 点且平行于 Ox_1 轴取矩，质量力和惯性力都不产生力矩，应力（平行于 Ox_1 和通过 M 点法向应力及不产生力矩、x_1 面上无力矩）产生的总力矩为

$$\left(T_{23}+\frac{1}{2}\frac{\partial T_{23}}{\partial x_2}\mathrm{d}x_2\right)\mathrm{d}x_1\mathrm{d}x_3\ \frac{\mathrm{d}x_2}{2}+\left(T_{23}-\frac{1}{2}\frac{\partial T_{23}}{\partial x_2}\mathrm{d}x_2\right)\mathrm{d}x_1\mathrm{d}x_3\ \frac{\mathrm{d}x_2}{2}$$

$$-\left(T_{32}+\frac{1}{2}\frac{\partial T_{32}}{\partial x_3}\mathrm{d}x_3\right)\mathrm{d}x_1\mathrm{d}x_2\ \frac{\mathrm{d}x_3}{2}-\left(T_{32}-\frac{1}{2}\frac{\partial T_{32}}{\partial x_3}\mathrm{d}x_3\right)\mathrm{d}x_1\mathrm{d}x_2\ \frac{\mathrm{d}x_3}{2}=0$$

整理得

$$T_{23}=T_{32}$$

分别对 Ox_2 轴和 Ox_3 轴列力矩平衡方程，同理可得

$$T_{23}=T_{32} \text{ 和 } T_{13}=T_{31}$$

应力张量的对称性的意义在于，我们只需知道 6 个分量，而不是 9 个，就能完全表征某一点的应力状态。但是，从实际观点来看，应力张量的对称性只能看成是一种假设。因为已发现液晶、非对称粒子分散体系均可呈现非对称性的应力张量，但一般还是假设 T 是对称的。

3.3.4　偏应力张量

应当指出，对流变学来说，特别重要的是应力状态的一些特殊类型。如在充分长时间内处于静止状态的液体中，立方体的任何面不存在剪切应力，而在互相垂直的三个面上应力的法向分量相同，仅有各向同性压力 p 存在。在这种情况下，式(3.15)将简化为

$$T=\begin{pmatrix}-p & 0 & 0\\ 0 & -p & 0\\ 0 & 0 & -p\end{pmatrix} \tag{3.17}$$

式中，各向同性压力 p 即为流体静压。各向同性压力前的负号表明其作用方向与法向应力 T_{11}、T_{22}、T_{33} 方向相反，按习惯通常选择由立方体向外的方向为正。

按习惯将各向同性压力定义为

$$-p=\frac{1}{3}(T_{11}+T_{22}+T_{33}) \tag{3.18}$$

此式可由式(3.17)直接得到。

因此，在处理不可压缩液体在形变或流动过程中的应力状态时，常将应力张量写作

$$T_{ij}=-p\delta_{ij}+\tau_{ij} \tag{3.19}$$

式中　p——流体静压；

δ_{ij}——单位张量分量；

τ_{ij}——偏应力张量(deviatroic stress tensor)分量。

在考虑各向同性连续介质的应力状态时，在简单剪切流中：

$$T_{13}=T_{31}=0, T_{23}=T_{32}=0, T_{12}=T_{21}\neq 0 \tag{3.20}$$

式中　下角标 1——流动方向；

下角标 2——垂直于流动方向；

下角标 3——余下的方向。

故从式(3.19)可得到，在笛卡儿坐标系中简单剪切流动的最一般可能的应力状态为

$$\begin{pmatrix}T_{11} & T_{21} & 0\\ T_{21} & T_{22} & 0\\ 0 & 0 & T_{33}\end{pmatrix}=\begin{pmatrix}-p & 0 & 0\\ 0 & -p & 0\\ 0 & 0 & -p\end{pmatrix}+\begin{pmatrix}\tau_{11} & \tau_{12} & 0\\ \tau_{21} & \tau_{22} & 0\\ 0 & 0 & \tau_{33}\end{pmatrix}$$

在不可压缩的液体中，只有加上各向同性压力才能由应变历史确定出应力状态，因此，任一法向应力分量的绝对值都是不重要的，即没有流变学意义。但是，法向应力分量差值不会由于任何各向同性压力的加入而改变，只能依赖于液体材料的性质。所以，我们说仅有三个具有流变学意义的独立应力量，即两个法向应力差和一个剪切分量 $\tau_{11}-\tau_{22}$，$\tau_{22}-\tau_{33}$，τ_{12}。应力差 $\tau_{11}-\tau_{33}$ 是多余的，不独立的，有

$$\tau_{11}+\tau_{22}+\tau_{33}=0$$

这一结论可以由式(3.18)、式(3.19)得到。

3.3.5 主应力和不变量

在后续的章节中，将要给出本构方程。本构方程与坐标系无关。因此，需要引入一些标量的流变参数如模量、黏度作为张量的函数。

如何建立张量与标量的关系？首先考察一个较为简单且较相似的问题：标量如何决定于矢量？回想标量动能方程 $E=\frac{1}{2}mv^2$，其中 $v^2=\boldsymbol{v}\cdot\boldsymbol{v}$。动能是速度矢量的点积或标量积(向量平方大小)的函数。因此，$\boldsymbol{v}\cdot\boldsymbol{v}$ 与坐标系无关，它是矢量 $\boldsymbol{v}$ 的不变量。

矢量不变量仅有一种常见的应用形式：它的大小。然而张量有 3 种可能的不变量标量函数。对于应力张量，可以通过主应力给出这 3 个不变量的物理意义。

对于一个研究对象(物体)，有可能选出一个过 p 点的切面，在该作用面上，仅有法向应力的作用，该而称为主平面，作用其上的应力称为主应力 σ。如图 3.10 所示，通过任一点都会有 3 个平面和 3 个主应力。

主应力可根据应力椭圆直观地看到，该椭圆是由从 p 点发出的力矢量 $\boldsymbol{t}_n$ 端面所在，$\boldsymbol{n}$ 取所有(全部)方向。椭圆 3 个轴是 3 个主应力，它们所在方向是主方向。通过该椭圆两个轴的截面如图 3.16 所示。

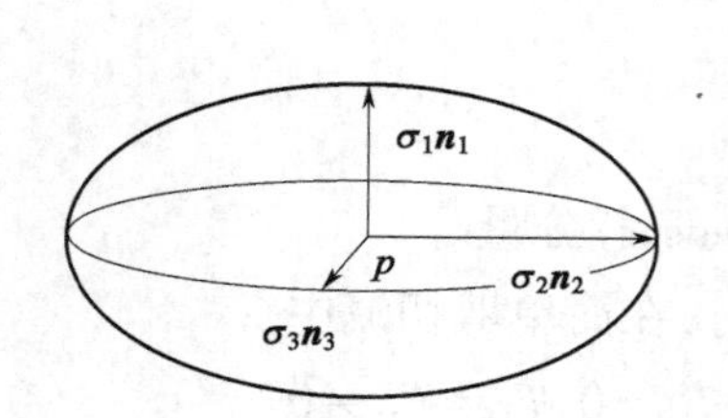

(a)过 p点应力椭圆的两个主轴 $\sigma_1\boldsymbol{n}_1$和$\sigma_2\boldsymbol{n}_2$

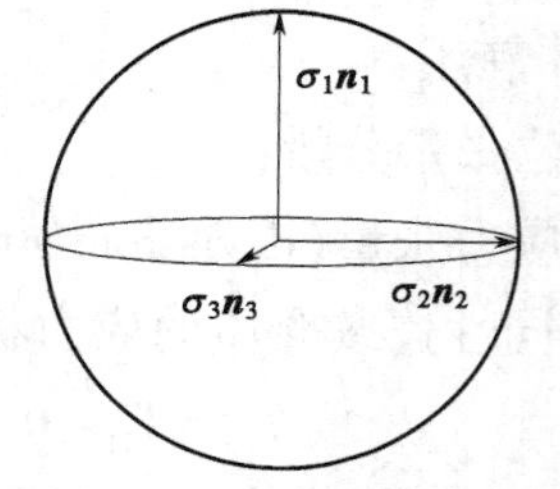

(b)应力在水静力状态下的应力椭圆

图 3.16 应力椭圆

注意到最简单的情况是所有主应力都相等：$\sigma_1=\sigma_2=\sigma_3=\sigma$。这种相等表示水静压力 $p=-\sigma$。水静力学状态是一种仅当液体静止时的应力状态。如果用三个主应力建立坐标系，应力张量中的所有剪切分量将为零。这样，就可以将应力张量简化为仅存在三个对角线上的分量。

主应力张力的分量 T_{ij}^p 为

$$T_{ij}^{p}=\begin{bmatrix}\sigma_1 & 0 & 0\\ 0 & \sigma_2 & 0\\ 0 & 0 & \sigma_3\end{bmatrix} \tag{3.21}$$

然而实际中,推测出在物质中每一点的坐标系旋转到主应力的方向是非常困难的,通常更简便的做法是将坐标系建立在实验室的框架上。因此,我们通常不去测量主应力(除非对于纯拉伸变形),而是从已测的应力张量中计算它们。其计算方法如下。

因为主平面定义为仅有法向应力作用的平面。力矢量和该面的单位法向一定是在同一方向上,则

$$t_n=\sigma\boldsymbol{n}$$

因此,σ 是主应力的大小,$\boldsymbol{n}$ 是它的方向。如前所述,应力张量可以通过点运算得到任意的力:

$$t_n=\boldsymbol{nT}=\sigma\boldsymbol{n}$$

整理得

$$\boldsymbol{n}(\boldsymbol{T}-\sigma\boldsymbol{I})=0 \text{ 或} n_i(T_{ij}-\sigma I_{ij})=0$$

因为 $\boldsymbol{n}$ 不为零,求解上述方程我们需要找到 σ 值使得 $\boldsymbol{T}-\sigma\boldsymbol{I}$ 行列式等于零,通常称为特征值问题:

$$\det(\boldsymbol{T}-\sigma\boldsymbol{I})=\det\begin{bmatrix}T_{11}-\sigma & & \\ & T_{22}-\sigma & \\ & & T_{33}-\sigma\end{bmatrix}=0$$

展开这个行列式得到矩阵的特征方程:

$$\sigma^3-\mathrm{I}_T\sigma^2+\mathrm{II}_T\sigma-\mathrm{III}_T=0 \tag{3.22}$$

其中系数为

$$\boldsymbol{I}_T=\mathrm{tr}\boldsymbol{T}=T_{11}+T_{22}+T_{33}=\sigma_1+\sigma_2+\sigma_3 \tag{3.23}$$

$$\begin{aligned}\mathrm{II}_T&=\frac{1}{2}[\mathrm{I}_T^2-\mathrm{tr}T^2]=T_{11}T_{22}+T_{11}T_{33}+T_{22}T_{33}-T_{12}T_{21}-T_{13}T_{31}-T_{23}T_{32}\\&=\sigma_1\sigma_2+\sigma_2\sigma_3+\sigma_1\sigma_3\end{aligned} \tag{3.24}$$

$$\begin{aligned}\mathrm{III}_T&=\det T\\&=T_{11}T_{22}T_{33}+T_{12}T_{23}T_{31}+T_{13}T_{32}T_{21}-T_{11}T_{23}T_{32}-T_{21}T_{12}T_{33}-T_{31}T_{22}T_{13}\\&=\sigma_1\sigma_2\sigma_3\end{aligned} \tag{3.25}$$

I_T 被称为应力张量的第一不变量,II_T 为第二不变量,III_T 为第三不变量。之所以称其为不变量是因为无论选择什么坐标系表达 T,都是一样的值。这个性质在本构方程的书写是非常有用的。值得注意的是,T_{ij} 的其他组合也可用于定义不变量。

方程(3.22)是一个三次方程,将有三个解,即特征值 σ_1,σ_2 和 σ_3。如果张量是对称的,所有根将是实数。根是 T_{ij} 主值,而 n_i 是主方向。有了主值和主方向,T 可以转变为一个新张量,仅有 3 个对角线上的分量,即主应力张量[方程(3.21)]。

以例 3.1 说明方程(3.21)用于确定主应力。

[例 3.1] 主应力和不变量。

用主应力大小检验不变量的值,求解过程如下:

$$T_{ij}=\begin{bmatrix}1&0&0\\0&3&-1\\0&-1&3\end{bmatrix},T_{ij}^2=\begin{bmatrix}1&0&0\\0&10&-6\\0&-6&10\end{bmatrix}$$

利用方程(3.23)至方程(3.25),可以计算不变量

$$I_T=\mathrm{tr}T=7$$

$$II_T=\frac{1}{2}(I_T^2-\mathrm{tr}T^2)=14$$

$$III_T=\det T=8$$

从式(3.21),我们发现主应力大小可分解为$(\sigma-1)(\sigma-2)(\sigma-4)=0$。因此,$\sigma_1=1$,$\sigma_2=2$,$\sigma_3=4$。虽然多数情况下是不容易进行因式分解的,但三次方程可以通过简单的数值方法求解,我们用这些 σ_i 可以检验不变量的值:

$$\sigma^3-7\sigma^2+14\sigma-8=0$$

$$I_T=\sigma_1+\sigma_2+\sigma_3=7$$

$$II_T=\sigma_1\sigma_2+\sigma_2\sigma_3+\sigma_1\sigma_3=14$$

$$III_T=\sigma_1\sigma_2\sigma_3=8$$

为获得主方向,寻找 $t_n(i)$,它是以下方程(3.26)的解:

$$t_n(i)=n^{(i)}T=\sigma_i n^{(i)} \tag{3.26}$$

式中,$i=1,2,3$。

对于每一个主值,方程(3.26)有 3 个方程,它是每一个主方向所对应的三个分量:

$i=1$:
$$\begin{cases}n_1^{(1)}=n_1^{(1)}\\3n_2^{(1)}-n_3^{(1)}=n_2^{(1)}\\-n_2^{(1)}+3n_3^{(1)}=n_3^{(1)}\end{cases}$$

$i=2$:
$$\begin{cases}n_1^{(2)}=2n_1^{(2)}\\3n_2^{(2)}-n_3^{(2)}=2n_2^{(2)}\\-n_2^{(2)}+3n_3^{(2)}=2n_3^{(2)}\end{cases}$$

$i=3$:
$$\begin{cases}n_1^{(3)}=4n_1^{(3)}\\3n_2^{(3)}-n_3^{(3)}=4n_2^{(2)}\\-n_2^{(3)}+3n_3^{(3)}=4\end{cases}$$

这三套方程求解得到单位长度的方向如下:

$$
\begin{cases}
n_1^{(1)}=1, n_1^{(2)}=1, n_1^{(3)}=0 \\
n_2^{(1)}=0, n_2^{(2)}=\dfrac{1}{\sqrt{2}}, n_2^{(3)}=\dfrac{1}{\sqrt{2}} \\
n_3^{(1)}=0, n_3^{(2)}=\dfrac{1}{\sqrt{2}}, n_3^{(3)}=-\dfrac{1}{\sqrt{2}}
\end{cases}
$$

因此,主方向为

$$
\begin{cases}
n^{(1)}=x_1 \\
n^{(2)}=\dfrac{1}{\sqrt{2}}x_2+\dfrac{1}{\sqrt{2}}x_3 \\
n^{(3)}=\dfrac{1}{\sqrt{2}}x_2-\dfrac{1}{\sqrt{2}}x_3
\end{cases}
$$

其中,$n^{(2)}$是从 x_2 轴方向旋转 45°。

3.3.6 应力张量不变量的物理意义

张量不变量有许多,在很多情况下没有具体的物理意义,但是本构方程在简单流动条件下扩展到一般流条件下时需要张量不变量。以应力张量为例,便于理解其物理意义。流场中任一点上的应力可以找到三个面,其上仅有法向应力、剪切力为零,则这三个法向应力称为主应力,即求特征方程式(3.22)得到特征值,三个面的方向为特征向量。在求解特征值过程中,第一不变量、第二不变量和第三不变量为特征量前面的三个系数。第一不变量为三个主应力之和,影响平均应力的大小;第二不变量是用来判断应力是否超出屈服值(发生塑性变形后的屈服、流动)的参数;第三不变量是应力张量行列式的值,用于判断应变类型,是发生压缩类应变来还是发生拉伸类应变。

3.4 流体动力学基本方程

3.4.1 流体动力学控制方程

流体在流动过程中满足三个守恒定律:质量守恒、动量守恒和能量守恒,由此三个守恒定律可以推导出通过解决流体流动问题的三个流动体动力学控制方程:连续性方程、运动方程和能量方程。为了易于学习,本节主要给出常用的前两种方程的推导过程,且仅在笛卡儿坐标系(x,y,z)中,对于能量方程仅给出该方程的结果。

3.4.1.1 质量守恒原理与连续性方程

质量守恒定原理是指单位体积内流体的质量随时间的变化率等于通过单位体积的流量(净流入流量)。描述这一原理的数学模型称为连续性方程,也称为质量守恒方程,其表达式为

$$\frac{\partial \rho}{\partial t}+\nabla \cdot (\rho v)=0 \tag{3.27}$$

或

$$\frac{\mathrm{d}\rho}{\mathrm{d}t}+\rho\nabla \cdot v=0$$

现给出其相应的推导过程。参看图 3.17,在流场中任一点 $M(x,y,z)$,以 M 为几何中心的一矩形六面体流体微元,此微分体积元的边长为 $\mathrm{d}x,\mathrm{d}y,\mathrm{d}z$。设点 M 处流体微团的速度与密度分别为 u,v,w 和 ρ。

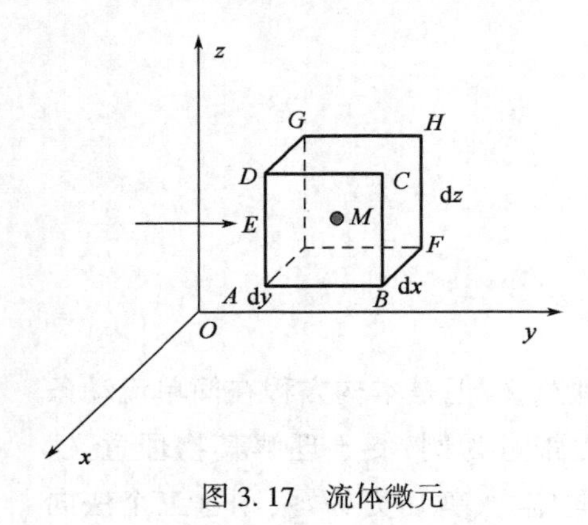

图 3.17　流体微元

在 x 方向单位时间内,流过面 $ABCD$ 总的流体质量为

$$\frac{\partial (\rho u)}{\partial x}\mathrm{d}x\mathrm{d}y\mathrm{d}z$$

在 y 方向单位时间内,流过面 $BFHC$ 总的流体质量为

$$\frac{\partial (\rho v)}{\partial y}\mathrm{d}x\mathrm{d}y\mathrm{d}z$$

在 z 方向单位时间内,流过面 $DCHG$ 总的流体质量为

$$\frac{\partial (\rho w)}{\partial x}\mathrm{d}x\mathrm{d}y\mathrm{d}z$$

单位时间内通过六面体的总质量为

$$\left[\frac{\partial (\rho u)}{\partial x}+\frac{\partial (\rho v)}{\partial y}+\frac{\partial (\rho w)}{\partial z}\right]\mathrm{d}x\mathrm{d}y\mathrm{d}z$$

由于密度所引起变化单位时间内流体流量的减少量

$$-\frac{\partial \rho}{\partial t}\mathrm{d}x\mathrm{d}y\mathrm{d}z$$

两者相等,从而得到式(3.27)。

对于不可压缩流体,每一质点的质量密度与时间无关,即$\frac{\mathrm{d}\rho}{\mathrm{d}t}=0$,所以,其连续性方程为

$$\nabla \cdot v=0$$

由以上分析可知,连续性方程式(3.21)为标量方程,仅有1个方程。

在笛卡儿坐标系(x,y,z)中,连续性方程可以写作

$$\frac{\partial \rho}{\partial t}+\frac{\partial}{\partial x_m}(\rho v_m)=0$$

若(u,v,w)是 $\boldsymbol{V}$ 在柱坐标系里的物理分量,对于不可压缩流体,连续性方程为

$$\frac{\partial u}{\partial x}+\frac{\partial v}{\partial y}+\frac{\partial w}{\partial z}=0 \tag{3.28}$$

在柱坐标系(r,θ,z)中,连续性方程可以写作

$$\frac{\partial\rho}{\partial t}+\frac{\partial}{\partial r}(\rho v_r)+\frac{u}{r}+\frac{1}{r}\frac{\partial}{\partial\theta}(\rho v_\theta)+\frac{\partial}{\partial z}(\rho v_z)=0 \tag{3.29a}$$

若(v_r,v_θ,v_z)是$\boldsymbol{V}$在柱坐标系里的物理分量，对于不可压缩流体，连续性方程为

$$\nabla\cdot v=\frac{1}{r}\frac{\partial}{\partial r}(rv_r)+\frac{1}{r}\frac{\partial v_\theta}{\partial\theta}+\frac{\partial v_z}{\partial z}=0 \tag{3.29b}$$

在球坐标系(r,θ,φ)中，则连续性方程可以写作

$$\frac{\partial\rho}{\partial t}+\frac{\partial}{\partial r}(\rho u)+\frac{1}{r}\frac{\partial}{\partial\theta}(\rho v)+\frac{1}{r\sin\theta}\frac{\partial}{\partial\varphi}(\rho w)+\frac{\rho}{r}(2u+v\cos\theta)=0 \tag{3.30a}$$

若(v_r,v_θ,v_φ)是$\boldsymbol{V}$在柱坐标系里的物理分量，对于不可压缩流体，连续性方程为

$$\nabla\cdot v=\frac{1}{r^2}\frac{\partial}{\partial r}(r^2v_r)+\frac{1}{r\sin\theta}\frac{\partial}{\partial\theta}(v_\theta\sin\theta)+\frac{1}{r\sin\theta}\frac{\partial v_\varphi}{\partial\varphi}=0 \tag{3.30b}$$

3.4.1.2 动量守恒原理与运动方程

流体动力学的线动量守恒原理是牛顿第二定律在连续介质力学中的拓展，可表述为：作用于流体体元上的总合力等于该体元线动量的变化率。描述这一原理的数学模型叫作流体的运动方程，或称为动量方程，其表达形式为

$$\frac{\partial(\rho v)}{\partial t}=\nabla\cdot(-p\boldsymbol{I}+\tau)+\rho g \tag{3.31}$$

对于不可压缩流体，式(3.31)可以表示为

$$\rho\frac{Dv_i}{Dt}=-\delta_{im}\frac{\partial p}{\partial x_m}+\frac{\partial\tau_{mi}}{\partial x_m}+\rho g_i=-\frac{\partial p}{\partial x_i}+\frac{\partial\tau_{mi}}{\partial x_m}+\rho g_i \tag{3.32}$$

在式(3.31)和式(3.32)中，g为单位质量力，p为流体静压，$\boldsymbol{I}$为单位张量，δ_{im}为柯氏符号。上式即经典流体力学中运动的应力方程式，又称柯西(Cauchy)应力方程。式(3.26)为其不可压缩流体。

现给出其相应的推导过程。在流场中任一点$M(x,y,z)$，以M为几何中心的一矩形六面体流体微元，此微分体积元的边长为dx,dy,dz。设点M处流体微团的速度与密度分别为u,v,w和ρ。单位质量流体所受到的质量力分别为g_x,g_y,g_z，流体静压力p，偏应力有9个分量，则此流体微元的受力图如图3.18所示，图中仅给画出了典型应力的作用情况。

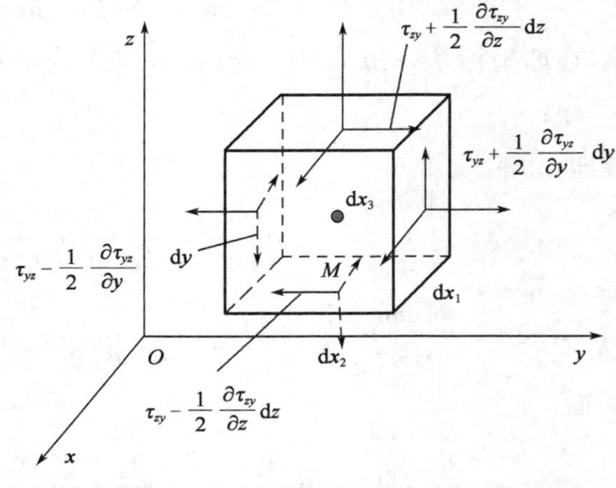

图3.18 流体微图所受到的部分应力

将牛顿第二定律应用于微元上，得到y方向的动力方程为

$$\left[\left(\tau_{yy}+\frac{1}{2}\frac{\partial\tau_{yy}}{\partial y}dy\right)-\left(\tau_{yy}-\frac{1}{2}\frac{\partial\tau_{yy}}{\partial y}dy\right)\right]dxdz+$$

$$\left[\left(\tau_{zy}+\frac{1}{2}\frac{\partial\tau_{zy}}{\partial z}dz\right)-\left(\tau_{zy}-\frac{1}{2}\frac{\partial\tau_{zy}}{\partial z}dz\right)\right]dxdy+$$

$$\left[\left(\tau_{xy}+\frac{1}{2}\frac{\partial\tau_{xy}}{\partial x}\mathrm{d}x\right)-\left(\tau_{xy}-\frac{1}{2}\frac{\partial\tau_{xy}}{\partial x}\mathrm{d}x\right)\right]\mathrm{d}y\mathrm{d}z+$$

$$\left[\left(-p+\frac{1}{2}\frac{\partial(-p)}{\partial y}\mathrm{d}y\right)-\left(-p-\frac{1}{2}\frac{\partial(-p)}{\partial y}\mathrm{d}y\right)\right]\mathrm{d}x\mathrm{d}z+$$

$$\rho g_y\mathrm{d}x\mathrm{d}y\mathrm{d}z=\rho\mathrm{d}x\mathrm{d}y\mathrm{d}z\frac{\mathrm{d}v}{\mathrm{d}t}$$

整理得

$$\rho\frac{\mathrm{d}v}{\mathrm{d}t}=-\frac{\partial p}{\partial y}+\frac{\partial\tau_{xy}}{\partial x}+\frac{\partial\tau_{yy}}{\partial y}+\frac{\partial\tau_{zy}}{\partial z}+\rho g_y \tag{3.33}$$

同理，在 x 方向和 y 方向可得

$$\rho\frac{\mathrm{d}u}{\mathrm{d}t}=-\frac{\partial p}{\partial x}+\frac{\partial\tau_{xx}}{\partial x}+\frac{\partial\tau_{yx}}{\partial y}+\frac{\partial\tau_{zx}}{\partial z}+\rho g_x \tag{3.34}$$

$$\rho\frac{\mathrm{d}w}{\mathrm{d}t}=-\frac{\partial p}{\partial z}+\frac{\partial\tau_{xz}}{\partial x}+\frac{\partial\tau_{yz}}{\partial y}+\frac{\partial\tau_{zz}}{\partial z}+\rho g_z \tag{3.35}$$

式(3.33)至式(3.35)可统一写成式(3.32)，运动方程(3.32)为矢量方程，包含有3个方程。

在柱坐标系(r,θ,z)中，若(v_r,v_θ,v_z)是$\boldsymbol{V}$在柱坐标系里的物理分量，则运动方程可以写作：

r 方向：

$$\rho\left(\frac{\partial v_r}{\partial t}+v_r\frac{\partial v_r}{\partial r}+\frac{v_\theta}{r}\frac{\partial v_r}{\partial\theta}-\frac{v_\theta^2}{r}+v_z\frac{\partial v_r}{\partial v_z}\right)=-\frac{\partial p}{\partial r}+\left(\frac{1}{r}\frac{\partial}{\partial r}r\tau_{rr}+\frac{1}{r}\frac{\partial\tau_{\theta r}}{\partial\theta}-\frac{\tau_{\theta\theta}}{r}+\frac{\partial\tau_{zr}}{\partial z}\right)+\rho g_r \tag{3.36}$$

θ 方向：

$$\rho\left(\frac{\partial v_\theta}{\partial t}+v_r\frac{\partial v_\theta}{\partial r}+\frac{v_\theta}{r}\frac{\partial v_\theta}{\partial\theta}+\frac{v_r v_\theta}{r}+v_z\frac{\partial v_\theta}{\partial v_z}\right)=-\frac{\partial p}{\partial\theta}+\left(\frac{1}{r^2}\frac{\partial}{\partial r}r^2\tau_{r\theta}+\frac{1}{r}\frac{\partial\tau_{\theta\theta}}{\partial\theta}+\frac{\partial\tau_{\theta z}}{\partial z}\right)+\rho g_\theta \tag{3.37}$$

z 方向：

$$\rho\left(\frac{\partial v_z}{\partial t}+v_r\frac{\partial v_z}{\partial r}+\frac{v_\theta}{r}\frac{\partial v_z}{\partial\theta}+v_z\frac{\partial v_z}{\partial v_z}\right)=-\frac{\partial p}{\partial z}+\left(\frac{1}{r}\frac{\partial}{\partial r}r\tau_{rz}+\frac{1}{r}\frac{\partial\tau_{\theta z}}{\partial\theta}+\frac{\partial\tau_{zz}}{\partial z}\right)+\rho g_z \tag{3.38}$$

在球坐标系(r,θ,φ)中，若(v_r,v_θ,v_z)是$\boldsymbol{V}$在柱坐标系里的物理分量，则运动方程可以写作：

r 方向：

$$\rho\left(\frac{\partial v_r}{\partial t}+v_r\frac{\partial v_r}{\partial r}+\frac{v_\theta}{r}\frac{\partial v_r}{\partial\theta}+\frac{v_\phi}{r\sin\theta}\frac{\partial v_r}{\partial\varphi}-\frac{v_\theta^2+v_\varphi^2}{r}\right)$$

$$=-\frac{\partial p}{\partial r}+\left[\frac{1}{r^2}\frac{\partial}{\partial r}(r^2\tau_{rr})+\frac{1}{r\sin\theta}\frac{\partial}{\partial\theta}(\tau_{\theta r}\sin\theta)+\frac{1}{r\sin\theta}\frac{\partial\tau_{r\varphi}}{\partial\varphi}-\frac{\tau_{\theta\theta}+\tau_{\varphi\varphi}}{r}\right]+\rho g_r \tag{3.39}$$

θ 方向：

$$\rho\left(\frac{\partial v_\theta}{\partial t}+v_r\frac{\partial v_\theta}{\partial r}+\frac{v_\theta}{r}\frac{\partial v_\theta}{\partial\theta}+\frac{v_\varphi}{r\sin\theta}\frac{\partial v_\theta}{\partial\varphi}+\frac{v_r v_\theta}{r}-\frac{v_\varphi^2\cot\theta}{r}\right)$$

$$=-\frac{1}{r}\frac{\partial p}{\partial \theta}+\left(\frac{1}{r^3}\frac{\partial}{\partial r}(r^3\tau_{r\theta})+\frac{1}{r\sin\theta}\frac{\partial}{\partial \theta}(\tau_{\theta\theta}\sin\theta)+\frac{1}{r\sin\theta}\frac{\partial \tau_{\varphi\theta}}{\partial \varphi}-\frac{\cot\theta\tau_{\varphi\varphi}}{r}\right)+\rho g_\theta \quad (3.40)$$

φ 方向：

$$\rho\left(\frac{\partial v_\varphi}{\partial t}+v_r\frac{\partial v_\varphi}{\partial r}+\frac{v_\theta}{r}\frac{\partial v_\varphi}{\partial \theta}+\frac{v_\varphi}{r\sin\theta}\frac{\partial v_\varphi}{\partial \varphi}+\frac{v_r v_\varphi}{r}+\frac{v_\theta v_\varphi\cot\theta}{r}\right)$$

$$=-\frac{1}{r\sin\theta}\frac{\partial p}{\partial \varphi}+\left[\frac{1}{r^3}\frac{\partial}{\partial r}(r^3\tau_{r\varphi})+\frac{1}{r\sin\theta}\frac{\partial}{\partial \theta}(\tau_{\theta\varphi}\sin\theta)+\frac{1}{r\sin\theta}\frac{\partial \tau_{\varphi\varphi}}{\partial \varphi}+\frac{2\cot\theta\tau_{\theta\varphi}}{r}\right]+\rho g_\varphi \quad (3.41)$$

3.4.1.3 能量守恒原理与能量方程

如果同时考虑机械能与非机械能，即为能量守恒原理的最一般形式。在这种情况下，能量守恒原理认为：动能和内能对时间的变化率等于做功功率与所有其他对流体元单位时间内输入或输出能量之和。我们将描述这一原理的数学模型叫作流体的能量方程，其表达式为

$$\rho\frac{\mathrm{d}(v^2/2)}{\mathrm{d}t}+\rho\frac{\mathrm{d}E}{\mathrm{d}t}=\rho\boldsymbol{b}\cdot\boldsymbol{v}+\boldsymbol{v}\cdot\mathrm{div}\boldsymbol{S}+\boldsymbol{S}:\boldsymbol{D}-\boldsymbol{\nabla}\cdot q+\rho Q \quad (3.42)$$

式中，$\rho\frac{\mathrm{d}(v^2/2)}{\mathrm{d}t}$为动能的变化；$\rho\frac{\mathrm{d}E}{\mathrm{d}t}$为内能的变化；$\rho\boldsymbol{b}\cdot\boldsymbol{v}$ 为质量做功；$\boldsymbol{v}\cdot\mathrm{div}\boldsymbol{S}$ 为应力变化所做的功；$\boldsymbol{S}:\boldsymbol{D}$ 为流体变形应力所做的功；$\boldsymbol{\nabla}\cdot\boldsymbol{q}$ 为热传导引起的热量变化；ρQ 为辐射引起的热量变化，其中内能的变化满足

$$\rho\frac{\mathrm{d}E}{\mathrm{d}t}=-\boldsymbol{\nabla}\cdot\boldsymbol{q}+\boldsymbol{S}:\boldsymbol{D}+\rho Q \quad (3.43)$$

式中 E——单位质量流体的内能，一般情况下满足内能方程 $E=c_pT$，为标量方程；

c_p——比定压热容，在一般情况下为常数；

$\boldsymbol{q}$——热通量，满足方程热通量 $\boldsymbol{q}=K\boldsymbol{\nabla}T$，该方程为矢量方程，包含 3 个方程；

K——热传导系数；

T——流体的温度；

$\boldsymbol{D}$——形变速率张量；

$\boldsymbol{S}:\boldsymbol{D}$——符号"："是张量的标量积（双重积），计算后得到是标量。

由以上分析可知，流体形变主要是使内能发生变化，能量方程式（3.42）为标量方程，仅有 1 个方程。

由三个控制方程可以看出，对于一般的流动力学问题，如果同时用到这三个方程进行求解，分涉及 19 个未知量，即 1 个密度 ρ、3 个速度分量和 9 个应力、3 个热通量分量、1 个内能、1 个压力、1 个温度，仅有 5 个方程式。要想有定解，需要增加补充方程，分别是 1 个状态方程[即 $\rho=\rho(p,T)$]、1 个内能方程、3 个热通量方程和 9 个应力方程。

通常不考虑能量变化时不涉及能量方程，此时只应用连续性方程和运动方程，如果流体不可压缩，则此时它含有 13 个未知量，即 1 个压力、三个速度分量 i 和 9 个应力，仅有 4

个方程式,要想有定解,必须再补充 9 个方程,则需通过确定材料的本构方程来实现。由剪应力互等定理可知,实际上,由材料的本构方程需要提供 6 个方程。

3.4.2 边界条件

上面讨论的控制方程,对于一切流体动力学问题都是共同的,一个具体的流动问题,是以特定的边界条件来加以说明的。

从现代连续介质力学的观点来说,所谓边界,就是一个连续介质力学问题的运动学边界,是连续介质的一个特定的材料面,它或者是一个“壁”,或者是一个将物体中不同性质的两部分分开的界面。最简单的情况就是那种固定不动的壁,在这个面上,有某种空间位置函数 $f(H)=$ 常数,这就是边界和边界条件的含义。对于一个物体 B 的某种运动,如果壁无渗透,作为运动学边界的材料面应当满足的充分必要条件是

$$n \cdot v=0$$

这个式子所表示的含义是,作为运动学边界的材料面的法向位移速度分量为零,或者说,速度场与壁面是相切的。

从数学上理解,一个连续介质力学问题一旦用前面的控制方程表示后,这个微分方程组中所包括的独立变量的定义范围,就确定了问题的几何边界。例如,在稳态条件下,空间位置坐标的定义范围即为方程中待求函数的定义域,在定义域上下界所规定的几何边界上,方程待求函数具有特定值,这就是问题的边界条件。一个流体力学问题边界条件有两点:运动学边界条件和动力学边界条件。在绝大多数情况下适用的运动学边界条件,就是所谓附着性边界条件,或称壁面无滑移边界条件。在“壁”面,即固—液界面上,有两种运动学边界条件:

(1)液体具有与运动壁面相等的速度。若壁面以速度 v_B 运动,则在壁上,速度场具有边界值为

$$v=v_B$$

(2)在固定不动的壁面上,速度场的边界值为零:

$$v=0$$

此外,还有两种运动学边界条件是:(1)在液—气界面上,液相中的速度几近于零,在计算中常常可以取为零;(2)在液—液界面上,两相的速度场在界面上不一定连续,但具有相等的速度。

所谓动力学边界条件,就是说明边界上的受力状况,边界上的接触力

$$\boldsymbol{\sigma n}=p\boldsymbol{n}$$

式中 $\boldsymbol{n}$——边界上某点的法向。

并非所有问题都存在动力学边界条件,它是运动学边界条件的补充。动力学边界条件的几个特殊情况为:

(1)压力边界条件,若 p 是一个标量场,在边界上有

$$\boldsymbol{\sigma n}=-p\boldsymbol{n}$$

这就是压力边界条件。注意:这个关系并不意味着在整个体系中应力场是各向同性的。在处于气体包围的界面上有

$$|\sigma \boldsymbol{n}| = |-p\boldsymbol{n}| = \text{常数}$$

此为均匀压力边界条件。在全浸或半浸于液体的物体界面上,压力边界条件则取决于界面上的点离液体上水平面的距离,即与深度成正比。

(2)界面张力边界条件。这是一种特殊形式的压力边界条件,它反映了物体及其周围环境的本性和界面形状的特性,有如下关系:

$$p = 2\sigma k$$

式中,σ 是界面张力系数,它是界面上两边物质热力学相互作用特性的表征。此外,两相界面的边界条件还可以用动量流来说明,在气—液界面上,液相的动量流几乎接近于零;在液—液界面上,动量流与界面垂直。

由以上控制方程、补充方程和边界条件即可构成满足连续介质假设条件某一流动问题的定解问题。其中6应力补充方程由材料的本构方程来给出。此部分内容在第3章流体的本构方程中详细讨论。

复习思考题

1. 如何理解流体的连续介质假设?

2. 简述流体连续性假设成立的条件。

3. 根据“质点”与“点”的概念,分析以空间坐标(x_1, x_2, x_3)所表征的质点的意义。

4. 变形与流动的本质是什么?

5. 将速度梯度分解成一个对称张量和一个反对称张量,并说明它们含义。

6. 证明形变速率张量为对称张量。

7. 已知在笛卡儿坐标系(x, y, z)中,流体质点速度在 x, y, z 方向的速度分量是 $u = u(x, y, z)$,$v = v(x, y, z)$,$w = w(x, y, z)$,试写出该流场条件下形变速率张量。

8. 解释直线应变速率和剪切应变速率。

9. 在流变学研究中,变形速率张量的重要性何在?

10. 绘图说明表征流体质点的微元四面体上的应力张量 $\boldsymbol{T}$ 中各分量的意义。

11. 在笛卡儿坐标系(x, y, z)中,写出流体中任一质点的应力张量。

12. 试证明应力张量为对称张量。

13. 已知 $T_{ij} = \begin{bmatrix} 1 & 0 & 0 \\ 0 & 3 & -1 \\ 0 & -1 & 3 \end{bmatrix}$,求 T_{ij} 的第一不变量 I_T、第二不变量 II_T和第三不变量 III_T。

14. 流体力学控制方程有哪几类?简述各类方程的基本原理。

15. 试分析流体控制方程的封闭性。为使控制方程封闭,需要补充的流变性本构方程为哪几个?

第4章　流体的本构方程

对工业应用,尤其是石油、化工应用来说,高聚物流体的最重要性质莫过于非牛顿流体特性,即流体的黏度随着剪切速率而变化的这一特性。因为在某些特定情况下,流体的黏度可变化10倍、100倍甚至1000倍。如此大的变化在工程上是不容忽视的,例如,对管道流动计算、地下渗流问题的计算均需考虑该影响。人们最早是用经验的方法对牛顿内摩擦定律(牛顿黏性定律)稍加修改,就得到一种最简单的黏性非牛顿流体模型,称为广义牛顿流体模型。以后发现这种模型虽然简单,但能很好地描述工程中一类常见的流动过程,即以剪切为主,黏性起决定作用的流动过程。本章要深入研究黏性非牛顿流体本构方程,同时要学习时变性非牛顿流体、黏弹性流体中比较典型的本构方程。在此基础上,介绍本构方程的应用,研究几类典型流体的流动问题。

4.1　概述

4.1.1　本构方程的表示形式

流变学理论问题的核心是研究材料应力和应变或应变速率之间的关系,即所谓的本构关系,以确定表征材料流变特性的状态方程(本构方程)。在流变学中,材料的流变性是由作用力系与形变和流动之间的特定关系表示的,力、形变和材料流变性之间对应的物理关系和数学关系如图4.1所示。

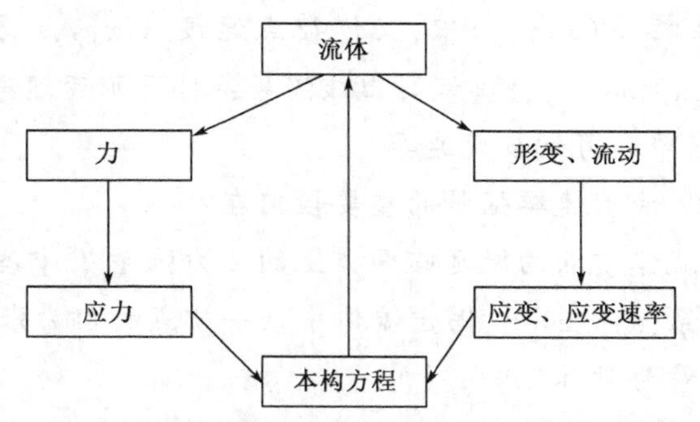

图4.1　力、形变和材料流变性之间对应的物理关系和数学关系图

4.1.1.1　本构方程的一般原理

材料的流变性属于力学性质的范畴,它决定着材料在应力作用下如何形变与流动,流变性决定形变材料中的应力状态。应变张量(或应变速率张量)与应力张量是材料的运动学状况和动力学状况的度量。材料的流变性则决定了二者之间的特定关系,即材料在

某时刻 t 的动力学状态与同时刻(有时还考虑所有过去的时刻 $t'<t$)的运动学状态之间存在着某种关系。对于给定的材料,这种关系是唯一的。所以,表示流变动力学参数与流变运动学参数之间关系的方程式称为“流变状态方程”,由于这种关系只取决于材料的本质特性和结构,因此又称为“本构方程”。本构方程表示出材料力学响应的多样性,也描述了一大类材料在力学行为上的某些共性,它只反映某种标准化的模型的应力张量与应变张量(应变速率张量)之间的关系,从另一方面来看,是作为实际形变体的近似描写。将这种代表一大类材料共性的理想化模型转化为准确的数学表述时,通常必须遵循一系列基本物理原理,即流变性确定性原理、局部作用原理、坐标不变性原理和客观性原理(这些基本物理原理在其他一些出版物中已有详细介绍,这里仅简单介绍)。

1. 确定性原理

一个物质点 P 在现在时刻的应力状态只依赖于它的全部运动的历史。材料当前的应力状态由其运动的历史决定,包括两种说法:材料对其曾经经历的运动有“记忆”能力;材料的力学行为具有历史“遗传性”。

2. 局部作用原理

材料质点的行为可以用其无穷小领域的行为来表征,即某质点的应力状态只与其相邻的其他质点的行为相关。

3. 坐标不变性原理

本构方程必须不依赖于坐标系的选择,应该写成张量形式——必须采用与坐标系无关的张量来表述。

4. 客观性原理

客观性原理也称为物质不变或物质无关原理,有两种表述方法:本构方程是客观的,它不随参考架的选取而异,对于作不同运动的两个观察者,本构方程必须是相同的;本构方程是客观的,它不依赖于物体作为一个整体在空间所作的平移和转动。

4.1.1.2 本构方程的一般形式

在数学上,本构方程可表示成下面一般的形式:

$$F(\tau_{ij},\gamma_{ij},A_{ij},t,\cdots)=0 \tag{4.1}$$

式中 τ_{ij}——偏应力张量分量;

γ_{ij}——形(应)变张量分量;

A_{ij}——一阶 Rivlin-Ericksen 张量,为形变速率张量的 2 倍,即 $A_{ij}=2D_{ij}$;

t——时间。

有时本构方程须反映材料力学响应的时间依赖性,这时本构方程包括了应力或应变(应变速率)对时间的微分函数或积分函数,也就是通常所说的微分型本构方程和积分型本构方程。有时还包含有其他一些物理参数,如温度 T 等。体积性质通常由各向同性应力和各向同性应变(体积应变)之间的关系来定义,即

$$\Delta p=\Delta p(\gamma_{ij})$$

或

$$\gamma_{ij}=\gamma_{ij}(\Delta p)$$

显然,这只对可压缩材料才有意义。实际上,大多数材料在流动和形变过程中都是不可压缩的,因此,极少涉及关于体积性质的本构方程的研究。

在流变学中,主要研究偏应力张量,它只与材料的几何形状变化有关,而与体积变化无关。

4.1.1.3 几种典型材料的本构方程一般形式

根据时间在本构方程中出现的形式,可以说明本构方程所描述的材料类型。

若应力张量只与应变张量相关,则这种材料的力学响应定义为纯弹性的,其本构方程为

$$\tau_{ij}=\tau_{ij}(\gamma_{ij}) \tag{4.2}$$

若应力张量只由应变速率张量唯一确定,而与应变总量无关,则此种材料的力学响应定义为纯黏性的,其本构方程为

$$\tau_{ij}=\tau_{ij}(A_{ij}) \tag{4.3}$$

若某种材料的力学响应不能用上述两种本构方程描述,而必须引入更复杂的时间依赖性,这种材料就是黏弹性的,其本构方程的形式为

$$\tau_{ij}=\tau_{ij}(\gamma_{ij},A_{ij},t,\cdots) \tag{4.4}$$

由上述各种本构方程所描述的应力张量与应变张量(应变速率张量)的函数关系可能是线性的,也可能是非线性的。因此,上面所列的各种材料的力学响应还有线性与非线性之分。本构方程的具体形式就成为材料流变性质的一种表征。

本构方程联系应力张量和流变运动学张量的所有分量,描述处于任何类型的形变和流动中材料行为的一般性质,不涉及形变或流场的几何复杂性以及与之相应的应力张量和流变运动学张量的数目多寡,是材料力学响应的最一般化的描写。

4.1.2 材料函数

4.1.2.1 材料函数的含义

材料函数是能够反映材料在力作用下的流动行为并通过仪器可测定的时间和力的函数。材料函数从一定意义上讲可以描述某种特定运动学条件下材料应力分量与应变和/或应变速率分量之间的关系。

4.1.2.2 材料常数

材料常数(流变参数)是确定材料函数中应力与应变(应变速率)之间的数学关系所需要的标量参数,它由某种流变“模型”确定。

4.1.2.3 材料函数的种类

牛顿流体仅需一个黏度(η 为常数)即可,对于非牛顿流体在稳态简单剪切流动中需要的三个独立的材料函数,即剪切黏度函数 $\eta(\dot{\gamma})$、第一法向应力函数 $\psi_1(\dot{\gamma})$、第二法向应力函数 $\psi_2(\dot{\gamma})$。这三个材料函数是实验流变学研究的最重要的材料函数,它描写了非线性力学响应在简单剪切流动中的效应:

$$\begin{cases}\tau_{12}=\eta(\dot{\gamma})\dot{\gamma}\\ \tau_{11}-\tau_{22}=\psi_1(\dot{\gamma})\dot{\gamma}^2\\ \tau_{22}-\tau_{33}=\psi_2(\dot{\gamma})\dot{\gamma}^2\end{cases}$$

在聚合物溶液平板间和环形空间的剪切流中,第一法向应力差和第二法向应力差的作用效果如图 4.2 所示。

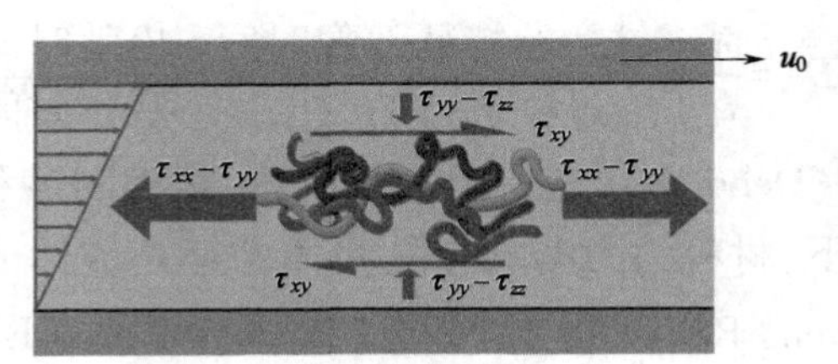

(a) 平板间剪切流

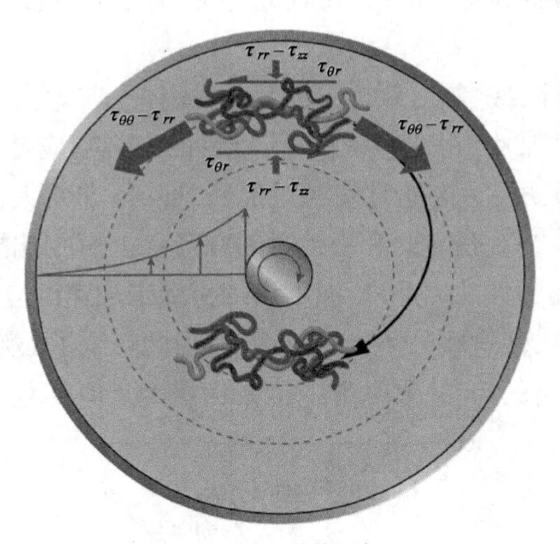

(b) 环形空间的剪切流

图 4.2 第一法向应力差和第二法向应力差的作用效果示意图

以上三个材料函数的特定形式取决于流变模型(或称本构方程)。材料函数依赖于流体的类型,反过来,当然可用材料函数来区分流体的类型。

需要说明的是,由于材料结构的复杂性,而材料函数只是特定应力张量与应变(应变速率)张量分量之间的关系,要完整地表征某一材料的流变行为,究竟需要多少种类的材料函数,目前尚不十分清楚。

4.1.2.4 材料函数的确定

作为宏观流变学中的材料函数，一般是通过实验测量特定的应力、应变及应变速率分量而建立的经验关系式。后面所介绍的表征纯黏性流体的各种经验公式就是这种类型的材料函数。

4.1.3 材料的分类

在通常的力学条件下，许多材料可以明确地归类为固体或流体，而有些材料则不能明显地划分为固体或流体，只是在某种条件下，有一种力学响应占优势，因而可以用某种理想化的模型来描述。所谓的表现某种力学响应的条件，是指在观察条件下，材料力学响应的特征时间和过程进行时间(观察时间)的相对比较。基于这个概念，可以定义一个流变相似准数：

$$De=\frac{\lambda}{t_p}=\frac{\text{材料的特征弛豫时间}}{\text{过程进行的时间}}=\frac{\text{松弛时间}}{\text{观察时间}}$$

De 被称为德博拉数(Deborah)，是一个无量纲数，它将固体和流体带进了一般化的概念之中。某个力学条件下，材料的力学响应是固体的还是流体的，就可以用 *De* 的大小来判断。*De* 是 1964 年 Marcus Reiner 提出的，该名词取自 Deborah 的一首歌"Judges 5 : 5"，其中写有"mountains flowed before the Lord"，意思是在一个足够大的时间尺度下，山脉可以看起来是流动的。

De 是零代表纯黏性体，*De* 为无穷大，表示弹性固体。若观察时间相当长，或松弛时间比较起来相当短，即 *De* 非常小，在这种条件下，材料的力学响应是似流体的。反之，若观察时间(或过程进行时间)极短，而松弛时间相对地长，即 *De* 非常大，则这种条件下材料力学响应的特点是似固体的。当观察时间和松弛时间在量级上可相比拟时，即此时 $De \to 1$，则材料的力学响应就表现为黏弹性的。此外，温度增加有助于加速度应力松弛，可以解释为温度增加了分子间的自由空隙，使这些分子更易于运动，因此降低了松弛时间。

图 4.3 给出了在不同的形变速率下 Maxwell 模型(剪切模量 $G=100\text{Pa}$，松弛时间

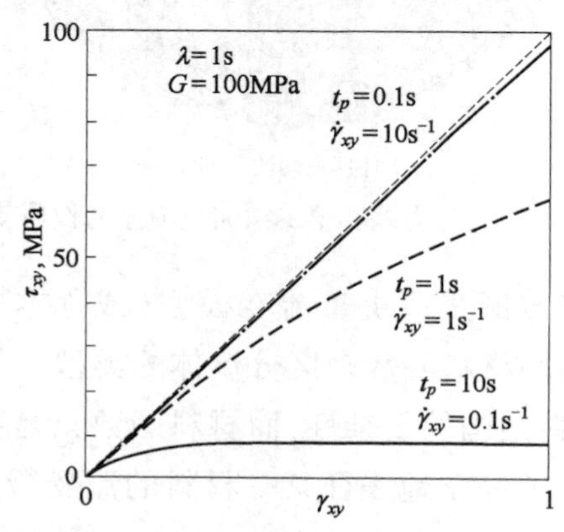

图 4.3 在不同的形变速率下 Maxwell 模型应力随应变的变化

(剪切模量 $G=100\text{MPa}$，松弛时间 $\lambda=1\text{s}$)

$\lambda=1s$)应力随应变的变化,每一条曲线与各自的时间尺度。例如,对于 $\dot{\gamma}_{xy}=10s^{-1}$,将用0.1s达到 $\gamma_{xy}=1.0$,因此,其观察时间为 $t_p=0.1s$。对于这么短的赶时间,材料几乎表现为固体特征,因为没有足够的时间让材料使它在变形中建立起来的应力松弛。反之,对于材料在较低的剪切速率下,如 $0.1s^{-1}$,观察时间为 $t_p=10s$,这样有足够的时间进行应力松弛,因此,材料更多地表现为流体特征。在低变形速率下,De 小于0.1;在高变形速率下,De 等于10。

流体与固体的区别在于切应力下的行为,按照英国流体力学家H. Lamb的观点,"流体的基本力学性质是在剪切应力作用下不能处于平衡状态"。换言之,在无论多么小的剪切应力作用下流体也要流动。而固体则相反,能在剪切应力作用下维持平衡,应力只引起一定的形变。

4.2 纯黏性流体本构方程

本教材主要介绍石油工程专业相关的流变学,涉及的对象是流体,在此仅对流体的本构方程类型予以简要介绍。

4.2.1 牛顿本构方程

考虑到流体不可压缩性,牛顿流体的偏应力与一阶Rivilin—Ericksen张量成正比关系,比例系数 η 是这种流体的材料常数,称为"黏度"。牛顿流体的 η 不随 τ 或 $\dot{\gamma}$ 而变化,其本构方程可写成

$$\tau_{ij}=\eta A_{ij} \tag{4.5}$$

其中

$$\tau=\begin{pmatrix}\tau_{11} & \tau_{12} & \tau_{13}\\ \tau_{21} & \tau_{22} & \tau_{23}\\ \tau_{31} & \tau_{32} & \tau_{33}\end{pmatrix}$$

$$A=2D=\begin{pmatrix}2\dfrac{\partial v_1}{\partial x_1} & \dfrac{\partial v_1}{\partial x_2}+\dfrac{\partial v_2}{\partial x_1} & \dfrac{\partial v_1}{\partial x_3}+\dfrac{\partial v_3}{\partial x_1}\\ \dfrac{\partial v_2}{\partial x_1}+\dfrac{\partial v_1}{\partial x_2} & 2\dfrac{\partial v_2}{\partial x_2} & \dfrac{\partial v_2}{\partial x_3}+\dfrac{\partial v_3}{\partial x_2}\\ \dfrac{\partial v_3}{\partial x_1}+\dfrac{\partial v_1}{\partial x_3} & \dfrac{\partial v_3}{\partial x_2}+\dfrac{\partial v_2}{\partial x_3} & 2\dfrac{\partial v_3}{\partial x_3}\end{pmatrix}$$

$$D=\begin{pmatrix}\dfrac{\partial v_1}{\partial x_1} & \dfrac{\partial v_1}{\partial x_2} & \dfrac{\partial v_1}{\partial x_3}\\ \dfrac{\partial v_2}{\partial x_1} & 2\dfrac{\partial v_2}{\partial x_2} & \dfrac{\partial v_2}{\partial x_3}\\ \dfrac{\partial v_3}{\partial x_1} & \dfrac{\partial v_3}{\partial x_2} & \dfrac{\partial v_3}{\partial x_3}\end{pmatrix}$$

在一维简单剪切流动中，$v_2=v_3=0,\frac{\partial v_1}{\partial x_1}=0,\frac{\partial v_1}{\partial x_2}=\dot{\gamma}_{12},\tau_{12}=\tau_{21}\neq 0$。$\tilde{A}=\begin{pmatrix}0 & \dot{\gamma}_{12} & 0\\ \dot{\gamma}_{12} & 0 & 0\\ 0 & 0 & 0\end{pmatrix}$。

有许多流体，切应力和剪切速率的测定表明，二者之间成正比关系，即

$$\tau_{12}=\eta\dot{\gamma}_{12} \tag{4.6}$$

大多数分子结构简单的单相体系表现为牛顿流体的流变特性。

为便于书写，在稳态的简切流条件下，将涉及的张量分量下标略去。如无特殊说明，

$$\dot{\gamma}_{12}\rightarrow\dot{\gamma},\tau_{12}\rightarrow\tau$$

应用牛顿流体本构方程，已建立的应用较为广泛的牛顿流体运动规律的方程包括：不可压缩流体运动方程、纳维—斯托克斯（Navier-Stokes）方程和泊肃叶（Poiseuille）方程等。

4.2.1.1 不可压缩牛顿流体运动方程

在笛卡儿直角坐标系(x,y,z)中，若(u,v,w)为速度$\boldsymbol{V}$的物理分量，则A_{ij}的物理分量为

$$A_{xx}=2\frac{\partial u}{\partial x};A_{yy}=2\frac{\partial v}{\partial y};A_{zz}=2\frac{\partial w}{\partial z}; \tag{4.7a}$$

$$A_{xy}=A_{yx}=\frac{\partial u}{\partial y}+\frac{\partial v}{\partial x};A_{xz}=A_{zx}=\frac{\partial u}{\partial z}+\frac{\partial w}{\partial x};A_{yz}=A_{zy}=\frac{\partial v}{\partial z}+\frac{\partial w}{\partial y} \tag{4.7b}$$

则应力和应变速率之间的关系为

$$\begin{cases}\tau_{xx}=2\eta\dfrac{\partial u}{\partial x}\\ \tau_{yy}=2\eta\dfrac{\partial v}{\partial y}\\ \tau_{zz}=2\eta\dfrac{\partial w}{\partial z}\\ \tau_{xy}=\eta\left(\dfrac{\partial u}{\partial y}+\dfrac{\partial v}{\partial x}\right)=\tau_{yx}\\ \tau_{xz}=\eta\left(\dfrac{\partial u}{\partial z}+\dfrac{\partial w}{\partial x}\right)=\tau_{zx}\\ \tau_{yz}=\eta\left(\dfrac{\partial v}{\partial z}+\dfrac{\partial w}{\partial y}\right)=\tau_{yz}\end{cases} \tag{4.8}$$

将式(4.8)代入式(3.34)中可得

$$\rho\frac{\mathrm{d}u}{\mathrm{d}t}=-\frac{\partial p}{\partial x}+\eta\frac{\partial}{\partial x}\left(2\frac{\partial u}{\partial x}\right)+\eta\frac{\partial}{\partial y}\left(\frac{\partial u}{\partial y}+\frac{\partial v}{\partial x}\right)+\eta\frac{\partial}{\partial z}\left(\frac{\partial u}{\partial z}+\frac{\partial w}{\partial x}\right)+\rho g_x \tag{4.9}$$

考虑到不可压缩流体的连续性方程式(3.28)，式(4.9)整理得

$$\rho\frac{\mathrm{d}u}{\mathrm{d}t}=-\frac{\partial p}{\partial x}+\eta\left(\frac{\partial^2 u}{\partial x^2}+\frac{\partial^2 u}{\partial y^2}+\frac{\partial^2 u}{\partial z^2}\right)+\rho g_x \tag{4.10a}$$

同理,将式(4.8)代入式(3.35)和式(3.33)中可得

$$\rho\frac{\mathrm{d}v}{\mathrm{d}t}=-\frac{\partial p}{\partial y}+\eta\left(\frac{\partial^2 v}{\partial x^2}+\frac{\partial^2 v}{\partial y^2}+\frac{\partial^2 v}{\partial z^2}\right)+\rho g_y \tag{4.10b}$$

$$\rho\frac{\mathrm{d}w}{\mathrm{d}t}=-\frac{\partial p}{\partial z}+\eta\left(\frac{\partial^2 w}{\partial x^2}+\frac{\partial^2 w}{\partial y^2}+\frac{\partial^2 w}{\partial z^2}\right)+\rho g_z \tag{4.10c}$$

式(4.10)就是不可压缩牛顿流体所服从的动力学规律。

4.2.1.2 纳维—斯托克斯(Navier-Stokes)方程

考虑到黏性和流体的可压缩性,即推导所谓的纳维—斯托克斯(Navier-Stokes)方程(N—S 方程),此时,基于斯托克斯的三个假设(应力只与应变速率有关,而且是线性关系;应力与应变速率之间的关系不因坐标系的转换而改变;当所有的应变率均等于零时,应力应当等于静压强),应力与应变关系为

$$\begin{cases}\tau_{xx}=2\eta\dfrac{\partial u}{\partial x}-\dfrac{2}{3}(\eta-\eta')\left(\dfrac{\partial u}{\partial x}+\dfrac{\partial v}{\partial y}+\dfrac{\partial w}{\partial z}\right)\\ \tau_{yy}=2\eta\dfrac{\partial v}{\partial y}-\dfrac{2}{3}(\eta-\eta')\left(\dfrac{\partial u}{\partial x}+\dfrac{\partial v}{\partial y}+\dfrac{\partial w}{\partial z}\right)\\ \tau_{zz}=2\eta\dfrac{\partial w}{\partial z}-\dfrac{2}{3}(\eta-\eta')\left(\dfrac{\partial u}{\partial x}+\dfrac{\partial v}{\partial y}+\dfrac{\partial w}{\partial z}\right)\\ \tau_{xy}=\eta\left(\dfrac{\partial u}{\partial y}+\dfrac{\partial v}{\partial x}\right)=\tau_{yx}\\ \tau_{xz}=\eta\left(\dfrac{\partial u}{\partial z}+\dfrac{\partial w}{\partial x}\right)=\tau_{zx}\\ \tau_{yz}=\eta\left(\dfrac{\partial v}{\partial z}+\dfrac{\partial w}{\partial y}\right)=\tau_{yz}\end{cases} \tag{4.11}$$

在应力应变速率关系式中,令 $\eta'=0$ 以及 $\eta=$ 常数,并代入式(3.34)、式(3.33)和式(3.35)中可得

$$\begin{aligned}\rho\frac{\mathrm{d}u}{\mathrm{d}t}&=\frac{\partial}{\partial x}\left[2\eta\frac{\partial u}{\partial x}-\frac{2}{3}\eta\left(\frac{\partial u}{\partial x}+\frac{\partial v}{\partial y}+\frac{\partial w}{\partial z}\right)-p\right]+\frac{\partial}{\partial y}\left[\eta\left(\frac{\partial v}{\partial x}+\frac{\partial u}{\partial y}\right)\right]+\frac{\partial}{\partial z}\left[\eta\left(\frac{\partial w}{\partial x}+\frac{\partial u}{\partial z}\right)\right]+\rho g_z\\ &=-\frac{\partial p}{\partial x}+2\eta\frac{\partial^2 u}{\partial x^2}-\frac{2}{3}\eta\frac{\partial}{\partial x}\left(\frac{\partial u}{\partial x}+\frac{\partial v}{\partial y}+\frac{\partial w}{\partial z}\right)+\eta\frac{\partial}{\partial y}\left(\frac{\partial v}{\partial x}\right)+\eta\frac{\partial}{\partial y}\left(\frac{\partial u}{\partial y}\right)+\eta\frac{\partial}{\partial z}\left(\frac{\partial u}{\partial z}\right)+\eta\frac{\partial}{\partial z}\left(\frac{\partial w}{\partial x}\right)+\rho g_x\end{aligned}$$

$$\rho\frac{\mathrm{d}u}{\mathrm{d}t}=-\frac{\partial p}{\partial x}+\eta\left(\frac{\partial^2 u}{\partial x^2}+\frac{\partial^2 u}{\partial y^2}+\frac{\partial^2 u}{\partial z^2}\right)+\frac{1}{3}\eta\frac{\partial}{\partial x}\left(\frac{\partial u}{\partial x}+\frac{\partial v}{\partial y}+\frac{\partial w}{\partial z}\right)+\rho g_x$$

或

$$\frac{\mathrm{d}u}{\mathrm{d}t}=-\frac{1}{\rho}\frac{\partial p}{\partial x}+\nu\left(\frac{\partial^2 u}{\partial x^2}+\frac{\partial^2 u}{\partial y^2}+\frac{\partial^2 u}{\partial z^2}\right)+\frac{\nu}{3}\frac{\partial}{\partial x}\left(\frac{\partial u}{\partial x}+\frac{\partial v}{\partial y}+\frac{\partial w}{\partial z}\right)+g_x \tag{4.12a}$$

式中,ν 为运动黏度,同理可得

$$\frac{\mathrm{d}v}{\mathrm{d}t}=-\frac{1}{\rho}\frac{\partial p}{\partial y}+\nu\left(\frac{\partial^2 v}{\partial x^2}+\frac{\partial^2 v}{\partial y^2}+\frac{\partial^2 v}{\partial z^2}\right)+\frac{\nu}{3}\frac{\partial}{\partial y}\left(\frac{\partial u}{\partial x}+\frac{\partial v}{\partial y}+\frac{\partial w}{\partial z}\right)+g_y \tag{4.12b}$$

$$\frac{dw}{dt}=-\frac{1}{\rho}\frac{\partial p}{\partial z}+\nu\left(\frac{\partial^2 w}{\partial x^2}+\frac{\partial^2 w}{\partial y^2}+\frac{\partial^2 w}{\partial z^2}\right)+\frac{\nu}{3}\frac{\partial}{\partial z}\left(\frac{\partial u}{\partial x}+\frac{\partial v}{\partial y}+\frac{\partial w}{\partial z}\right)+g_z \tag{4.12c}$$

如果不考虑到流体的不可压缩性，式(4.12a)、式(4.12b)、式(4.12c)即变为式(4.10a)、式(4.10b)、式(4.10c)。此外由式(4.12a)、式(4.12b)、式(4.12c)可知，与理想流体的欧拉(Euler)方程比较，多了中间因黏性而引起的两项。如 $\eta=0$，ν 也等于 0，则式(4.12a)、式(4.12b)、式(4.12c)就化为欧拉方程了，欧拉方程是研究空气动力学的常用模型。对 Euler 方程沿流线积分可以得到 Bernoulli 方程，并进而得到速度和压力的关系。

由笛卡儿直角坐标系(x^1,x^2,x^3)和柱坐标系(r,θ,z)之间的关系，可以得到在柱坐标系(r,θ,z)中的一阶 Rivilin-Ericksen 张量为

$$x^1=r\cos\theta,x^2=r\sin\theta,x^3=z$$

若(u,v,w)是 $\boldsymbol{V}$ 在柱坐标系里的物理分量，则

$$A_{rr}=2\frac{\partial u}{\partial r};A_{\theta\theta}=\frac{2}{r}\left(\frac{\partial v}{\partial\theta}+u\right);A_{zz}=2\frac{\partial w}{\partial z};A_{r\theta}=A_{\theta r}=\frac{1}{r}\frac{\partial u}{\partial\theta}+\frac{\partial v}{\partial r}-\frac{v}{r}$$

$$A_{rz}=A_{zr}=\frac{\partial u}{\partial z}+\frac{\partial w}{\partial r};A_{\theta z}=A_{z\theta}=\frac{\partial v}{\partial z}+\frac{1}{r}\frac{\partial w}{\partial\theta}$$

柱坐标系中一阶 Rivilin-Ericksen 张量可写为

$$A=\begin{pmatrix} 2\frac{\partial u}{\partial r} & \frac{1}{r}\frac{\partial u}{\partial\theta}+\frac{\partial v}{\partial r}-\frac{v}{r} & \frac{\partial u}{\partial z}+\frac{\partial w}{\partial r} \\ \frac{1}{r}\frac{\partial u}{\partial\theta}+\frac{\partial v}{\partial r}-\frac{v}{r} & \frac{2}{r}\left(\frac{\partial v}{\partial\theta}+u\right) & \frac{\partial v}{\partial z}+\frac{1}{r}\frac{\partial w}{\partial\theta} \\ \frac{\partial u}{\partial z}+\frac{\partial w}{\partial r} & \frac{\partial v}{\partial z}+\frac{1}{r}\frac{\partial w}{\partial\theta} & 2\frac{\partial w}{\partial z} \end{pmatrix} \tag{4.13}$$

则应力和应变速率之间的关系为

$$\begin{cases} \tau_{rr}=2\eta\frac{\partial u}{\partial r} \\ \tau_{\theta\theta}=2\eta\frac{1}{r}\left(\frac{\partial v}{\partial\theta}+u\right) \\ \tau_{zz}=2\eta\frac{\partial w}{\partial z} \\ \tau_{r\theta}=\eta\left(\frac{1}{r}\frac{\partial u}{\partial\theta}+\frac{\partial v}{\partial r}-\frac{v}{r}\right)=\tau_{\theta r} \\ \tau_{rz}=\eta\left(\frac{\partial u}{\partial z}+\frac{\partial w}{\partial r}\right)=\tau_{zr} \\ \tau_{\theta z}=\eta\left(\frac{\partial v}{\partial z}+\frac{1}{r}\frac{\partial w}{\partial\theta}\right)=\tau_{\theta z} \end{cases} \tag{4.14}$$

式(4.14)结合式(3.36)至式(3.38)及结合其连续方程式(3.29a)即可进行牛顿流体在柱坐标系下流动问题的研究。

由笛卡儿直角坐标系(x^1,x^2,x^3)和球坐标系(r,θ,φ)之间的关系 $x^1=r\sin\theta\cos\phi, x^2=r\sin\theta\sin\phi, x^3=z$,可以得到在球坐标系$(r,\theta,\varphi)$中的一阶 Rivilin-Ericksen 张量。若(u,v,w)是 $\boldsymbol{V}$ 在柱坐标系里的物理分量,则

$$A_{rr}=2\frac{\partial u}{\partial r};A_{\theta\theta}=\frac{2}{r}\left(\frac{\partial v}{\partial\theta}+u\right);A_{\varphi\varphi}=\frac{2}{r\sin\theta}\left(\frac{\partial w}{\partial\varphi}+u\sin\theta+v\cos\theta\right);A_{r\theta}=\frac{1}{r}\left(\frac{\partial u}{\partial\theta}+r\frac{\partial v}{\partial r}-v\right)$$

$$A_{r\varphi}=\frac{1}{r\sin\theta}\left(\frac{\partial u}{\partial\varphi}+r\sin\theta\frac{\partial w}{\partial r}-w\sin\theta\right);A_{\theta\varphi}=\frac{1}{r\sin\theta}\left(\frac{\partial v}{\partial\varphi}+\sin\theta\frac{\partial w}{\partial\theta}-w\cos\theta\right)$$

$$\begin{cases}\tau_{rr}=2\eta\dfrac{\partial u}{\partial r}\\ \tau_{\theta\theta}=2\eta\dfrac{1}{r}\left(\dfrac{\partial v}{\partial\theta}+u\right)\\ \tau_{\varphi\varphi}=\dfrac{2\eta}{r\sin\theta}\left(\dfrac{\partial w}{\partial\varphi}+u\sin\theta+v\cos\theta\right)\\ \tau_{r\theta}=\dfrac{\eta}{r}\left(\dfrac{\partial u}{\partial\theta}+r\dfrac{\partial v}{\partial r}-v\right)=\tau_{\theta r}\\ \tau_{r\varphi}=\dfrac{\eta}{r\sin\theta}\left(\dfrac{\partial u}{\partial\varphi}+r\sin\theta\dfrac{\partial w}{\partial r}-w\sin\theta\right)=\tau_{\varphi r}\\ \tau_{\theta\varphi}=\dfrac{\eta}{r\sin\theta}\left(\dfrac{\partial v}{\partial\varphi}+\sin\theta\dfrac{\partial w}{\partial\theta}-w\cos\theta\right)=\tau_{\theta\varphi}\end{cases}\tag{4.15}$$

式(4.15)结合式(3.39)至式(3.41)及结合其连续方程(3.30a)即可进行牛顿流体在球坐标系下流动问题的研究。

4.2.1.3 泊肃叶(Poiseuille)方程

泊肃叶(Poiseuille)方程给出的是牛顿流体在直圆管中的定常、不可压层流体积流量与作用在圆管中的压降之间的关系方程。

设有一半径为 R 的水平放置的无限长圆管,管内有密度为ρ、黏度为 η 的不可压缩流体通过,每单位时间内通过圆管的体积流量 Q 为已知,或者说平均速度为已知。

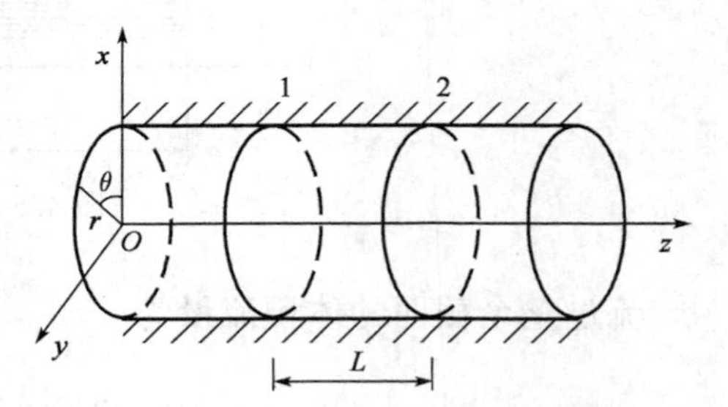

图 4.4 圆管 Poiseuille 流动示意图

假定重力可以忽略不计,雷诺数小于临界雷诺数,流动为定常层流,流动情况如图 4.4 所示。因圆管无限长,且流动是定常的,则沿管长任一截面的速度分布情况,应当与其他截面的速度分布一样。采用柱坐标系进行研究,三个坐标分别为 r、θ 和 z,其相应的速度为 u、v、w。如取管轴为 z 轴,则管内任一点 $p(x,y,z)$处的速度应为

$$w=w(r),v=0,u=0\tag{4.16}$$

现研究 z 方向(即水平方向)的流速 $w(r)$,它是距中心线距离 r 的函数,与角度 θ 以及水平距离 z 无关,也不随时间 t 变化。

在不可压缩黏性流体纳维—斯托克斯方程式(4.10)中,相应拉普拉斯算符

$$\nabla^2=\frac{\partial^2}{\partial x^2}+\frac{\partial^2}{\partial y^2}+\frac{\partial^2}{\partial z^2}$$

为

$$\nabla^2=\frac{\partial^2}{\partial r^2}+\frac{1}{r}\frac{\partial}{\partial r}+\frac{\partial^2}{\partial \theta^2}+\frac{\partial^2}{\partial z^2}$$

由式(4.15)并用于柱坐标系中的拉普拉斯算符,式(4.10)可得

$$-\frac{\mathrm{d}p}{\mathrm{d}z}+\eta\left(\frac{\partial^2 w}{\partial r^2}+\frac{1}{r}\frac{\partial w}{\partial r}\right)=0$$

$$\frac{\mathrm{d}p}{\mathrm{d}z}=\eta\frac{1}{r}\frac{\mathrm{d}}{\mathrm{d}r}\left(r\frac{\mathrm{d}w}{\mathrm{d}r}\right)=0$$

设进出口压力分别为 p_1 和 p_2, $\mathrm{d}p/\mathrm{d}z=(p_1-p_2)/l$,对上式积分两次,得

$$w(r)=\frac{(p_1-p_2)r^2}{4\eta l}+C_1\ln r+C_2$$

由于 $w(0)$ 为有限值(不能为无限大),要满足此条件,积分常数 C_1 必须为零,即 $C_1=0$;再引用 $r=R$ 时,在管壁处 $w(R)=0$ 的边界条件,可得

$$w(r)=\frac{p_1-p_2}{4\eta l}(R^2-r^2)$$

下面求流量与压降的关系。在任一截面上,在半径为 r 处取一环状截面如图4.5所示,则每单位时间内,流过此环状截面的流体体积为

$$\mathrm{d}Q=w2\pi r\mathrm{d}r$$

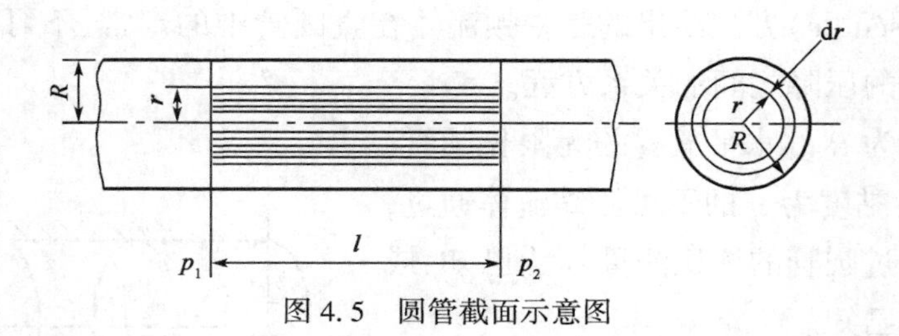

图4.5 圆管截面示意图

流过整个截面的体积流量为

$$Q=2\pi\int_0^R wr\mathrm{d}r=\frac{\pi R^4}{8\eta l}(p_1-p_2) \tag{4.17}$$

现在这个结果化成为水力学上常用的形式,定义损失系数 λ,即

$$\lambda=\frac{(p_1-p_2)}{\frac{1}{2}\rho\bar{w}^2}\frac{D}{l}$$

$$\lambda = \frac{64}{Re} \tag{4.18}$$

式中，$\overline{w}$ 为平均流速；Re 为管流的雷诺数，$Re = \rho\overline{w}D/\eta$。通过以上分析表明，对于比较简单的问题，N-S 方程是可以求出精确解的。不过在一般的情况下，要求得精确解是不可能的，需要数值解。式(4.18)说明，损失系数与管流的雷诺数是成反比的。在小雷诺数下，此式已为实验所证实。

4.2.2 纯黏性非牛顿本构方程

与牛顿流体一样，也可以把稳态简单剪切流动中测定的切应力与剪切速率之比定义出一个表征流变性的材料函数（本构方程），即 $\tau = \eta(\dot{\gamma})\dot{\gamma}$。

为与牛顿流体的黏度相区别，称为表观（视）黏度，或非牛顿黏度函数，即

$$\eta_a = \eta(\dot{\gamma}) = \tau/\dot{\gamma} \tag{4.19}$$

按照表观黏度随剪切速率和剪切时间变化的情况，可以对非牛顿行为进行分类。一类其流变行为与剪切作用时间无关的非牛顿流体，包括塑性流体，假（拟）塑性流体和胀流性流体。而假塑性流体和胀塑性流体又可归类为剪切速率依赖性流体；另一类为在恒定剪切速率和温度下，表观黏度具有时间依赖性的非牛顿流体，包括触变性流体和震凝性流体。

描述非牛顿黏度函数的数学式大多数是经验性的，虽然很希望从分子结构推导出这种关系，但是材料的分子结构都十分复杂，而现在的分子理论又过于简单化，不能满足这一要求。因此，经验观测结果仍然是提供流变学资料的最现实的来源。

4.2.2.1 幂律(Power-law)模型

1. 定义和流变曲线

幂律模型又称为 Ostwald-de Waele(1925)经验式，可用于来描述高分子溶液的视黏度流动曲线，图 4.6 中夹在第一、第二牛顿区中间，即中等剪切速率段表现或近似是一条直线的规律，是描写剪切速率依赖性最简单的经验关系：

$$\tau = K|\dot{\gamma}|^{n-1}\dot{\gamma} \tag{4.20}$$

或 $\quad \eta_a = K|\dot{\gamma}|^{n-1}$

这是一个二参数模型，K 为稠度系数，$Pa \cdot s^n$；n 为幂指数，无量纲；η_a 为视黏度，$Pa \cdot s$。

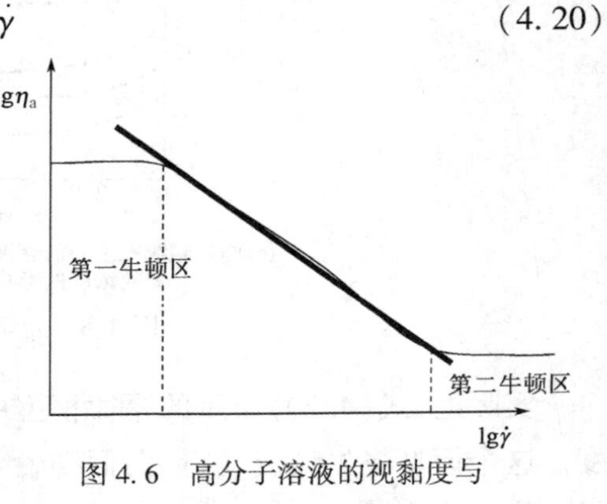

图 4.6　高分子溶液的视黏度与剪切速率之间关系曲线

含有长链分子结构的高聚熔体和高聚物溶液以及含有细长纤维或颗粒的悬浮液会出现图 4.6 所示的流变曲线。这种液体在静止时，长链分子、细长纤维呈杂乱的卷曲状态。随着剪切速率的增加，它们沿流动方向排列起来，缠绕程度减少，剪切速率越大，定向排列越

整齐,流动阻力就越小,其静观黏度也就越小。当剪切速率达到某一临界时,形态、排列等达到稳定,其流变特性表现出牛顿流体的流变行为,即视黏度不随剪切速率的增加而改变。以聚合物溶液为例,其分子结构与形态随剪切速率变化的示意图如图 4.7 所示。

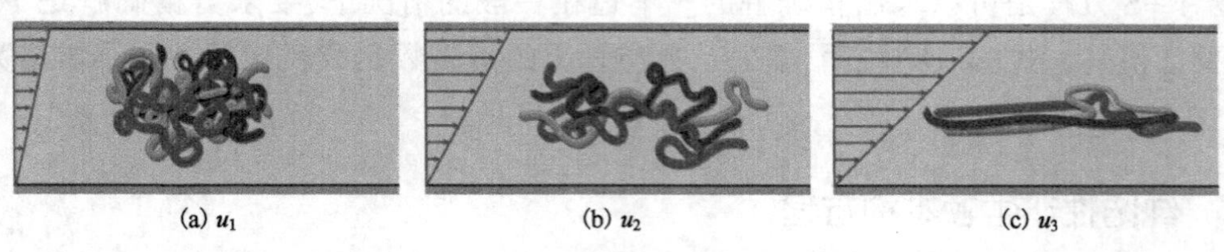

图 4.7　其分子结构与形态随剪切速率变化的示意图($u_1<u_2<u_3$)

对于剪切增稠的流体,其流变曲线如图 4.8 所示,通常也可用 Power-law 模型来描述

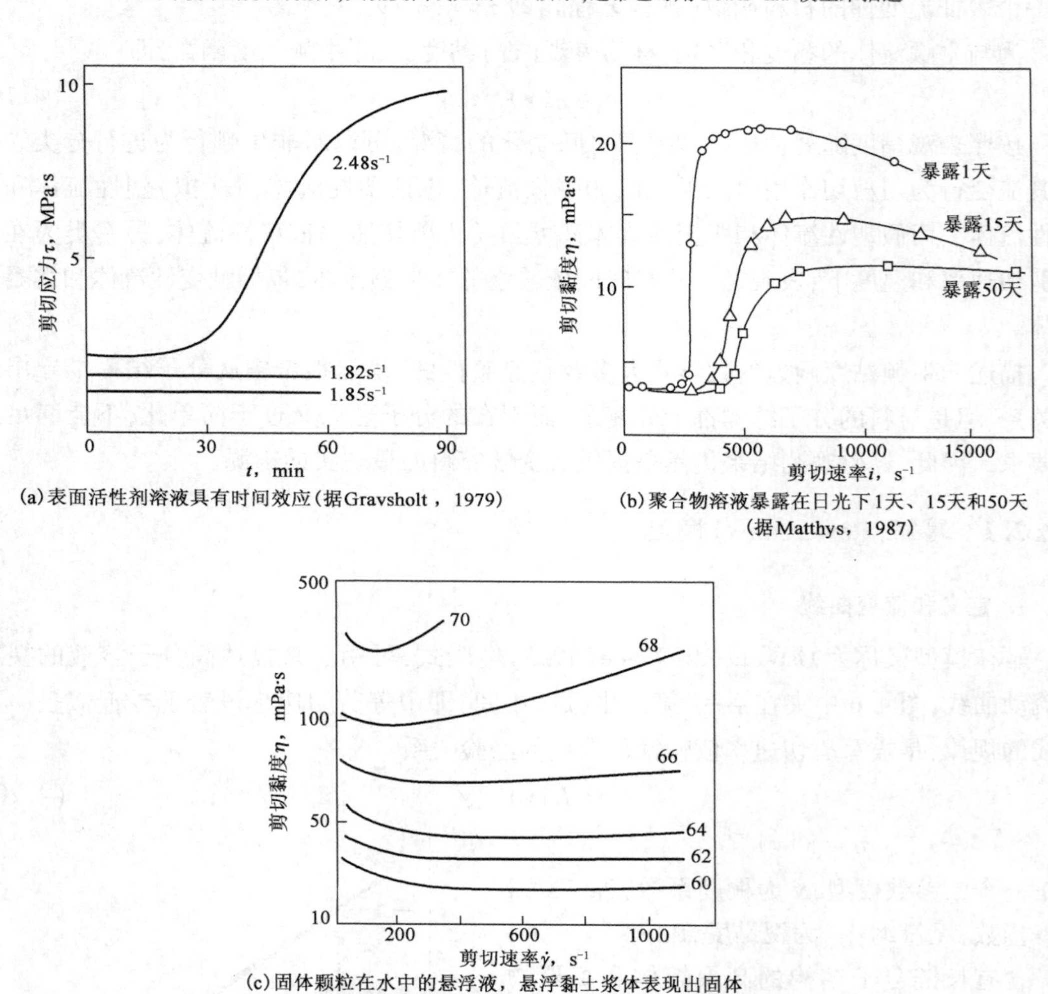

(a)表面活性剂溶液具有时间效应(据Gravsholt, 1979)

(b)聚合物溶液暴露在日光下1天、15天和50天(据Matthys, 1987)

(c)固体颗粒在水中的悬浮液,悬浮黏土浆体表现出固体颗粒浓度的影响(据Beazley, 1980)

图 4.8　剪切增稠的流体的流变曲线

实际上,式(4.20)所示的幂律模型中的幂指数 n 的意义是表示与牛顿流体偏离的程度。这个模型将牛顿流动行为,假塑性和胀流性流动行为概括为一体。当 $n=1$,描述牛顿流体的流变性($K=\eta$);当 $n<1$,描述假塑性流体剪切稀释的流变性;当 $n>1$,描述胀流性

流体剪切稀释的流变性。幂指数 n 不同所表示的流体剪切应力与剪切速率的关系曲线及视黏度与剪切速率的关系曲线如图 4.9 所示。幂指数 n 不同所表示的流体视黏度与剪切速率的关系曲线如图 4.10 所示。

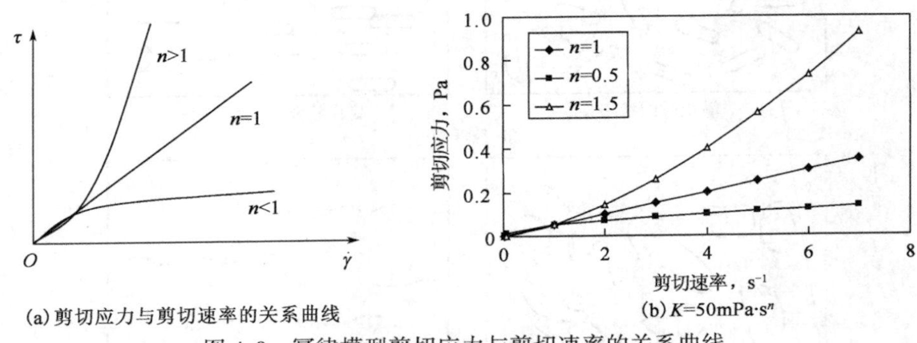

(a) 剪切应力与剪切速率的关系曲线　　(b) K=50mPa·s^n

图 4.9　幂律模型剪切应力与剪切速率的关系曲线

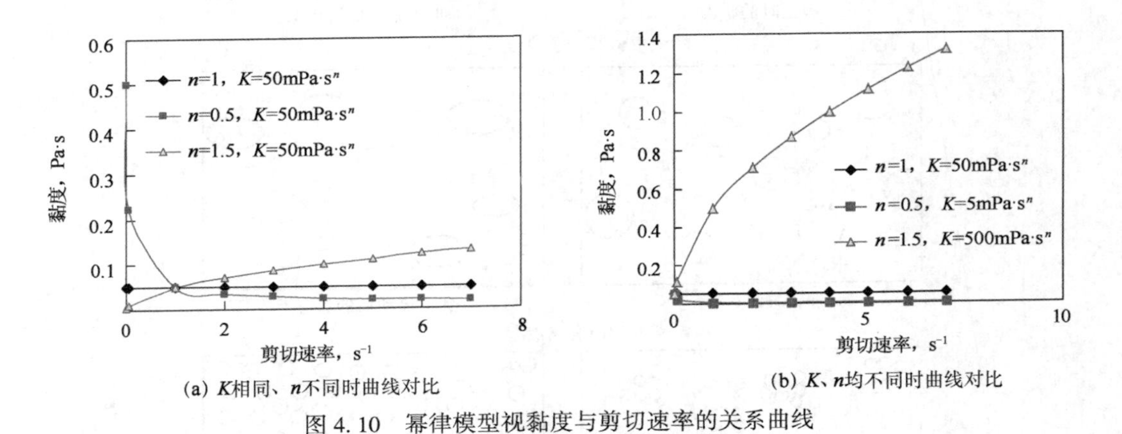

(a) K相同、n不同时曲线对比　　(b) K、n均不同时曲线对比

图 4.10　幂律模型视黏度与剪切速率的关系曲线

2. 假塑性流体和胀流性流体

假塑性流体是最常见的非牛顿流体，在乳胶类、悬浮类、分散类等物质中广泛遇到。和牛顿流体一样，即使施加很小的作用力就能发生流动。但是，与牛顿流体不同，其剪切应力不与剪切速率成正比，而正比于剪切速率的 n 次方，$n<1$，因此，命名为幂律流体。假塑性流体中常存在大分子或细颗粒，在静置时它们松散地集合或自由地排列，在外力作用下会很快地分散或定向，使流动阻力相对地减小，表现出剪切变稀的特性。

假塑性流体在剪切作用下内部有以下变化特点，如图 4.11 所示：(1) 对于悬浮液，内相颗粒具有不对称结构，剪切流动时，颗粒在流动方向上出现不同程度的定向；(2) 对于高分子溶液，大分子在流动方向上不同程度地伸展；(3) 对于乳状液，其内相颗粒在流动剪切作用下发生变形；(4) 对于存在内相颗粒的絮凝体结构的体系，在剪切流动时，这种絮凝结构被不同程度地打破。

与假塑性流体相比，胀流性流体是很少见的，它的流变曲线只是在一定浓度范围内，形状不规则的固体颗粒与液体形成的悬浮体系中才会观察得到。通常具有不太低的内相浓度，且内相浓度处于一个较窄的范围内。如淀粉质量分数在 40%～50%范围内可表现

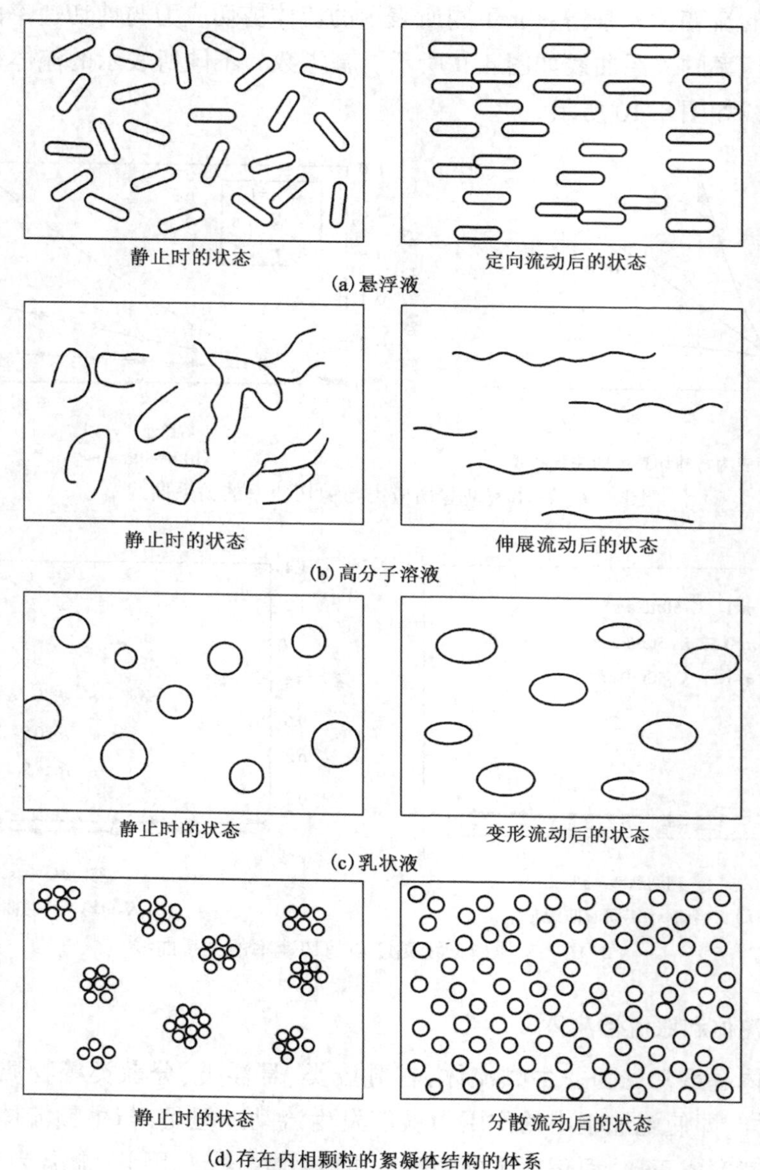

(a)悬浮液

(b)高分子溶液

(c)乳状液

(d)存在内相颗粒的絮凝体结构的体系

图 4.11　几种典型的假塑性流体在剪切作用下内部结构的变化

出明显的胀流性流体特性。Metzner 和 Whitlock 于 1958 年用多种悬浮液在一定的浓度和剪切速率范围内观察到胀流性现象。实验数据清楚地指出胀流性的出现只限于在较高浓度和较高剪切速率范围内。对于体积分数为 40%~47%的固体颗粒悬浮液,剪切速率只需达到 $100s^{-1}$,胀流性现象就相当明显;而体积分数为 27%~30%的悬浮液,则剪切速率在 $500s^{-1}$ 以上体系才显胀流性。此实验的典型数据取自 0.2~1.0μm 的二氧化钛颗粒水悬浮液。

胀流性流体的剪切增稠性往往只产生在一定的剪切速率范围内。在更低或更高的剪切速率下,其流变性可能呈现假塑性或屈服—假塑性特性。胀流型流体在剪切作用下通常是流体内部结构从一种有序状态到无序状态的变化，具有以下变化特点：(1)在剪切的作用下，紧密排列的内相颗粒变成松散的絮凝结构，有一些液体吸入或停留其中，这个效应造成了流动阻力的增加；(2)剪切力超过了颗粒之间的胶体力，流体是在自身胶体力的作用下形成有序结构的。

在石油工业中，钻井时如遇到胀流性很强的地层，将会发生卡钻的严重事故。

幂律模型中幂指数不同，可以用来描述许多常见流体，如大多数高分子溶液、熔体、蛋白质、涂料、纸浆等悬浮液。一些浓稠固液悬浮液(尤其是形状不规则的固体颗粒)的流变特性。因此，该模型是工程应用上最著名和最为广泛采用的非牛顿黏度模型，它在一定的 $\dot{\gamma}$ 范围内可以描述许多黏性流体的流变行为。

4.2.2.2 Cross 和 Sisko 模型

对聚合物溶液、乳状液在流变仪中的流变性进一步研究中发现，其视黏度随剪切速率的变化由三部分构成，要完整预测其一般的流动，方程至少需要四个参数，Cross(1965)给出了这样一种模型：

$$\frac{\eta-\eta_\infty}{\eta_0-\eta_\infty}=\frac{1}{1+(\beta\dot{\gamma})^n}$$

或写成

$$\eta=\eta_\infty+\frac{\eta_0-\eta_\infty}{1+(\beta\dot{\gamma})^m}$$

式中　η_0,η_∞——剪切速率极低和极高的渐近值；

β——常数，具有时间的量纲；

m——无量纲常数。

为了说明该模型应用的广泛性，图 4.12 给出几种物质流变性用该模型描述的曲线。当 $\eta\ll\eta_0$ 和 $\eta\gg\eta_\infty$ 时，Cross 模型简化为 $\eta=\frac{\eta_0}{(\beta\dot{\gamma})^m}$，或写成较熟悉的形式 $\eta=K\dot{\gamma}^{n-1}$。当 $\eta\ll\eta_0$，有 $\eta=\eta_\infty+\frac{\eta_0}{(\beta\dot{\gamma})^m}$或改写为 $\eta=\eta_\infty+K\dot{\gamma}^{n-1}$，称为 Sisko 模型(1958)。当 $n=0$ 时，$\eta=\eta_\infty+\frac{K}{\dot{\gamma}}$，改写为应力与剪切速率的关系为 $\tau=\tau_y+\eta_p\dot{\gamma}$，这是 Bingham 模型。

从图 4.13 可以清楚地看到，Power-law、Sisko、Cross 三种模型的适用范围，Power-law 模型适用于中等剪切速率；Sisko 模型适用于剪切速率在中-高区域内；Cross 适用于更宽的剪切速率范围。

4.2.2.3 Oldroyd 模型

除此之外，还有许多经验公式用于描述黏性非牛顿函数，例如

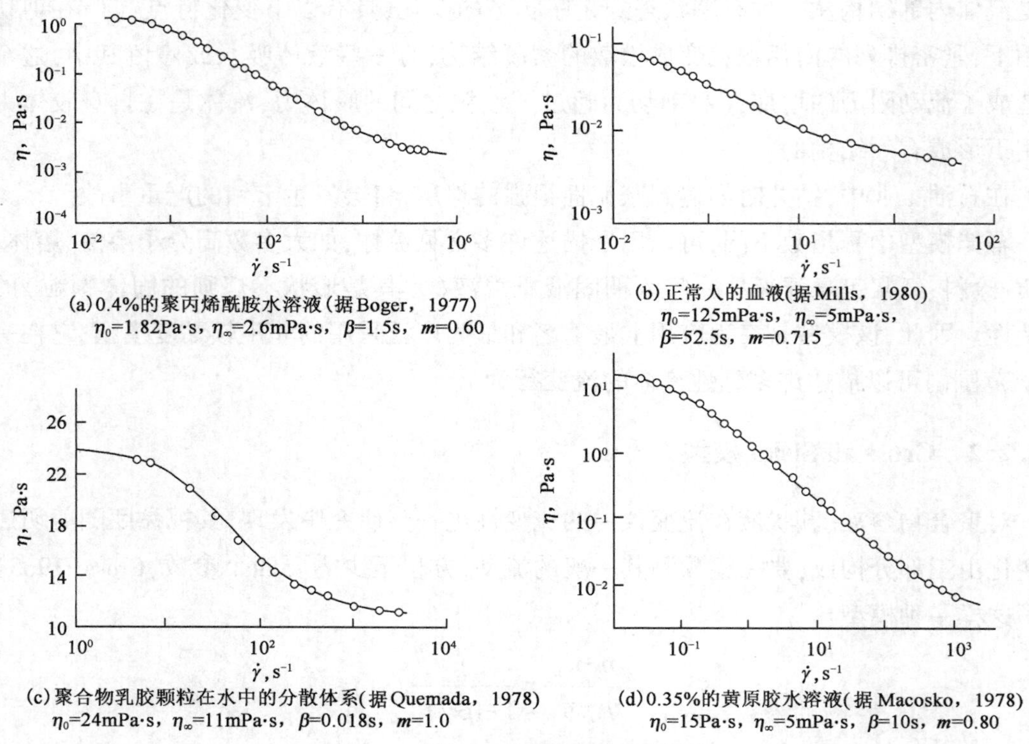

图 4.12　用 Cross 模型描述的可行性

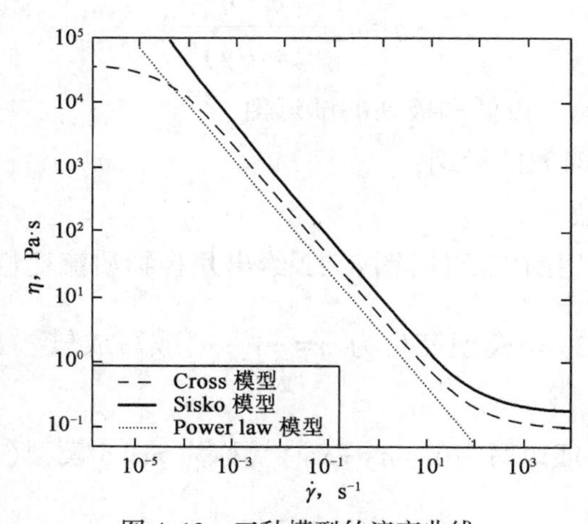

图 4.13　三种模型的流变曲线

$$\eta(\mathit{II}) = \eta_0\left(\frac{1+a_1\,\mathit{II}^2}{1+a_2\,\mathit{II}^2}\right)$$

$$\eta(\dot{\gamma}) = \eta_0\left(\frac{1+a_1\dot{\gamma}^2}{1+a_2\dot{\gamma}^2}\right)$$

式中，II是一阶 Rivlin-Ericksen 张量的第二不变量，η_0，a_1，a_2 是正的常量。在测黏流中，应用这个模型，可得当 $\dot{\gamma}\to 0$，$\eta(\dot{\gamma})\to\eta_0$，$\dot{\gamma}\to\infty$，因而 $\eta(\dot{\gamma})\to\eta_0$，$a_1/a_2$。当 $a_1<a_2$ 时，该模

型所描述的流体为拟塑性流体；当 $a_1>a_2$ 时，该模型所描述的流体为胀流性流体；当 $a_1=a_2$ 时，该模型所描述的流体为牛顿流体。

4.2.2.4 Carreau 模型

对于大多数流体，感兴趣的是剪切变稀，因此，$\eta_0>\eta_\infty$，$n<1$。在测黏流中，当 $\dot{\gamma}\to 0$，$\eta(\dot{\gamma})\to\eta_0\dot{\gamma}\to\infty$，因而 $\eta(\dot{\gamma})\to\eta_\infty$。在中等值域内，具有幂律流体流变性，$\eta(\dot{\gamma})$ 用四个常量表征：

$$\eta(\dot{\gamma})=\eta_\infty+(\eta_0-\eta_\infty)(1+\lambda^2\dot{\gamma}^2)^{(n-1)/2}$$

式中，η_0，η_∞，a_1，a_2 是正的常量。

4.2.2.5 宾汉(Bingham)模型

1. 定义和流变曲线

宾汉模型是一类描述具有屈服应力的流体流变性的本构方程，见式(4.21)和式(4.22)，此模型中有屈服应力，仅当材料所受剪应力超过屈服应力时才会流动，而小于屈服应力时材料具有弹性固体的行为。流变曲线示意图如图 4.14 所示。流动开始以前的弹性行为总是被忽略的，因为，此时的应变比流动引起的应变小得多。未流动时的弹性行为尚未弄清楚。

当 $|\tau|\leqslant|\tau_y|$ 时：

$$\dot{\gamma}=0 \tag{4.21}$$

当 $|\tau|>|\tau_y|$ 时：

$$\tau-\tau_y=\eta_p\dot{\gamma} \tag{4.22}$$

式中，τ_y 为屈服应力，η_p 为塑性黏度，等于流动曲线的斜率。显然，宾汉模型是一个二参数模型。通常，表现出宾汉塑性的材料大多为一些浓悬浮系，如钻井液、糊状物、软膏、牙膏、一些生物流体、面团、淤泥等，这些物质在一定的剪切速率范围内的行为，可以近似用这个模型来描述。

在宾汉塑性流体中，剪切应力与剪切速率也呈线性关系变化但与牛顿流体不网，它需要加一个最小的力才能流动。这个力就是通常所说的屈服点或屈服值。

对于宾汉塑性流变行为的物理解释：宾汉塑性流体在静止时具有三维的结构，该结构具有一定的刚性能够抵抗小于其屈服应力的任何应力。当受到的应力小于屈服应力，结构变形又恢复了；当受到的应力超过屈服应力，结构破坏，体系在剪切应力 $\tau-\tau_y$ 的作用下表现出牛顿流体的流变行为。

研究发现，极低屈服应力物体有果汁、饮料；低屈服应力物体有食品、洗发香波、凝胶、酸乳酪；中等屈服应力物体有巧克力、食品、润手霜、果冻、番茄酱、牙膏；高屈服应力物体有防漏胶黏剂、膏体、软干酪、花生酱、水果果酱、面点起酥油等。

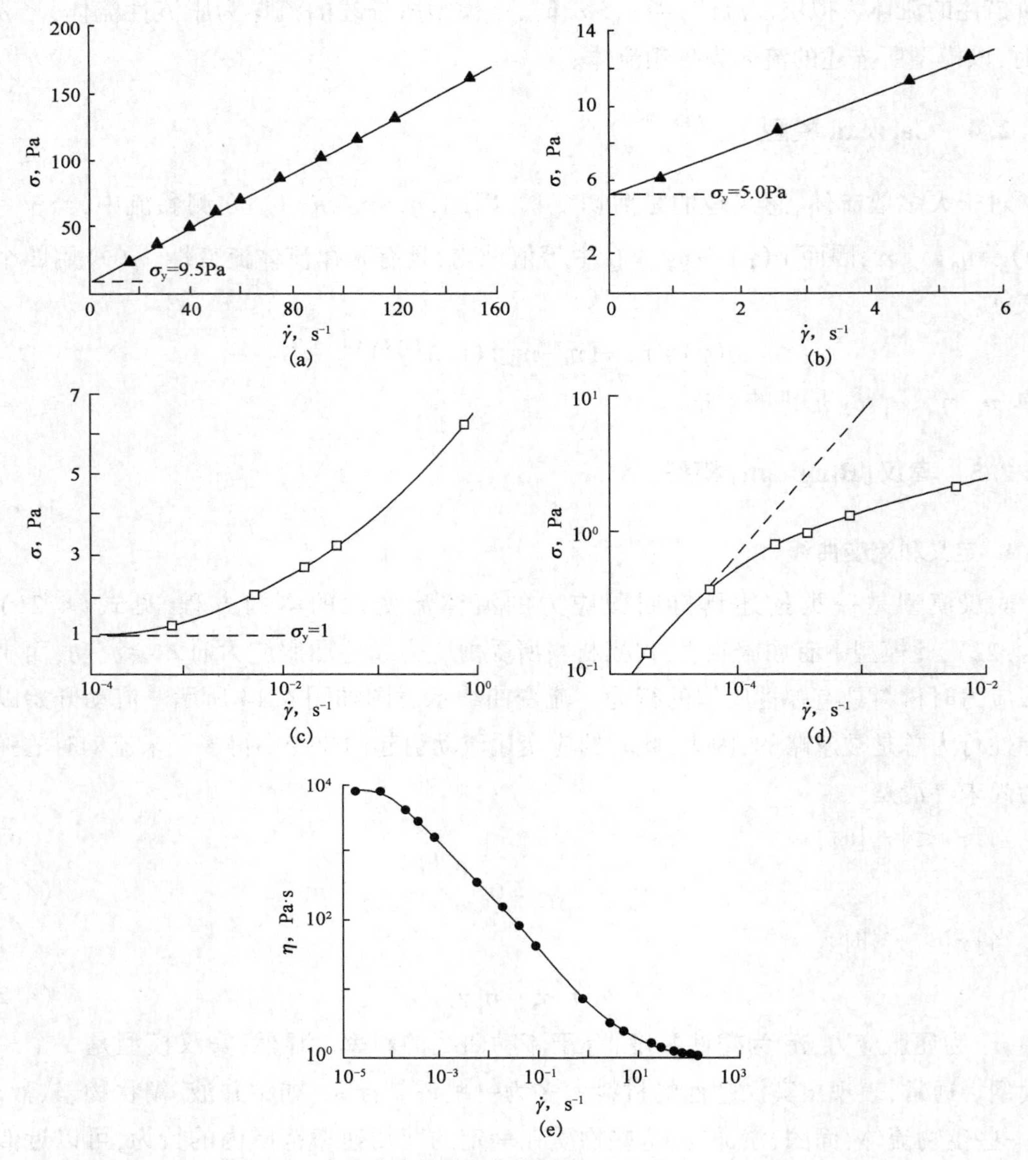

图 4.14　人造乳胶的流变曲线(据 Barnes 和 Walters,1985)

(a)和(b)曲线在不同的剪切速率范围内绘制;(c)和(d)为半对数和对数坐标中剪切应力和剪切速率的关系;(e)为对数坐标中剪切黏度和剪切速率的关系

4.2.2.6　Herschel-Bulkley 模型

从 Bingham 模型可知,当应力大于屈服应力时,流体总是呈现牛顿流体的特征。但对许多流体来说并非如此,有的材料流动时更像幂律流体的行为,Herschel-Bulkley 模型描述超过屈服应力后的流变曲线与幂律模型相同的流体。流变曲线如图 4.15 所示。

当$|\tau|\leqslant|\tau_y|$时:

$$\dot{\gamma}=0 \tag{4.23}$$

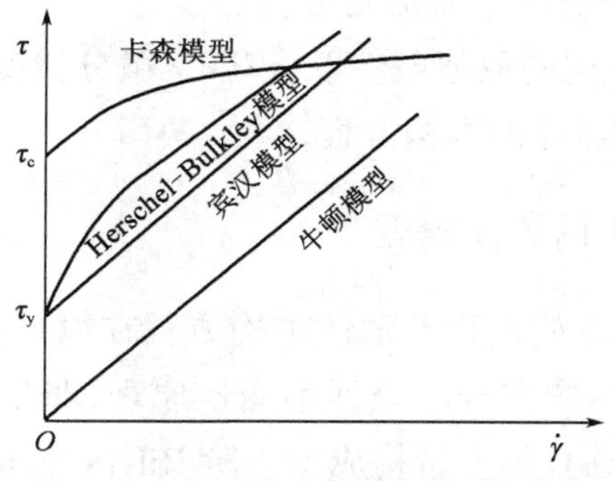

图 4.15　宾汉模型所描述的流变曲线

当$|\tau|>|\tau_y|$时：

$$\tau-\tau_y=K|\dot{\gamma}|^{n-1}\dot{\gamma} \tag{4.24}$$

式中，K 和 n 的意义与幂律模型相同。

4.2.2.7　Casson 模型(1969)

Casson 模型是一个两参数的半经验模型：

$$\sqrt{\tau}=\sqrt{\tau_C}+\sqrt{\eta_C}\sqrt{\dot{\gamma}} \tag{4.25}$$

适用于悬浮液、血液和生物体液，有时可像多参数模型一样，可以很好地拟合实验数据，尤其在生物流变学上应用极广。流变曲线如图 4.12 所示。

4.2.2.8　Vocadlo 模型(1968)

Vocadlo 模型具有 Herschel-Bulkley 模型的许多优点，为它的一个变形模型：

$$\tau=\left(\tau_y^{\frac{1}{n}}+K\dot{\gamma}\right)^n \tag{4.26}$$

4.2.2.9　广义微分流变方程

国外学者根据“分散颗粒间所形成的结构随着剪切应力或剪切速率的而逐渐受到破坏”的假设，导出了纯黏性非多相混合物流体的广义微分流变方程：

$$\frac{d\tau}{(\tau+c_1)^a}=m\frac{d\dot{\gamma}}{(\tau+c_2)^a} \tag{4.27}$$

式中，m,c_1,c_2 为常数；$a(a\leqslant 1)$为无量纲参数。

对该微分方程进行积分，则

(1)$m=1,a=1,c_1=0,c_2=0$，得牛顿流变方程；

(2)$m\neq 1,a=1,c_1=0,c_2=0$，得幂律方程，并且 $m<1$ 时为假塑性流体，$m>1$ 时为胀流性流体；

(3)当 $a=0$ 时，得宾汉流变方程；

(4)$a=1,c_1\neq 0,c_2=0$ 时，得 Herschel-Bulkley 方程；

(5) $a=1/2, c_1=0, c_2=0$ 时，得卡森流变方程。

可见，在 m, c_1, c_2 和 a 不同的取值条件下，该广义微分流变方程式积分后可以分别得到上述几类与纯黏性非牛顿流体的本构方程。

4.2.2.10 一般流动条件下的流变模型

以上是剪切速率依赖性本构方程及塑性本构方程在简单剪切流动中的数学表达式，对于一般流动条件下，根据本构方程的坐标不变性原理，非牛顿视黏度函数必须由一阶 Rilvin-Ericksen 张量的三个独立不变量构成。一阶 Rilvin-Ericksen 张量的三个独立不变量由 $\boldsymbol{A}$ 的特征值方程中特征值 λ 前的系数求得：

$$\det|\boldsymbol{A}-\lambda\delta| = \lambda^3 - I_1\lambda^2 + I_2\lambda - I_3 = 0$$

$$I_1 = \mathrm{tr}\boldsymbol{A} = \mathrm{A}_{ii}$$

$$\mathrm{I}_2 = \frac{1}{2}((\mathrm{tr}\boldsymbol{A})^2 - \mathrm{tr}\boldsymbol{A}^2) = \frac{1}{2}(A_{ii}A_{jj} - A_{ij}A_{ji})$$

$$I_3 = \det A_{ij} = |A_{ij}|$$

I_1, I_2, I_3 是主要的不变量，除此以外 $\boldsymbol{A}$ 的各阶矩也有常用的不变量：

$$J_1 = \mathrm{tr}\boldsymbol{A} = A_{ii}$$

$$J_2 = \mathrm{tr}\boldsymbol{A}^2 = A_{ij}A_{ji}$$

$$J_3 = \mathrm{tr}\boldsymbol{A}^3 = A_{ij}A_{jk}A_{ki}$$

任何不变量可由 I_1, I_2, I_3 来表示：

$$I_1 = J_1$$

$$I_2 = \frac{1}{2}(J_2^1 - J_2)$$

$$I_3 = \frac{1}{6}(J_1^3 - 3J_1J_2 + 2J_3)$$

设 $II = \sqrt{|I_2|}$，在简单剪切流动条件下，不可压缩流体中应变速率张量的第一和第三不变量为零，剪切速率与第二不变量 I_2 之间有如下关系：

$$\dot{\gamma} = II = \sqrt{|I_2|}$$

剪切速率与第二不变量 J_2 之间有如下关系：

$$\dot{\gamma} = II = \sqrt{\frac{1}{2}\mathrm{tr}(A_{ij}A_{ji})} = \sqrt{\frac{1}{2}J_2} \tag{4.28}$$

因此非牛顿黏度函数也可表示为应变速率张量第二不变量的函数，即

$$\eta(\dot{\gamma}) = \eta(II) \tag{4.29}$$

(1) 幂律模型为

$$\boldsymbol{T} = K\, II^{n-1}\boldsymbol{A} \tag{4.30}$$

视黏度函数为

$$\eta = \eta(II) = K\, II^{n-1}$$

式中　K——稠度系数，$Pa \cdot s^n$；

n——幂指数，无量纲；

II——$\boldsymbol{A}$ 的第二不变量，对于简单剪切流 $II=\dot{\gamma}$。

（2）宾汉模型为

$$\tau \leqslant \tau_y \boldsymbol{A}=0 \tag{4.31a}$$

$$\tau > \tau_y \widetilde{T}=(\eta_p+\tau_y / II)\boldsymbol{A} \tag{4.31b}$$

式中　τ_y——屈服应力；

η_p——塑性黏度；

τ——偏应力张量的模，根据 von Mises 条件，$\tau=\sqrt{\frac{1}{2}\mathrm{tr}(T_{ij}T_{ji})}$。

（3）卡森模型为

$$\tau \leqslant \tau_y \boldsymbol{A}=0 \tag{4.32a}$$

$$\tau > \tau_y \sqrt{|\boldsymbol{T}|}=\left(\frac{\tau_y^{1/2}}{II^{1/2}}+\eta \frac{\boldsymbol{A}^{1/2}}{II^{1/2}}\right)\sqrt{\boldsymbol{A}} \tag{4.32b}$$

（4）Herschel-Bulkley 模型为

$$\tau \leqslant \tau_y \boldsymbol{A}=0 \tag{4.33a}$$

$$\tau > \tau_y \boldsymbol{A}=2\left(\frac{\tau_y}{II^{1/2}}+K\, II^{\frac{n-1}{2}}\right)\boldsymbol{A} \tag{4.33b}$$

一般流动条件下的流变模型结合运动方程、连续性方程及边界条件可以得到特定条件下的流动规律，幂律流体在圆管中的定常流动方程是一个典型的应用实例。

4.2.2.11　幂律流体在圆管中的定常流动

在柱坐标系(r,θ,z)中，若(u,v,w)是 $\boldsymbol{V}$ 在柱坐标系里的物理分量，则对于圆管中定常流动其速度场为

$$u=0, v=0, w=w(r) \tag{4.34}$$

根据上述速度场，柱坐标系中一阶 Rivilin-Ericksen 张量

$$A=\begin{pmatrix} 2\frac{\partial u}{\partial r} & \frac{1}{r}\frac{\partial u}{\partial \theta}+\frac{\partial v}{\partial r}-\frac{v}{r} & \frac{\partial u}{\partial z}+\frac{\partial w}{\partial r} \\ \frac{1}{r}\frac{\partial u}{\partial \theta}+\frac{\partial v}{\partial r}-\frac{v}{r} & \frac{2}{r}\left(\frac{\partial v}{\partial \theta}+u\right) & \frac{\partial v}{\partial z}+\frac{1}{r}\frac{\partial w}{\partial \theta} \\ \frac{\partial u}{\partial z}+\frac{\partial w}{\partial r} & \frac{\partial v}{\partial z}+\frac{1}{r}\frac{\partial w}{\partial \theta} & 2\frac{\partial w}{\partial z} \end{pmatrix}$$

变为

$$A=\begin{pmatrix} 0 & 0 & \frac{\partial w}{\partial r} \\ 0 & 0 & 0 \\ \frac{\partial w}{\partial r} & 0 & 0 \end{pmatrix}$$

也可写成

$$A=\frac{\mathrm{d}w}{\mathrm{d}r}\begin{pmatrix}0&0&1\\0&0&0\\1&0&0\end{pmatrix}$$

由幂律模型式(4.30)得,在该流动条件下的偏应力张量为

$$A=\frac{\mathrm{d}w}{\mathrm{d}r}\begin{pmatrix}0&0&1\\0&0&0\\1&0&0\end{pmatrix}$$

可见,应力张量中只有一对不为零的分量,即

$$T=-K\left|\frac{\mathrm{d}w}{\mathrm{d}r}\right|^{n}\begin{pmatrix}0&0&1\\0&0&0\\1&0&0\end{pmatrix}$$

可见,应力张量只有一个不为零的分量,即

$$T_{\mathrm{rz}}=T_{\mathrm{zr}}=-K\left|\frac{\mathrm{d}w}{\mathrm{d}r}\right|^{n}$$

由式(4.34)所表示的流场,运动方程式为

$$\begin{cases}\dfrac{\partial p}{\partial r}=0\\[2ex]\dfrac{\partial p}{\partial \theta}=0\end{cases}\tag{4.35}$$

$$-\frac{\partial p}{\partial z}+\frac{1}{r}\frac{\mathrm{d}}{\mathrm{d}r}(rT_{\mathrm{rz}})=0\tag{4.36}$$

边界条件为

$$r=0,T_{\mathrm{rz}}(0)=a;r=R,w(R)=0$$
$$r=0,p(0)=p_0;r=R,p(R)=0$$

式中 R——圆管半径;
a——有限值常数;
L——管长。

由式(4.35)可得

$$p=p(z)$$

即压力 p 只是 z 的函数。在过流断面上均匀分布。由式可知,T_{rz} 只是 r 的函数,可得

$$\frac{\mathrm{d}p}{\mathrm{d}z}=常数\tag{4.37}$$

对式(4.37)积分,并利用边界条件确定常数后,可得

$$\frac{\mathrm{d}p}{\mathrm{d}z}=\frac{p_0-p_{\mathrm{L}}}{L}\tag{4.38}$$

将式(4.38)代入式(4.36),并积分得

$$T_{rz}=\frac{1}{2}\frac{dp}{dz}r+\frac{C_1}{r}$$

利用边界条件,得常数 $C_1=0$。于是

$$T_{rz}=\frac{1}{2}\frac{p_0-p_L}{L}r \tag{4.39}$$

令 $r=R$,则得壁面应力 $\tau_w=T_{rz}(r=R)$,所以有

$$\tau_w=\frac{p_0-p_L}{2L}R,\frac{dp}{dz}=\frac{p_0-p_L}{L}=\frac{2\tau_w}{R} \tag{4.40}$$

将本构方程式(4.35)代入,并注意到$\frac{du}{dr}\leqslant 0$,得

$$K\left(-\frac{dw}{dr}\right)^n=\tau_w\frac{r}{R}$$

两边开 n 次方,积分,并利用边界条件得

$$w=\left(\frac{\tau_w}{K}\right)^{1/n}\frac{nR}{1+n}\left[1-\left(\frac{r}{R}\right)^{\frac{n}{1+n}}\right] \tag{4.41}$$

若 $n=1$,则 $K=\eta$,得到牛顿流体圆管层流速度分布为

$$w=\frac{\tau_w R}{2\eta}\left[1-\left(\frac{r}{R}\right)^2\right]$$

当 $r=0$ 时,u 为圆管中最大流速 w_{max}:

$$w_{max}=\left(\frac{nR}{n+1}\right)\left(\frac{\tau_w}{K}\right)^{1/n}$$

将式(4.40)中 τ_w 与$\frac{dp}{dz}$的关系代入式(4.41),整理后积分可得

$$Q=\int_0^{2\pi}\int_0^R wr\mathrm{d}r\mathrm{d}\theta=\frac{n\pi R^3}{1+3n}\left[\frac{(p_0-p_L)R}{2KL}\right]^{1/n} \tag{4.42}$$

当 $n=1$,$K=\eta$ 时,式(4.42)变为牛顿流体管流的 Hagen-Poiseuille 方程。

截面平均流速为

$$\bar{w}=\frac{Q}{\pi R^2}=\frac{nR}{3n+1}\left[\frac{(p_0-p_L)R}{2KL}\right]^{1/n}=\frac{nR}{3n+1}\left[\frac{\tau_w}{K}\right]^{1/n}$$

比较平均速度和最大速度,得

$$\frac{\bar{w}}{w_{max}}=\frac{n+1}{3n+1}$$

幂律流体在圆管中的速度分布式为

$$w=\bar{w}\left(\frac{3n+1}{n+1}\right)\left[1-\left(\frac{r}{R}\right)^{\frac{n+1}{n}}\right]$$

幂律流体的速度分布曲线如图 4.16 所示。$n<1$ 时,速度分布曲线比牛顿流体的抛物

线分布平坦。对于非牛顿流体行为很明显的拟塑性流体，n 接近于零，此时 Δp 与$\frac{1}{R}$成正比，而对于牛顿流体，则有 $\Delta p \propto \frac{1}{R^4}$，即管径稍有增大，压降大为降低，但对于非牛顿流体，要使压降有较大降低，则需要很大直径的管道。

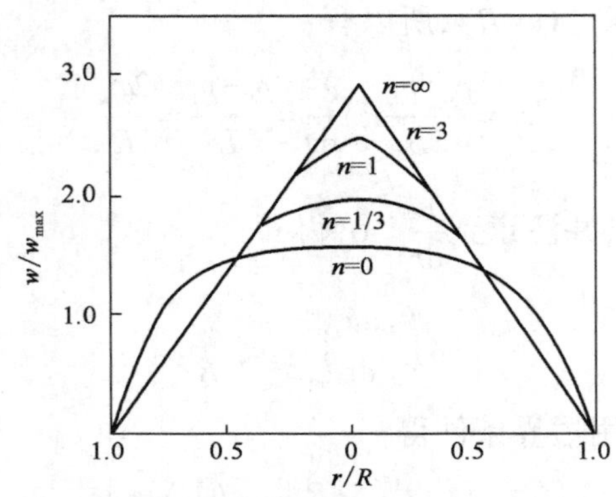

图 4.16　幂律流体在圆管中稳定层流的速度分布

4.2.2.12　宾汉流体在圆管中的流态

宾汉模式是描述塑性流体流变特性的本构方程，下面将以宾汉流体在圆管中的流动为例，说明其流动状态。剪切应力在管轴处为零，在管壁处最大，在截面上切应力成直线分布。在切应力小于屈服值 τ_0 的区域内，流体将不发生相对运动。如果管壁剪切应力小于屈服值，则整个断面上的流速都等于零，因此宾汉流体在管内产生流动的条件为 $\tau_w>\tau_0$，即

$$\frac{\Delta pR}{2L}>\tau_0$$

或

$$\frac{\Delta p}{L}>\frac{2\tau_0}{R}$$

设在半径为 r_0 处的剪切应力大于屈服值，这样在 $r\geqslant r_0$ 的区域内，其剪切应力大于屈服值，即 $\tau>\tau_0$，因此能产生流动，而在 $r<r_0$，其剪切应力小于屈服值，因此不能产生相对运动，只能像固体一样随着半径 r_0 处的液体向前滑动，这样管内固液两态并存，流动就分为两个区域，流体质点间无相对运动的部分称流核区，流核以外的称速梯区(图 4.17)。

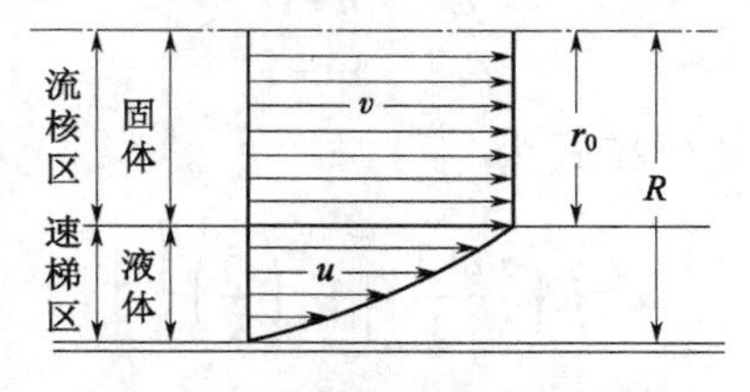

图 4.17　宾汉流体的流速分布

两区交界面上的剪切应力等于屈服应力,随着压差 Δp 的增加,流核半径 r_0 逐渐缩小,速度梯度范围逐渐扩大,最后流核消失,这种具有流核的流动状态叫作结构流。当速度再增加时,则流动状态由结构流转变为紊流。

宾汉体的整个流动状态转变过程如图 4.18 所示,$\frac{du}{dr}$为速度梯度,τ 为剪切应力。

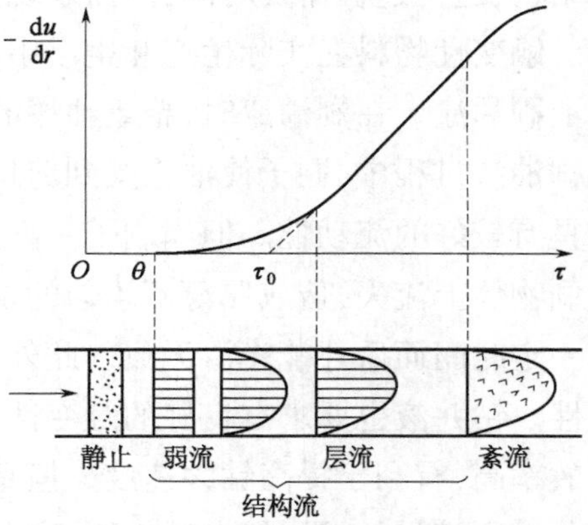

图 4.18　宾汉流体的流态转变过程

4.3　触变性本构方程

对于纯黏性非牛顿流体,它们共同的特点是:在外力作用下,体系的剪切速率瞬间即可调整到与剪切应力相适应的程度。但是还有一类非牛顿流体,如多相分散悬浮液体系,在外力的作用下,其体系分散相的形变、取向、排列等内部物理结构重新调整的速率较缓慢,因此,体系的力学响应受到内部结构变化过程的影响,具有时变性。常常表现为,在恒定剪切速率下测定体系的剪切应力时,会观察到剪切应力随剪切作用时间而连续变化,直至体系的内部结构达到动平衡状态,剪切应力才基本上不再随时间而变化。变化过程所需的时间可以度量,则此类流体的流变性与时间有依赖关系,因此,常称此类流体为与时间有关的流体,或称时变性非牛顿流体。时变性非牛顿流体一般可以概括为两类:触变性流体和反触变性(震凝性)流体。

4.3.1　材料的触变性和反触变性

4.3.1.1　触变性和反触变性(Anti-thixotropy)

触变性(thixotropy)概念是 1927 年由 Peterfi 提出的,当时是用来描述等温过程中机械扰动下物料胶凝—液化的转变现象。1975 年英国标准协会经修订后的触变性定义是:在恒定剪切应力或剪切速率作用下,表观黏度随时间持续下降,并在剪切作用消除后表观黏度又随时间逐渐恢复。反触变性,或称为负触变性、震凝性,是在恒定剪切应力或剪切速率作用下,其表观黏度随剪切作用时间逐渐增加,当剪切作用消除后,表观黏度又逐渐恢复。

触变性流体内的质点间形成结构,流动时结构破坏,停止流动时结构恢复,但结构破坏与恢复都不是立即完成的,需要一定的时间,因此系统的流动性质有明显的时间依赖性。触变性可以看成是系统在恒温下“凝胶—溶胶”之间的相互转换过程的表现。产生触变性的原因并不十分清楚。有观点认为针状和片状质点比球形质点易于表现出触变性,它们由于边或末端之间的相互吸引而形成结构,流动时结构被拆散,切力使质点定向流动。当切力停止时,被拆散的质点要靠布朗运动使颗粒末端或边相互碰撞才能重新建立结构,这个过程需要时间,因而表现出触变性。

触变性物料在实际生产和生活中占有重要地位。触变性一个典型的例子是在垂直的墙上刷油漆。在刷油漆时,希望油漆的流动性能好,不仅刷时省力,还可以刷得光滑明亮。在刷油漆过程中,刷子使油漆受到剪切作用,其凝胶结构遭到了破坏,其结果黏度降低,油漆具有较好的流动性。但当刷子一离开后,就要求油漆的表观黏度很快升高,油漆不致从被刷物体上流失,造成厚薄不均匀的现象。但是,油漆不可立刻恢复到原有的黏度,必须等一定时间而后才能光滑无痕。此外,某些黏土悬浮液、冻胶、溶胶及高聚物可表现出触变性。钻井液也要求有良好的触变性,钻井时希望钻井液黏度低,这样钻井液冲刷力强,泵效率高,有利于提高钻井速度。但是一旦停钻以后,就希望钻井液黏度迅速升高,不然钻井液所携带的矿屑等杂质就要沉到井底而形成卡钻事故。

反触变性与通常的触变性相反,即在外切力作用下,系统的黏度迅速上升,静止后又恢复原状,它是具有时间因素的切稠现象。反触变性(震凝性)体系是溶胶在外界有节奏的震动下变成凝胶。这种节奏性震动可以是轻轻敲打、有规则的圆周运动或搅拌等。震凝性与胀流性不同,胀流性系统的特点是当外切力取消后,系统的黏度立即降低而“稀化”,而震凝性系统则不同,当外切力去除后,系统仍保持凝固状态,至少有一段时间呈凝聚状态,然后再稀化。从微观结构来看,胀流性系统的悬浮体是“高浓度”的,固体含量常高达40%以上,润湿性能良好。震凝性固体含量低,仅1%~2%左右,而且粒子是不对称的,因此形成凝胶完全是粒子定向排列的结果。

反触变性现象比触变性更令人费解,而且在实际生产和生活中并不常见。如果理解了什么是触变性后,与它相反的流变现象也就容易理解了,因此下面将重点阐述触变性流体的特点。

4.3.1.2 触变性流体的特点

实验和实践的结果表明,触变性流体有两个显著的特点。

1. 视黏度随剪切时间的增长而降低,最终趋于常数

图4.19给出某一触变性流体在不同剪切速率下视黏度随剪切时间的变化情况。通过该图可以明显地观察到触变性的上述特点,还可以看出,在相同的剪切作用时间,剪切速率越高,其视黏度也越低。

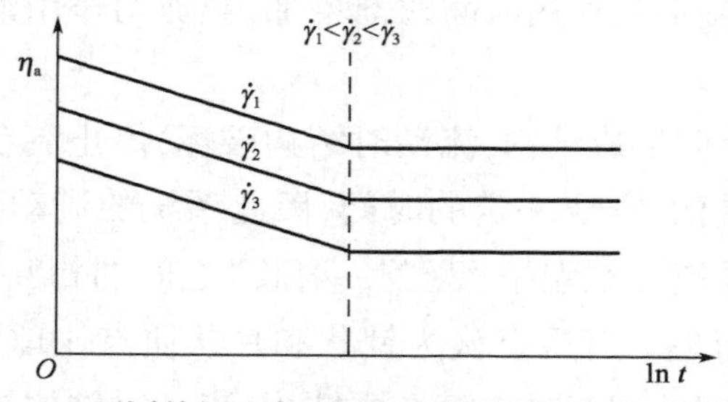

图4.19 不同剪切速率下视黏度随剪切时间的变化曲线

为了更深入地理解触变性的第一个特点：视黏度随剪切时间的增长而降低，最终趋于常数，开展以下两类实验：(1)观察处于长期静置的触变性流体在恒定剪切速率下的力学响应情况；(2)观察处于长期低剪切速率作用下的触变性流体，改为恒定高剪切速率下的力学响应情况。实验结果如图4.20所示。可以看出，处于长期静置的触变性流体，在恒定剪切速率下，测得其剪切应力随时间而连续下降，当剪切作用时间充分长，剪切应力最终达到一个常数，即其视黏度随剪切作用时间而下降，并逐渐达到一个常数。对于处于长期低剪切速率作用下的触变性流体，虽已产生与恒定的低剪切速率相应的剪切流动，但改变为恒定高剪切速率下，所对应的剪切应力初始最高，该值明显高于低剪切速率初始时的最高值，随着剪切时间的增加，剪切应力逐渐下降，最终达到一个稳定的数值，即其视黏度仍会随剪切时间而下降，并最终达到一个常数。

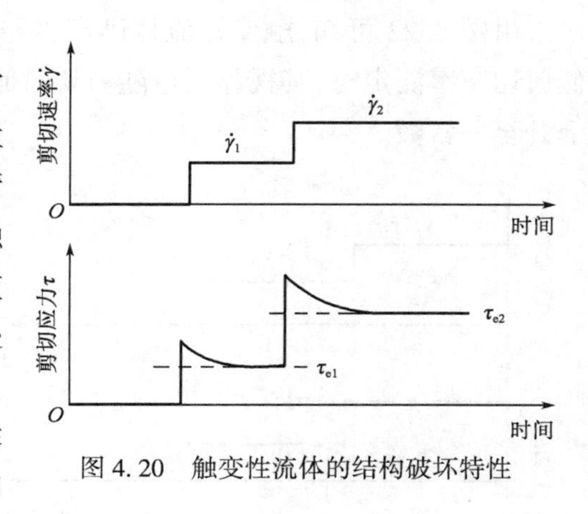

图4.20　触变性流体的结构破坏特性

2. 保持静止后具有重新稠化黏度增加的可逆过程

材料的触变性可理解为当材料受剪时，其分子或粒子的方向和排列已经改变，其网络结构被破坏致使其黏度降低；当移去剪切应力时，经一定时间可以恢复。开展以下两类实验进行详细讨论：(1)观察触变性流体结构的静态恢复特性；(2)观察触变性流体结构的动态恢复特性。

由图4.21可知，长期经历剪切作用的流体，静置一段时间后，再接受相同的剪切作用，剪切应力会在剪切作用刚一发生时达到较高的数值，之后随着剪切作用时间的增加，逐渐下降至与静置之前对应的剪切速率相应的剪切应力值。这说明，经历剪切的流体结构在静置后结构静态恢复，视黏度增加。从图中还可以看出，触变性流体的视黏度随静置时间的增加而上升。

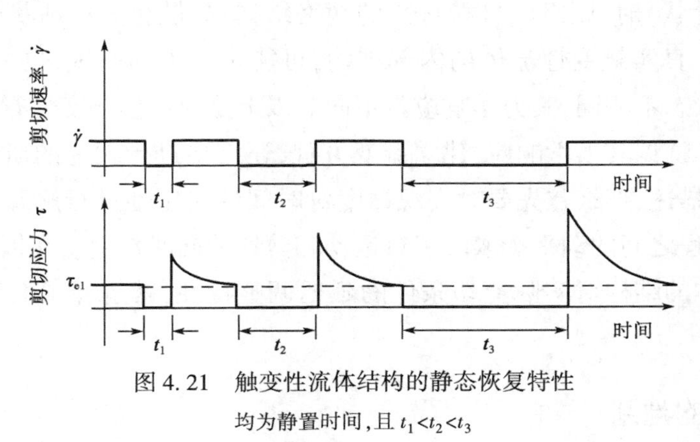

图4.21　触变性流体结构的静态恢复特性

均为静置时间，且 $t_1<t_2<t_3$

由图 4.22 可知,触变性流体已产生与较高剪切速率相应的剪切流动,当改变至恒定低剪切速率测定时,其视黏度也随剪切时间而连续上升,当剪切时间充分长,其视黏度随上升至一常数。

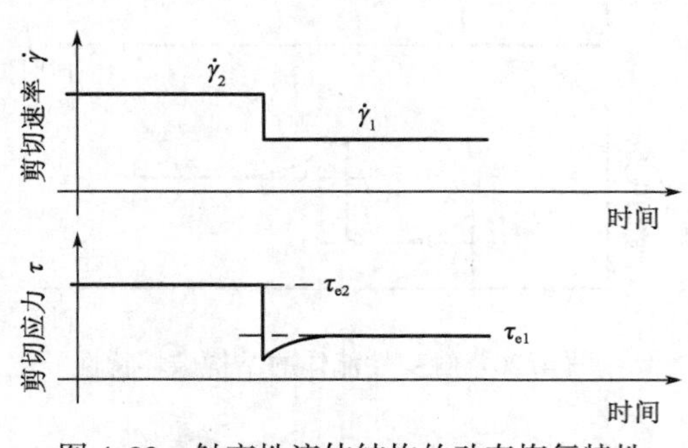

图 4.22 触变性流体结构的动态恢复特性

触变性常常易与切力变稀行为混淆,触变性指在恒定的剪切速率和温度下表现出的表观黏度随时间可逆性减小的现象,而不是一种切变速率依赖性。通常是由于材料结构在剪切作用下随时间可逆变化的结果。

4.3.2 触变性机理

触变性流体之所以表现出上述行为特征,一般认为起因于体系的微观结构,多发生在有一定浓度的悬浮颗粒,且易形成凝胶趋势的多相体系中。分散相之间、分散相与连续相之间,由于范德华力、布朗力或存在静电效应等都会使体系处于一定的结构状态。例如,多相体系处于静置条件下,因内力相互作用而絮凝,可能形成空间网络并发展成有一定强度的网络结构。如果已发展成内部结构的悬浮体系被剪切,则微弱连接键遭到断裂,体系分离为絮凝体,再进一步破裂就会成为更小聚集体,而布朗运动又会使小的聚集体碰撞而絮凝。这样在各种力的综合作用下,分散相离解、变形、取向、排列、絮凝,需要一个可度量的作用时间,体系的内部结构才可调整到一个相应的动平衡状态。

随着剪切速率增大,体系表面黏度降低(剪切稀释性)的主要原因是颗粒之间作用键的破坏所造成的体系耗散能量的降低。剪切稀释性的结构机理实际上是触变现象的本质原因,即流体剪切稀释性所对应的流体结构的变化需要一个时间过程,这一时间过程在宏观上就表现为表观黏度随时间的变化具有触变性现象。

U. Hefman 博士对悬浮体系作了广泛的实验研究,指出网络结构的状态与分散相悬浮粒子的形状有关。分散相粒子是片状时,则形成如“卡片状房子”的网络结构;分散相粒子是小棒状(或针状)时,则组成“框架式”的网络结构;分散相为小球状时,则组成“珠链式”的网络结构。真实触变性流体的内部结构,可能是其中的一种,也可能是多种叠加。显然,网络结构状态不相同,其力学响应就不同。以上是对产生触变性行为的原因作简单的定性分析,为了认识其力学响应,建立流变方程,还需要进行大量的研究。如果试图对触变性进行数学描述,那么首先要对表观黏度对时间的决定性进行解释。触变性流体结构破坏与恢复过程之间的动平衡取决于热运动和剪切的同时作用。在恒定的剪切速率作用下,结构性流体的结构对实际剪切条件的延迟调整特性,就解释了其黏度对时间的决定性。

4.3.3 触变性的判别

对于一些流体,通过下列方式从定性的角度可以进行粗略的判别是否为触变性流体,认为符合下列条件的流体是触变流体:(1)摇动并静止后可形成凝胶;(2)如再次摇动后,它可恢复到原有状态。但是更普遍的作法常常通过宏观方法对各种触变性流体进行实验。实验研究证明:所测得的实验结果虽然能反映触变性流动体的行为特征,但实验结果与测量方法、实验条件甚至测量的速度都有关,再现性较差,因而测量方法虽然不少,但还没有公认的统一的标准方法。

这里介绍测量流体触变性和两种方法:(1)对非弹性样品进行施加阶梯变化的剪切作用,观察其力学响应,如图4.23(a)所示;(2)施加应力环,即剪切速率 $\dot{\gamma}$ 连续地从零增大到 $\dot{\gamma}_0$,然后再逐步连续地减小,则将形成一个如图4.23(b)所示的滞后环。以此判断是否为触变性流体。

如果对于高弹性的样品进行这样的实验,由于黏弹性所带来的应力的增加和衰减,其曲线会更复杂。

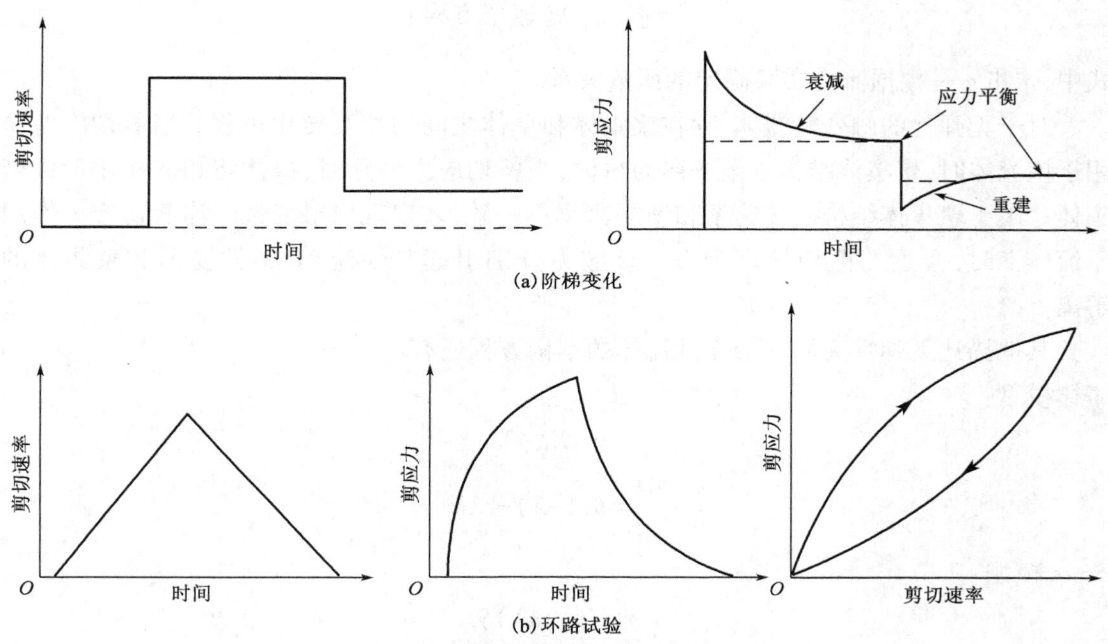

图4.23 非弹性触变性物质对两种不同的剪切速率历史的响应图

4.3.4 触变性流体的本构方程

4.3.4.1 无弹无屈服应力触变性流体的本构方程

触变性流体已被广泛应用,但用微观方法建立本构方程,描述其力学响应尚有困难。Moore 于1959年提出了两个相当简单的,包括五个材料常数的关系式,用来描述不具有屈服应力的流体的触变性,其关系式为

$$\tau=(\mu_0+a\lambda)\dot{\gamma}$$

$$\frac{d\lambda}{dt}=b-(b+c\dot{\gamma})\lambda$$

式中，μ_0、a、b、c 均为物料常数；而 λ 是在[0,1]区间取值的结构参数，当结构完全破坏时，λ 为0，而结构完全形成时，λ 为1。根据简单的流变实验，计算这五个材料常数是简捷的。进一步整理得

$$\frac{d\lambda}{dt}=b(1-\lambda)-c\lambda\dot{\gamma}$$

式中，$b(1-\lambda)$反映结构重建速率，$c\lambda\dot{\gamma}$ 反映结构破坏速率。

英籍华裔学者郑忠训和 Evans 于 1965 年对于无屈服应力的触变流体，描述了其本构方程组的一般形式和必须具备的全部特征，其表述如下：

$$\tau=\eta(\lambda,\dot{\gamma})\dot{\gamma}\text{（状态方程）}$$

$$\frac{d\lambda}{dt}=g(\lambda,\dot{\gamma})\text{（速率方程）}$$

式中，η 和 g 是根据流变实验确定的函数关系。

对于无弹性的触变性流体，存在聚集体和单体之间的相互转化过程。当剪切应力作用于该流体时，聚集体结构逐渐解离为单体；当剪切应力消除时，单体将相互作用形成聚集体。由于聚集体结构破坏速率和恢复速率不一致，才表现出触变性。当剪切应力作用于流体上时，产生的剪切速率为多。该应力分别引起黏性流动，弹性变形和聚集体的解离。

其他描述无弹性无屈服触变性流体的本构方程还有：
幂律模型：

$$\tau=K\lambda\dot{\gamma}^n$$

$$\frac{d\lambda}{dt}=b(1-\lambda)-c\lambda\dot{\gamma}$$

Cross 模型：

$$\tau=(\mu_0+a\lambda)\dot{\gamma}$$

$$\frac{d\lambda}{dt}=b(1-\lambda)-c\lambda\dot{\gamma}^n$$

4.3.4.2 无弹含屈服应力触变性流体的本构方程

无弹含屈服应力触变性流体的本构方程的一般形式为：

$$\tau=\tau_y(\lambda,\dot{\gamma})+\eta(\lambda,\dot{\gamma})\dot{\gamma}\text{（状态方程）}$$

$$\frac{d\lambda}{dt}=g(\lambda,\dot{\gamma})\text{（速率方程）}$$

典型的模型如下。

Worrall-Tuliani 模型：

$$\tau=\tau_0+(\mu_0+a\lambda)\dot{\gamma}$$

双线性模型：

$$\tau=(\tau_0+\tau_1\lambda)+(\mu_0+a\lambda)\dot{\gamma}$$

幂律模型：

$$\tau=(\tau_0+\tau_1\lambda)+K\dot{\gamma}^n$$

以上三种模型的速率方程为

$$\frac{\mathrm{d}\lambda}{\mathrm{d}t}=b(1-\lambda)-c\lambda\dot{\gamma}$$

其他一些研究者还提出了一些描述触变流体的公式，在此不一一介绍，读者可参考有关书籍。

4.4 黏弹性本构方程

4.4.1 基本概念

4.4.1.1 黏弹材料

现实生活中所见到的空气、水都是纯黏性流体，而金属材料都是完全弹性，然而工程和工业中许多真实材料既不是纯黏体也不是纯弹性体。例如，强化采油中的聚合物溶液驱油剂及增产措施中应用的调堵剂在储层孔隙截面是不断变化多孔介质中，需作为黏弹体来研究，再如说修筑道路中应用的沥青，当温度高于60℃时，沥青为普通的牛顿流体，它流动后不能恢复原样。这是稳定性差的沥青路面在炎热夏季、重复荷载作用下形成车辙的原因。在寒冷或快速承载条件，沥青是弹性的固体，在承载时会变形，当荷载消失后恢复以前的状态。但当其承载过重时，会变得脆而易断。这就是在寒冷的气候下沥青路面会产生低温缩裂的原因。在极冷和极热之间，沥青既可以是黏性液体，又可以是弹性固体，由温度和承载情况而定。沥青受力后会产生相对应的弹力和缓冲力，其中多数是弹性或黏性的，可随时间恢复，而另一些是塑性的，不能恢复。此外，还许多材料如建筑用的水泥浆体和混凝土材料既具有部分固体特点，又部分带有流体特点的，在研究中看成是黏弹体，黏弹性的本质是在外力作用下，其应变功不像固体那样全部回复，又不像流体那样全部以热的形式耗散，这样的材料称为黏弹材料。黏弹性材料是具有黏性和弹性双重特性材料的统称。

4.4.1.2 黏弹理论

目前描述材料黏弹行为的理论可以分为两类，一类是线性黏弹理论，另一类是非线性黏弹理论。从对纯黏性流体和弹性体的讨论可知，无论弹性和黏性，应力与应变（或应变速率）之间的非线性关系的出现，均与大形变或高应变速率相联系，如黏度的剪切速率依赖性和弹性剪切中的法向应力效应等。线性黏弹理论所对应的线性本构方程用于小变形和小变形速度下;非线性黏弹理论所对应的线性本构方程用于大变形和高变形速度下。在石油工程钻完井、强化采油和增产措施中所涉及黏弹流体在小变形速度下的运动,其流变性可用线性本构方程来描述。高聚物流体在工业加工中的流变过程,总是与大形变和高剪切速率相联系的。因此,高聚物加工中的黏弹现象必须用非线性黏弹理论才能作出合理的描述。下面将重点学习线性黏弹性本构方程。

4.4.1.3 力学模型及基本元件

1. 力学模型

设想存在若干力学元件,这些元件本身或其组合体的力学性质(即力与变形的关系)与所研究对象的本构方程构成数学相似,则称此力学元件或其组合体为力学模型。

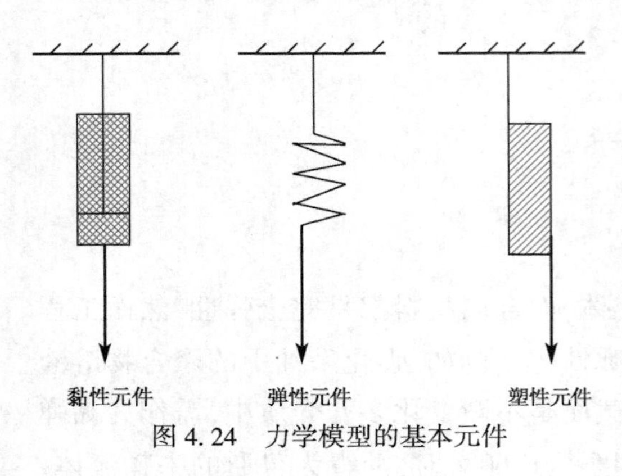

图 4.24 力学模型的基本元件

2. 基本元件

在流变学中经常使用理想元件构成的力学结构模型,用这些理想元件及其组合对真实材料的流变行为进行模拟。这些基本元件共有三种:弹性元件——弹簧、黏性元件——黏壶(具有可移动活塞,内充牛顿流体的阻尼罐)和塑性元件——摩擦件,如图 4.24 所示。

3. 基本元件的应力和应变关系

理想弹簧(弹性元件)是服从胡克定律的,其本构方程为

$$\sigma = E\varepsilon$$

$$\tau = G\gamma$$

式中 σ——拉应力;

τ——切应力;

ε——拉应变;

γ——切应变;

E——弹簧拉伸弹性模量;

G——剪切弹性模量。

显然,模型中直观表示了拉应力和拉应变的关系,但非牛顿流体着重研究切应力和切应变(切应变速率)的关系。由于它们服从相同的本构方程,因此在分析黏弹体的流变性质时,用切应力代替模型中的拉应力,用切应变或切应变速度代替模型中的拉应变或拉应变速度是完全可行的。

黏壶(黏性元件)中的流体黏度为 η 的牛顿流体,服从牛顿内摩擦定律,其本构方程为

$$\tau = \eta\dot{\gamma}$$

这两种基本模型元件的组合可以模拟某些复杂的黏弹性行为。当受到外力作用时，胡克体的应变是瞬时发生的,而牛顿流体的应变随时间持续发展。弹性变形为弹性势能的储存,而黏性变形是能量的耗散。当外力除去后,胡克体将储存的能力释放出来,使弹性形变消失,而牛顿流体的黏性形变保留下来。

摩擦件(塑性元件)可用来表征材料具有屈服值的特性。即在应力没有达到极限值(屈服值)时,材料不发生变形,达到应力极限时,应力不再增加而变形继续发展。其表达式为

$$\tau<\tau_c, \gamma=0$$

$$\tau\geqslant\tau_c, \gamma=f(t), \tau=\text{常数}$$

4.4.2 线性黏弹性本构方程

4.4.2.1 Maxwell 模型

用一个弹性元件和一个黏性元件串联组成的模型称 Maxwell 模型,如图 4.25 所示。Maxwell 模型是线性黏弹流体的简单模拟。由于黏性元件在模型中串联,所以在任何微小的外力作用下,变形总随时间持续发展,因此 Maxwell 模型本质上描述的是黏弹性液体。

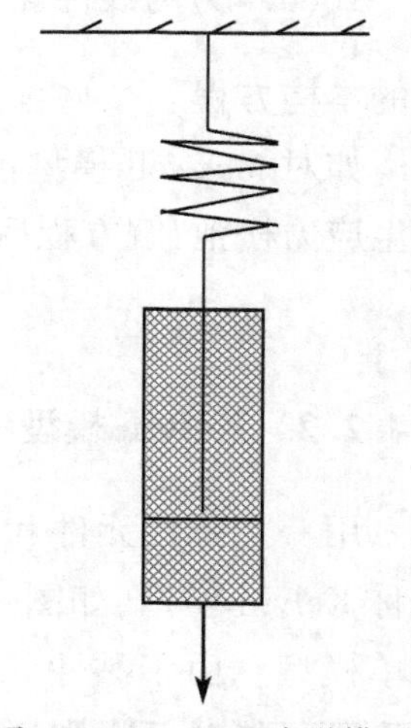

图 4.25 Maxwell 力学模型

串联模型的二元件所受的应力相等,总应变为两个元件应变之和,即

$$\tau=\tau_s=\tau_D \tag{4.43}$$

$$\gamma=\gamma_s+\gamma_D \tag{4.44}$$

式中 τ、τ_s 和 τ_D——Maxwell 模型、弹性元件和黏性元件的切应力；

γ、γ_s 和 γ_D——Maxwell 模型、弹性元件和黏性元件的切应变。

根据胡克固体和牛顿流体的应力—应变关系可得弹性应变为

$$\gamma_s=\frac{\tau}{G} \tag{4.45}$$

式(4.45)两侧对时间求导,得

$$\dot{\gamma}_s=\frac{1}{G}\dot{\tau} \tag{4.46}$$

黏性应变速率为

$$\dot{\gamma}_D=\frac{\tau}{\eta} \tag{4.47}$$

对总应变方程式(4.44)求导得

$$\dot{\gamma}=\dot{\gamma}_s+\dot{\gamma}_D \tag{4.48}$$

将式(4.46)和式(4.47)代入式(4.48)中,得

$$\dot{\gamma}=\frac{1}{G}\dot{\tau}+\frac{\tau}{\eta} \tag{4.49}$$

或写成

$$\tau+\frac{\eta}{G}\dot{\tau}=\eta\dot{\gamma} \tag{4.50}$$

令$\frac{\eta}{G}=\theta$,具有时间的量纲,定义为松弛时间,则式(4.50)可写成

$$\tau+\theta\frac{\partial\tau}{\partial t}=\eta\dot{\gamma} \tag{4.51}$$

式(4.46)为线性黏弹性 Maxwell 模型,在恒定流时,$\frac{\partial\tau}{\partial t}=0$,则式(4.51)就成为牛顿流体的本构方程。

如对 Maxwell 模型预先施加一应力 τ_0,产生一定的应变 γ_0,然后,固定此应变,此时将发生应力松弛,解方程后得到

$$\tau(t)=\tau_0 e^{-\frac{t}{\theta}} \tag{4.52}$$

4.4.2.2 Kelvin 模型

用一个弹性元件和一个黏性元件以并联的方式组成的模型称 Kelvin 模型,如图 4.26 所示,它是黏弹性固体力学响应的简单模型。由于黏性元件在模型中与弹性元件并联,受外力变形不可能时间无限增大,因而 Kelvin 模型本质上是固体。

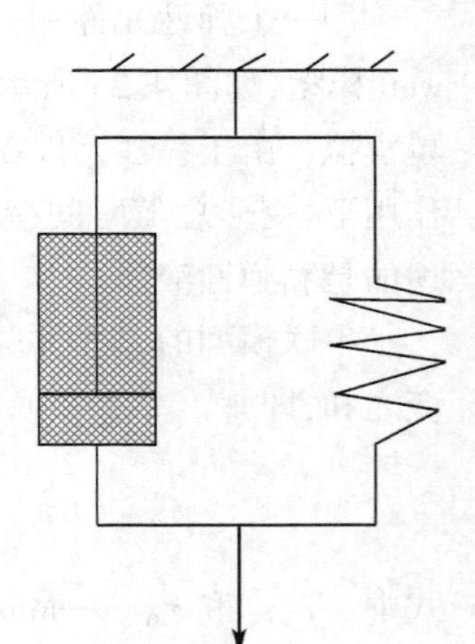
图 4.26　Kelvin 模型

当 Kelvin 模型发生形变时,其总应力为二元件应力之和,而二元件的应变相等,即

$$\tau=\tau_s+\tau_D \tag{4.53}$$

$$\gamma_s=\gamma_D=\gamma \tag{4.54}$$

式中　τ、τ_s 和 τ_D——Kelvin 模型、弹性元件和黏性元件的切应力;

γ、γ_s 和 γ_D——Kelvin 模型、弹性元件和黏性元件的切应变。

将弹性元件和黏性元件的本构方程代入式(4.53),得

$$\tau=G\gamma+\eta\dot{\gamma} \tag{4.55}$$

式(4.55)为线性黏弹性 Kelvin 模型。

在恒定的应力条件下,即 $\tau=\tau_0$(τ_0 为一常数),求解上式,可得蠕变方程:

$$\gamma(t)=\frac{\tau_0}{G}(1-e^{-\frac{t}{\lambda}}) \tag{4.56}$$

其中

$$\lambda=\eta/G$$

式中,λ 称为推迟时间,它表征了模型对施加应力的延迟响应。

比较 Maxwell 模型和 Kelvin 模型可知:对于 Maxwell 模型,常数 G 具有瞬时模量的

意义，平衡模量为零；Kelvin 模型的 G 具有平衡模量的意义，瞬时模量为无限大。Maxwell 模型的黏度为 η；而 Kelvin 模型的黏度为无限大，因此它是一个固体模型。Maxwell 模型的推迟时间为零，即它对负荷变化能立即作出响应，松弛时间为 η/G；而 Kelvin 模型的松弛时间为零，推迟时间为 $\lambda=\eta/G$。当应力解除后，Kelvin 模型将要发生弹性回复，这个过程可视为物体对在 τ_0 为常数条件下应变发展过程的"记忆"，且 Kelvin 模型可回复完全。

4.4.2.3 应力松弛与蠕变

蠕变和应力松弛是黏弹性的重要特征，是黏弹体时间依赖性的体现，是黏弹性区别于纯黏性和纯弹性的标志。蠕变和应力松弛是物质内部结构变化的外部显现。这种可观测的物理性质取决于材料分子（或原子）结构的统计特性。因此在一定应力范围内，单个分子（或原子）的位置虽会有改变，但材料结构的统计特征却可能不会变化。

1. 应力松弛

材料在恒定应变下，应力随着时间的变化而减小至某个有限值的现象，这一过程称为应力松弛。

2. 蠕变

蠕变是指材料在恒定载荷作用下，变形随时间而增大的过程。蠕变是由材料的分子和原子结构的重新调整引起的，这一过程可用延滞时间来表征。当卸去载荷时，材料的变形部分地回复或完全地回复到起始状态。

3. Maxwell 模型的应力松弛特性

当 $t=0$ 时，迅速对 Maxwell 模型施加应变 γ_0，如图 4.27 所示，γ_0 为伸长变形，然后保持不变。由于黏壶的应变与时间成比例，因此初始急剧的瞬时应变由弹簧来承受，这样初应力和应变完全是弹性的。其后，由于弹簧的拉力作用于黏壶上，使黏壶开始变形，这样黏壶伸长，弹簧的应力回复。于是弹簧的应力就逐渐变小，而弹簧的应力越小，黏壶的应变速度就越慢。在弹簧和黏壶的相互作用下，弹簧的初始应变逐渐被黏壶所代替，应力随时间的增长而趋近于零。这种初始应变保持不变的条件下，应力随时间而衰减的现象称为应力松弛。

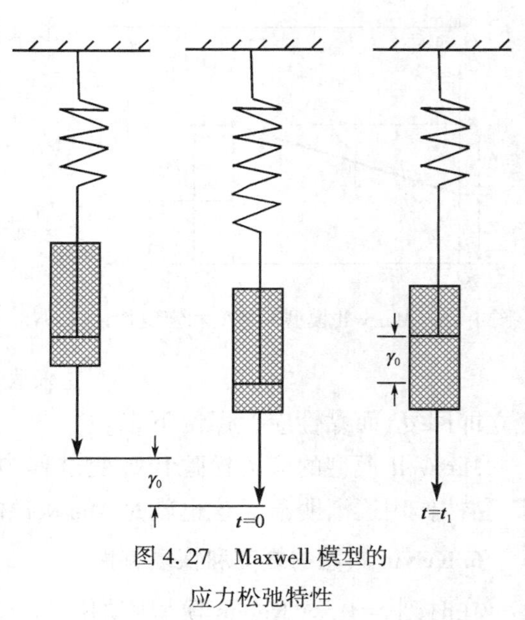

图 4.27 Maxwell 模型的应力松弛特性

应变一定，则 $\dot{\gamma}=0$，$\tau+\theta\dfrac{\partial\tau}{\partial t}=\eta\dot{\gamma}$ 变为

$$\tau+\theta\frac{\partial\tau}{\partial t}=0 \tag{4.57}$$

应力 τ 只是时间的函数,式(4.57)改写为

$$\frac{\mathrm{d}\tau}{\tau}=-\frac{\mathrm{d}t}{\theta} \tag{4.58}$$

对式(4.58)积分,得

$$\ln\tau=-\frac{t}{\theta}+C$$

当 $t=0$,$\tau=\tau_0$,得 $C=\ln\tau_0$,最终得

$$\ln\tau=-\frac{t}{\theta}+\ln\tau_0 \text{ 或 } \tau=\tau_0\mathrm{e}^{-\frac{t}{\theta}}$$

4. Kelvin 模型的应力松弛特性

对于 Kelvin 模型,由于模型中黏壶的制约作用,Kelvin 模型不像 Maxwell 模型那样具有瞬时的弹性应变。因此如果在 $t=0$ 开始施加应力,在时刻 t_1 得到应变 γ_1,然后保持应变 γ_1,这时黏壶不承受应力,全部应力由弹簧承受,所以应力不出现松弛。当应变不变时,$\dot{\gamma}=0$,Kelvin 本构方程 $\tau=G\gamma+\eta\dot{\gamma}$ 成为胡克固体方程,因此 Kelvin 模型是一非松弛体。

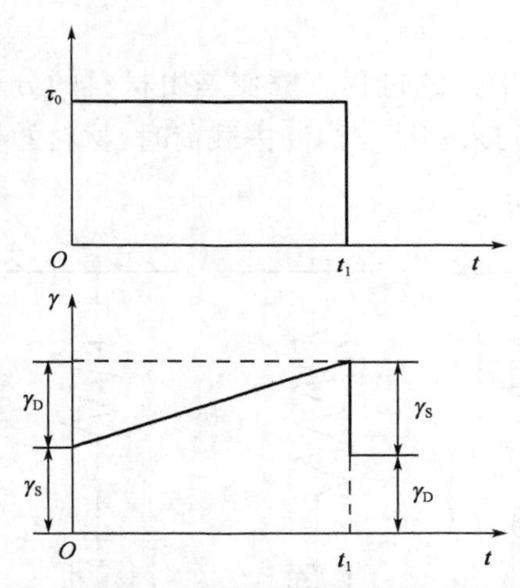

图 4.28 Maxwell 模型的蠕变和恢复特性

5. Maxwell 模型的蠕变和恢复特性

在时刻 $t=0$,对 Maxwell 模型施加应力 τ_0,然后保持不变;在 $t=t_1$ 解除应力,使 $\tau=0$,然后观察应变随时间的变化规律。在不变力 τ_0 的作用下,形变随时间而变化的现象称为蠕变。

Maxwell 模型在不变应力 τ_0 的作用下,式 $\gamma=\gamma_s+\gamma_D$ 可写成 $\gamma=\frac{\tau_0}{G}+\frac{\tau_0}{\eta}t_1$。应变包括两部分,其中,$\frac{\tau_0}{G}$是施加应力后瞬时达到的弹性应变,用 γ_s 来表示。而$\frac{\tau_0}{\eta}t_1$ 是随时间持续增大的黏性应变,用 γ_D 来表示(图 4.28)。在 t_1 时刻解除应力后,弹性应变立即回复,而黏性应变保留下来。

Maxwell 模型的应力松弛和蠕变过程中都出现了瞬时的弹性效应,而随着时间的推移,黏性作用逐渐明显。这也就是 Maxwell 模型出现应力松弛和蠕变的原因。

6. Kelvin 模型的蠕变和恢复特性

在时刻 $t=0$,对 Kelvin 模型施加应力 τ_0,然后保持不变;在 $t=t_1$ 解除应力,使 $\tau=0$,然后观察应变随时间的变化规律。

图 4.29 系统地说明了这一过程。在初始施加应力的瞬时,弹簧具有伸长的趋势,但由于黏壶的制约作用,不可能产生瞬时的弹性应变。故在 $t=0$ 时刻,$\gamma=0$,作用在弹簧上

的应力为零。这时全部应力使黏壶产生黏性流动。而后在黏壶产生应变 $\Delta\gamma$ 的同时,弹簧也将产生等量的应变。这样应力的一部分 $\tau_1=G\Delta\gamma$ 就分配给弹簧,于是黏壶承受的应力将减少 $(\tau_0-\tau_1)$,其应变速率也减慢。弹簧和黏壶的相互作用的结果将使弹簧承受的应力 τ_1 逐渐接近于 τ_0,黏壶承受的应力将逐渐减小而趋近于零。因此应变将随时间由零无限趋近于弹性应变 $\frac{\tau_0}{G}$。

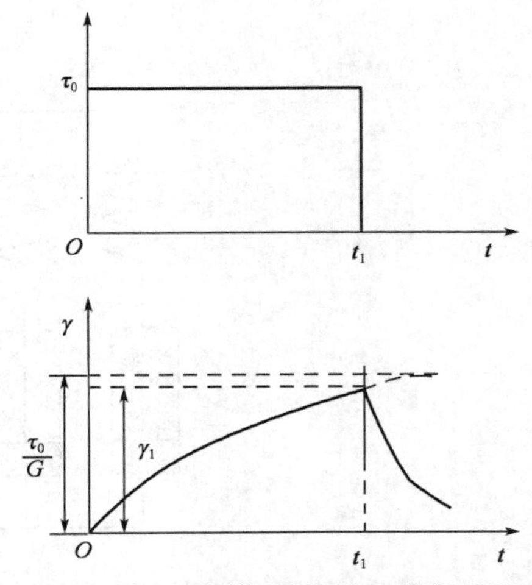

图 4.29 Kelvin 模型的蠕变和恢复特性

当 t_1 时解除应力后,伸长的弹簧欲回复初始位置,但由于黏壶的制约作用,不可能瞬时的回复。黏壶和弹簧的相互作用使应变随时间无限趋近于零,最终回复到原来的位置。

上述过程说明,若观察形变的时间尺度极长,则 Kelvin 模型和胡克固体具有相同的性质。施加应力经无限时间后,最终应变量等于弹性应变。解除应力后,最终应变将完全回复。黏性的作用只是使弹性行为推迟出现。Kelvin 模型的这个性质称为推迟弹性,与 Maxwell 模型的瞬时弹性相对应。

以下建立 Kelvin 模型蠕变特性的数学描述。当时刻 $t=0$,在不变力 τ_0 的作用下,Kelvin 本构方程 $\tau=G\gamma+\eta\dot{\gamma}$ 可写成 $\tau_0=G\gamma+\eta\dot{\gamma}$,引入初始条件 $t=0,\gamma=0$ 解此微分方程得

$$\gamma=\frac{\tau_0}{G}\left(1-e^{-\frac{G}{\eta}t}\right) \tag{4.59}$$

令 $\lambda=\frac{\eta}{G}$,λ 称为推迟时间,则式(4.59)变为

$$\gamma=\frac{\tau_0}{G}\left(1-e^{-\frac{t}{\lambda}}\right) \tag{4.60}$$

4.4.2.4 广义 Maxwell 模型

Maxwell 模型和对于 Kelvin 模型是二个最基本的线性黏弹模型,据此,分析这两类模型在一定应变下的应力松弛特性和一定应力下的蠕变与恢复特性,这是黏弹性材料重要的基本特征,但以上两个简单模型还不能完成描述实际黏弹材料的流变性质。对于 Maxwell 模型中只有一个松弛时间,不足以准确描述材料的黏弹性,因此,将 n 个 Maxwell 模型并联起来,构成广义 Maxwell 模型,如图 4.30 所示。与 Maxwell 模型一样,它也是黏弹液体模型。

这一模型中每个元件的应力和应变有如下关系:

$$\gamma_1=\gamma_2=\gamma_3=\cdots=\gamma$$

$$\tau_1+\tau_2+\tau_3+\cdots+\tau_n=\sum_{i=1}^{n}\tau_i=\tau$$

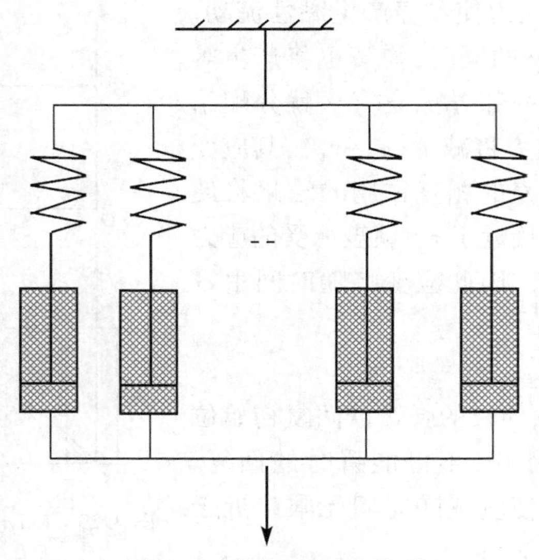

图 4.30　广义 Maxwell 模型

对于第 i 个 Maxwell 元件有

$$\dot{\gamma}=\frac{1}{G_i}\dot{\tau}_i+\frac{\tau_i}{\eta_i}$$

第 i 个 Maxwell 元件的应力松弛为

$$\tau_i=\tau_{0i}\mathrm{e}^{-t/\theta_i} \tag{4.61}$$

整个模型的应力松弛为

$$\tau=\sum_{i=1}^{n}\tau_i=\sum_{i=1}^{n}\tau_{0i}\mathrm{e}^{-t/\theta_i} \tag{4.62}$$

广义 Maxwell 模型的应力松弛模量为

$$\begin{aligned}G(t)&=\frac{\tau}{\gamma}=\sum_{i=1}^{n}\frac{\tau_i}{\gamma}=\sum_{i=1}^{n}\frac{\tau_{0i}}{\gamma}\mathrm{e}^{-t/\theta_i}\\&=\sum_{i=1}^{n}G_i\mathrm{e}^{-t/\theta_i}\end{aligned} \tag{4.63}$$

若并联的 Maxwell 元件非常多，以至可以认为它们实际是连续的，此时可将应力松弛模量表示为下列积分形式：

$$G(t)=\lim_{n\to\infty}\sum_{i=1}^{n}G_i\mathrm{e}^{-t/\theta_i}=\int_0^{\infty}G(\theta)\mathrm{e}^{-t/\theta}\mathrm{d}\theta \tag{4.64}$$

式中，$G(\theta)$是与某个松弛时间范围$[\theta,\theta+\mathrm{d}\theta]$相联系的弹性模量，称为松弛时间谱。$G(\theta)$是松弛时间 θ 的线性函数，实际上，它表示模量对松弛时间的分布密度。若改用对数时间坐标 $\ln\theta$，则应力松弛模量可用对数松弛时间谱 $G(\ln\theta)$ 表示：

$$G(t)=\int_{-\infty}^{\infty}G(\ln\theta)\mathrm{e}^{-t/\theta}\mathrm{d}\ln\theta \tag{4.65}$$

4.4.2.5 广义 Kelvin 模型

许多个 Kelvin 单元的串联称广义 Kelvin 模型,如图 4.31 所示,与 Kelvin 模型一样,它是黏弹固体模型。

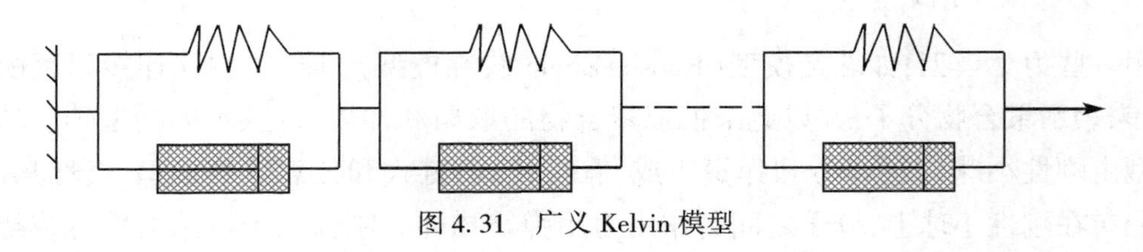

图 4.31 广义 Kelvin 模型

这一模型中每个元件的应力和应变有如下关系

$$\tau_1=\tau_2=\tau_3=\cdots=\tau$$

$$\gamma_1+\gamma_2+\gamma_3+\cdots+\gamma_n=\sum_{i=1}^{n}\gamma_i=\gamma$$

对于第 i 个 Kelvin 元件的蠕变方程,有

$$\gamma_i=\frac{\tau_0}{G_i}\left(1-e^{-\frac{t}{\lambda_i}}\right) \tag{4.66}$$

广义 Kelvin 模型的蠕变方程为

$$\gamma=\sum_{i=1}^{n}\gamma_i=\sum_{i=1}^{n}\frac{\tau_0}{G_i}\left(1-e^{-\frac{t}{\lambda_i}}\right)$$

4.5 开发本构方程的方法

前已述及,当将这种代表一大类材料共性的理想化模型转化为准确的数学表述(本构方程)时,通常必须遵循一系列基本物理原理,即流变性确定性原理、坐标不变性原理和材料客观性原理。了解了本构方程所必须满足的原理,如何构建一个新的本构方程,本节介绍几种开发本构方程的方法。

4.5.1 力学比拟法

力学比拟法又称为唯象法。线性黏弹性本构方程如 Maxwell、Kelvin、Jeffreys 本构方程就是通过弹簧、黏壶的组合及不同连接方式。

4.5.2 添加非线性项

克服线性黏弹性的局限性,将它推广到非线性黏弹性模型的有效方法之一是添加非线性项。由于连续介质力学也无法预测非线性项的作用原理,所以添加非线性项的一种方法是一切凭经验;另一方法是设想力学比拟时的元件具有非线性效应,例如在黏壶中的阻力流体改为非牛顿流体等。

4.5.3 模型修正法

该方法主要是对已有的本构关系进行修正，以便更好地与实验相符。

4.5.4 分子论方法

用一些力学模型，如珠簧模型（Rouse-Zimm 线性模型）“珠簧”相互连接以反映分子结构，来表示聚合物分子，并以此来模拟聚合物的取向和伸展，以及不同构型等。珠簧分子模型由刚性小球（或称珠）和弹簧组成，有哑铃式、链式和任意珠簧模型。设想分子的质量分布在刚性小球上，分子之间的作用力用弹簧描述。刚性分子可用刚性杆或棒来代替弹簧。从聚合物分子的力学模型出发，用非平衡态统计力学方法或随机过程数学理论构建的分子理论也称为聚合物流体分子运动论，其基本内容和方法来源于统计物理学。除非简单的模型外，一般均须做一些数学近似。PPT（Phan-Their-Tanner）模型就是基于分子网络理论推导出来的一个成功的模型。对于珠簧模型，不管从稳态剪切流或小振幅振荡剪切流的物质函数表达式中均可以看出，与用连续介质力学原理导出的模型不同，从分子理论得到的物质函数表达式直接提供了物质函数与分子量 M、浓度 C 和温度的依赖关系。

4.5.5 不可逆热力学方法

以上方法导出的本构方程，都未曾检验过是否符合热力学定律。近年来，用不可逆热力学方法导出本构关系，已成为人们开发本构方程的一种新方法。用这种方法构建本构方程最著名的是 Leonov。

复习思考题

1. 流变学的核心问题是什么？

2. 简述本构方程的一般原理。

3. 根据本构方程客观性原理，讨论速度梯度分解的意义。

4. 简述材料函数与本构方程在概念上的区别与联系。为什么有了本构方程的概念后还要引入材料函数的概念？

5. 根据本构方程所表征的流变性，介质可分成哪几类？每类介质的流变性各有什么主要特征？

6. 写出流变准数（德博拉数）的定义式，并阐述通常的“流体”与“固体”概念的时间相对性。

7. 写出幂律模型，并说明方程中各参数的意义。

8. 根据幂指数的不同，幂律模型可以描述哪几种流体的流变性？绘出每类流体的应力—变形速率和表观（视）黏度—变形速率示意图。

9. 解释剪切稀释和剪切增稠的概念。

10. 根据一般聚合物溶液视黏度曲线，分析幂律模型对描述聚合物溶液流变性的适应范围。

11. 简述塑性本构方程的意义。写出两种常用的塑性本构方程，并解释其中流变参数(材料常数)意义。

12. 阐述触变性和反触变性的概念。

13. 触变性与剪切稀释特性有何本质的不同?

14. 模拟材料力学特性的主要理想元件有哪几个?

15. 写出模拟线性黏弹性元件的本构方程。

16. 试推导 Maxwell 本构方程。

17. 简述 Kelvin 模型的基本构成，并推导其本构方程。

18. 试比较 Maxwell 和 Kelvin 力学模型，由这两种不同的模型得到的本构方程所描述的介质流变行为有何不同?

第5章　流变性测量方法

对于牛顿流体,描述其流变行为的材料函数为黏度,且为一常数;对于黏性非牛顿流体,描述其流变行为需要给出黏度函数随剪切速率的变化;对于时变性非牛顿流体,描述流变行为需要明确其剪切作用的历史;对于黏弹性,描述其流变行为除了黏度函数,需要确定不同力学条件的法向应力差等。确定黏度函数等这些材料非常重要,可以用以区别不同的流体,给出本构方程中的参数。在本章中,将重点介绍如何测定流变性和如何运用流变测量学解决问题,分析流变性测量典型的流场,给出不同测量方法的原理及主要的测量装置。

5.1　概述

5.1.1　流变性测量的对象与典型流场

流变学研究中有三个必须掌握的基本内容:(1)所研究的流场的定义;(2)流变模型或本构方程(用以求出物质函数);(3)流变测量技术。

5.1.1.1　流变性测量的对象

流变性测量的对象是材料函数,各种材料函数(包括流变参数)的确定不需要引入特定的流变性本构方程。流场不同,所需测量的材料函数不同。

由于材料流变行为的复杂性,进而不同材料具有不同的流变性;在不同的流动条件下,同一材料具有不同的流变性。因此,材料本构方程的确定依赖于确定流场,材料流变性的测量也必须先确定流场。流变性测量对流场的基本要求是可以相对独立地表现出材料的特定流变行为,或可以利用测取的参数确定材料的特定流变行为。

5.1.1.2　典型流场

对流变学来说,典型的流场有三种:稳定的剪切流、小振幅振荡流和拉伸流。以下通过这些流场分析各种标准流场可以得到什么样的材料函数。

1. 稳定的剪切流

在以上三种典型的流场中最重要的和最典型的流场是剪切流,因为经常碰到的管流、狭缝流、环隙流以及模具流等是剪切流,或可以近似地看作剪切流处理,稳定的简单剪切流被用来测定流体的黏度。因此,常被称为测黏流。如库特流(Coutte flow)和泊肃叶流(Poiseuille flow),如图5.1所示。

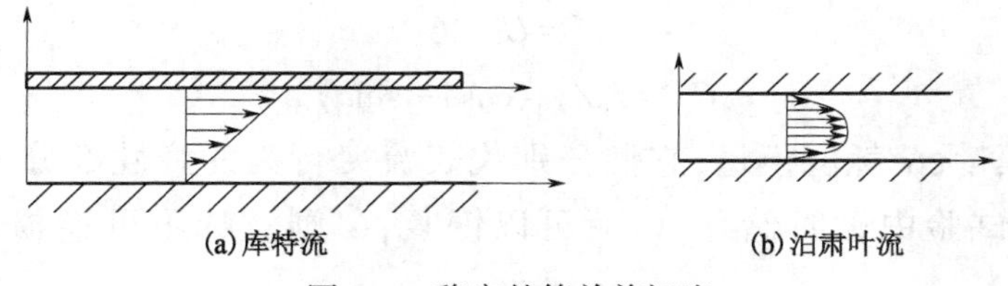

图 5.1　稳定的简单剪切流

已证明,稳定的简单剪切流需测定的材料函数为 τ_{12}、$\tau_{11}-\tau_{22}$ 以及 $\tau_{22}-\tau_{33}$,且均与 $\dot{\gamma}$ 有关,且满足下式:

$$\tau_{12}=\eta(\dot{\gamma})\dot{\gamma}$$

$$\tau_{11}-\tau_{22}=\psi_1(\dot{\gamma})\dot{\gamma}^2$$

$$\tau_{22}-\tau_{33}=\psi_2(\dot{\gamma})\dot{\gamma}^2$$

式中　下标 1——流动方向;

下标 2——流速变化方向;

下标 3——其他方向;

$\eta(\dot{\gamma})$——视黏度函数;

$\psi_1(\dot{\gamma})$ 和 $\psi_2(\dot{\gamma})$——第一、第二法向应力函数。

对于牛顿流体,$\psi_1(\dot{\gamma})=0$,$\psi_2(\dot{\gamma})=0$。$\eta(\dot{\gamma})$、$\psi_1(\dot{\gamma})$ 和 $\psi_2(\dot{\gamma})$ 确定后可以完全确定它的应力状态。

2. 小振幅振荡流

实践中发现,有些流体的流变特性在稳态研究中(施加恒定应力产生的稳定流动)不明显而在动态实验中则更能充分地表现。如图 5.2 所示,小振幅振荡剪切实验就是动态研究的一种方法。当测试黏弹性材料的动态流变特性时,通常用小振幅振荡流场。测量损耗角储能模量和耗能模量等。振荡应力/应变的试验称为动态试验,对样品施加振荡应力/应变时,对纯弹性系统来说,应力曲线随应变曲线同相位变化。相位角之差 $\delta=0°$。对纯黏性系统来说,应力曲线随应变曲线按相位角之差 $\delta=90°$变化,如图 5.2 所示。因此推断黏弹性系统其相位角之差必在 0°~90°之间。δ 又称为损耗角。其值越接近于 0°,说明材料的弹性越强,反之,当 δ 越接近 90°,其黏性越强。

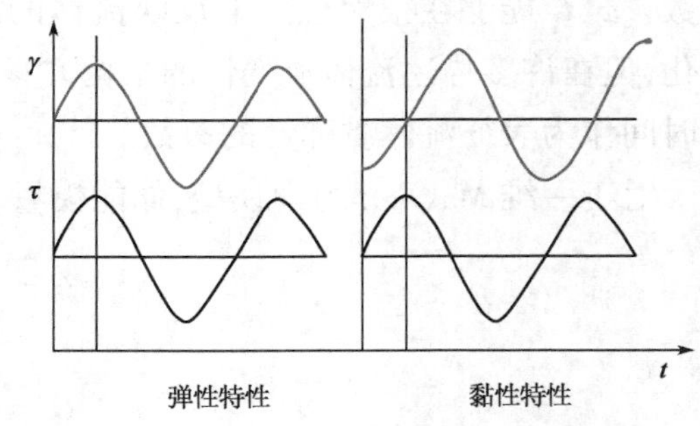

图 5.2　动态黏弹性示意图

当在黏弹性材料上施加一个频率为 f 的正弦波的复应变时,即 $\gamma^*=\gamma_0 e^{i\omega t}$,$\omega$ 为角频率($\omega=2\pi f$);t 为时间,则复应力可表示为 $\tau^*=\tau_0 e^{i(\omega t+\delta)}$,复应变和复应力写成代数形式为 $\gamma^*=\gamma'+i\gamma''$,$\tau^*=\tau'+i\tau''$。

复剪切模量定义为

$$G^*=\frac{\tau^*}{\gamma^*}$$

又可写成 $$G^* = G' + \mathrm{i}G''$$

$$G^* = \tau_0/\gamma_0(\cos\delta + \mathrm{i}\sin\delta)$$

式中，G'为储能模量，G''耗能模量，它们分别代表流变行为的弹性部分和黏性部分。G'表示应力能量在试验中暂时储存，以后可以恢复；G''则意味不可逆损耗，已转换为剪切热。

若材料是纯黏性的，则损耗角 δ（应力的相位角）为 90°，$G'=0$，$G''=G^*$；若材料是纯弹性的，则损耗角 δ（应力的相位角）为 0°，$G'=G^*$，$G''=0$。

可定义一个复合黏度 η^*，来表述材料对动态剪切的总阻抗：

$$\eta^* = G^*/\omega$$

$$\eta^* = \tau_0/\gamma_0/\omega(\cos\delta + \mathrm{i}\sin\delta)$$

$$\eta^* = \eta'' + \mathrm{i}\eta'$$

也可以分解成两个部分，储能黏度 η''——弹性部分和动态黏度 η'——黏性部分：

$$\eta' = \tau_0/\gamma_0/\omega\sin\delta$$

$$\eta'' = \tau_0/\gamma_0/\omega\cos\delta$$

可定义一个复合柔量 J^* 描述黏弹性材料的恢复特性，有 $J^*=1/G^*$，也可写成实部和虚部的形式，即 $J^*=J'+\mathrm{i}J''$。

损耗角 φ 和储能模量 G'都是通过动态实验能够直接测得的用以表征流体黏弹性的参数。φ、G'能够在很大程度上反映流体的黏弹性随振荡频率、振荡剪切应力、温度等的变化，但在许多描述流体流变性的本构方程及涉及流动中的黏弹效应时，人们更习惯用松弛时间作为表征流体黏弹性的参数。

对于一维 Maxwell 力学模型，储能模量和耗能模量的表达式如下：

$$G' = \frac{G\lambda^2\omega^2}{1+\lambda^2\omega^2} \tag{5.1}$$

$$G'' = \frac{G\lambda\omega}{1+\lambda^2\omega^2} \tag{5.2}$$

其中 $$\lambda = \eta/G$$

式中，G 为弹性模量，η 为黏度。于是根据式（5.1）和式（5.2）整理得到

$$\lambda = \frac{G'}{G''\omega}$$

这样通过上式就可以将实验测得任一振荡频率下储能模量和耗能模量转化为流体的松弛时间，并以此评价流体在流动中的黏弹流变行为。

在振荡实验中，特征实验可以定义为 $1/\omega$，这样根据 De 数的定度，即 $De=\lambda/t_p$ 可得 $De=\lambda\omega$，然而，如果变形量为 γ_0，则可以得到与 De 相似的一个参数威森博格数，即 $We=\gamma_0\lambda\omega$。We 除了时间尺度、松弛时间还包括形变量，We 小代表线性黏弹性区。

3. 拉伸流

在流变学测量中，95%的流场是剪切流，5%的是拉伸流，这个数字也反映了工业中的

实际情况。拉伸流场较剪切流场的材料函数不同。图 5.3 为单轴拉伸的示意图，对于不可压缩流体，考虑到对称性或主拉伸的横截面无约束，则 $\tau_{22} = \tau_{33}$，于是只有第一法向应力差可测量。在稳定拉伸流中，第一法向应力差可由拉伸黏度 $\eta_E(k)$ 得到，拉伸黏度定义为 $\eta_E(k) = \frac{\tau_{11} - \tau_{22}}{k}$，$k = \frac{dv_1}{dx_1}$。目前能够测量拉伸黏度的流变仪很少见，主要有巴尔曼（Ballman）法和梅斯纳法稳定拉伸的流变仪。

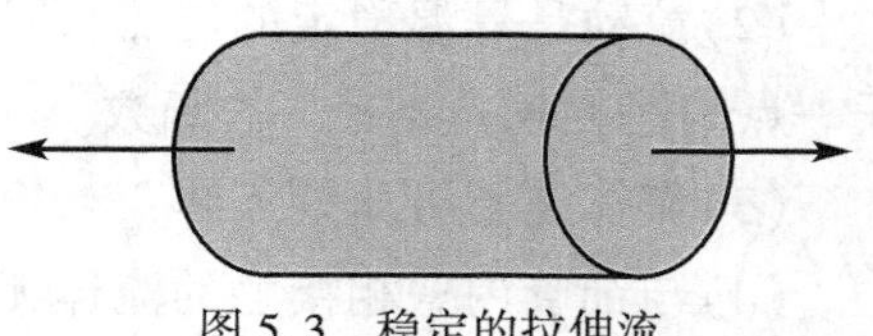

图 5.3　稳定的拉伸流

5.1.2　测量原理与实验技术

5.1.2.1　测量原理

把描写材料流变性质但不能直接测量的物理量（如应力、应变、应变速率、黏度、模量、法向应力差函数（或系数）等转化为可测量的量（如压力、扭矩、转速、频率、线速度、流量、温度等）。

5.1.2.2　实验技术

设计能够模拟特定流场条件材料函数的实验测量装置，它能够测量很宽黏弹性变化范围的样品，其变化范围可跨越几个数量级，测得的量值尽可能反映样品真实的流变特性和工程实际应用条件。

5.2　牛顿流体测黏流

在流变学测量中，95%的流场是剪切流，5%的是拉伸流，这个数字也反映了工业中的实际情况。稳定的简单剪切流动是简单的流动方式，也是重要的流动模式。稳定的简单剪切流动或称为测黏流，通常被用来测定流体的黏度。学习牛顿流体的测黏流便于我们进一步认识黏度的测量原理。下面讨论几种典型的牛顿流体测黏流。

5.2.1　圆管中的流动

流体流经细小的圆管时，在相同的压力梯度下，黏性小的液体在单位时间内流出的液量多。据此，在一定条件下，比较其流量的大小即可知道的黏度的大小，同理也可以确定圆管中剪切速率的范围。因此，通过流体在圆管中稳定流动（也称为泊肃叶流），确定黏度和剪切速率与流量、压力梯度及管半径之间的关系。

现考察流体缓慢通过一根半径为 R 细长圆管的情况，并假定能满足下下述条件：

（1）细管较长，且内径均匀；

(2) 流动是等温稳定的层流，即流体内每个质点的流动速度不随时间变化，且流体内任一点的速度仅是半径 r 的函数。

(3) 流体是不可压缩流体；

(4) 与细管内壁相接触的流体无滑移。

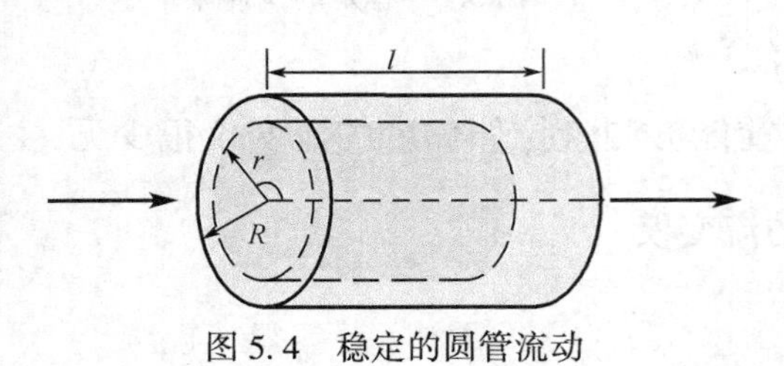

图 5.4　稳定的圆管流动

这里采用柱坐标(r,θ,z)来研究，如图 5.4 所示。定义 z 轴与圆管的轴线一致，管径为 R。

流体仅沿 z 轴方向流动，v_z 是质点离圆管中心轴的径向距离 r 的函数。没有沿 r 的径向和沿 θ 周向的流动。写作

$$v_z=v_z(r)$$

$$v_r=v_\theta=0$$

$$\frac{\partial}{\partial\theta}=0,\frac{\partial}{\partial t}=0$$

与圆管壁接触流体层是静止的，$r=R$ 时有 $v_z=0$。

可将圆管中的层流视为许多同心圆柱层的流动。设圆管长 l，半径为 r 的柱体层流体，受到圆管两端面的外加压力差 Δp，作用压力为 $\Delta p\pi r^2$。此柱体表面的外层流体对其黏性阻力，等于剪切应力 τ_{rz} 乘以柱体表面积 $2\pi rl$。两者力平衡式为

$$2\pi rl\tau_{rz}+\Delta p\pi r^2=0$$

得

$$\tau_{rz}=-\frac{\Delta pr}{2l}$$

可见，在管壁上的剪切应力 τ_R 为

$$\tau_R=\tau_{rz,\max}=-\frac{\Delta pR}{2l} \tag{5.3}$$

在管中心轴上 $\tau_{rz}=0$，剪切应力 τ_{rz} 是 r 的线性函数。

对牛顿流体在圆管中层流展开，可获得速度分布方程：

$$\dot{\gamma}=\frac{\mathrm{d}v_z}{\mathrm{d}r}=\frac{\tau}{\eta}=-\frac{\Delta pr}{2l\eta}$$

对上式积分，并代入边界条件 $r=R,v_z=0$，有

$$v_z(r)=\frac{\Delta p}{4\eta l}(R^2-r^2) \tag{5.4}$$

圆管中流动的流速分布为二次曲线函数，而速度梯度即剪切速率是 r 的线性函数。在圆管的轴心处 v_x 具有最大值，剪切应力 $\tau_{rz}=0$，剪切速率 $\dot{\gamma}=0$。在管壁处则相反 $v_x=0$，剪切应力和剪切速率具有最大值。

通过从 r 到 $r+\mathrm{d}r$ 的圆环柱体的体积流量为

$$\mathrm{d}q_V=v_z(2\pi r\mathrm{d}r)$$

整个圆管截面的流量，可积分得

$$Q=\int_0^R \mathrm{d}q=\int_0^R \frac{\Delta p}{2\eta l}(R^2-r^2)\pi r\mathrm{d}r=\frac{\pi R^4\Delta p}{8\eta l} \tag{5.5}$$

式(5.5)也称为哈根—泊肃叶(Hagen-Poiseuille)方程。此方程可写成

$$\Delta p=\frac{8\eta lQ}{\pi R^4} \tag{5.6}$$

$$\eta=\frac{\pi R^4\Delta p}{8Ql} \tag{5.7}$$

在 $r=R$ 管壁上，有

$$\dot{\gamma}_{\max}=\frac{4Q}{\pi R^3} \tag{5.8}$$

5.2.2 狭缝中的流动

流体在长 l，高度 h 和宽度 w 的狭缝中流动。流动方式为稳定的简单剪切流动。在 $w/h>20$ 条件下，忽略侧向的黏性和壁面阻力。用笛卡儿直角坐标分析该流动方式，如图 5.5 所示。

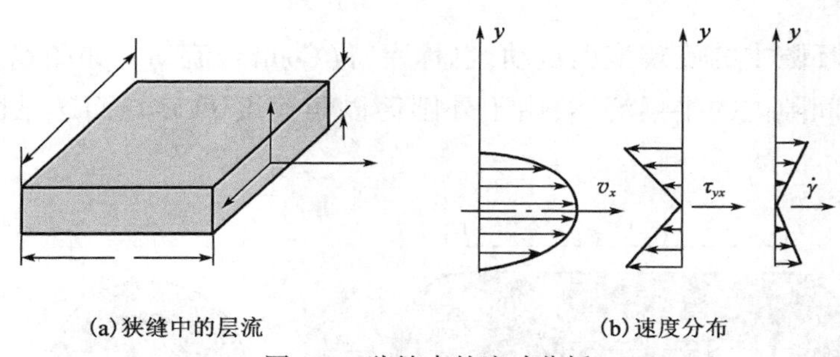

(a)狭缝中的层流　　(b)速度分布

图 5.5　狭缝中的流动分析

狭缝中的薄片微单元，受到驱动推力 $\Delta pw2y$ 和上下面的流动阻力 $\tau_{yx}2lw$。由力平衡式 $\tau_{yx}2lw+\Delta pw2y=0$，得

$$\tau_{yx}=-\frac{\Delta p}{l}y \tag{5.9}$$

在管壁上的剪切应力 $\tau_{yx,\max}=\dfrac{\Delta ph}{2l}$，在中央平面上 $\tau_{yx}=0$。

由稳定的简单剪切流动

$$\dot{\gamma}=\frac{\mathrm{d}v_x}{\mathrm{d}y}=\frac{\tau_{yx}}{\eta}=-\frac{1}{\eta}\frac{\Delta p}{l}y$$

上式对 $\mathrm{d}v_x$ 积分，代入 $y=\dfrac{h}{2}$，$v_x=0$，得狭缝内的速度分布方程为

$$v_x=\frac{\Delta p}{2\eta l}\left[\left(\frac{h}{2}\right)^2-y^2\right] \tag{5.10}$$

当 $y=0$ 时，$v_{x,\max}=\dfrac{\Delta ph^2}{8\mu l}$；而 $y=h/2$ 时，$v_x=0$。

对 $dq=v_x dzdy$ 积分，$Q=\int_{-h/2}^{h/2} v_x w dy=\dfrac{\Delta pw}{2\eta l}\int_{-h/2}^{h/2}\left[\left(\dfrac{h}{2}\right)^2-y^2\right]dy$，可得狭缝流道的体积流量：

$$Q=\frac{\Delta pwh^3}{12\eta l} \tag{5.11}$$

又可写成

$$\Delta p=\frac{12\eta lQ}{wh^3} \tag{5.12}$$

$$\eta=\frac{\Delta pwh^3}{12lQ} \tag{5.13}$$

在 $y=h/2$ 的壁面层有

$$\dot{\gamma}_{\max}=\frac{6Q}{wh^2} \tag{5.14}$$

5.2.3 同轴环隙中的旋转流动

稳定的同轴环隙中的旋转拖曳流动，也称库特（Coutte）流动。如图 5.6 所示，外圆筒和芯轴之间环形间隙内的牛顿流体，由于外圆筒以角速度 Ω 旋转而芯轴固定，流体作圆周运动。

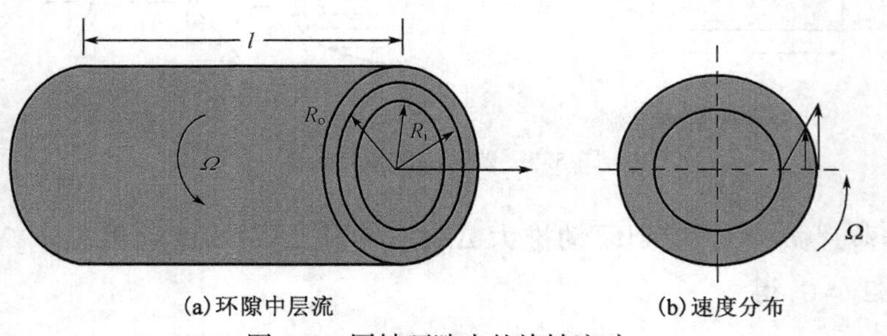

图 5.6 同轴环隙中的旋转流动

如图 5.6 所示，半径为 R_o 的外筒以等角速度 Ω 旋转，并假设圆筒足够长，其中间可视为平面运动。采用图 5.7 中所示圆柱坐标 (r,θ,z) 进行研究。向径变量 r 处于环隙外径 R_o 与内径 R_i 之间。取柱坐标系 z 轴与旋转轴重合，不计重力影响，用柱坐标的动量方程，可得

$$\frac{d^2v_\theta}{dr^2}+\frac{1}{r}\frac{dv_\theta}{dr}-\frac{v_\theta}{r^2}=0$$

边界条件为

$$\begin{cases} r=R_i, v_\theta=0 \\ r=R_o, v_\theta=\Omega R_o \end{cases}$$

可求得筒间(环隙内)流体半径 r 的周向速度 v_θ 为

$$v_\theta=\frac{\Omega R_o^2}{r}\left(\frac{r^2-R_i^2}{R_o^2-R_i^2}\right) \tag{5.15}$$

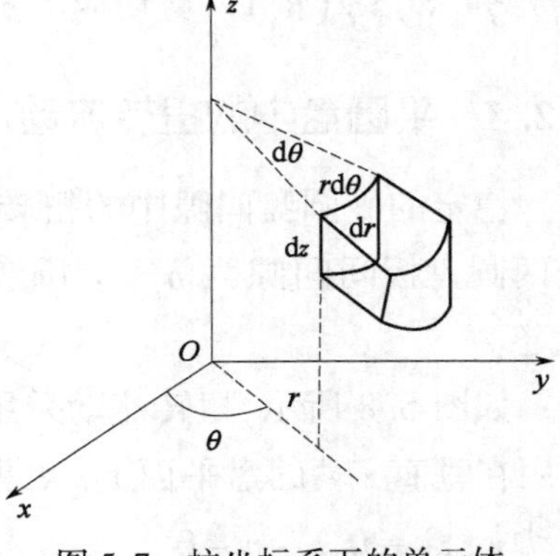

图 5.7 柱坐标系下的单元体

环隙内部牛顿流体的圆周方向角速度 $\omega(r)$,是与内径 r 有关的变量。流体只存在绕轴的圆周运动,所以 $\tau_{rz}=\tau_{\theta z}=0$,只存在剪切应力 $\tau_{\theta r}=\tau_{\theta r}$。在径向平面上的周向剪切速率为

$$\frac{\mathrm{d}v_\theta}{\mathrm{d}r}=\frac{r\mathrm{d}\omega(r)}{\mathrm{d}r}+\omega(r)$$

式中 $\omega(r)$ 不引起剪切变形,因此

$$\dot{\gamma}(r)=-\frac{r\mathrm{d}\omega(r)}{\mathrm{d}r} \tag{5.16}$$

此环隙内流体的周向流动,是外圆筒施加力矩 M_0 的结果。对于离轴线 r 的周内流体层的作用力矩 $M(r)$,应为

$$M(r)=\tau_{r\theta}2\pi rlr \tag{5.17}$$

式中,l 为外圆筒的测量长度。

由此得环缝隙内旋转流体的角速度为

$$\omega(r)=\frac{\Omega R_o^2}{r^2}\frac{r^2-R_i^2}{R_o^2-R_i^2} \tag{5.18}$$

由式(5.16)可得剪切速率:

$$\dot{\gamma}(r)=\frac{2\Omega}{r^2}\frac{R_o^2R_i^2}{R_o^2-R_i^2} \tag{5.19}$$

由式(5.17)可得剪切应力:

$$\tau_{r\theta}=\eta\dot{\gamma}(r)=\frac{M(r)}{2\pi r^2 l} \tag{5.20}$$

$$\eta=\frac{M(r)}{2\pi r^2 l}\cdot\frac{r^2}{2\Omega}\left(\frac{R_o^2-R_i^2}{R_o^2R_i^2}\right)$$

这样,可得牛顿黏度与内径 r 无关,是可测力学参数 M_0 和 Ω 的计算值,可由

$$\eta=\frac{M_0(R_o^2-R_i^2)}{4\pi lR_o^2R_i^2\Omega} \tag{5.21}$$

如图 5.6 所示,环隙中旋转流体,在固定内壁上 $r=R_i$,$\omega(r)=0$,$v_\theta=0$。在转动的内孔壁上 $r=R_o$,$\omega(r)=\Omega$,$v_\theta=\Omega R_o$,剪切速率有

$$\begin{cases} r=R,\dot{\gamma}=\dfrac{2\Omega R_o^2}{R_o^2-R_i^2} \\ r=R_o,\dot{\gamma}=\dfrac{2\Omega R_i^2}{R_o^2-R_i^2} \end{cases}$$

由于 $\dot{\gamma}(R_i)>\dot{\gamma}(R_o)$。剪切应力 $\tau_{r\theta}$ 与 $\dot{\gamma}$ 方向相反。

5.2.4 平圆盘中的扭转流动

稳定的平圆盘间隙中的扭转拖曳流动，简称扭转流动(torsional flow)。圆盘的半径 R，两圆盘板间间隙为 h。上圆盘以角速度 Ω 旋转。旋转驱动扭矩 M。下圆盘平板被固定。

如图 5.8 所示，扭转流动采用柱坐标进行分析，z 向为旋转的转轴。剪切应力分量 $\tau_{z\theta}$ 作用在垂直 z 轴的盘平面上。θ 方向是圆周的切线方向。在扭转流动中，只有圆周方向的流动 $v_\theta(z)\neq0$，$v_z=v_r=0$。

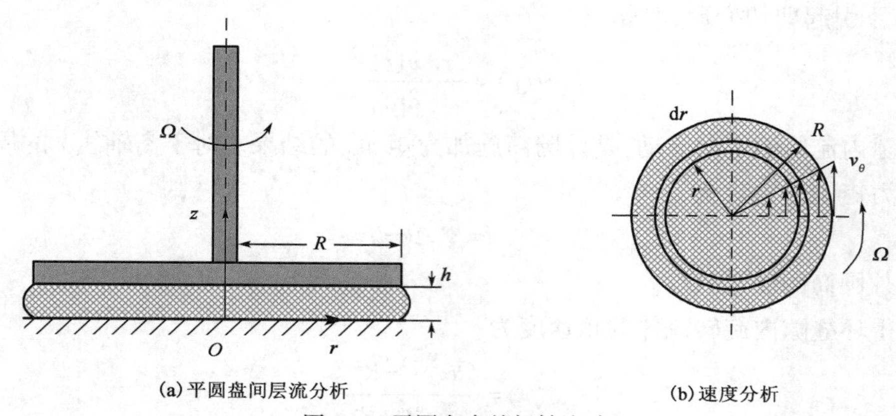

(a) 平圆盘间层流分析　　(b) 速度分析

图 5.8　平圆盘中的扭转流动

轴向速度 $v_\theta(z)$ 随 z 坐标变化，扭转流动的剪切速率关系式为

$$\dot{\gamma}=\frac{\mathrm{d}v_\theta(z)}{\mathrm{d}z}=\frac{r\mathrm{d}\omega(z)}{\mathrm{d}z} \tag{5.22}$$

式中，$\mathrm{d}\omega(z)$ 为扭转流体的角速度，它是 z 坐标的线性函数，与内径 r 无关。在 $z=0$ 时，$\omega=0$。在 $z=h$ 时，$\omega=\Omega$，扭转流动的剪切速率为

$$\dot{\gamma}=\frac{r\Omega}{h} \tag{5.23}$$

在 $z=h$ 面上，$\dot{\gamma}$ 为 r 的线性函数。用下式求扭转流动的角速度和线速度：

$$\mathrm{d}v_\theta(z)=r\mathrm{d}\omega(z)=\dot{\gamma}\mathrm{d}z=\frac{r\Omega}{h}\mathrm{d}z \tag{5.24}$$

得

$$\omega(z)=\frac{\Omega}{h}z \tag{5.25}$$

用牛顿定律分析扭转流动中 M 与 Ω 的关系，有剪切应力

$$\tau_{z\theta}=\eta\dot{\gamma}=\frac{r\eta\Omega}{h} \tag{5.26}$$

$\tau_{z\theta}$ 是向径 r 的函数。它与 $\dot{\gamma}$ 同样与 z 坐标无关。在圆盘上从 r 到 $r+\mathrm{d}r$ 的圆环上，其

剪切力和扭矩微量为

$$dF=\tau_{z\theta}2\pi r dr$$

$$dM(r)=r dF=\tau_{z\theta}2\pi r^2 dr=\frac{2\pi\eta\Omega}{h}r^3 dr$$

积分后得

$$M=\frac{\pi R^4\eta\Omega}{2h} \tag{5.27}$$

$$\eta=\frac{2Mh}{\pi R^4\Omega} \tag{5.28}$$

式(5.28)可用来测定扭转流动时的牛顿黏度。

5.2.5 圆锥—平圆盘中的扭转流动

稳定的圆锥体与平圆盘间隙中的扭转拖曳流动,简称锥板流动(cone and plate flow)。圆锥体与平圆盘的半径 R。它们之间的夹角 α 很小,通常小于 4°。圆锥体以角速度 Ω 旋转。转轴垂直于平盘,且锥顶与盘面接触。$\eta=\eta(R,l,\Omega,M)$,$\dot{\gamma}=\dot{\gamma}(R,l,\Omega,M)$。

如图 5.9 所示,对锥板流动采用球面坐标(r,θ,φ)进行分析。在锥板隙间的流体,剪切圆锥面具有 θ 锥角。对流动方向有与圆锥面相切的角速度 $\omega(\theta)$。它在圆锥体表面 $\theta=\frac{\pi}{2}-\alpha,\omega=\Omega$。在平圆盘的表面 $\theta=\frac{\pi}{2},\omega=0$。

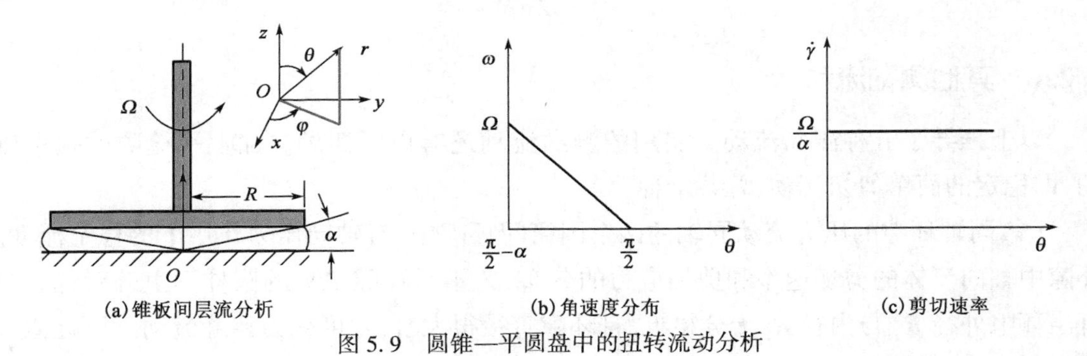

图 5.9 圆锥—平圆盘中的扭转流动分析

锥面切向剪切速率 $\dot{\gamma}=\dot{\gamma}_{\theta\varphi}$。$\dot{\gamma}_{\theta\varphi}$ 的定义为

$$\dot{\gamma}_{\theta\varphi}=\frac{\sin\theta}{r}\frac{\partial}{\partial\theta}\frac{v_\varphi}{\sin\theta}+\frac{1}{r\sin\theta}\frac{\partial v_\theta}{\partial\varphi}$$

因为 $\sin\theta\approx\sin 90°=1$。$v_\theta=v_r=0$,其中$\frac{\partial v_\theta}{r\partial\varphi}=0$,有

$$\dot{\gamma}=\dot{\gamma}_{\theta\varphi}=\frac{\partial v_\varphi}{r\partial\theta}=\frac{\partial\omega_{\theta\varphi}}{\partial\theta}=\frac{d\omega(\theta)}{d\theta} \tag{5.29}$$

又由于 α 很小,近似地把锥板流动认为是稳定的简单剪切流动,$\dot{\gamma}$ 是常数,有

$$\dot{\gamma}=\frac{\Omega}{\alpha} \tag{5.30}$$

由式(5.29)和式(5.30)得

$$\dot{\gamma}=\frac{\Omega}{\alpha}=\frac{\mathrm{d}\omega(\theta)}{\mathrm{d}\theta}$$

积分得角速度 $\omega(\theta)$ 是 θ 坐标的线性函数。如图 5.9(b)所示,对于角速度

$$\omega(\theta)=\frac{\Omega}{\alpha}\left(\frac{\pi}{2}-\theta\right) \tag{5.31}$$

根据牛顿定律,锥板流动的剪切应力在锥面 θ 上的切向应力应为

$$\tau_{\theta\varphi}=\eta\dot{\gamma}=\frac{\eta\Omega}{\alpha} \tag{5.32}$$

转矩是向径 r 的函数,从 r 到 $r+\mathrm{d}r$ 的圆环锥上的剪切力

$$\mathrm{d}F=\tau_{\theta\varphi}2\pi r\mathrm{d}r$$

$$\mathrm{d}M(r)=r\mathrm{d}F=\tau_{\theta\varphi}2\pi r^2\mathrm{d}r=\frac{\mu\Omega}{\alpha}\frac{\eta\Omega}{a}2\pi r^2\mathrm{d}r$$

积分后得驱动转矩

$$M=\frac{2\pi R^3\eta\Omega}{3\alpha} \tag{5.33}$$

$$\eta=\frac{3M\alpha}{2\pi R^3\Omega} \tag{5.34}$$

$$\tau_{\theta\varphi}=\frac{3M}{2\pi R^3} \tag{5.35}$$

5.2.6 其他测黏流动

以上推导了五种测黏流动。实用的测黏流动还有以下四种。加上平缝隙的拖曳流动,即稳定的简单剪切流动,总共十种。

(1)同轴环隙的压力流动同轴的两个圆筒间环隙中,有轴向压力作用下的稳定流动。环隙中轴向流体的剪切速率和剪切应力的分布,并不对环隙中央的圆柱面里外对称。只有当环隙外径 R_o 与内径 R_i 十分接近,且环隙直径很大时,才可视为狭缝流动。可近似应用式(4.11)的 Q 方程式。此时缝隙 $h=R_o-R_i$,缝宽 $w=2\pi[0.5(R_o+R_i)]$。

(2)同轴环隙的轴向拖曳流动流体在同轴的两个圆筒组成的环隙中,其中一个圆筒在轴线方向移动,拖曳流体作轴向稳定流动。只有当环隙外径 R_o 与内径 R_i 之比接近 1,且环直径很大时,才能近似作为简单的剪切流动。

(3)螺旋流动稳定的沿柱面螺旋槽的拖曳流动,是同轴的环隙旋转和轴向移动两者拖曳流动的综合。流体在狭矩形截面的螺旋槽中。在螺杆旋转时,流体一方面绕轴线作匀速圆周运动;一方面沿着轴线以恒定线速度推进。此种流动是单螺杆塑化、高聚物的基本流动模式。

(4)压力流动和拖曳流动的组合平缝隙的压力流动和拖曳流动、环隙的压力流动和拖曳流动等,都能组合成多种流动模式。

5.3 黏度计

黏度计的设计用于测定黏性而不测定弹性,即使样品是黏弹性的。本节简要介绍两种常用的牛顿流体的剪切黏度的测定,同时介绍落球黏度计、马氏漏斗黏度计、范氏旋转黏度计和毛细管黏度计这 4 种黏度计。

5.3.1 落球黏度计

使固体球体在液体中下落而确定液体黏度的方法称为落球法,是一种使用较早的方法。

5.3.2 测黏原理

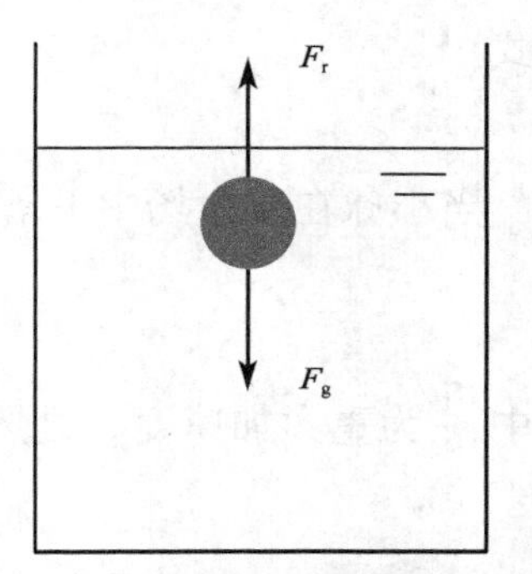

图 5.10 落球黏度计原理示意图

落球黏度计是测量黏度较高的牛顿型流体的简单快捷方法,只需测取圆球在被测液体中的下落速度,便可计算液体的黏度与下降速度、小球半径及液体和小球密度的关系 $\eta=\eta(r,\rho_s,\rho_l,v)$。落球黏度计原理示意图如图 5.10 所示,假定半径为 r,密度为 ρ_s 的圆球,密度为 ρ_l 的液体介质中做匀速运动,并满足下列条件:(1)小球运动速度非常小(以保证不产生紊流脉动);(2)球表面和液体之间没有滑移;(3)液体为不可压缩流体;(4)液体处于无界之中;(5)小球为均质刚性球。

5.3.3 小球降落速度

N-S 方程:

$$\frac{\mathrm{d}v}{\mathrm{d}t}=\frac{\partial v}{\partial t}+(v\cdot\nabla)v=-\frac{1}{\rho}\nabla p+\frac{\eta}{\rho}\nabla^2 v$$

将其写成无量纲形式:

$$\frac{\mathrm{d}\bar{v}_i}{\mathrm{d}\bar{t}}=-\frac{\partial\bar{p}_i}{\partial\bar{x}_i}+\frac{1}{Re}\frac{\partial^2\bar{v}_i}{\partial x_j\partial x_j}$$

如果将其看成力的平衡方程,$\frac{\mathrm{d}\bar{v}_i}{\mathrm{d}\bar{t}}$可视为惯性力项;$\frac{\partial^2\bar{v}_i}{\partial x_j\partial x_j}$为黏性力项,当假设 $Re\ll1$,惯性力的作用微不足道。N-S 方程可简化为一个线性方程:

$$\nabla p=\eta\nabla^2 v$$

这就是小雷诺数流动的动量方程。小雷诺数流动的典型问题是球的绕流问题。即

$$Re=\frac{\rho Ua}{\eta}\ll1$$

式中,a 为球的半径。由上式可知,极慢运动、极大黏性和极小球半径三种情况下的球的

绕流问题都属于小雷诺数流动。小雷诺数绕流问题,可用式 $\nabla p=\eta\ \nabla^2 v$ 近似描述,根据以下边界条件:

(1)当 $r=a$ 时,$v=U$;(2)当 $r=\infty$ 时,$v=0$,$p=p_0$

得到 Stokes 公式为

$$F_{\mathrm{r}}=6\pi\eta rv$$

式中,F_{r} 为球的阻力。

Stokes 公式表明,对于小雷诺数流动,球的阻力与其运动速度成正比。这一结论对任意形状的物体也是成立的。

考虑如图 5.10 所示的一个半径为 r,密度为 ρ_{s} 的圆球,在黏度为 η,密度为 ρ_1 的液体介质中运动,若液体体积无限大,则小球运动的阻力与其运动速度 v 成正比,满足 Stokes 公式

$$F_{\mathrm{r}}=6\pi\eta rv \tag{5.36}$$

当小球在重力场中下落时,其运动的推动力是重力与浮力之差:

$$F_{\mathrm{g}}=\frac{4}{3}\pi r^3(\rho_{\mathrm{s}}-\rho_1)g \tag{5.37}$$

式中,g 为重力加速度。显然,根据牛顿第二定律得出小球运动方程:

$$\frac{4}{3}\pi r^3\rho_{\mathrm{s}}g-\frac{4}{3}\pi r^3\rho_1 g=6\pi\eta rv \tag{5.38}$$

当达到稳定态,即速度不再改变(加速度 $\mathrm{d}v/\mathrm{d}t=0$)时,小球以恒定的最终速率运动,其运动速度可由下式求出:

$$v=\frac{2}{9}\frac{r^2}{\eta}(\rho_{\mathrm{s}}-\rho_1)g \tag{5.39}$$

5.3.4 黏度公式

黏度公式就是小球在黏性介质中运动的 Stokes 方程。由此式可知,根据小球运动的最终速度,并测定出 r、ρ_{s}、ρ_1 等参数,即可求得液体介质的黏度。这样求得的黏度一般称为斯托克斯黏度,记为

$$\eta_{\mathrm{s}}=\frac{2}{9}\frac{r^2}{v}(\rho_{\mathrm{s}}-\rho_1)g \tag{5.40}$$

严格地说,式(5.40)只适用于雷诺数为 0 的情况。当小球有一定运动速度时,该式应修正为

$$\eta=\eta_{\mathrm{s}}/C_{\mathrm{D}}=\frac{2}{9}\frac{r^2}{C_{\mathrm{D}}v}(\rho_{\mathrm{s}}-\rho_1)g \tag{5.41}$$

式中,$C_{\mathrm{D}}=C_{\mathrm{D}}(Re)$ 是雷诺数的函数,称为阻力系数。当 $Re\ll 1$ 时,$C_{\mathrm{D}}=1$;当 $Re>0$ 时,C_{D} 值随 Re 增大而逐渐增加。C_{D} 与 Re 关系已有许多实验报告,在小雷诺数情况下($Re\leqslant 12$),也有与精密实验完全符合的理论关系。对黏度很高的流体和浓度很高的高聚物溶液,其

运动速度不可能太大，因此雷诺数通常小于 1，故一般使用 $C_D=1$ 的关系即可。

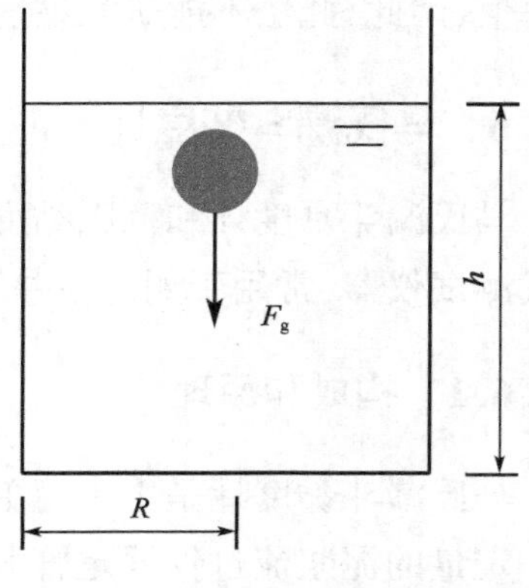

图 5.11　落球式黏度计

除雷诺数校正外，还应考虑管壁和端面（自由面和附面）的校正（图 5.11）。就管壁校正而言，系统的实验表明，在较低（$Re \leqslant 5$）和较高（$Re \geqslant 50 \sim 100$）雷诺数区域中，管壁校正可认为只是小球半径 r 与圆管 R 之比的函数，在中间区域甚至有交叉效应，不能得到简单的函数表示形式，对于低雷诺数范围，管壁校正可采用 Ladenburg 或 Faxen 公式，分别为

$$\eta_L = \eta_s / \left(1 + 2.4 \frac{r}{R}\right) \tag{5.42}$$

$$\eta_F = \eta_s / \left[1 + 2.104 \frac{r}{R} + 2.09\left(\frac{r}{R}\right)^3 - 0.95\left(\frac{r}{R}\right)^6\right] \tag{5.43}$$

至于端面校正，系统的研究还不多。但是可以肯定地说，当小球在离液面不远或接近管底运动时，自由液面和管底的存在对小球的运动必定有较大的影响。在低雷诺数下，可以使用 Ladenburg 由实验得到的端面校正公式为

$$\eta = \eta_s / (1 + 3.3R/h) \tag{5.44}$$

式中　h——盛液容器液柱的高度。

在分析实验数据时，由于校正的困难，所以有时将 Stokes 定律改写为下列经验方法：

$$\eta = K(\rho_s - \rho_l)t \tag{5.45}$$

式中　t——小球通过固定标记确定距离的时间；

　　K——仪器常数。

由已知黏度试样测定得到 K 值后，可由式（5.45）计算未知样品的黏度。

除上述落球黏度计之外，其基本原理相似的还有压杆—落球式黏度计、滚球式黏度计、升泡式黏度计等。

5.3.5　优缺点与适用性

落球法黏度计是一种简单且十分精确的黏度计，适用于从气体到低、中黏度的透明流体。在工业和研究领域应用，尤其是用于测定低黏度牛顿流体，如饮料、人血浆等。

落球法黏度计能成功用于所有流动特性与剪切速率无关的流体，即只能用于牛顿流体。根据落球法的实验数据，得不到切应力、剪切速率等基本流变学参数，因此对于非牛顿流体难以作出全面的分析。但是，对于牛顿流体，可以估计球附近的最大切变速率为 $3v/2r$（v 为下降的速度），在实验中不难控制使其小于 $10^{-2}\mathrm{s}^{-1}$，在这样低的切变速率下，许多流体一般都可以认为是牛顿流体。因此，测得的黏度是零剪切速率黏度。可以作为毛细管流变计及转动黏度计测量流动曲线时在低剪切速率区的补充。

当球降落并且流体围绕落球流动时，流体受到很宽的速率范围，而且不是单一的剪切

速率值,因此,此法不能研究黏度的剪切速率依赖性,不能用于非牛顿流体。

5.3.6 马氏漏斗黏度计

马氏漏斗黏度计和范氏黏度计均是井场常用的测试仪器。马氏漏斗黏度计是一种固定式测试仪器,常用于测定钻井液的相对黏度。

5.3.6.1 构成和原理

马氏漏斗黏度计是由一简单的标准漏斗和一个量杯构成,如图5.12所示。测量参数为一定量的泥浆流过仪器尾管所需的时间,用秒表示,钻井液可收集在一个量杯中。

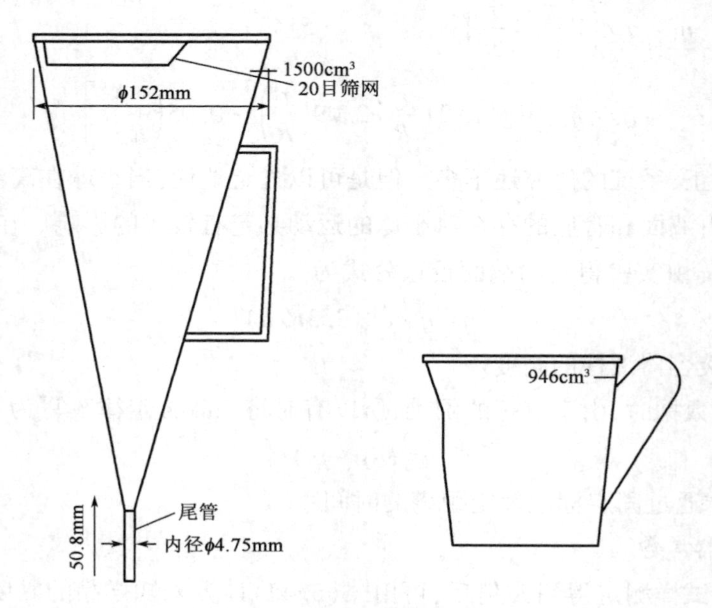

图5.12 马氏漏斗黏度计

5.3.6.2 操作方法

手握漏斗,用于指堵住尾管管口。通过漏斗上的筛网倒入钻井液,直至钻井液液面与筛网平齐;此时其体积相当于1500mL。握住漏斗尾管,按动秒表,让钻井液流入量杯中,当杯中收集到946mL(1/4加仑)钻井液时,再次按动秒表,秒表上的读数,即钻井液的马氏黏度。

5.3.6.3 校准

校准仪器可用净水,其流出时间见表5.1。

表5.1 水的马氏黏度

水的体积		流出时间,s 20℃±1℃
倒入漏斗量,cm^3	量杯收集量,cm^3	
1500	946(1/4)	26±1

续表

水的体积		流出时间,s 20℃±1℃
倒入漏斗量,cm^3	量杯收集量,cm^3	
1500	1000	28±1
1500	500	14

5.3.6.4 误差来源

(1)仪器校准的误差;

(2)尾管管口被泥饼或未完全过筛的钻井液所堵塞;

(3)从装满漏斗到开始流出所经过的时间太长(钻井液可能胶凝,因而延长了流出的时间);

(4)流出时间测定不准确,必须使用秒表。

马氏漏斗黏度测定方法能粗略地反映全部流变参数及钻井液其他物理特性,但不能用来确定那些影响测量结果的主要因素。马氏漏斗试验所得到的许多数值均不能用于任何水力计算。它们仅能提供比较钻井液类型及其物理性能的相对指标。

5.3.7 范氏旋转黏度计

5.3.7.1 构成和原理

范氏(Fan)旋转黏度计是旋转式同轴圆筒型仪器,常用型号有:(1)两速旋转黏度计(600r/min 及 300r/min),转子的转动可用于摇(手动黏度计)或用马达驱动(电动黏度计);(2)六速旋转黏度计(600r/min、300r/min、200r/min、100r/min、6r/min、3r/min)。转子用一台电动机驱动,如图 5.13 所示。

图 5.13 六速旋转黏度计

外筒及内筒的尺寸见 API RP 13B 标准中的详细说明。

剪切应力(刻度盘读数)作为剪切速率(来自转速)函数来确定。

1. 剪切应力 τ_i

筒壁上的剪切应力由下式求得:

$$\tau_i = \frac{C}{2\pi r_i^2 (h+\varepsilon)} \qquad (5.46)$$

其中 $C = k\theta$

式中,C 为作用于内筒上的扭矩,扭矩正比于刻度盘偏转角,为刻度盘读数;$k = 3.87\times10^{-5}\text{N}\cdot\text{m}/(°)$(刻度盘单位)$r_i$ 为内筒半径,为 17.25mm;ε 为考虑端部效应引起长度尺寸增加的修正项;h 为圆筒浸入高度,为 38mm;k 为扭簧常数,对多数扭簧。

由式(5.46)得

$$\tau_{\mathrm{i}}=\frac{k\theta}{2\pi r_{\mathrm{i}}^{2}(h+\varepsilon)}=0.51\theta \tag{5.47}$$

或

$$\tau_{\mathrm{i}}=0.51\theta \tag{5.48}$$

式(5.47)所得单位为国际单位 Pa。式(5.48)所得单位为 $\mathrm{lbf/100ft^2}$。

2. 剪切速率

由牛顿流体在同轴环隙中旋转流动规律所得内筒壁面上的剪切速率式(5.19)可知，范氏黏度计内筒壁面上剪切速率为

$$\dot{\gamma}=\frac{2\Omega}{1-\dfrac{r_{\mathrm{i}}^{2}}{r_{\mathrm{e}}^{2}}} \tag{5.49}$$

假设 $r_{\mathrm{i}}/r_{\mathrm{e}}>0.9$，$r_{\mathrm{e}}$ 为内筒半径，已知 $r_{\mathrm{e}}=18.42\mathrm{mm}$，则

$$\Omega=\frac{2\pi N}{60}$$

代入式(5.49)中得

$$\dot{\gamma}=\frac{4\pi N}{60\left(1-\dfrac{r_{i}^{2}}{r_{\mathrm{e}}^{2}}\right)}$$

根据内筒和外筒半径可得转速与内筒剪切速率的关系

$$\dot{\gamma}=1.7N \tag{5.50}$$

范氏(Fan)旋转黏度计设定的剪切速率为

$$\dot{\gamma}=C_{1}N \tag{5.51}$$

式中 $\dot{\gamma}$——剪切应力，Pa；

C_1——仪器常数(取值 1.7)；

N——转数。

范氏(Fan)旋转黏度计测得的剪切应力为

$$\tau=C_{2}\theta \tag{5.52}$$

式中 τ——剪切应力，Pa；

C——仪器常数(取值 0.51)；

θ——读数。

根据式(5.49)至式(5.52)，转速与内筒剪切速率的关系见表 5.2。

表 5.2　转速与剪切速率的关系

N,r/min	600	300	200	100	6	3
$\dot{\gamma}$,s^{-1}	1020	510	340	170	10	5

5.3.7.2　视黏度的测定操作步骤

以一种钻井液视黏度的测定为例介绍范氏黏度计测定的操作步骤：

(1)钻井液经过马氏漏斗的筛网过滤，机械搅拌 5min，然后倒入范氏黏度计样品筒内。

(2)两同轴圆筒浸入钻井液中，直至外筒刻度线与钻井液液面平齐为止。

(3)适当调节调速器和开关，使转子以 600r/min 的转速转动，并读出刻度盘的读数。

(4)不需停止马达，将转速转换到 300r/min，并再次读出刻度盘读数。

(5)对其他转速，也要重复进行这一操作步骤。注意：①黏度计实际上不需校准，如需校准仪器，就应采用已知黏度的甘油水溶液进行标定，并在直角坐标上作流动曲线，转速为横坐标，刻度读数为纵坐标，因为甘油溶液是牛顿流体结果为一根通过原点的直线；②设计时忽略了转子和定子的动能效应，因而样品的密度对测量结果无影响。

如 η_a 的单位为 Pa · s，可得

$$\eta_a=\frac{\tau}{\dot{\gamma}}=\frac{0.51\theta_{600}}{1020}$$

如 η_a 的单位为 cP，可得

$$\eta_a=0.51\theta_{600}$$

5.3.7.3　实例计算

[例 5.1]　用范氏黏度计确定塑性黏度 η_p 与屈服值 τ_y。

按照 API RP 13B 标准，用范氏黏度计来确定这两个流变参数。用剪切速率 $\dot{\gamma}=1020s^{-1}$(在 600r/min 时)的剪切应力 τ_{1020} 和剪切速率 $\dot{\gamma}=510s^{-1}$(在 300r/min 时)的剪切应力 τ 来确定这两个参数(图 5.14)：

$$\eta_p=\frac{\tau_{1020}-\tau_{510}}{1020-510}$$

如果用 cP 或 mPa · s 来表示黏度，则可由两转速下刻度盘上的读数做差(即范氏黏度计 600r/min 的读数-范氏黏度计 300r/min 的读数)得到：

$$\eta_p=\frac{0.51(\theta_{1020}-\theta_{510})}{1020-510}\times1000=\theta_{600}-\theta_{300}$$

$$\tau_y=\tau_{1020}-2(\tau_{1020}-\tau_{510})$$

$$\tau_y=0.51(2\theta_{300}-\theta_{600})$$

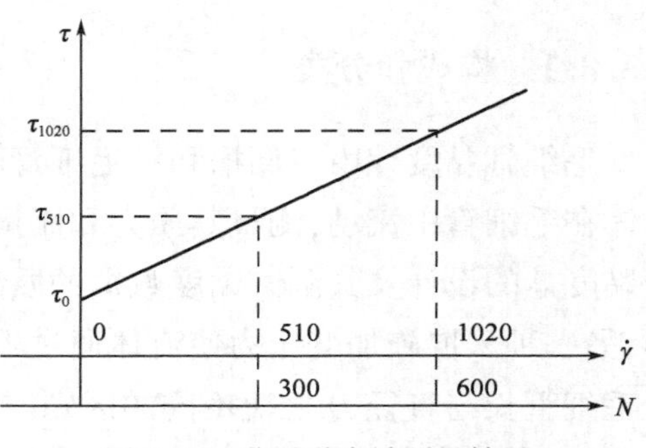

图 5.14　范氏黏度计测量结果

式中,应力的单位为 Pa。

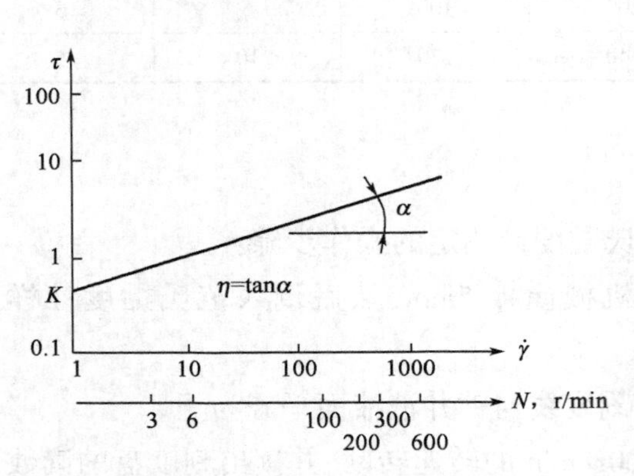

图 5.15　双对数坐标系中剪应力随转速的变化

[**例 5.2**]　用范氏黏度计确定幂律指数 n 与稠度系数 K。

将某已知样品由范氏黏度计测定值在双对数纸上作流变图,剪切速率(s^{-1})作为横坐标,剪切应力(Pa)作为纵坐标,如图 5.15 所示。

根据幂律模型及所测结果可以确定幂律指数 n 与稠度系数 K。

(1)确定幂律指数 n 值:

$$n=\frac{\lg\tau_2/\tau_1}{\lg\dot{\gamma}_2/\dot{\gamma}_1} \tag{5.53}$$

如果将

$$\dot{\gamma}_1=510\text{s}^{-1}$$

和

$$\dot{\gamma}_2=1020\text{s}^{-1}$$

代入式(5.53)中可得

$$n=\frac{\lg\theta_2/\theta_1}{\lg 2}=3.32\lg\frac{\theta_2}{\theta_1}$$

(2)确定 K 值:

利用

$$K=\frac{\tau_2}{\dot{\gamma}^n}$$

得

$$K=0.51\theta_{600}/1020^n$$

5.3.8　毛细管黏度计

毛细管黏度计是研究流体流行为最简单且常用的一种黏度计。

5.3.8.1　构成和分类

毛细管黏度计由一储槽和一毛细管联结而成。毛细管的横截面呈圆形或狭缝。待测流体在毛细管中流动,测量其压力和流量从而解出其稳态剪切流中的流变参数。就毛细管黏度计的设计及其测试黏度数据的质量而言,有两种不同的分类,一种采用重力作驱动力,另一种采取施加变压力使流体通过毛细管。除此之外,毛细管还可以有长短不同,或者毛细管长与直径 D 之比不同的区别。

可变压力毛细管黏度计由柱塞、挤压器或其他压力源使样品以恒定的流速通过毛细管。为了减少端面效应的影响,选用毛细管长度 L 与半径之比要大于 20。

常见的重力毛细管黏度计如图 5.16 所示,由三支玻璃管组成,称为乌别洛特(Ubbe-lohde)黏度计,简称乌氏黏度计,也有由两支管的重力毛细管黏度计,称为 Cannon-Fenske。可变压力毛细管黏度计测样品的方法是靠样品的自重流过毛细管。将样品注入通向毛细管入口的上部储料器,出口上方流体柱的重量等于推动流体流经毛细管的样品势能。

按照材料分,毛细管黏度计有两种主要类型,一种是测量低黏度流体的玻璃毛细管黏度计,另一种是测定高黏度流体的金属毛细管黏度计,后者可用活塞杆或压缩气体施加较大压力。

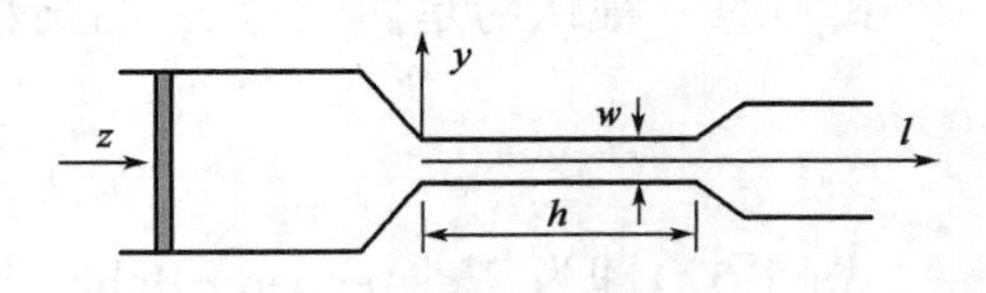

(a) 可变压力毛细管黏度计

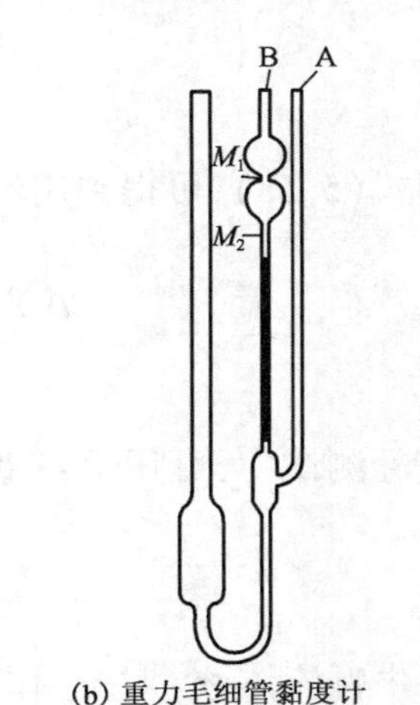

(b) 重力毛细管黏度计

图 5.16　毛细管黏度计原理

5.3.8.2　可变压力毛细管黏度计测黏原理

1. 剪切应力

假定除去进口段和出口段,流动是定常剪切流。建立柱坐标系,由管流的运动条件可知只有轴向速度 $u=u(r)$,代入 N-S 方程,管流的运动条件的运动方程为

$$-\frac{\mathrm{d}p}{\mathrm{d}z}+\frac{1}{r}\frac{\mathrm{d}}{\mathrm{d}r}(r\tau_{rz})=0$$

将 $\frac{\mathrm{d}p}{\mathrm{d}z}=\frac{\Delta p}{l}$ 代入上式中,积分可得

$$\tau_{rz}=\frac{\Delta pr}{2l}+\frac{C}{r}$$

由边界条件可知 C 必为零,管壁处的剪应力 $\tau_w=\frac{\Delta pR}{2l}$,其中 $\tau_w=\tau_{rz}(R)$,则

$$\tau_{rz}=\tau_w\frac{r}{R} \tag{5.54}$$

2. 黏度与剪切速率

通过毛细管的流量为

$$Q=2\pi\int_0^R ur\mathrm{d}r=-\pi\int_0^R\frac{\mathrm{d}u}{\mathrm{d}r}r^2\mathrm{d}r=\pi\int_0^R\dot{\gamma}r^2\mathrm{d}r \tag{5.55}$$

利用式(5.54)将式(5.55)改变积分变量由 r 换成 τ_{rz},$r=0$,$\tau_{rz}=0$,$r=R$,$\tau_{rz}=\tau_w$,则有

$$\frac{Q}{\pi R^3}=\frac{1}{\tau_w^3}\int_0^{\tau_w}\dot{\gamma}\tau_{rz}^2\mathrm{d}\tau_{rz} \tag{5.56}$$

式中的 $\dot{\gamma}$ 被认为是剪应力 τ_{rz} 的函数。将式(5.55)对 τ_w 求导得

$$\dot{\gamma}_w=\frac{1}{\tau_w^2}\frac{d}{d\tau_w}\left(\tau_w^3\frac{Q}{\pi R^3}\right) \tag{5.57}$$

式(5.57)即为 Weissenberg-Rabinwitsch 方程,还可进一步写成

$$\dot{\gamma}_w=\frac{Q}{\pi R^3}\left[3+\frac{d\lg(4Q/\pi R^3)}{d\lg\tau_w}\right] \tag{5.58}$$

利用式(5.58),可得到用流量与压降(或壁面剪应力)表示的黏度函数:

$$\eta(\dot{\gamma}_w)=\frac{\tau_w}{Q/\pi R^3}\left[3+\frac{d\lg(4Q/\pi R^3)}{d\lg\tau_w}\right]^{-1} \tag{5.59}$$

在实际测试中,可用毛细管壁处的剪应力 τ_w 对剪切速率 $\dot{\gamma}_w$ 作图。对于每个实验点有

$$\tau_w=\Delta pR/2l,\dot{\gamma}_w=4Q/\pi R^3$$

对于牛顿流体,τ_w 对 $\dot{\gamma}_w$ 作图是一条通过原点的直线,$\lg\tau_w$—$\lg\dot{\gamma}_w$ 图也是线性的,而且直线斜率为 1。

对于非牛顿流体,τ_w—$\dot{\gamma}_w$ 不再是直线,而 $\lg\tau_w$—$\lg\dot{\gamma}_w$ 关系图可能是曲线或斜率不等于 1 的直线。但是如果我们对壁面剪切速率表达式进行修正后,则其图像又可表示为牛顿流体的形式,修正后的非牛顿流体剪切速率为

$$\dot{\gamma}_{wc}=\frac{\dot{\gamma}_w}{4}\left(3+\frac{d\lg\dot{\gamma}_w}{d\lg\tau_w}\right)=\frac{3n_0+1}{4n_0}\dot{\gamma}_w \tag{5.60}$$

式中,n_0 是所谓的非牛顿性指数。它是修正前的 $\lg\tau_w$—$\lg\dot{\gamma}_w$ 图曲线的斜率,即

$$n_0=\frac{d\lg\tau_w}{d\lg\dot{\gamma}_w}=\frac{d\lg\Delta p}{d\lg Q} \tag{5.61}$$

此外,当圆管长度有限时,入口区和出口区的流动是很重要的。Han 曾经用压力传感器测出了毛细管轴上的压力分布,发现总的压力降 Δp 可以分成三部分。因此对毛细管壁处的切应力进行校正,得到

$$\tau_{wc}=\frac{\Delta pR^2}{2(l+n_0R)}$$

入口效应和出口效应与流体的弹性密切相关。

5.3.8.3 重力毛细管黏度计

采用诸如乌氏黏度计测量黏度,需要测出一定量的流体通过毛细管所需的时间 Δt,或者测出液面从标记 M_1 下降到标记到 M_2 所需的时间。因为样品的密度是一个重要的参数,所以以运动黏度的形式给出测试结果,即 $\nu=C\Delta t$,C 是与毛管尺寸有关的常数。

芬氏黏度计的设计用于测量非透明或暗色牛顿流体。时间 Δt 是流体流液面由 M_2 上升到标记 M_1 到所需的时间。

性能良好的乌氏黏度计和芬氏黏度计,毛细管长度 L 长而直径 D 细。为了将毛细管影响降至最小,通常要求 $L:D$ 为 30∶1 或更大。

5.3.8.4 毛细管黏度计的优缺点与适用性

毛细管黏度计主要优点为:

(1)这种仪器装料比较容易。有些非牛顿流体十分黏稠,很难注入,在这种情况下,毛细管黏度计就充分显示了它的优越性。

(2)测试的温度和剪切速率容易调节,通过在装置上设计压力测量点避免了入口效应对压力差的影响,出口效应相关的动能在毛细管长度 ΔL 内并不影响压力差。在这种条件下,可精确计算出具有牛顿流体特性的液体的剪切应力和剪切速率。另外,高剪切试验所产生的热量大部分被挤压了的样品连续不断地带出毛细管,因而剪切热不会像旋转流变仪中那样聚集而导致样品温度上升,超过设置温度而造成偏差。

(3)除可测量黏度外,还可根据挤出物胀大数据估算被测流体的弹性。

因此,毛细管黏度计获得了广泛的应用。金属毛细管黏度计测试过程是挤出、注射等,因此毛细管黏度计可很好地模拟高分子加工过程,且还可以用于研究熔体破裂等现象。

除了常见的圆形截面的毛细管流变仪外,最近还发展了矩形和狭缝截面毛管流变仪。

毛细管黏度计的缺点是:由于随时有新的体积元流经毛细管,并且从压力点 1 至压力点 2 所经过的时间很短,不能将样品体积元在规定的剪切条件下保持很长时间,因而毛细管黏度计不能用于测定样品的短暂特性。例如,触变性也不能用于深入研究聚合熔体各种温度和剪切条件下的降解。

为减小入口效应对压差测试的影响程度,选用的 L 与 R 之比要高于 20∶1。

设计良好的重力毛细管黏度计,对低黏度或中等黏度的牛顿流体是良好的绝对黏度计。用于测定水、溶剂或饮料之类的样品的黏度时,乌氏黏度计的精度甚至超过最高级的旋转流变仪。

5.4 流变仪

5.4.1 同轴圆筒流变仪

5.4.1.1 分类

同轴圆筒流变仪被测液体的流动,与前面所述稳定同轴环隙旋转拖曳流动相同。旋转圆筒流变仪有三种结构:(1)内筒旋转式,外筒固定;(2)外筒转动,内筒受剪切力矩作用,有角度偏转供读数;(3)无外筒,内筒转动并串接测量弹簧,作角度偏转。被测液体盛在适当容器中。

内筒旋转式流变仪结构如图 5. 17 所示。电动机驱动内筒旋转时,电动机转子受到黏性流体的剪切力矩作用,使定子框架受到反作用力矩而做相应的角度偏转。此偏转被测量弹簧所平衡,可读取偏转角。

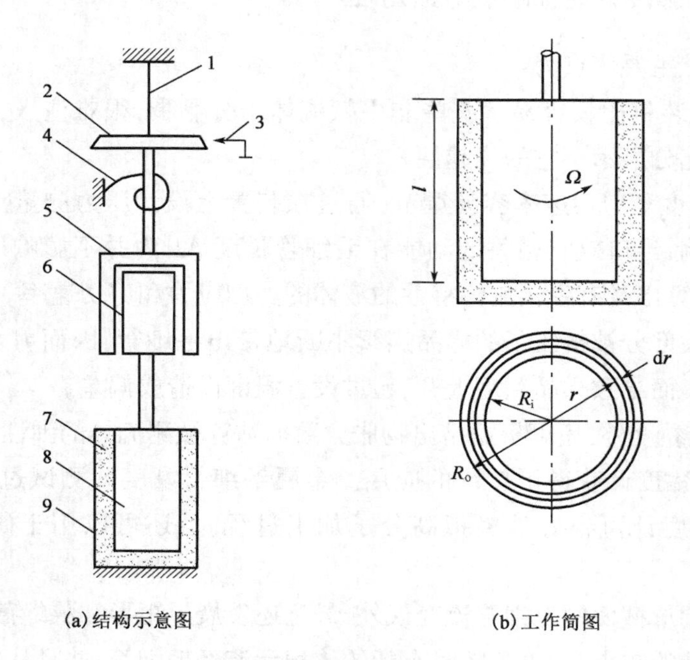

图 5. 17 内筒旋转式同轴圆筒流变仪

1—吊丝;2—刻度盘;3—指针;4—测量弹簧;5—可转定子框架;6—控制电动机转子;7—试液;8—内筒;9—外筒

5. 4. 1. 2 测黏原理

以两个无限长的同圆筒作为特例,来研究圆筒旋转流变仪的测量原理,这一理想化的模型实际上忽略了边界效应的影响,如图 5. 18 所示。

假设条件:同轴圆筒;无限长。可测得的动力学参数有:(1)内、外圆筒上的角速度 Ω_1、Ω_2;(2)内、外圆筒上的扭矩 M_o、M_i,求出 $\eta=\eta(R_1,R_2,\Omega_1,\Omega_2,M_o,M_i)$,$\dot{\gamma}=\dot{\gamma}(R_1,R_2,\Omega_1,\Omega_2,M_o,M_i)$。

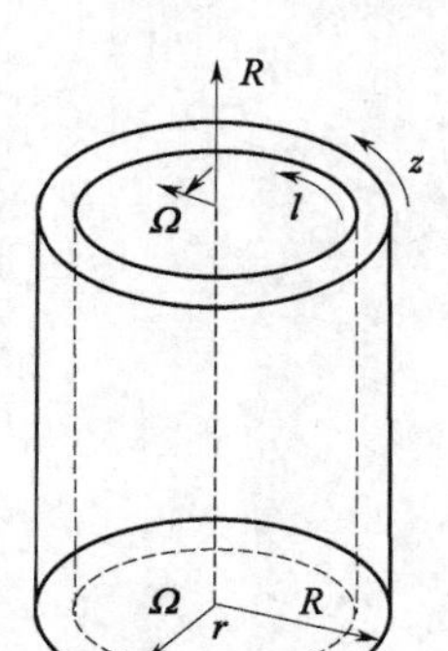

图 5. 18 无限长同轴圆筒

5. 4. 1. 3 黏度函数

考虑两个长圆筒之间的流动,建立柱坐标系,进行流场分析,环隙流体的速度为

$$v_r=0,v_\theta=r\Omega(r),v_z=0$$

在柱坐标系(r,θ,z)中,若(u,v,w)是 $\boldsymbol{V}$ 在柱坐标系里的物理分量,则运动方程可以写作

$$\rho\left(\frac{\partial u}{\partial t}+u\frac{\partial u}{\partial r}+\frac{v}{r}\frac{\partial u}{\partial \theta}+w\frac{\partial u}{\partial z}-\frac{v^2}{r}\right)=-\frac{\partial p}{\partial r}+\frac{\partial T_{rr}}{\partial r}+\frac{1}{r}\frac{\partial}{\partial \theta}T_{r\theta}+\frac{\partial T_{rz}}{\partial z}+\frac{T_{rr}-T_{\theta\theta}}{r}$$

$$\rho\left(\frac{\partial v}{\partial t}+u\frac{\partial v}{\partial r}+\frac{v}{r}\frac{\partial u}{\partial \theta}+w\frac{\partial v}{\partial z}+\frac{uv}{r}\right)=-\frac{1}{r}\frac{\partial p}{\partial \theta}+\frac{1}{r}\frac{\partial T_{\theta\theta}}{\partial \theta}+\frac{\partial T_{r\theta}}{\partial r}+\frac{\partial T_{\theta z}}{\partial z}+\frac{2T_{r\theta}}{r}$$

$$\rho\left(\frac{\partial w}{\partial t}+u\frac{\partial w}{\partial r}+\frac{v}{r}\frac{\partial w}{\partial \theta}+w\frac{\partial w}{\partial z}\right)=-\frac{\partial p}{\partial z}+\frac{\partial T_{rz}}{\partial r}+\frac{1}{r}\frac{\partial T_{\theta z}}{\partial \theta}+\frac{\partial T_{zz}}{\partial z}+\frac{T_{rz}}{r}$$

将上述速度场代入切向方向的运动方程中得

$$\frac{1}{r^2}\frac{\partial}{\partial r}(r^2\tau_{r\theta})=0$$

边界条件为

$$\Omega(R_1)=\Omega_1,\Omega(R_2)=\Omega_2$$

积分运动方程得

$$r^2\tau_{r\theta}=A$$

式中,A 为常数,作用于任一半径为 r 柱面的单位长度上的扭矩 M' 为

$$M'=2\pi r^2\tau_{r\theta}=2\pi A \tag{5.62}$$

M'不依赖于 r,于是有

$$\tau_{r\theta}=\tau(\dot{\gamma})=\frac{M'}{2\pi r^2} \tag{5.63}$$

剪切速率为

$$\dot{\gamma}=r\frac{\mathrm{d}\Omega}{\mathrm{d}r}$$

因为 $\tau(\dot{\gamma})$ 是 $\dot{\gamma}$ 的单值函数,具有唯一的逆,因此该逆函数可写成

$$\dot{\gamma}=\lambda(\tau)=r\frac{\mathrm{d}\Omega}{\mathrm{d}r} \tag{5.64}$$

积分式(5.64):

$$d\Omega=\frac{\lambda(\tau)}{r}\mathrm{d}r$$

$$\int_{\Omega_1}^{\Omega_2}\mathrm{d}\Omega=\int_{R_1}^{R_2}\lambda(\tau)\,r\mathrm{d}r$$

由式(5.63)可得,$\mathrm{d}\tau=-\frac{M'}{\pi r^3}\mathrm{d}r$,则

$$\int_{\Omega_1}^{\Omega_2}\mathrm{d}\Omega=-\int_{\tau_1}^{\tau_2}\lambda(\tau)\frac{\pi r^2}{M'}\mathrm{d}\tau=\int_{\tau_2}^{\tau_1}\lambda(\tau)\frac{1}{2\tau}\mathrm{d}\tau$$

并应用式(5.63)换变量 r 为 τ,则有

$$\Omega_1-\Omega_2=\Delta\Omega=\frac{1}{2}\int_{\tau_2}^{\tau_1}\frac{\lambda(\tau)}{\tau}\mathrm{d}\tau \tag{5.65}$$

其中 $\tau_1=M'/(2\pi R_1^2),\tau_2=M'/(2\pi R_2^2)$

从式(5.65)难以求出剪切率函数 $\lambda(\tau)$，除非已给定 τ 和 $\dot{\gamma}$ 之间关系的形式。对于牛顿流体，$\tau=\eta_0\dot{\gamma}$，于是

$$\dot{\gamma}=\lambda(\tau)=\frac{\tau}{\eta_0} \tag{5.66}$$

η_0 是未知的黏度常量。将 $\lambda(\tau)$ 代入式(5.63)，则有

$$\Delta\Omega=\frac{\tau_1-\tau_2}{2\eta_0}$$

因此

$$\eta_0=\frac{\tau_1-\tau_2}{2\Delta\Omega} \tag{5.67}$$

若以 M 表示在内筒所测得的总扭矩，即 $M'=M/h$，则

$$\eta_0=\frac{(R_2^2-R_1^2)M}{4\pi hR_1^2R_2^2\Delta\Omega}$$

总扭矩 M 可以测定，因而 τ_1 和 τ_2 是已知的。$\Delta\Omega$ 也已知，于是从式(5.67)就能确定 η_0。

对于牛顿流体还能精确地确定 $\Omega(r)$。由式(5.63)、式(5.64)和式(5.67)得到方程

$$\eta_0 r\frac{\mathrm{d}\Omega}{\mathrm{d}r}=\frac{M'}{2\pi r^2} \tag{5.68}$$

其满足条件式(5.68)的解为

$$\Omega=\frac{R_1^2\Omega_1-R_2^2\Omega_2}{R_1^2-R_2^2}+\frac{\Delta\Omega R_1^2R_2^2}{R_1^2-R_2^2}\frac{1}{r^2} \tag{5.69}$$

但是对于非牛顿流体，函数 $\tau(\dot{\gamma})$ 的形式一般是不知道的，为了得到 $\lambda(\tau)$，需要做某些假设。通常，由于两筒的间隙很小，可以设 $(R_2-R_1)/R_1$ 是小量，这时应用平均值定理，式(5.65)写为

$$\Delta\Omega=\frac{1}{2}\frac{\lambda(\bar{\tau})}{\bar{\tau}}(\tau_1-\tau_2) \tag{5.70}$$

其中 $\bar{\tau}=\frac{1}{2}(\tau_1+\tau_2)$ 是 τ 的算术平均，可用式(5.70)确定 $\lambda(\bar{\tau})$，从而黏度函数 $\eta(\dot{\gamma})$ 为

$$\eta(\dot{\gamma})=\frac{\tau}{\dot{\gamma}}=\frac{\tau_1-\tau_2}{2\Delta\Omega}\text{或 }\eta(\dot{\gamma})=\frac{(R_2^2-R_1^2)M}{4\pi hR_1^2R_2^2\Delta\Omega} \tag{5.71}$$

从式(5.71)可见，我们已经假设沿整个间隙剪切速率是常量，剪切速率 $\dot{\gamma}=\lambda(\bar{\tau})=\frac{\tau_1-\tau_2}{\tau_1+\tau_2}\Delta\Omega$，进一步写成 $\dot{\gamma}=\frac{R_2^2+R_1^2}{R_2^2-R_1^2}\Delta\Omega$。狭缝近似造成的误差能估计出，若 $R_1/R_2=0.98$，误差约为4%。

上述分析的基本假设为圆筒无限长。然而实际上，流变仪圆筒的长度非常有限，因此必须要考虑边界效应对测量结果的影响。下面我们就以内筒旋转的定转速流变仪为例，来分析实际测量时边界影响的修正。

图 5.19 为一实际圆筒旋转流变仪的示意图。在此系统中,$\Omega_2=0$,若以 M 表示在内筒所测得的总扭矩,即 $M'=M/h$,则式(5.71)为

$$\eta(\dot{\gamma})=\frac{M}{4\pi h\Omega_1}\left(\frac{1}{R_1^2}-\frac{1}{R_2^2}\right)=\frac{KM}{\Omega_1} \tag{5.72}$$

其中

$$K=\frac{R_2^2-R_1^2}{4\pi hR_1^2R_2^2} \tag{5.73}$$

若 h 为有限值,则必须考虑内筒端面流量,这种附加的影响相当于在 h 上附加了一个高度 h_0,h_0 称为端面校正高度,这时式(5.71)可改写成

$$\eta(\dot{\gamma})=\frac{(R_2^2-R_1^2)M}{4\pi R_1^2R_2^2(h+h_0)\Omega_1} \tag{5.74}$$

h_0 一般可由实验确定。在实验时,改变内筒浸入深度 h,测得相应的 M/Ω_1,用 M/Ω_1 对 h 作图,曲线延长至 $M/\Omega=0$,即可得到 h_0,如图 5.20 所示。

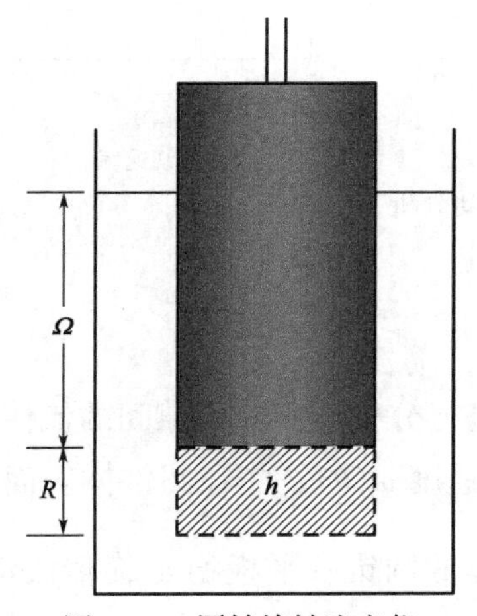

图 5.19　同轴旋转流变仪

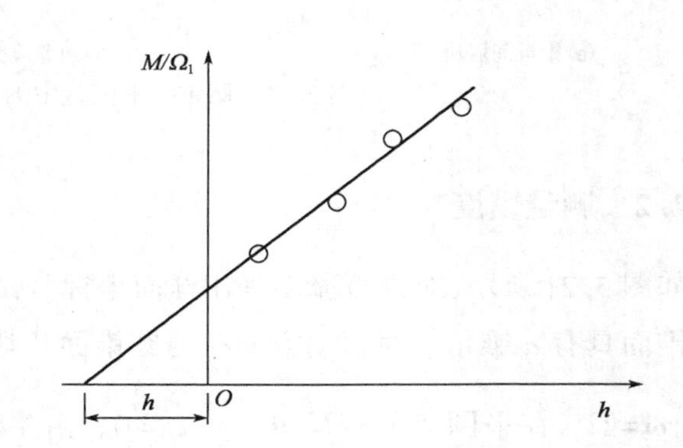

图 5.20　改变内筒浸入深度得到的端面校正

同轴圆筒旋转流变仪的主要优点是,当内外筒间隙很小时,环空间隙内的被测流体的剪切速率可假设为均匀,这对于测量非牛顿流体视黏度是一个非常重要的优点。此外,同轴圆管旋转流变仪容易校准,且校正量较小。这类仪器的主要缺点是对于很黏的聚合物熔体装料困难。另外,圆筒旋转时具有黏弹性的流体还将产生沿内筒轴的爬杆效应,引起测量误差。

5.4.2　圆锥—平板流变仪

5.4.2.1　工作原理

圆锥—平板流变仪属转子型流变仪的一种,其核心结构由一个旋转的锥度很小的圆锥体和一块固定的平板组成,被测流体充入其间。如图 5.21(a)所示,圆锥体以角速度 Ω 旋转。转轴垂直于平盘,且锥顶与盘面接触。圆锥体由半径 R、外锥角 α 及转速 Ω 等参数

确定。当圆锥体以一定角速度旋转时,带动液体随之运动,流体作用在固定板上扭矩 M 可通过传感器测出。外锥角很小(通常小于 4°)。因此圆锥体与平圆盘间隙液体的流动可近似为稳定的扭转拖曳流动,简称锥板流动(cone and plate flow)。圆锥体与平圆盘的半径 R。圆锥—平板流变仪是流变测量中最经常使用的仪器之一。其优点一是流场中任一点的剪切速率和剪切应力处处相等,这对黏度是剪切速率的函数的流体测量来讲是十分重要的,即可测非牛顿流体的黏度函数,计算一般流体的黏度函数和剪切速率的方法可依照牛顿流体的圆锥—平板旋转流动计算的方法得到;二是可测量法向应力差函数;三是可进行动态黏弹性测量。

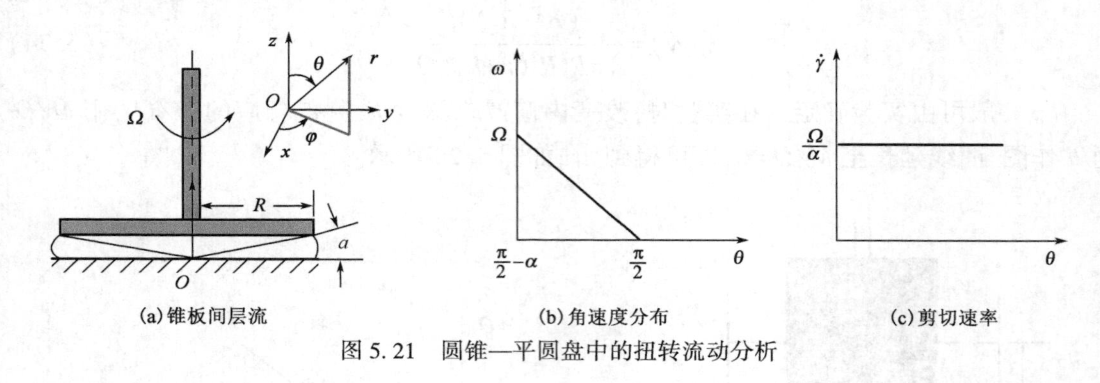

图 5.21 圆锥—平圆盘中的扭转流动分析

5.4.2.2 测量黏度

如图 5.21 所示,对锥板流动采用球面坐标(r,θ,φ)进行分析。在锥板隙间的流体,剪切圆锥面具有 a 锥角。对流动方向有与圆锥面相切的角速度 $\omega(\theta)$。它在圆锥体表面 $\theta=\frac{\pi}{2}-\alpha,\omega=\Omega$。在平圆盘的表面 $\theta=\frac{\pi}{2},\omega=0$。由牛顿流体的圆锥—平板稳定旋转流动分析得

$$\dot{\gamma}=\frac{\Omega}{\alpha},M=\frac{2\pi R^3\eta\Omega}{3\alpha},\eta(\dot{\gamma})=\frac{3M\alpha}{2\pi R^3\Omega},\tau_{\theta\varphi}=\frac{3M}{2\pi R^3}$$

5.4.2.3 测量动态黏弹性

锥板型流变仪还可用于液体的动态黏弹性测量。这时转子不再做定向转动,而在控制系统调制下作振幅很小的正弦振荡,振荡频率 ω 可调节。实验时测量的只有三个量:输入的应变振荡振幅(γ_0),输出的应力响应振荡振幅(σ_0),以及两者的相位差 δ,根据前面介绍的小振幅动态振荡流的材料函数的计算公式可得到 $G'(\omega)$、$G''(\omega)$、$\eta'(\omega)$、$\eta''(\omega)$、$\tan\delta$、$G^*(\omega)$、$\eta^*(\omega)$。

圆锥—平板流变仪,由于被测锥板流体的剪切速率 $\dot{\gamma}_{\theta\varphi}^2$ 处处相等,数据处理简单,可直接测得第一法向应力差 N_1。但第二法向应力差系数 ψ_2 测定有一定困难。需要在静止平板上沿径向装上压力传感器,以测得 $\tau_{\theta\theta}(r)$ 或 $\sigma_{\theta\theta}(r)$。其中外缘的 $\tau_{\theta\theta}(R)$ 最小。而且

圆锥板的转速 ω 不能过高。当锥角 $\alpha=4°$时，$\dot{\gamma}<10s^{-1}$；当 $\alpha=2°$时，$\dot{\gamma}<100s^{-1}$。此流变仪的测量误差产生有四个主要因素：

(1)推导中忽略了流体的惯性力作用,测得的轴向推力偏小；

(2)忽略了离心力作用,当锥板转速较高和锥角较大时,会产生非测黏的横向流动；

(3)锥板流体的边界并非是与空气接触,有边缘效应的影响；

(4)流体本身的黏性发热,使实验中的流体温度上升。

5.4.2.4 动态黏弹性参数的应用

根据石油行业标准,通过小振幅动态振荡流中 $G'(\omega)$、$G''(\omega)$ 随角速度的变化,可以确定提高采收率中调剖剂的类型是聚合物稀溶液、溶胶或是冻胶,并可以判别出冻胶的强度级别。

聚合物稀溶液是指聚合物单分子处于分离状态的低浓度溶液。聚合物亚浓溶液是指浓度略高于聚合物单分子相互接触交叠浓度的聚合物溶液。溶胶是指聚合物基液与交联液混合之后,在形成冻胶之前处于溶液状态且含有局部交联的聚合物,是具有稳态剪切流动能力的体系。冻胶是指聚合物在溶液中发生化学交联形成的具有整体空间网络结构的低浓度凝胶。冻胶成胶前后的照片如图 5.22 所示。

图 5.22 冻胶成胶前后的照片
(左侧为成胶前,右侧为成胶后)

成胶后冻胶是典型的黏弹体,有一定的流动性,并具有一定固体材料的强度,如图 5.24 所示。

冻胶强度的判别可以采用以下 4 种方法：

(1)粗略判断:可以基本上完全从烧杯中倒出的试样为弱冻胶,而基本上不能从烧杯中倒出的试样为强冻胶。

(2)弱冻胶($G'<1Pa$),直径 40mm 或 60 锥板系统。

(3)强冻胶($G'>10Pa$),直径 20mm 或 40mm 带齿平板。

(4)中等冻胶($1Pa<G'<10Pa$),随强度增大,依次选用大直径锥板系统或较小直径的

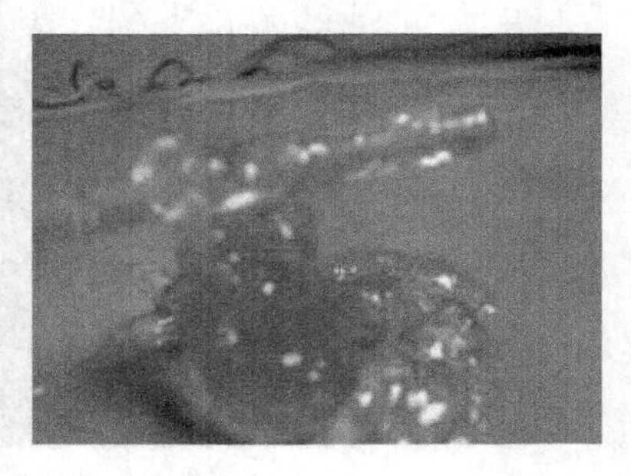

图 5.23 冻胶成胶后的照片

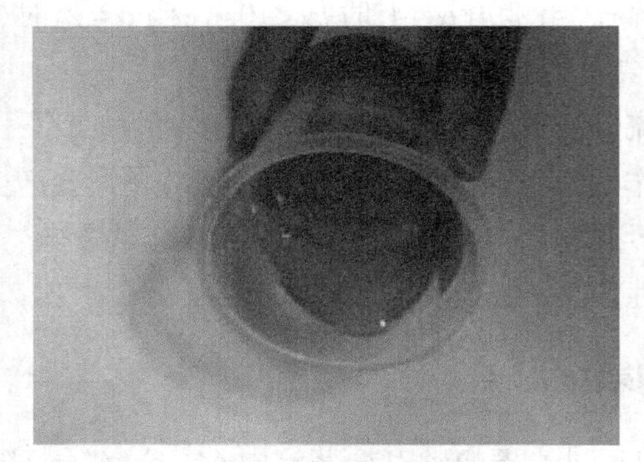

图 5.24　冻胶后使冻胶成胶后的照片

平板系统。

溶胶状态的判别方法为在 0.01~0.1Hz 频率扫描确定 G'、G''与振荡频率 ω 的关系。在测试频率范围内，试样 G'和 G''随角速度 ω 增加而增大，且 $G''>G'$，或 G''在低频下高于 G'而 G'在高频下高于 G''，均可确定试样处于溶胶状态，如图 5.25 所示。G'大于 G''，确定试样处于冻胶状态，如图 5.26 所示。对如图 5.27 所示的体系通过上述测试方法进行测试得到复合黏度和储能模量与耗能模量随角速度变化曲线，由图 5.28 可知，该体系为冻胶。

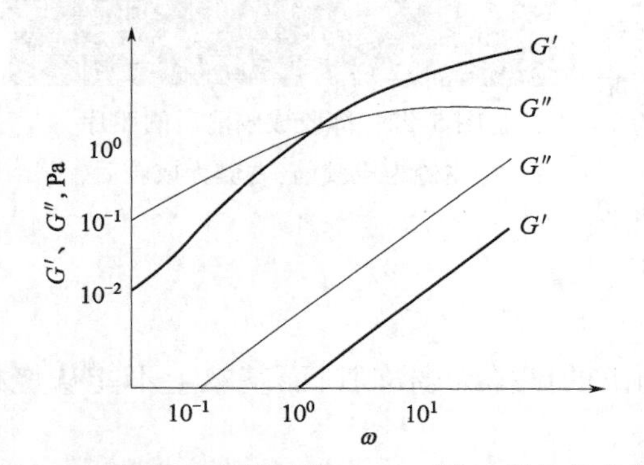

图 5.25　溶胶状态的试样 G'和 G''随 ω 增加的变化

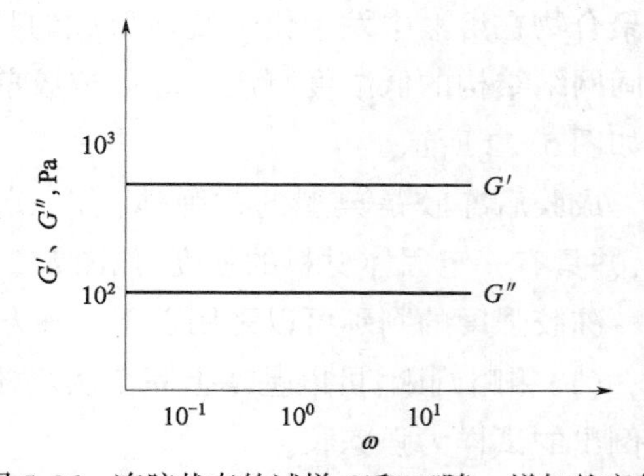

图 5.26　冻胶状态的试样 G'和 G''随 ω 增加的变化

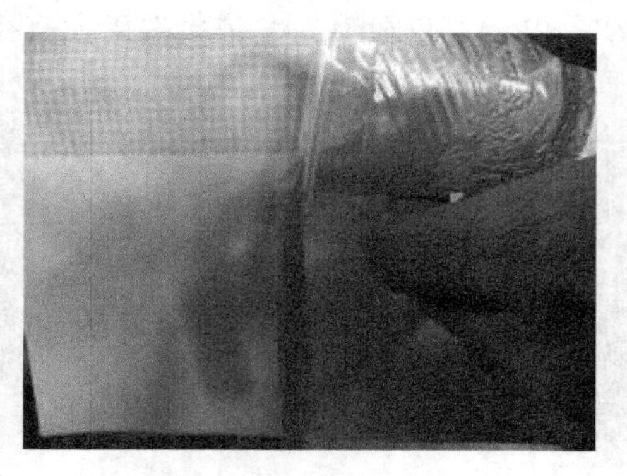

图 5.27　实验试样

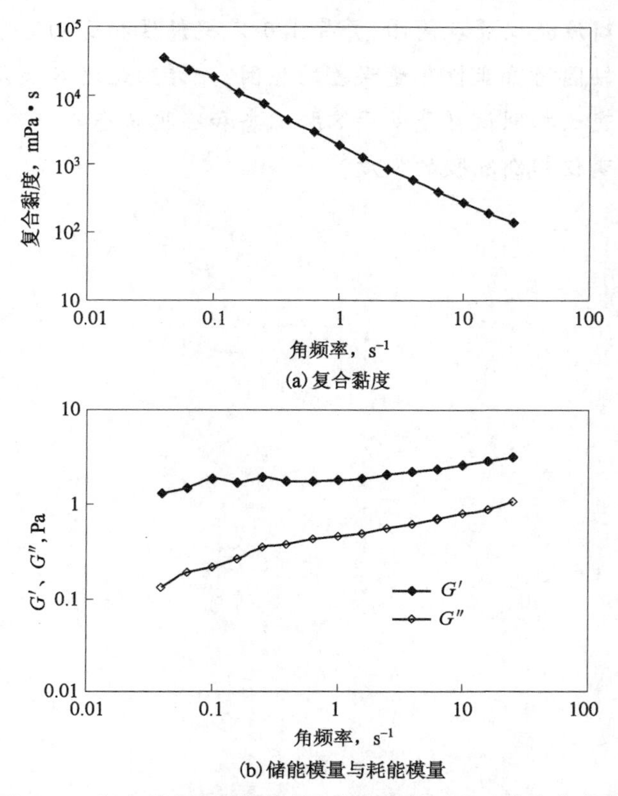

图 5.28　复合黏度和储能模量与耗能模量随角速度变化曲线

复习思考题

1. 流变性测量对流场的基本要求是什么?

2. 试推导牛顿流体在圆管内流动的速度和流量方程。

3. 在圆管中稳定流动实验中可直接测得的参数为压差和流量,如果利用所测得压差和流量数据可以确定流体的黏度 $\eta=\dfrac{\pi R^4\Delta p}{8Ql}$和壁面剪切速率 $\dot{\gamma}_{\max}=\dfrac{4Q}{\pi R^3}$,能否根据这两式的计算结果绘制一般流体的视黏度曲线?为什么?

4. 试推导牛顿流体在狭缝内压力流动的速度和流量方程。

5. 在推导牛顿流体的圆管流动、狭缝流动、同轴环隙流动、两平板间旋转流动、圆锥—平板旋转流动的黏度和剪切速率时,分别引入了哪些假设条件?这些假设条件对于流体流变性的测量有哪些限制?

6. 绘出落球黏度计的原理简图,并简述其基本原理。

7. 落球黏度计需要对 Stokes 方程进行哪些校正?实际应用的落球黏度计如何处理这些问题?

8. 落球黏度计能否用于研究非牛顿黏性?为什么?

9. 毛细管黏度计测量的优缺点是什么？

10. 绘出同轴圆筒流变仪原理简图，并导出确定视黏度和剪切速率的计算式。

11. 分析导致同轴圆筒流变仪测量误差的原因，并详细论述其误差修正的方法。

12. 如何通过流变仪判别试样是处于溶胶状态和冻胶状态？

13. 如何通过流变仪判别冻胶的强度？

第6章　原油的流变性

在油气开采中所涉及的流体,大多属于非牛顿流体,例如原油、钻井液、水泥浆、压裂液、聚合物溶液、多元复合驱油体系等。了解和研究这些流体的流变性,对于改善油气田开采效果,具有十分重要的意义。第6~8章将对油田常见的几种非牛顿流体原油、钻井液、压裂液、聚合物溶液的流变性进行分析和讨论。石油是埋藏于地下的天然矿产物,经过勘探、开采出的未经炼制的石油也叫作原油。在常温下,原油大都呈流体或半流体状态,颜色多为黑或深棕色,少数为暗绿、赤褐或黄色,并且有特殊气味。原油经过炼制后的成品叫作石油产品。原油是一种多相多组分混合物,其流变性取决于原油的组成、溶解气、液体和固体物质的含量、固体物质的分散程度等。

6.1　原油的组成

6.1.1　原油的元素组成

不同产地的原油在外观和物理性质上存在差异,根本原因在于其化学组分不完全相同。原油既不是由单一元素组成的单质,也不是由两种以上元素组成的化合物,而是由多种元素组成的多种化合物的混合物。因此,其性质就不像单质和纯化合物那样确定,而是所含各种化合物性质的综合体现。

组成原油的主要元素是碳和氢,约占99%~99.5%;其中碳含量约占83%~87%,氢含量约占11%~14%。另外,还有硫、氮、氧和其他微量元素。碳氢化合物也简称为烃,烃是原油加工和利用的主要对象。原油中所含各种元素并不是以单质形式存在,而是以相互结合的各种碳氢及非碳氢化合物的形式而存在。原油中含有的硫、氧、氮等元素与碳、氢形成的硫化物、氮化物、氧化物和胶质、沥青质等非烃化合物,其含量可达10%~20%,这些非烃化合物大都对原油的加工及产品质量带来不利影响,在石油的炼制过程中应尽可能将它们除去。此外,原油中所含微量的氯、碘、砷、磷、镍、钒、铁、钾等元素,也是以化合物的形式存在。其含量虽小,对石油产品的影响不大,但其中的砷会使得催化重整的催化剂中毒,铁、镍、钒会使催化裂化的催化剂中毒。因此在进行原油的这类加工时,对原料要有所选择或进行预处理。

6.1.2　原油的烃类组成

原油中的烃类按其结构不同,大致可分为烷烃、环烷烃、芳香烃和不饱和烃等几类。不同烃类对各种石油产品性质的影响各不相同。

6.1.2.1 烷烃

烷烃是原油的重要组分,凡烷烃分子主碳链上没有支碳链的称为正构烷,而有支链结构的称为异构烷。在常温下,甲烷至丁烷的正构烷呈气态;戊烷至十五烷的正构烷呈液态;十六烷以上的正构烷呈蜡状固态(是石蜡的主要成分)。烷烃的密度最小,黏温性最好,是燃料与润滑油的良好组分。正构烷与异构烷虽然分子式相同,但由于分子结构不同,性质也有所不同。异构烷烃较碳原子数相同的正构烷烃沸点要低,且异构化愈甚则沸点降低愈显著。另外,异构烷烃比正构烷烃黏度大,黏温性差。正构烷烃因其碳原子呈直链排列,易产生氧化反应,即发火性能好,它是压燃式内燃机燃料的良好组分。但正构烷烃的含量也不能过多,否则凝点高,低温流动性差。异构烷由于结构较紧凑,性质稳定,虽然发火性能差,但燃烧时不易产生过氧化物,即不易引起混合气爆燃,它是点燃式内燃机的良好组分。

6.1.2.2 环烷烃

环烷烃的化学结构与烷烃有相同之处,其碳原子相互连接成环状,故称为环烷烃。由于环烷烃分子中所有碳价都已饱和,因而它也是饱和烃。环烷烃的分子通式为 C_nH_{2n}。环烷烃具有良好的化学稳定性,与烷烃近似但不如芳香烃。其密度较大,自燃点较高,辛烷值居中(辛烷值是交通工具所使用的燃料抵抗爆震的指标,该指标一般适用于描述汽油的性能。辛烷值越高表示抗震爆的能力越好);其燃烧性较好、凝点低、润滑性好,因此也是汽油、润滑油的良好组分。环烷烃有单环烷烃与多环烷烃之分。润滑油中含单环烷烃多则黏温性能好,含多环烷烃多则黏温性能差。

6.1.2.3 芳香烃

原油黏度与分子大小和结构有密切关系,随烃类分子量的增大,黏度也增加的;分子量相近的烃类,烷烃的黏度最小,环烷烃的黏度最大,芳烃介于二者之间。

芳香烃化学安定性良好,与烷烃、环烷烃相比,其密度最大。自燃点最高,辛烷值也最高,因此是汽油的良好组分。但由于其发火性差,十六烷值低,对于柴油而言则是不良组分。润滑油中若含有多环芳香烃则会使其黏温性显著变坏,应尽量去除。

6.1.2.4 不饱和烃

不饱和烃在原油中含量极少,主要是在二次加工过程中产生的。热裂化产品中含有较多的不饱和烃,主要是烯烃,也有少量二烯烃,但没有炔烃。烯烃的化学稳定性差,易氧化生成胶质,但辛烷值较高,凝点较低。因此,有时也将热裂化馏分(含有烯烃、二烯烃)掺入汽油中以提高其辛烷值;掺入柴油中以降低其凝点。但因烯烃稳定性差,这类掺和产品均不宜长期储存,掺有热裂化馏分的汽油还应加入抗氧防胶剂。

6.1.3 原油中的非烃化合物

石油中的非烃化合物含量虽少,但它们大都对石油炼制及产品质量有很大的危害,是燃料与润滑油的有害成分。非烃类化合物主要有含硫化合物、含氧化物、含氮化合物,通常被称为胶质与沥青质。至于什么叫胶质和沥青质,至今国际上还没有统一的分析方法和确切的定义。目前一般把原油中不溶于非极性的小分子正构烷烃而溶于苯的物质分子视为沥青质,它是原油中相对分子质量最大,极性最强的非烃类组分。常用于分离沥青质的溶剂有正戊烷、正已烷、正庚烷及石油醚等。不同的溶剂分离出沥青质的含量不同。沥青质是深褐色的非晶形固态物质,相对分子量为胶质的 2~3 倍。沥青质受热不熔化,性脆,易裂成片,相对密度稍大于 1。

胶质是石油中相对分子质量及极性仅次于沥青质的大分子非烃类化合物,具有很强的分散性,与沥青质和芳香分之间并没有截然的界限。因此原油中胶质含量随着分析方法的不同而有很大的差异。胶质能很好地溶解于烷烃的液体,即戊烷以上的烷烃及环烷烃、芳香族的烃中。随着烷烃族烃相对分子质量的降低,其溶解胶质的能力也降低。沥青质在烃中的溶解性能比胶质小,它溶解于芳香烃中,而不溶于烷烃族中。

胶质对于沥青质在石油中的分散是必不可少的,起着胶溶剂的作用。由于胶质的存在,沥青质分子被它所包围,这就阻止了沥青质分子之间进一步缔合形成更大的团块而聚沉。假如胶质的含量不足,则形成的溶剂化层厚度不够,或者胶质的结构和沥青质的结构差别不大,两者之间的作用力不够强,都会影响体系的稳定性。此外,当分散介质的芳香度不足或黏度过低时,也会使胶体体系破坏,导致沥青质的聚沉。

胶质、沥青质对原油流变性的影响有两个显著的特点:一是原油中的胶质、沥青质一般被认为是一种天然的表面活性物质,在合适的条件下,胶质、沥青质的活性能够改善原油中蜡晶的结构形态,从而改善原油流变性;二是由于胶质、沥青质在原油中相对来说是大分子、高极性的物质,它们的大量存在会增大原油的黏稠程度。

6.1.4 原油的分类

6.1.4.1 工业分类法

在工业上通常按石油的相对密度将其分为四类,见表 6.1。不同产地的原油,其相对密度也不相同,但一般都小于 1,多在 0.8~0.98 之间,个别低于 0.70。

表 6.1 原油的工业分类

相对密度	<0.830	0.830~0.904	0.904~0.966	>0.966
工业分类	轻质原油	中质原油	重质原油	特重质原油

6.1.4.2 按含硫量分类

按含硫量之不同,可将原油分为三类,见表 6.2。

表 6.2 原油按含硫量的分类

含硫量	<0.5	0.5~2.0	>2.0
分类	低硫原油	含硫原油	高硫原油

6.1.4.3 按含蜡量分类

在石油化学上,石蜡通常是指 C_{16}~C_{64} 的固态烷烃的混合物。它是无色或白色略呈透明的高分子非极性结晶物质。在显微镜下观察其结晶形态,C_{19}~C_{35} 石蜡形成薄片状和条带结晶,是正构烷烃;C_{37}~C_{53} 石蜡可形成互不相连的小针状结晶,可能是异构烷烃。原油含蜡量高低直接影响原油的凝点和析蜡温度。一般而言,含蜡量越高,原油凝点越高,析蜡温度越高。地层原油温度降到析蜡温度之下,原油黏度将产生明显差异。

高沸点结晶蜡(其中包括环烷烃、芳香烃和异构烷烃)占多数的固态烃类混合物称为地蜡。地蜡分子中碳原子数约为 36~55,分子量约为 500~730,熔点约为 60~90℃,其结晶体一般为细小的针状结晶。

蜡能溶解在液态碳氢化合物中,其溶解度与温度有较大关系。随温度下降,蜡在轻质烷烃液体中的溶解度急剧下降。蜡在苯、氯仿和二硫化碳中有较好的溶解性。蜡属于非极性或弱极性的物质,其化学性质很不活泼。

蜡在原油中的状态与温度、原油的成分、溶解气的含量、压力等条件有关。当原油温度低于饱和温度,原油中液态蜡分子的聚结稳定性就开始下降,从而导致从溶液中析出固态烃,并形成蜡晶。这种结晶能力在很大程度上取决于蜡分子的结构、大小、形状和迁移率。

一般是在石油中取出一馏分,其黏度值为 $53mm^2/s$(50℃),然后测其凝点。当凝点低于 6℃时,称为低蜡原油;当凝点在 15~20℃时,称为含蜡原油;当凝点大于 21℃时,称为多蜡原油。

6.1.4.4 按凝点分类

若按凝点,可将原油分成下列几类:低凝原油、易凝原油和高凝原油。原油疑点是指规定的试验条件下原油失去流动性的最高温度。低凝原油是指凝点低于 0℃的原油。在这种原油中,蜡的质量分数小于 2×10^{-2}。易凝原油是指凝点低于 0~30℃的原油。在这种原油中,蜡的质量分数在 2×10^{-2}~20×10^{-2} 范围。高凝原油是指凝点高于 30℃的原油。在这种原油中,蜡的质量分数大于 20×10^{-2}。

从上面的分类可以看到,原油的疑点越高,原油的蜡含量也越高。

6.1.4.5 按含胶质分类

以重油(沸点高于 300℃的馏分)中胶质含量来分。含胶质量小于 17%,称为低胶质原油;贪胶质量在 18%~35%,称为含胶质原油;含胶质量大小 35%,称为多胶质原油。

6.1.4.6 化学分类法

化学分类法是根据特性因素值的不同进行分类,见表6.3。

表6.3 原油的化学分类

特性因素值	10.5~11.5	11.15~12.15	>12.15
分类及其特点	环烷基原油,含有较多环烷烃,凝点低	中间基原油,含有一定数量的烷烃,环烷烃、芳香烃	石蜡基原油、含较多石蜡、凝点高

6.1.4.7 关键馏分分类法

按关键馏分分类,可将原油分为七类:石蜡基、石蜡—中间基、中间—石蜡基、中间基、中间—环烷基、环烷—中间基、环烷基。

我国大庆油田原油属低硫石蜡基原油,目前已开采出原油以低硫石蜡基居多。这种原油,硫含量低,含蜡量高,凝点高,能生产出优质的煤油、柴油、溶剂油、润滑油及商品石蜡,直馏汽油的感铅性好。辽河油田原油的硫含量低,轻质馏分多,属于低硫中间石蜡基,是一种较好的原油。其汽油馏分辛烷值高,渣油经氧化后可制石油建筑沥青。胜利油田原油胶质含量高,相对密度较大,含蜡量高,属含硫中间基。汽油馏分的感铅性好,且富含环烃与芳香烃,也是催化重整的良好原料。柴油馏分可生产轻柴油与专用柴油,但因硫含量、氮含量较高,需适当精制润滑油馏分的脱蜡油经适度精制可生产车用机油、变压器油及机械油等,如经深度精制,则可制取柴油机油。有的原油硫含量高,胶质含量高,属含硫石蜡基。其直馏汽油馏分产率高,感铅性也好。柴油馏分的十六烷值高,闪点高,硫含量高,酸度大,经精制后,可生产轻柴油与专用柴油。润滑油馏分中,有一部分组分的黏度指数在90以上,是生产内燃机油的良好的原料。有的原油硫含量低,含蜡量较高,属低硫环烷中间基。其汽油馏分感铅性好,且也富含环烷烃与芳香烃,也是催化重整的良好原料。柴油馏分的凝点及硫含量均较低,酸度较大,产品需碱洗。减压渣油经氧化后可生产石油建筑沥青。另外还有一些低凝原油,硫含量低、含蜡量也低,属低硫中间基。适于生产一些特殊性能的低凝产品,同时还可提取环烷酸。

大量研究表明,只有少数胶质、沥青质含量较少的原油是真溶液,大多数原油并不是以完全均匀的真溶液状态存在的,当原油中固体分散相的浓度很大时,是一种复杂的、比较稳定的胶体分散体系。在这个分散体系中,固体烃和沥青质是分散相,而液态烃和胶质则是连续相。原油的胶体特性,尤其是分散相的含量,颗粒形状与尺寸、絮凝结构性质等,决定着原油的流变性。原油具有明显的胶体溶液性质,并表现出复杂的非牛顿流体流变性质。

6.2 温度对原油流变性的影响

对含蜡原油来说,原油中蜡的溶解度对温度的依赖性很强,在较高的温度下,蜡晶基本能够溶解在原油中，当温度降低至某一温度时，原油中溶解的蜡达到饱和，分子量大的蜡首先结晶析出。原油中开始有蜡晶析出的最高温度称为原油的析蜡点。随着温度的进一步降低，蜡晶的浓度逐渐增大，原油内部的胶体结构越来越复杂，其非牛顿性质越来越强。当蜡晶浓度到一定程度时，絮凝的蜡晶则发展成为蜡晶的三维空间网络结构，而液态油则被嵌固在蜡晶之间，原油产生结构性凝固，成为凝胶体系而失去流动性。随温度降低，原油开始胶凝而失去流动性的最高温度称为胶凝点或失流点。凝胶状态下的含蜡原油称为凝胶原油或胶凝原油，其非牛顿性更强。尽管胶凝原油整体上失去流动性，但其中的绝大部分组分仍为液态，其蜡晶的空间网络一旦破坏，原油又会变成溶胶体系而具有流动性。近年来的研究表明，在一定条件下，含蜡原油中析出的蜡晶浓度在 1%（质量分数）左右时，原油便开始出现非牛顿流体特性；蜡晶浓度在 3%（质量分数）左右时，原油开始凝固。这足以说明蜡晶颗粒形状的非常不规则性，以及蜡晶之间的胶体作用力较大，由此造成的蜡晶絮凝作用很强。

6.2.1 温度参数

如上所述，原油中含有蜡、胶质及沥青质。在不同温度下，原油中的这些固态或半固态物质所处的形态不同，引起原油相态发生变化，同时，表现出不同的流变性。大量研究结果表明，可将描述含蜡原油流变特性的温度参数分别定义为析蜡点、反常点、显触点、失流点和凝点。析蜡点是原油中开始有蜡晶析出的最高温度；反常点是原油黏度开始出现反常，不再是温度的单一函数的最高温度；显触点是原油开始显现触变性的最高温度。原油开始胶凝而失去流动性的最高温度称为胶凝点或失流点。凝点是原油完全丧失流动性的最高温度。一般来说，反常点与显触点接近，而失流点则与凝点接近。实验表明，反常点、显触点、失流点和凝点与含蜡原油的组成和热历史有关。原油在上述各点组成的温度区间内，表现出如下不同的流变性，如图 6.1 所示。

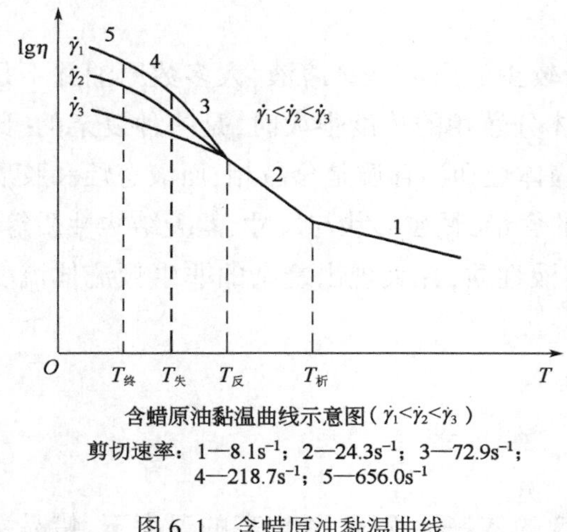

图 6.1 含蜡原油黏温曲线

6.2.2 温度高于反常点

图 6.1 为含蜡原油的黏温曲线。如图所示，温度高于反常点分为两个区间：油温在析蜡点（$T_{析}$）以上，$T>T_{析}$；油温介于析蜡点和反常点（$T_{反}$）之间，$T_{析}<T<T_{反}$。油温在析蜡点以上时，蜡晶基本上全部溶解于原油中，沥青质高度分散，含蜡原油为拟均匀单相体系，其黏度只随油温（可忽略压力的影响）而变化，它具有牛顿流体的特性。油温降至析蜡点后，由于蜡在原油中的溶解度降低，含蜡原油为过饱和溶液，高分子蜡晶首先析出，逐渐形成双相体系，原油为连续相，蜡晶为分散相。

由于分散相蜡晶的增多,原油黏度增大,流动时所受阻力增大,能耗增加,反映在黏温曲线上,在析蜡点发生转折,此后黏温曲线的斜率增大,黏度随温度下降而增加得更快些。但因析出的蜡晶不多,颗粒浓度很低且高度分散,所以在一定的温度范围内,含蜡原油为很稀的细分散体系,它基本上还属于牛顿流体。此时,含蜡原油的流变曲线为图 6.2 中的曲线 1。

6.2.3 温度介于反常点与失流点之间

油温降至反常点($T_{反}$)之后,含蜡原油的流变特性将发生质的变化。由于析出的蜡晶增多、聚集,原油的凝胶化过程开始,形成海绵状的凝胶体。此时,已析出的蜡晶在生长,胶质和沥青质被吸附或与蜡共晶,形成不同形状和大小的分子团、小颗粒,它们的相互作用力大为增强;在剪切力的作用下,将影响体系内颗粒的形状、大小、排列和生长速度等,因此,原油出现黏度反常,黏度不再是温度的单一函数了,在同一温度下它还随剪切速率而变化,所以黏温曲线分叉。此后,原油的流变行为不再服从牛顿内摩擦定律,表现出剪切稀释性和触变性。我们把显现触变性的温度称作显触点($T_{显}$)。

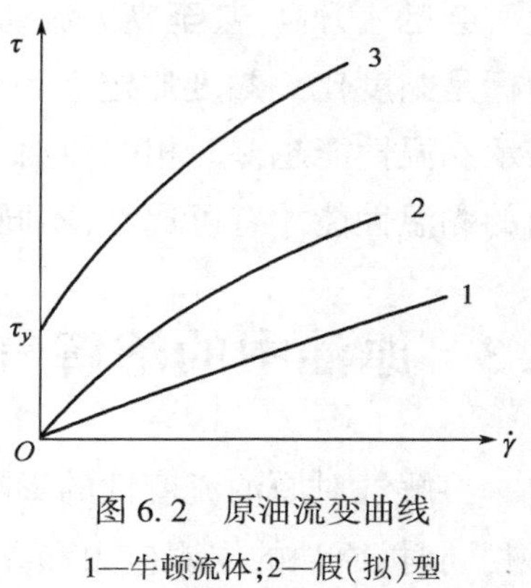

图 6.2 原油流变曲线

1—牛顿流体;2—假(拟)型性流体;3—塑性流体

由图 6.1 可见,原油黏温曲线分叉后,其表观黏度的温度的变化异常敏感。此时的原油表现为拟塑性,可用幂律模型描述,如图 6.2 中的曲线 2。

6.2.4 温度高于失流点

油温进一步降低,到达失流点($T_{失}$)后,含蜡原油发生转相。在此过程中,蜡晶继续析出,已析出的蜡晶迅速长大、凝聚,它们相互连接形成空间网络结构,把液态烃分割包封在其中,使原油失去流动性。这样,蜡晶变成连续相,而液态烃变成分散相。

由于结构的形成,表现出一定的结构强度(具有一定的屈服值),并且表现出更为显著的剪切稀释性和触变性。此时,含蜡原油呈现剪切稀释和塑性体的特征,其流变曲线为图 6.2 中的曲线 3,通常用非线性黏塑性流变模式,即 Herschel Buckley 本构方程描述。

当油温低于 $T_{终}$(该温度称为析蜡终点)后,析蜡过程基本终止,各条曲线趋于平行,通常用非线性黏塑性流变模式,即 Herschel Buckley 本构方程描述。

油温高于反常点时,黏温关系可用如下的指数函数或者其他经验关系式描述:

$$\eta=\eta_0\exp[-\alpha(T-T_0)] \tag{6.1}$$

式中 η、η_0——计算温度 T 和已知温度 T_0 时的动力黏度;

α——某一温度区间的黏度指数,其意义为全黏温曲线在该温度区间的斜率。

实验表明,油温越高,黏度指数越小(图 6.1)。油温低于反常点后,黏温关系比较复杂，视黏度随温度和剪切速率而变化。黏度指数是用来评价油品黏温性能的一个重要指标之一。黏度指数高表示油品的黏度随温度变化较小，反之亦然。如果某润滑油的黏度指数越高，说明润滑油在使用过程中黏度随温度的变化越小。通常，合成润滑油的黏度指数一般高于矿物油，所以其黏温性能比较好。如果润滑油的黏度指数比较低，当温度升高时润滑油的黏度会迅速下降，导致润滑油流失，影响润滑；然而当温度降低时润滑油的黏度又会迅速升高，甚至丧失流动性，也会影响润滑。此外，另外一个表示油品黏温性能的指标是黏度比。黏度比定义为温度50℃运动黏度与100℃运动黏度的比值，此比值越大表示黏温性能越差。相同原油的不同黏度段的黏度比是不同的，因此只有相同黏度范围内的黏温性能才有可比性，不同黏度范围并无可比性。

6.3 原油中的溶解气对流变性的影响

溶解气对原油流变性的影响总的来说是比较复杂的。一方面，溶解气越多，在其他条件相同时，原油的屈服应力和黏度都将下降；另外一方面，原油中溶解气的存在还将影响原油中石蜡、沥青质以及胶质的物理特性和存在的状态。例如，当原油中溶解有天然气时，原油中的石蜡分子本身的结构强度将下降，而且还可能降低石蜡的结晶温度，也有可能降低沥青质微粒的分散程度。原油脱气时，原油中重质芳香烃的含量则相对增加，因此，可能造成沥青质出现胶溶现象。

原油中溶解的天然气的组分和数量（溶解油气比）在油藏中的变化有一定的规律。油藏边部的原油中含有少量的氮气和轻质碳氢化合物，沿油藏顶部到油水接触面的方向，溶解气逐渐减小，原油的相对密度和黏度则逐渐增加。

对于牛顿型原油，其黏度主要取决于原油的温度、压力和溶解气含量以及原油的组分。

6.3.1 地面脱气原油的黏度

若已知两个温度下地面脱气原油的黏度，则其他温度下地面脱气原油的黏度的计算式为

$$\lg[\lg(\nu+0.8)]=A+B\lg T \tag{6.2}$$

式中 ν——在温度 T 时的运动黏度，cSt；

T——温度；

A,B——与特定原油性质有关的常数。

式(6.2)还可以写成更一般的形式：

$$\lg[\lg(\nu+C)]=A+B\lg T \tag{6.3}$$

式中 C——取决于原油性质的常数。

式(6.3)中其他参数的意义与式(6.2)相同。

6.3.2 饱和原油黏度的相关公式

6.3.2.1 Chew 方法

在油藏开发分析中,原油黏度的经验相关式用用途广泛。Chew 和 Connally(1959)给出了基于溶解油气图版的饱和原油黏度计算公式:

$$\eta_{\infty}=a\eta_{od}^{b} \tag{6.4}$$

式中 η_{∞}——饱和原油的黏度,mPa·s;

η_{od}——无气或死油黏度,mPa·s;

a,b——与溶解油气比 R_s 有关的系数,可以根据 a、b 与溶解油气比的图版获得。

6.3.2.2 Beggs 方法

该方法是 Beggs 和 Robinson 在 1975 年根据 600 种原油的 2000 多个测量数据,采用相关分析提出的,其平均误差约为 1.83%。

死油的黏度的计算式为

$$\eta_{od}=10^{x}-1.0 \tag{6.5}$$

其中

$$x=T^{-1.163}\exp(6.9824-0.04658\gamma_{API})$$

式中 T——温度,℉;

γ_{API}——油罐油密度,API。

采用方程(6.5)求出死油黏度后,饱和油的黏度的计算式为

$$\eta_{\infty}=a\eta_{od}^{b} \tag{6.6}$$

其中

$$a=10.715(R_s+100)^{-0.515} \tag{6.7}$$

$$b=5.440(R_s+150)^{-0.338} \tag{6.8}$$

式中 R_s——溶解油气比。

该方法与 Chew 方法相比,其优点是不再需要任何图版了。

6.3.3 未饱和原油黏度的计算

当原油的压力高于泡点压力时,若原油系统压力增加,则原油的黏度随原油被压缩而增加。其黏度的计算式为

$$\eta_0=\eta_{ob}(p/p_b)^{m} \tag{6.9}$$

式中 η_0——压力大于泡点压力时原油黏度;

η_{ob}——泡点压力处原油的黏度;

p——某一高于泡点压力的压力;

p_b——泡点压力。

指数 m 通常是与压力有关的系数,可采用下式进行计算:

$$m=C_1p^{C_2}\exp(C_3+C_4p) \tag{6.10}$$

式中,p 为压力,psi;$C_1=2.6$;$C_2=1.187$;$C_3=-11.513$;$C_4=-8.98\times10^{-5}$。

6.4 含水率对原油流变性的影响

在油田开发过程中原油的黏度决定其在地层中的渗流能力，也影响它在管道中的流动能力。在采油工艺设计和原油管输工艺中加热站的设计、管输压降的计算都与原油的流变性有密切关系。含水率是影响原油黏度的重要因素之一。图 6.3 给出了大庆某油田油气水混合物的视黏度 η 与含水率 S_w 的关系曲线。从图 6.3 可以看出，当原油含水率大于40%以后，含水原油的视黏度急剧上升。对于一定组分的原油，在其含水率的临界浓度处，含水原油的视黏度最大。而随着含水率的进一步增大，含水原油的视黏度急剧下降。一般将视黏度开始下降的含水率临界值称为反转点或反相点(转相点)。这是油水分散体系更为复杂的现象。产生这种变化的原因在于：当含水率较小时，分散相(水)液滴间隔较大，它们之间的相互作用只有通过连续相(油)速度场的相互作用才能表现出来。此时，随含水率增加，含水原油的黏度变化不大。当含水率增大到一定程度时，连续相(油)中的分散液滴(水)急剧增多，这使得相间表面增大。由于液滴的相互作用增强，在液流中发生液滴间的碰撞和相对滑动，以及相间表面能的作用，从而导致了黏度的迅速上升。在含水率接近临界值的情况下发生转相，液滴发生变形，此时含水原油黏度发生突变。当含水超过反转点时，分散相(水)成为连续相，而连续相(油)则成为分散相，即油包水型转变为水包油型乳状。

含水原油的转相具有非常重要的实际意义。输送连续相为水的水包油型(O/W)含水原油所消耗的能量比输送连续相为油的油包水(W/O)型含水原油所消耗的能量少。所以，在输送含水原油时应尽量设法使它的连续相为水而不是油。此外，需要注意的是不同油田的原油，其含水转相点可能有较大的差异，如图 6.4 所示，通过落球法测得转相点约为 20%，也有实验结果显示有些油田的含水转相点约为 60%~70%。

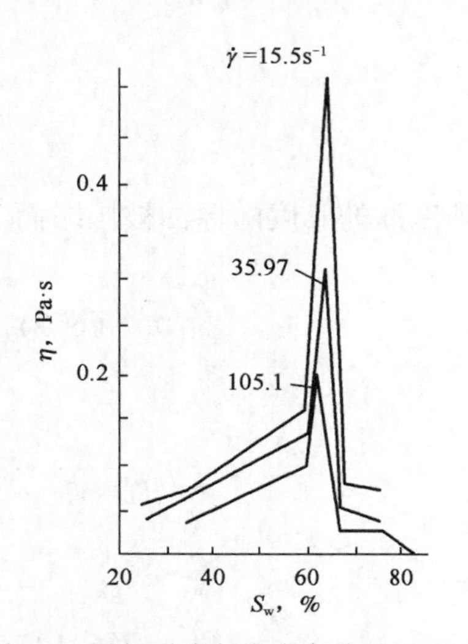

图 6.3 油视黏度与含水率关系(45℃)

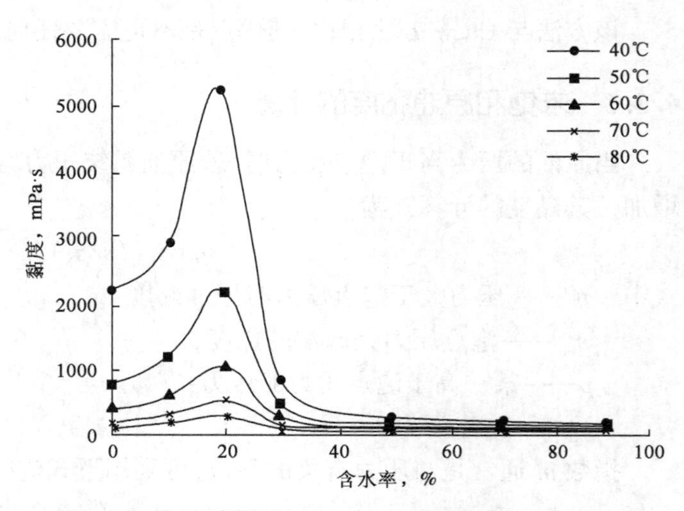

图 6.4 常压下塔河油田 T427 井原油与含水率的关系

6.5 热处理对原油流变性的影响

热处理法是原油降凝输送中一种重要的物理降凝法。原油的降凝输送是指通过降凝法处理过的原油在长输管道中输送。该法首先将原油加热至最佳的热处理温度,然后以一定的速率降温,达到降低原油凝点的目的。

6.5.1 热处理对原油黏温曲线的影响

图 6.5 为一种原油热处理前后的黏温曲线。从图 6.5 可以看到,热处理后,原油的黏温曲线发生了下列变化:(1)析蜡点后,原油黏度降低;(2)原油具有牛顿流体特性的温度范围加宽,即反常点降低;(3)反常点后,原油黏度随剪切速率的变化减小。热处理后原油的疑点有明显的下降。见表 6.4。

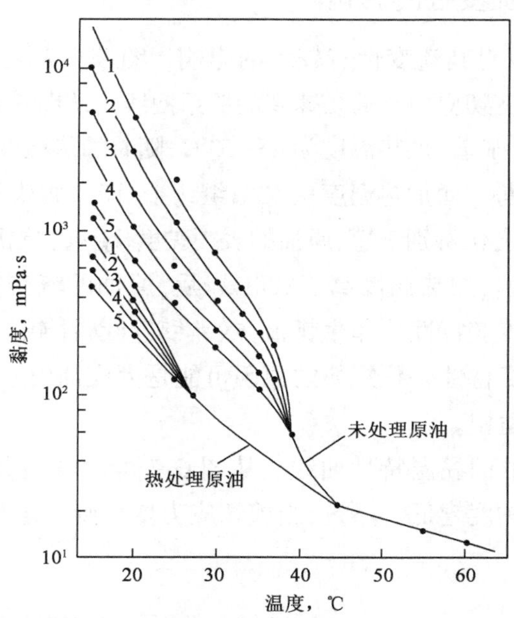

图 6.5 一种原油热处理前后的黏温关系

剪切速率:1—16.2s^{-1};2—27.0s^{-1};3—18.65s^{-1};4—81.0s^{-1};5—145.0s^{-1}

表 6.4 热处理对原油凝点的影响

原油产地	原油中蜡的质量分数,%	原油中胶质和沥青质的质量分数,%	热处理前凝点,℃	热处理温度,℃	热处理后凝点,℃
大庆油田	34.5	8.43	32.5	70	17.0
中原油田	10.4	21.2	32.0	85	21.0
江汉油田	10.7	24.2	26.0	80	14.0
火烧山油田	20.5	20.9	20.5	70	7.0

热处理后,原油黏温曲线发生的这些变化是由温度对原油中各成分的存在状况的影

响引起的。原油升温对原油各成分存在状况可产生下列影响：

(1)原油中的蜡晶全部溶解，蜡以分子状态分散在油中。

(2)沥青质堆叠体的分散度由于氢键减弱和热运动加剧的影响而有一定提高，即沥青质堆叠体的尺寸减小，但数量增加。

(3)在沥青质堆叠体表面的胶质吸附量由于热运动的加剧而减少，相应地原油油分中胶质的含量增加。

原油升温后引起各成分存在状况的变化在冷却时不能立即得到复原。这意味着，原油降温至析蜡点时，蜡是在比升温前有更多沥青质堆叠体和组分中有更高的胶质含量的条件下析出的。由于沥青质堆叠体可通过充当晶核的机理起作用，胶质则通过与蜡共晶和吸附的机理起作用，因此处理后原油析出的蜡晶将更分散、更疏松，形成结构的能力减弱，因而热处理后原油的疑点降低。

6.5.2 热处理温度对流变性的影响

原油的热处理温度也对其流变性有较大的影响。图6.6为大庆原油在不同热处理温度、相同测试温度条件下剪切应力与剪切速率的关系曲线。从图6.6可以看出，热力条件对原油流变特性的影响非常显著，加热温度为45~53℃，随着加热温度的上升，其凝点、表观黏度、屈服值都有增大的趋势。而加热温度从53℃继续上升时，如从53℃加热到55℃，仅2℃的温差，而其流变特性的变化特别敏感，原油的表观黏度、凝点和屈服值都迅速下降。

从图6.6还可以看出，加热温度高于55℃以后，原油的流变特性随温度的升高变化十分缓慢，而且，原油的流变特性从非牛顿流体特性变化为牛顿流体特性，表现出良好的流动特性。出现上述流变特性变化规律的原因可能是大庆油田原油中低分子石蜡的含量比较高，且石蜡/胶质比适中。

图6.7为某油田原油的黏温特性曲线。从图6.7可以看出，在相同剪切应力的条件下，原油的温度越高，其黏度越低。不过，当剪切应力增加到一定程度以后，黏度下降的幅度减小。

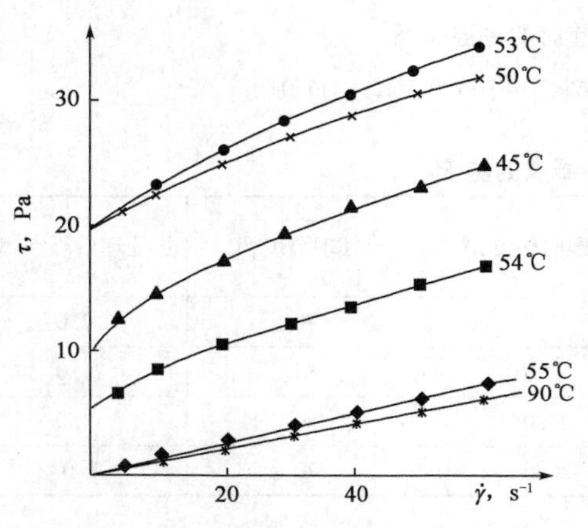

图6.6 大庆原油流变特性(测试温度27℃)

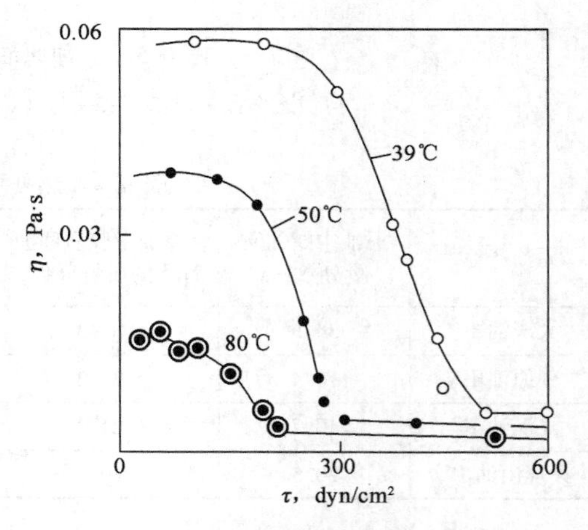

图6.7 某油田原油黏温曲线曲线

6.6 原油的触变性

当含蜡原油黏度反常、过渡为非牛顿流体之后,逐渐表现出触变性。所以,严格地讲,当温度低于失流点后,含蜡原油的流型应称为具有触变性的屈服拟塑性流体。

6.6.1 结构的裂解和恢复

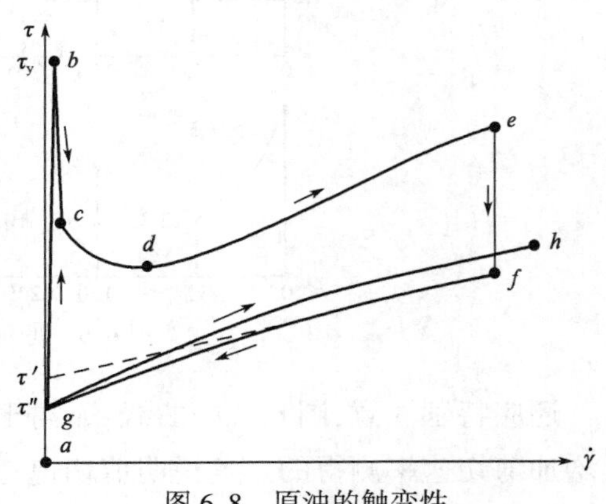

图 6.8 原油的触变性

用连续改变剪切速率的方法,可以测得含蜡原油的滞回曲线,如图 6.8 所示。它反映了含蜡原油的屈服、结构裂解、剪切应力衰减和结构恢复等过程。如图 6.8 所示,由 a 点开始对结构施加剪切(在实际测试时一般用旋转黏度计最低剪切速率挡),到 b 点结构屈服而产生流动,相应的剪切应力视为屈服值 τ_y。由 b 到 c,剪切应力迅速下降,且下降幅度很大,发生结构的瞬时裂解过程;自 c 点开始为结构的缓慢裂解过程。在这一过程中,随着剪切速率的逐渐增加,剪切应力增大;与此同时,结构进一步裂解,又使剪应力减小。由于以上两种因素的作用结果,剪切应力随剪切速率的变化曲线成 cde 的形状。由 c 到 d,裂解因素起主要作用;由 d 到 e,剪切速率的影响起主要作用;而在 d 点,则两种因素的作用相互平衡。

在固定的剪切速率下,经过一定时间的剪切,因结构裂解而使剪切应力下降到某一平衡值,如 ef 所示。与 ef 相对应,可以测得一条剪切应力随剪切时间而下降的剪切应力衰减曲线,它能较直观地描述原油受剪切的时间效应。当剪切应力不再随剪切时间而下降时,原油即达到动平衡状态。

定义 $bcde$ 为原油初始流变曲线,而 fg 则为平衡流变曲线。所谓平衡流变曲线,就是描述含蜡原油已消除时间效应的流变曲线,并以此而归纳得出含蜡原油的全黏温曲线。

如图 6.8 所示,原油的平衡流变曲线不通过坐标原点,画在双对数坐标上则是低剪切速率区拉平的曲线,该曲线对应的本构方程为

$$\tau=\tau''+K\dot{\gamma}^{n}(n<1) \tag{6.11}$$

常数项 τ''常称为动剪切应力,它没有确定的物理意义,其几何意义则表示直角坐标系中平衡流变曲线在纵坐标轴的截距,或在双对数坐标中实测平衡流变曲线与其线性化曲线(虚线)间的剪切应力差值。

由此可见,图 6.8 中的滞回曲线 $bcdefgb$ 综合地表征了原油的时间效应和剪切稀释性。

经历剪切作用的原油,静置一段时间后其结构将发生缔合或恢复,称为结构的静态恢复性。如图 6.9 所示,以某一剪切速率挡测得原油剪切应力衰减曲线后,静置一定时间,

再用同一剪切速率挡测试，其剪切应力将回升，但剪切一段时间后又达到平衡状态，其平衡值基本不变。实验表明，剪切速率越大，静置后结构恢复（剪切应力的平均回升率）越快；在同一剪切速率下，静置时间越长，结构恢复变慢。

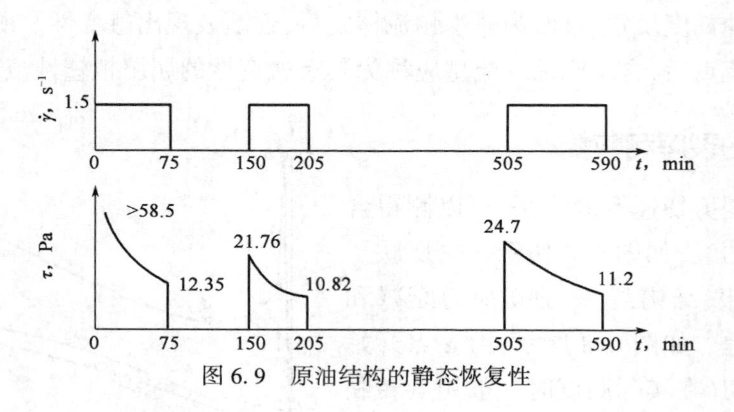

图 6.9　原油结构的静态恢复性

还应特别注意，图 6.8 中曲线 gh 高于 fg。图中 gh 曲线是在测得 fg 曲线后紧接着连续增加剪切速率测得的。这说明剪切速率减小后，剪切应力有一定程度的回升。也就是说，在动态条件下，当剪切速率减小时，结构逐渐缔合或恢复，称为结构的动态恢复性。这是含蜡原油触变性的一大特点。由此可以推断，含蜡原油经泵机组高速剪切进入管道后，由于剪切速率大大降低，在流经某段距离的过程中，其结构将逐渐恢复（尤其在管心部位），压力梯度逐渐增大，最后达到某一平衡值，如图 6.10 所示。与此相反，在泵的吸入管路中，由于管道剪切作用，含蜡原油的结构逐步裂解，压力梯度逐渐下降，最后有可能达到某一平衡值，如图 6.11 所示。

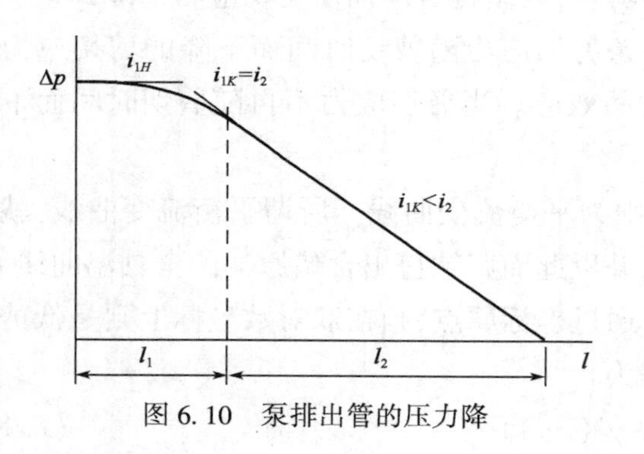

图 6.10　泵排出管的压力降

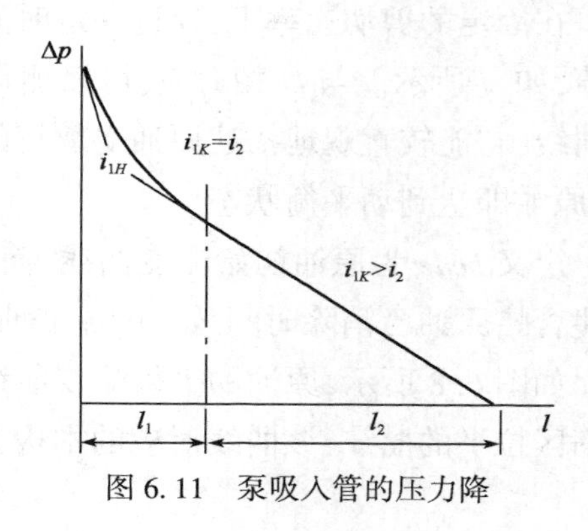

图 6.11　泵吸入管的压力降

结构的动态恢复性，已在含蜡原油常温输送中得到证实。当管道输量下降时，由于剪切速率减小，引起结构的恢复，使压降增大，输量越小，压降越大。这与牛顿流的情况恰恰相反。由于对这一特点缺乏深刻认识，有时管道操作者为了减少压降而降低输量，结果事与愿违，压降反而越来越大，形成一个恶性循环，最后甚至导致管道停输即“凝管”。可见，研究和掌握含蜡原油触变性的变化规律是十分重要的。

6.6.2 原油触变性本构方程

含蜡原油作为一种触变性流体,至今尚没有建立起公认的流变模式。古宾(Губин)父子在这方面做了一些工作。他们认为,触变性原油的流变模式应由描述一系列过程的足够简单的方程组成。这些过程是:结构的破坏,即从初始的平衡状态到达规定的平衡状态;结构从平衡状态得到恢复;当剪切速率变化时,从一种平衡状态到另一种平衡状态的转变。他们据此提出三个方程,以此方程组描述含蜡原油的触变行为。但是,该方程组却引出近20个常数,这在应用上是相当麻烦的。

国内有人提出了以下新的描述原油流变性的本构方程组:

$$\tau=\tau_{yt}+K_t\dot{\gamma}^n \tag{6.12a}$$

$$\tau_{yt}=\tau_{y\infty}+\lambda_1\tau_{y1} \tag{6.12b}$$

$$K_t=K_\infty+\lambda_2K_1 \tag{6.12c}$$

$$\lambda_1=\lambda_{10}\exp(-b_1\dot{\gamma}^w t) \tag{6.12d}$$

$$\lambda_2=\frac{a_2}{a_2+b_2\dot{\gamma}^w}+\left(\lambda_{20}-\frac{a_2}{a_2+b_2\dot{\gamma}^w}\right)\exp[-(a_2+b_2\dot{\gamma}^w)t] \tag{6.12e}$$

式中 τ_{yt}——总屈服应力;

K_t——总稠度系数;

n——流变(幂)指数;

$\tau_{y\infty}$,τ_{y1}——剩余屈服应力和触变屈服应力;

λ_1——屈服应力触变结构系数;

w——剪切破坏指数;

K_∞,K_1——结构充分破坏时稠度和触变稠度;

λ_2——稠度触变结构系数;

a_2——稠度结构恢复系数;

b_1,b_2——屈服应力降解指数和稠度降解系数;

λ_{10},λ_{20}——λ_1 和 λ_2 的初始值。

触变原油蜡晶结构的破坏过程由两部分构成:其一是由于蜡晶之间弱连结的断裂,这种弱连结的断裂是不可逆的;其二是蜡本身的定向化作用,这种定向化作用当去除剪切速率后还会恢复原态。以上流变模式和分析,还有待于进一步的实验验证。

在研究含蜡原油触变性时,由于测量方法的不同,也就有不同的表征方法。滞回曲线法(触变环)是一种研究含蜡原油触变性的重要方法之一。如图6.12所示,由上行线 ABC 和下行线 CDA 所组成的月牙形圈,称为物料的滞回曲线。

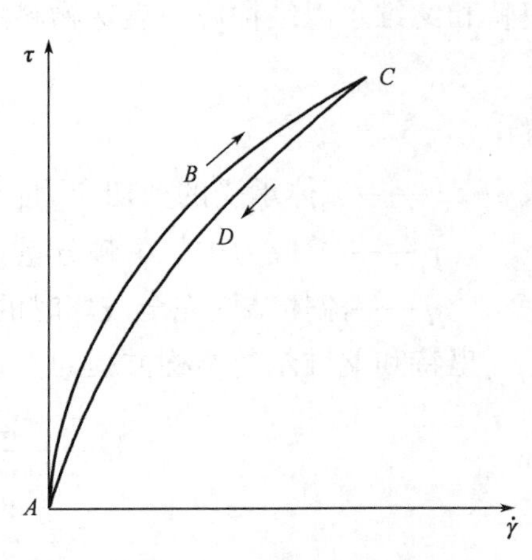

图6.12 物料的滞回曲线

物料触变性的大小,可以用该月牙形圈包罗的面积来度量。上行线是用旋转黏度计从最低速开始,在一定时间内,均匀地提高转速,直到某一预定的最高转速,同时记录不同转速下对应的剪切应力数据而得到的,如 *ABC* 曲线所示。下行线则是在逐渐降速的过程中,记录不同转速下的剪切应力而得出的,如 *CDA* 曲线所示。

滞回曲线所包面积的大小,取决于许多因素。旋转黏度计从 *A* 升至 *C* 越快,剪切速率升得越高,则滞回曲线所包的面积也越大。滞回曲线的测试条件并没有统一严格的规定。因此,用滞回曲线所包面积来度量物料触变性的大小,是有些任意性的。

触变性流体在恒定剪切速率作用下,其内部结构逐渐拆散,开始时拆散得快,随后减慢,最后当结构的拆散速度和恢复速度相等时,物料体系处于动平衡状态。宏观的表现是,在恒定剪切速率作用下,剪切应力随剪切时间不断下降,最后达到平衡值。这就是随剪切时间的触变拆散因素。如果增加剪切速率,物料的内部结构将进一步拆散,这就是随剪切速率的触变拆散因素。物料的滞回曲线反映了以上两种因素。

此外,国内外表征含蜡原油触变性的方法,还有 $\tau-\dot{\gamma}-t$ 曲线法。所谓 $\tau-\dot{\gamma}-t$ 曲线法,简单地说,就是剪切应力衰减曲线法或变剪曲线法。

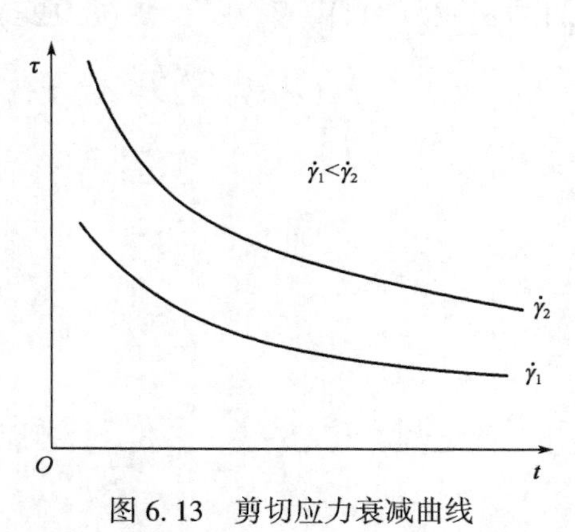

图 6.13　剪切应力衰减曲线

对于形成稳定结构的物料体系施以恒定剪切速率的剪切,剪切初始,结构拆散速率大于结构恢复速率,剪切应力迅速下降;随着剪切时间的延长,结构的拆散与恢复达到平衡状态,剪切应力不再下降。在不同的剪切速率作用下,结构的拆散程度不同,因而得出不同的剪切应力衰减曲线,如图 6.13 所示。剪切应力衰减曲线显示了物料在特定条件下的触变性。

里特(Ritter)和戈维尔(Govier)提出一个描述物料触变性的模式。他们的模式假定物料结构、网络或颗粒聚集的形成类似于二级化学反应,而结构的破坏则类似于一连串的一级反应。里特和戈维尔以结构应力表达物料的形成和破坏。结构应力的定义为

$$\tau_s=\tau-\tau_\mu \tag{6.13}$$

其中

$$\tau_\mu=\eta\dot{\gamma}$$

式中　τ——流体承受的剪切应力;

τ_μ——剪应力中的牛顿分量;

η——流体结构完全破坏时的牛顿黏度。

里特和戈维尔的本构方程为

$$\lg\frac{\tau_s-\tau_{s\infty}}{\dfrac{\tau_{s0}^2}{\tau_{s\infty}}-\tau_s}=-K_D\left(\frac{\tau_{s0}+\tau_{s\infty}}{\tau_{s0}-\tau_{s\infty}}\right)\lg t-\lg K_{DR} \tag{6.14}$$

其中 $$\tau_{s0}=\tau_0-\eta\dot{\gamma},\tau_{s\infty}=\tau_\infty-\eta\dot{\gamma}\quad K_{DR}=\frac{\tau_{s0}^2-\tau_{s1}\tau_{s\infty}}{\tau_{s1}\tau_{s\infty}-\tau_{s\infty}^2}\tag{6.15}$$

式中 τ_{s0}、$\tau_{s\infty}$——给定剪切速率下，流体经 0 和∞ 剪切持续时间之后的结构应力；

t——剪切持续时间，min；

K_D——相对于一级结构破坏过程的流体特征（单位为每分），它与剪切速率无关；

K_{DR}——流体结构或网络破坏与恢复过程之间相互作用的一个无因此度量，它与剪切速率无关；

τ_{s1}——剪切持续时间为 1min 时的流体结构应力。

依据实验测取的剪切应力衰减曲线（也就是 $\tau-\dot{\gamma}-t$ 曲线），可以决定 η、K_D 和 K_{DR}，并可求出给定剪切速率下的 τ_{s0} 和 $\tau_{s\infty}$。将以上数值代入式(6.14)，便可确定物料在任意剪切速率下其剪切应力随剪切时间的变化关系。

如果我们将剪切时间从 0 持续到∞，则 $\tau-\dot{\gamma}$ 关系表示为

$$\tau_0=\tau_{y0}+K_0\dot{\gamma}_{n0}\tag{6.16}$$

$$\tau_\infty=\tau_{y\infty}+K_\infty\dot{\gamma}_{n\infty}\tag{6.17}$$

对于确定的 η、K_D、K_{DR} 和 τ_{y0}、$\tau_{y\infty}$、K_0，K_∞、n_0、n_∞ 数值，式(6.13)、式(6.14)、式(6.16)、式(6.17)就给出了剪切应力随剪切速率和剪切时间而变化的完整描述。

除了滞回曲线法和 $\tau-\dot{\gamma}-t$ 曲线以外，等结构曲线法也可用于表征原油的流变性。等结构曲线是利用旋转黏度计，以阶跃式变换剪切速率的方法测定的。所谓等结构，就是在选定的参照剪切速率 $\dot{\gamma}_E$ 下剪切物料，使之达到动平衡状态，此时剪切应力为 τ_E，以便形成与此剪切速率相对应的流变结构；然后，突然升高（或降低）剪切速率至 $\dot{\gamma}_C$（或 $\dot{\gamma}_B$），假设在此瞬间物料的流变结构来不及变化，所以此时剪切应力 τ_C（或 τ_B）所对应的流变结构与 τ_E 的相同，如图 6.14 所示。

依照上述方法选定不同的参照剪切速率，便可得出一系列 $\tau-t$ 曲线，最终描绘出等结构曲线图。在图 6.15 中，ED 连接线为动平衡流变曲线；λ_1，λ_2，λ_3…为等结构曲线。

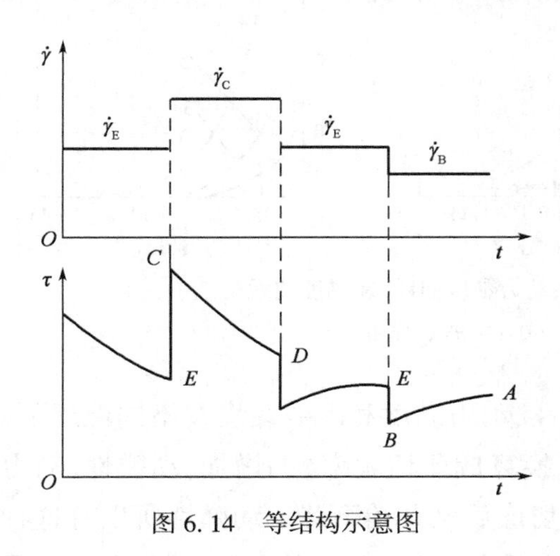

图 6.14 等结构示意图

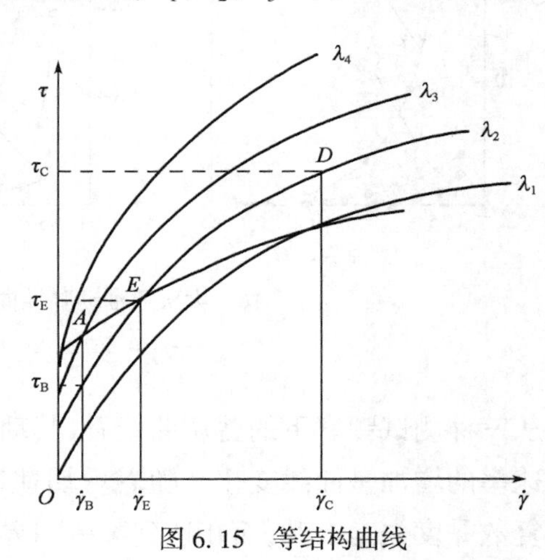

图 6.15 等结构曲线

应用等结构曲线,有人提出了定量描述物料触变性的关系式,但由于含有多个物料参数,在实际应用中受到限制。

6.7 原油的黏弹性

含蜡原油在低温时呈现黏弹特性。但迄今为止,国内外对含蜡原油的黏弹性研究甚少,文献报道寥寥无几。目前,只针对个别原油(如苏联的曼盖斯拉克原油和我国的大庆原油)初步开展了这方面的实验研究。

当用黏性表示黏弹性物料的特性时,其黏度称为复数黏度。以胡克定律表示理想弹性体的弹性,以牛顿内摩擦定律表示理想黏性体的黏性,并以这两者之和表示既有弹性又有黏性的黏弹性介质,可以导出复数黏度计算公式:

$$\eta_* = \eta - \frac{G_i}{\omega} \tag{6.18}$$

式中 η_*——复数黏度;

η——动力黏度;

G_i——动弹性;

ω——角频率。

初步测试表明,大庆原油在其非牛顿区都具有黏弹性。图6.16为大庆原油的动弹性、动力黏度和复数黏度曲线。

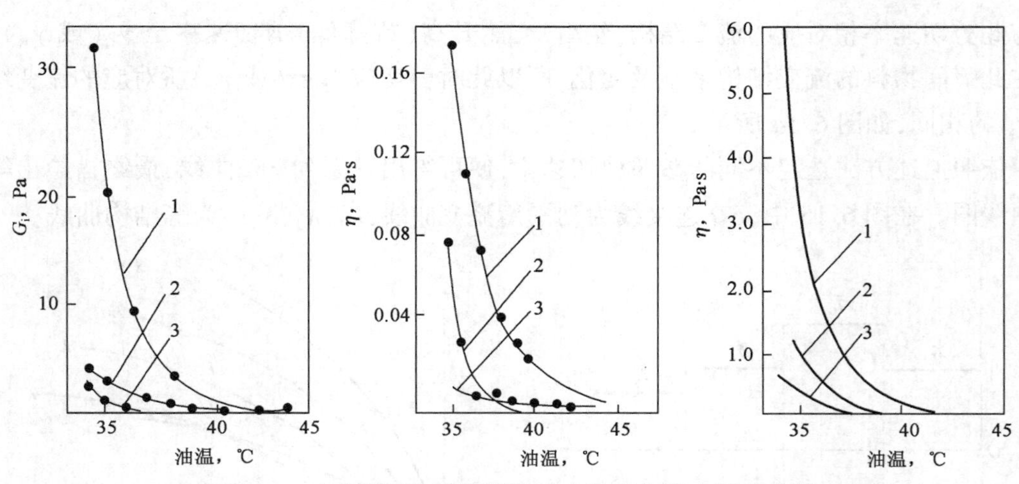

图6.16 大庆原油动弹性曲线、动力黏度曲线、复黏度曲线

1—f=0.667Hz;2—f=1.46Hz;3—f=0.05Hz

从三种测试频率下的剪切曲线看,其动弹性、动力黏度和复数黏度在不同温度下,随剪切速率的增加呈曲线变化。随着剪切速率(换算成剪切频率)的增加,动弹性、动力黏度和复数黏度先是上升,而在达到某一临界剪切值后又开始下降。动弹性所以有这种变化,是由于开始剪切增加,弹性反应随之上升,之后由于剪切继续增加,其弹性部分承受的

剪切未等形变恢复,又开始了新的剪切,结果使剪切影响超过了弹性恢复。因此,频率再上升,弹性反而下降。

低温输送时原油将处于非牛顿黏弹状态。这种非牛顿黏弹性流体与纯黏性流体不同。对于纯黏性流体,形成稳定的流速分布(速梯场),需要小管道中流经一定的时间;而黏弹性流体在管输中伴随着应力松弛过程,弹性耗散随流动时间的延续而增加,可恢复的弹性则减少,对于流动具有稳定作用。因此,需用黏弹性端末效应对管输压降计算加以修正。

6.8 原油减阻输送

输油管道是石油工业的重要基础设施之一,投资巨大,运行费用高。随着输油规模的不断扩大,输油管道的能耗费用越来越大。因此,为了改善长距离管道输送原油的流动状况,减少能源消耗,降低输油成本,原油疑点的降低(降凝)和原油管输阻力的减小(减阻)是原油集输中两个重要问题。

6.8.1 原油降凝方法

原油疑点是指规定的试验条件下原油失去流动性的最高温度。原油失去流动性有两个原因:一是由于原油的黏度随温度的降低而升高,当黏度升高到一定程度时,原油即失去流动性;另一是由原油中的蜡引起,当温度降低至原油的析蜡温度时,蜡晶析出,随着温度进一步降低,蜡晶数量增多,并长大、聚结,直到形成遍及整个原油的结构网,原油即失去流动性。

原油降凝法有物理降凝法、化学降凝法和物理—化学降凝法等。物理降凝法是通过热处理实现原油降低凝点,其作用原理如 6.5 节所述。化学降凝法是指在原油中加降凝剂的降凝法。降凝剂(pour point depressant)是一种油溶性高分子有机化合物或聚合物。在含蜡原油中添加适量的降凝剂,在一定条件下就能改变原油中蜡晶形态和结构,从而显著地降低含蜡原油的凝点,改善含蜡原油的低温流动性能,因此,降凝剂又叫流动改进剂(flow improver)。化学—物理降凝法是一种综合降凝法,该法要求在原油中加入降凝剂并对加剂原油进行热处理。

在化学降凝剂中主要用两种类型的原油降凝剂:一种是表面活性剂型原油降凝剂,如石油磺酸盐和聚氧乙烯烷基胺,它们是通过在蜡晶表面吸附的机理,使蜡不易形成遍及整个体系的网络结构而起降凝作用;另一种是聚合物型原油降凝剂,它们在主链和(或)支链上都有可与蜡分子共同结晶(共晶)的非极性部分,也有使蜡晶晶型产生扭曲的极性部分。聚丙烯酸酯是一种典型的原油降凝剂,降凝剂中有许多结构与蜡分子相同,因而,在析蜡时有可能与蜡分子共同结晶的非极性部分(烷基,箭头指处),如图 6.17 所示,也有使蜡晶晶型产生扭曲的极性部分(—COO—),因此,聚丙烯酸酯有明显的降凝效果。

为将热处理与化学—物理降凝法综合处理进行对比,可测定下列三种情况下的黏温

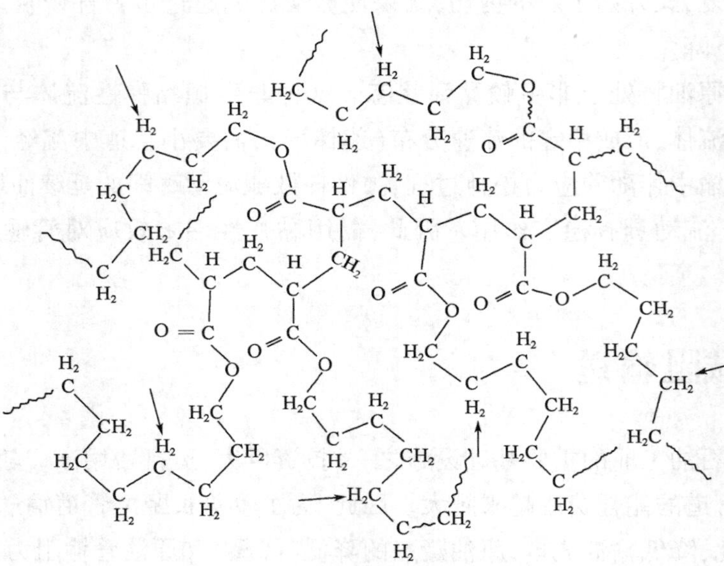

图 6.17 溶于油中的聚丙烯酸酯

曲线：即未处理原油的黏温曲线、热处理原油的黏温曲线和综合处理原油的黏温曲线。图 6.18 为一种多蜡原油在上述三种情况下的黏温曲线。在进行热处理时，该原油被加热至 85℃后冷却；在进行综合处理时，该原油在 60℃时加入 100mg/L 降凝剂（乙烯与乙酸乙烯酯共聚物），再升温至 85℃后冷却。可以看到，综合处理后的原油比热处理后的原油有更好的低温流动性，表现在析蜡点以后原油黏度更低和原油具有牛顿特点的温度范围更宽（即反常点出现的温度更低）。

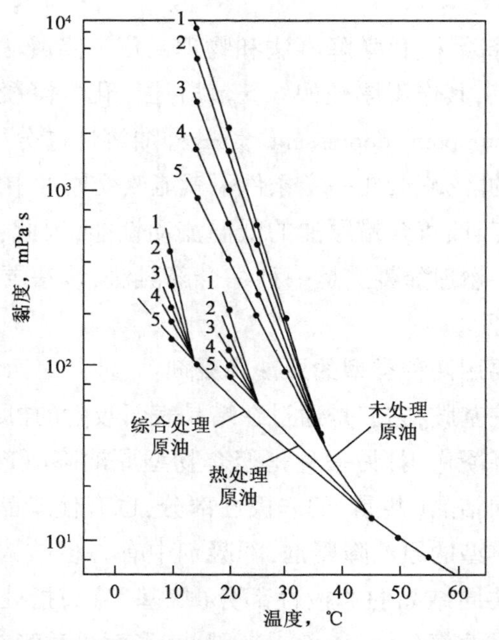

图 6.18 一种多蜡原油在未处理、热处理和综合处理情况下的黏温关系

剪切速率：1—4.5s^{-1}；2—8.1s^{-1}；3—13.5s^{-1}；4—24.3s^{-1}；5—40.5s^{-1}

表 6.5 说明,综合处理后的原油比热处理后的原油有更低的凝点。综合处理后的原油之所以比热处理后的原油有更好的低温流动性,主要在于综合处理后的原油中既有天然的原油降凝剂(胶质、沥青质)的降凝作用,也有外加的聚合物型原油降凝剂的降凝作用。也就是说,综合处理是热处理在降凝用上的延伸和强化。在某些场合下(如热处理后原油的性质仍不能满足管输的要求时),综合处理可起到特殊的作用。

表 6.5　热处理与综合处理对原油凝点的影响

原油产地	处理前凝点,℃	热处理后凝点,℃	综合处理后凝点,℃
大庆油田	32.5	17.0	12.3
江汉油田	26.0	14.0	6.0
任丘油田	34.0	17.0	13.5
红井子油田	17.0	8.0	1.5

6.8.2　原油减阻评价

使用原油流动改进剂,实现常温输送是目前原油长输工艺的发展趋势。但值得注意的是,由于各油田原油的性质不同,一种流动改进剂不可能对每一种原油都有效,必须通过试验来筛选适用的药剂。减阻剂的效果评价,国内外都采用同一方法——环道测试法,即测定添加减阻剂后,流体在管道中流动的减阻率来定量评价减阻剂。当然,对减阻剂的整体评价还不仅限于此,还应包括减阻剂的溶剂特性、对环境敏感性、耐剪切性等方面,但主要以特定条件下的减阻率为评价标准。

在管输量不变的情况下,减阻率的定义为

$$DR=\frac{\Delta p_1-\Delta p_2}{\Delta p_1}\times 100\%$$

式中　DR——减阻率;

Δp_1——加减阻剂前的管输摩阻;

Δp_2——加减阻剂后的管输摩阻。

在管输摩阻不变的情况下,增输率的定义为

$$FI=\frac{Q_2-Q_1}{Q_1}\times 100\%$$

式中　FI——增输率;

Q_1——加减阻剂前的管输量;

Q_2——加减阻剂后的管输量。

在一般的原油管输条件下,管输摩阻与管输量之间有如下关系:

$$\Delta p=0.0246\times\frac{Q^{1.75}\nu^{0.25}}{d^{4.75}}\times L\rho g$$

式中　Δp——管输摩阻;

Q——管输量;

ν——原油的运动黏度；

d——管径；

L——管长；

ρ——原油密度；

G——重力加速度。

由此可导出减阻率与增输率的关系式：

$$FI=\left[\left(\frac{1}{1-DR}\right)^{0.55}-1\right]\times100\%$$

若将一种减阻剂，加入原油中进行减阻试验，得到加减阻剂前后的管输摩阻，然后计算减阻剂的减阻率和增输率，得到表 6.6 的结果。

表 6.6 减阻剂对管输原油的减阻

减阻剂的质量浓度，mg/L	管输摩阻，MPa	减阻率，%	增输率，%
0.0	3.41	0.0	0.0
20.9	3.02	11.4	6.9
28.3	2.87	15.8	10.0
57.4	2.62	23.1	15.5

注：(1)减阻剂为聚 α-烯烃；

(2)原油黏度为 22.8mPa·s，密度为 0.832g/cm^3，平均油流温度为 46.7℃；

(3)管径为 0.72m，管输量为 2847m^3/h。

从表 6.6 可以看到，只要少量减阻剂加入，管输原油的摩阻就明显降低。

复习思考题

1. 比较烷烃、环烷烃和芳香烃的黏温特性。

2. 分析胶质、沥青质对原油流变性的影响。

3. 名词解释：析蜡点、反常点、显触点、失流点、反转点。

4. 绘出原油的黏温曲线示意图，并分析各温度区间原油的相态及对应的流变性。

5. 阐述原油黏度与含水率的关系，并分析其机理。

6. 分析热处理对原油流变性的影响。

7. 如何理解原油的触变性？当含蜡原油经泵机组进入管道后，为什么压力梯度会增大？

8. 简述原油降凝的方法。

9. 给出减阻率和增输率的定义。

第 7 章　钻井液的流变性

钻井液又称为钻井泥浆，是指油气钻井过程中以其多种功能满足钻井工作需要的各种循环流体的总称。钻井液的流变性是有效发挥钻井液功能，实现安全、快速钻井的一项基本性能。目前，对钻井液的流变参数进行有效的控制、优选和调整已成为当今钻井液工艺技术的重要组成部分。本章基于钻井液的构成，讨论其主要流变特性、影响因素及流变理论在环空水动力学参数设计中的应用。

7.1　钻井液的作用、组成和分类

7.1.1　钻井液的作用

钻井液常被比作钻井的血液。钻井液停止循环，钻井工作就不能继续进行。由钻井泵排出的高压钻井液通过地面高压管汇、立管、水龙带、水龙头、方钻杆、钻杆、钻铤到钻头，从钻头喷嘴喷出，以清洗井底并携带岩屑，然后再沿着钻杆与井壁（或套管）形成的环形空间向上流动，在达到地面后经排出管线流入泥浆池，经各种固控设备进行处理后返回上水池，最后进入钻井泵循环使用。钻井液在钻井工作中的主要功用如图 7.1 所示，包括：

（1）携带和悬浮岩屑。钻井液首要和最基本的功能，就是通过其本身的循环，将井底被钻头破碎的岩屑携带至地面，以保持井眼清洁，使起下钻畅通无阻，并保证钻头在井底始终接触和破碎新地层，不造成重复切削，保持安全快速钻井。在接单根、起下钻或因故停止循环时，钻井液中的固相颗粒不会很快下沉，防止沉砂卡钻等情况的发生。

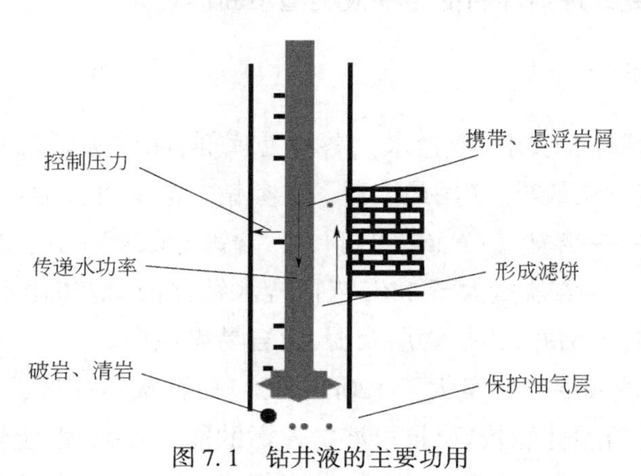

图 7.1　钻井液的主要功用

（2）稳定井壁和平衡地层压力。井壁稳定、井眼规则是实现安全、优质、快速钻井的基本条件。性能良好的钻井液应能借助于液相的滤失作用，在井壁上形成一层薄而韧的滤饼,以稳固已钻开的地层并阻止液相侵入地层,减弱泥页岩水化膨胀和分散的程度。与此同时,在钻井过程中需要不断调节钻井液密度,使液柱压力能够平衡地层压力,从而防止井塌和井喷等井下复杂情况的发生。

(3)冷却和润滑钻头、钻具。在钻井过程中钻头一直在高温下旋转并破碎岩层,产生很多热量,同时钻具也不断地与井壁摩擦而产生热量。正是通过钻井液不断的循环作用,将这些热量及时吸收,然后带到地面释放到大气中,从而起到冷却钻头、钻具,延长其使用寿命。由于钻井液的存在,使钻头和钻具均在液体中旋转,在很大程度上降低了摩擦阻力,起到了很好的润滑作用。

(4)传递水动力。钻井液在钻头喷嘴处以极高的流速冲击井底,从而提高了钻井速度和破岩效率。高压喷射钻井正是利用这一原理,使钻井液所形成的高压射流对井底产生强大的冲击力,从而显著提高了钻速。使用涡轮钻具钻进时,钻井液由钻杆内以较高流速流经涡轮叶片,使涡轮旋转并带动钻头破碎岩石。

为了防止和尽可能减少对油气层的伤害,现代钻井技术还要求钻井液必须与所钻遇的油气层相配伍,满足保护油气层的要求;为了满足地质上的要求,所使用的钻井液必须有利于地层测试,不影响对地层的评价;此外,钻井液还应该对钻井人员及环境不发生伤害和污染,对井下工具及地面装备不腐蚀或尽可能减轻腐蚀。

7.1.2 钻井液的组成和分类

多数钻井液是黏土以小颗粒状态(小于2μm)分散在水中所形成的溶液—悬浮体。黏土颗粒的大小不一,多数在悬浮体的范围内(0.1μm以上),少数在溶胶范围(1~100μm),属多级分散体系。为使钻井液具有钻井工艺所要求的各种性能,常需加入各种化学处理剂。此外,还有以(原油或柴油)为分散介质的钻井液,如油基钻井液、逆乳化钻井液。大体上,目前钻井液有两种基本类型:水基钻井液和油基钻井液。随着钻井技术的发展,新的钻井液处理剂和新的钻井液类型不断涌现。

7.1.2.1 水基钻井液

水基钻井液是由膨润土、水(或盐水)、各种处理剂、加重材料以及钻屑所组成的多分散体系。这类钻井液发展最早,使用最广泛。这类钻井液又可分为:

(1)淡水钻井液——含盐量(NaCl)小于1%,含钙量(Ca^{2+})小于120mg/L。

(2)盐水钻井液——含盐量大于1%,包括盐水钻井液、饱和盐水钻井液和海水钻井液。主要用在海湾、海上钻井、铝盐岩层及泥、页岩易塌地层。

(3)钙处理钻井液——含钙量大于120mg/L,包括石灰钻井液、石膏钻井液和氯化钙钻井液。主要特点是防塌性能较好,抗可溶盐侵污的能力较强,性能较稳定。

(4)低固相钻井液——黏土含量(体积分数)小于7%;近几年发展起来的“不分散低固相钻井液”的黏土含量小于4%。主要特点是钻速快,流动性能好,钻井总成本低。

(5)混油钻井液——在钻井液中根据需要混加若干数量的原油或柴油,原油呈小珠分散的乳化状态。主要特点是润滑性、流动性好,失水量较低,滤饼摩擦系数低。

7.1.2.2 油基钻井液

油基钻井液是以水滴为分散相,油为连续相,并添加适量乳化剂、润湿剂、亲油的固体颗粒(有机土、氧化沥青等)、石灰和加重材料等形成的分散体系。

(1)油包水乳化钻井液(逆乳化泥浆)。以柴油(或原油)作分散介质,水及有机膨润土或其他的亲油粉末状物质作为分散相,加乳化剂等处理剂配制而成。主要特点是热稳定性高,有较好的防塌效果,对油气层的损害小,常用于超深井的高温井段,钻进易塌地层和低压油气层。

(2)油基钻井液。由柴油(或原油)和沥青(或有机膨润土)及有关处理剂配成。主要特点是对油层损害小,抗可溶盐侵污的能力强。

7.2 钻井液的微观流变机理

钻井液是一类典型的悬浮液,对其流变性的认识需从悬浮液的组成、微观结构及其内部的相互作用入手。

7.2.1 悬浮液的定义

按照分散相颗粒的大小,可以将液体类的分散体系分为以下几类:

(1)高粒度悬浮液,粒子直径大于 10μm;

(2)悬浮液,粒子直径为 10~0.1μm;

(3)溶胶,粒子直径为 100~1nm;

(4)真溶液,分子状态分散。

这种分类是粗略的,实际上各类分散体系的颗粒大小在许多情况下是交叉分布的。因此,当分散相粒子尺度比分散介质的分子间距大时,就可把这种体系作为悬浮液处理。可以说悬浮液是固体颗粒(广义上包括液体颗粒)作为分散相与液体介质(分散介质)所构成的多相分散体系。悬浮液广泛存在于人们的日常生活和许多工业领域中,典型的悬浮液包括水泥浆、涂料、油墨、煤浆、低温下的含蜡原油、一些药物、液体研磨清洁剂、某些食物,以及内相粒子可变形的牛奶、血液等。从某种角度讲,流变学的研究最早是从悬浮液的研究开始的。以悬浮液为研究对象的流变学称为悬浮液流变学。

7.2.2 悬浮液的微观结构

在悬浮液中,颗粒会形成某种与总体表面力有关的结构。如果总的力是吸引力,颗粒形成絮凝体;如果是排斥力则颗粒形成一种拟网络结构。絮凝体的形状可能是近球形的,也可能是链式的,后者也可看成像一种“珍珠链”式的结构。颗粒间的拟网络结构是由总体排斥造成的,这是由于颗粒带的电荷很大,颗粒的运动将受到很大的限制,这时将这种结构看成是一种“拟晶体”。当晶格间的距离与光波长相当时,会产生干涉现象,悬浮液会显现出彩虹现象。以上是对于近球形悬浮液的结果形成机制,如果颗粒本身不是规则形状的,则将会形成非常复杂的结构。当加入表面活性剂时,结构会因为颗粒表面吸附表面活性剂而受到影响,加入电解质也可能改变颗粒表面电势,进而影响悬浮液的微观结构。

当流体流动时,流动也会导致一种结构的形成。考虑不絮凝的悬浮液流动的情况,当流体缓慢运动时,颗粒流动必须互相绕流,这导致较大的阻力和黏度。另一方面,由于这时布朗运动占优势,颗粒分布不受影响,保持静止时的随机状态,黏度虽然较高,但保持恒定,形成第一牛顿区。剪切速率增大以后,流动造成颗粒沿流动方向的定向,布朗力不足以使其恢复静止时的分布状况,颗粒在高剪切速率流动时比在低剪切速率时要自由或阻力更小,结果表现为黏度下降,剪切变稀。在很高的剪切速率下,颗粒高度定向,形成不同的颗粒层,层间是连续相清液,黏度达到最低。这种结构已由光衍射所证实。当剪切力达到一临界值后,颗粒层受到的扰动逐渐消失,黏度又重新开始上升,剪切停止以后,流动造成的结构消失。以上讨论的是剪切变稀的悬浮液,而流动造成絮凝增加而使黏度增大的悬浮液,实验中也有发现。

悬浮液中由于存在不同的作用力,在不同的运动条件下他们相互平衡,形成一定的微观结果,当运动情况改变后平衡被破坏,经过一段时间后达到新的平衡,由此表现出随时间变化的黏度,即悬浮液呈现与时间相关的非牛顿流体性质。

7.2.3 分散相颗粒上的作用力

7.2.3.1 胶体力

胶体力来源于胶体颗粒间的相互作用,它包括以下 3 种力。

1. 颗粒间的范德华(van Der Waals)引力

悬浮液颗粒间相互吸引的本质是分子间的范德华引力,它是 3 部分作用力的综合结果。一是静电力,是极性分子的偶极子与其他分子的诱导偶极子之间的引力;二是诱导力(或称 Debye 力),是极性分子的偶极子与其他分子的诱导偶极子之间的力;三是色散力(或称 London 力),是分子的诱导偶极子之间的引力。分子间范德华引力所包括的 3 种力均与分子间距离的 6 次方成反比,作用范围一般在 0.3~0.5nm,与其他力相比属于短程力。但悬浮体内相颗粒是许多分子的集合体,因此,颗粒间的引力是颗粒中所有分子引力的总和。颗粒间的吸引力与颗粒间距离的 3 次方成反比,这说明颗粒间有“远程”的范德华引力,即在比较远的距离时颗粒间仍有一定的吸引力,其作用范围一般在 1~10nm。范德华引力最主要的是色散力,但极性分子(如水分子)之间的吸引力主要是静电力。

2. 静电排斥力

当悬浮体系是由电解质溶液所形成时,颗粒表面会带一定的电荷,表面电荷与扩散在电解质溶液中的周围的反离子层组成所谓的双电层。颗粒的双电层之间会产生静电斥力，这种颗粒间的静电斥力作用范围近似为一个双电层的厚度。根据双电层理论，以 nm 为单位表示的双电层厚度（即 Debye 常数 y 的倒数）表达式为

$$\frac{1}{y}=0.3c^{-0.5}[z]^{-1}$$

式中 c——以物质的量浓度表示的电解质浓度，mol/L；

$[z]$——电解质化合价的绝对值。

假定$[z]=1$，那么，当 $c=10\sim5$ 时，$1/k\approx100\text{nm}$；$c=10\sim30$ 时，$1/y\approx10\text{nm}$；$c=10\sim1$ 时，$1/k\approx1\text{nm}$，即随电解质浓度的增大，双电层厚度或静电斥力的作用范围减小。计算表明，颗粒间的静电斥力是颗粒间距离的指数函数。

3. 大分子空间斥力

当内相颗粒吸附一定量的具有一定结构的大分子时，大分子会在颗粒表面形成保护层，阻碍粒子间的相互靠近，即形成大分子空间斥力。大分子空间斥力的作用范围因情况而异，例如，均聚物主链上随机一点吸附于与颗粒表面时，以 nm 表示的大分子作用距离为大分子相对分子质量平方根的 1/10。如果仅是均聚物的一个端点吸附于颗粒表面，则作用距离为上述情况的 2 倍。因此，如果相对分子质量为 10000，且终端锚接在颗粒表面的聚合物，其空间斥力作用范围则为 20nm，而其随机锚接的空间斥力作用范围则为 10nm。

在上述 3 种胶体源力中，范德华引力是永存的，而静电斥力和大分子空间斥力是否存在则视情况而定。这些力可导致颗粒间总体的排斥或吸引，它们的相对大小决定着颗粒的存在状况。

7.2.3.2 布朗力

在等温条件下，悬浮液中颗粒在流体介质中运动，是由于两种原因：布朗分子运动和流动中的动力。两者作用的相对大小由无量纲参数贝克来数（Pe）确定，表示为

$$Pe=\frac{\eta\dot{\gamma}}{K_B T/R^3} \tag{7.1}$$

式中 η——悬浮液的黏度；

$\dot{\gamma}$——剪切速率；

K_B——玻尔兹曼常数；

T——热力学温度；

R——颗粒（液滴或固体）半径。

Pe 表示动力的（$\eta\dot{\gamma}$）和扩散（$K_B T/R^3$）位移所引起的特征应力的关系。如果 $Pe\gg1$，那么扩散（或布朗）运动能被忽略，可以分析流体的动力学过程。由式（7.1）可知，Pe 明显地依赖于颗粒的尺度。因此，仅当分小颗粒时，分子运动变得重要，如当体系转变为纳米尺度时需要考虑。

布朗力是由于颗粒的布朗热运动所形成的无规运动力。对于各种形状的粒子，这种

永恒的无规运动影响颗粒的空间分布。对于非球形粒子,空间取向同样也是无规的。这种力引起颗粒不停地运动,粒子空间分布的任何表征都是一种时间平均。当然,布朗力强烈依赖于粒子的尺寸,尤其是粒子尺寸小于 1μm 时,其布朗运动非常明显,但当粒子尺寸大于 5μm 时,其布朗运动可以忽略。

7.2.3.3 黏性力

黏性力也可以说是作用在粒子上的剪切力,其正比于粒子与周围流体之间的局部速率差(即局部剪切速率)。因此,黏性力对悬浮体黏度的影响是通过连续相的黏度来实现的,连续相的黏度控制着所有这些黏性力的相互作用。正因为如此,所谓"悬浮液黏度"通常是相对连续相黏度而言的。

7.2.4 悬浮液的流变性

流体的宏观流变性质强烈依附于流体的微观结构。换言之,悬浮液的流变性从本质上说是由悬浮液的内部结构性质决定的,如分散相浓度、颗粒形状、颗粒大小与分布、颗粒的界面性质、液体的极性、颗粒间的作用性质等。需要强调的是,表示悬浮液内相浓度的参数是内相颗粒占悬浮液的体积,即体积分数,而不是质量分数。这是因为流变性质主要依赖于与颗粒表面有关的水动力学力、颗粒的絮凝等。

7.2.4.1 增黏机理

在低分子体系中加入固体粒子形成悬浮液,其增黏机理是悬浮粒子的出现使液体流场发生扰动(图 7.2),相当于在连续相内部建立了无数绕流流场,使体系在流动中出现额外的能量消耗而表现出黏度增加。

图 7.2 球周围流体绕流

悬浮液静止时,颗粒间处于热力学平衡状态,这时布朗力占优势,颗粒处于随机无序运动状态。当悬浮液处于流动状态时,固体颗粒的存在意味着流体流线的偏离,造成黏度上升。当颗粒浓度增加时,颗粒流动将不得避开另外的颗粒,因此阻力更大。如果颗粒聚集形成絮凝结构，这些结构将一些连续相“固化”于其中，可以预见将会出现更大的阻力，它有增加表观内相体积的效果，当然黏度也就会高很多。

图 7.3 给出 3 类悬浮液黏度与颗粒体积分数之间的关系。可见，球对黏度有一些影响。然而，与理想稀球悬浮液的对比，如果球很小（小于 1μm），球之间的胶体力是非常大的，如图 7.3 所示，TiO_2 和炭黑，即使在较低的浓度，可以使黏度增加一个数量级。

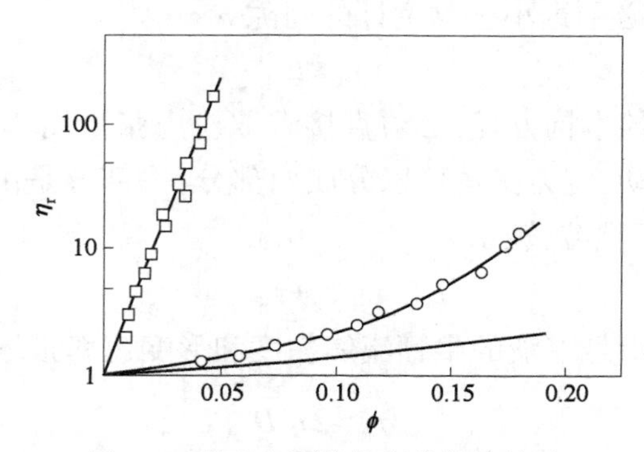

图 7.3　黏度与颗粒体积分数的关系

0.1μm TiO_2 在亚麻菜籽油（圆圈）、炭黑在矿物油（方形）、理想稀球结果的对比（实线）

7.2.4.2　悬浮液的黏度公式

1. 刚性球稀悬浮液

在液体中添加刚性球改变了流场如图 7.2 所示。这种水动力学扰动最初是由爱因斯坦（Einstein）计算的。由于球的存在，使流体流动的速度场改变，由此及相应的黏度增加，消耗了额外的能量。Einstein 于 1906 年和 1911 年给出了其中的规律表达：

$$\eta=\eta_s\left(1+\frac{5}{2}\phi\right) \tag{7.2}$$

式中　η——悬浮液黏度；

η_s——球周围液体的黏度；

ϕ——颗粒体积分数。

式（7.2）有以下重要假设：

（1）周围液体或溶剂是不可压缩的牛顿流体，而且可以看成连续介质；

（2）蠕动流（忽略体力、扭矩和惯性）；

（3）密度相同 $\rho_s=\rho_p$（即不沉降），ρ_s 为周围流体密度，ρ_p 为球密度；

（4）颗粒与流体之间无滑移；

（5）刚性球颗粒；

（6）稀颗粒体系（无相互作用）；

（7）无壁面影响；

（8）无颗粒运移；

（9）由于颗粒引起的扰动是局部的，周围流体平均速度场是一样的，如同颗粒不存在一样。

由假设(1)、(8)、(9)可知,周围流体分子尺度远远小于悬浮的颗粒尺度,流体的分子尺度(≤1nm)≤a,颗粒半径。由假设(9)可知,颗粒尺度远小于速度梯度或运动尺度。

$$a \ll \frac{dv}{dx}, a \ll \frac{d^2v}{dx^2}$$

根据假设(7),悬浮颗粒必须远小于黏度计的间隙 h

$$a \ll h$$

为了得到稀球体系的本构方程,必须直接求取应力张量而非能量耗散。如果颗粒仅使主速度场发生微小扰动,应力张量可以分成两部分:一部分是由于流体介质的流动(主流动)和另一部分是由于颗粒,表示为

$$\tau = \tau_s + \tau_p \tag{7.3}$$

来自主流动的应力由悬浮液的牛顿流体黏度和形变速率张量 $\boldsymbol{D}$ 所确定:

$$\tau_s = 2\eta_s \overline{D} \tag{7.4}$$

$\overline{D}$ 是整个体积上的平均,可表达为

$$\overline{D} = \frac{1}{v}\int^{v} D\mathrm{d}v \tag{7.5}$$

颗粒的应力应是每一个颗粒应力的体积平均:

$$\tau_p = \frac{1}{v}\sum_i \int_{Si} [n \cdot (Tr) - \eta_s(vn + nv)]\, \mathrm{d}S_i \tag{7.6}$$

式中 $\sum_i$——i 颗粒的总和;

T——表面应力;

$vn+nv$——速度扰动;

S——颗粒的表面积;

n——垂直于颗粒表面的法向应力;

r——颗粒的位置。

式(7.6)对任何形状的颗粒都成立,只要惯性和额外力可以忽略。实际的问题的解方程,速度场 v 可能是非常复杂的。Happel 和 Brenner(1965)和 Schowalter(1978)给出如何评价绕球的速度场。根据这一结果,应力可写为

$$\tau = 2\eta_s\left(1 + \frac{5}{2}\phi\right)D \tag{7.7}$$

与 Einstein 剪切黏度结果一致,本构方程也十分简单,不考虑颗粒尺度对黏度的影响,描述的是一类稀球悬浮液($\phi<0.02$)。球可以是蛋白质球,或尺寸更大的球,只要直径远小于流变仪的流动间隙。式(7.7)是牛顿流体本构方程,唯一的影响是温度,温度的影响通过 η_s,没有剪切速率依赖。

2. 浓悬浮液黏度公式

爱因斯坦黏度公式仅能在悬浮液的 $\phi<0.02$ 范围内使用,当 $\phi>0.02$ 时,悬浮液的实

际黏度大于该式的预测值。浓悬浮液的黏度随内相体积分数的增加而增加，当浓度很小时，这种变化呈线性规律；当浓度很大时，则呈非线性变化；继续增加浓度，黏度急剧增加，到某一固相浓度时，黏度直线上升，趋向无穷大。

定义相对黏度为

$$\eta_r = \eta / \eta_s \tag{7.8}$$

式中，η_r 为相对黏度，为悬浮液黏度和连续相黏度之间的比值。不少学者给出相对黏度 η_r 与体积分数 ϕ 之间的关系式（表 7.1）。归纳起来，这些关系式都是围绕一个目标建立起来的，即把爱因斯坦公式扩展到高内相体积分数、非球形颗粒、有粒径分布或粒径呈双峰分布等有关的，更接近实际的悬浮液。这些关系式有两种形式；其一，关系中不出现与剪切速率有关的参数；其二，关系式中考虑相对黏度与剪切的关系，即考虑其非牛顿性。由于在低内相体积分数且颗粒间的吸引力小的场合，悬浮液不呈非牛顿性，黏度与剪切速率无关。一些研究者将零剪切或低剪切作用的相对黏度与内相体积分数关联，当然在关系中不会出现与剪切速率相关的参数。

表 7.1　悬浮液的相对黏度 η_r 与内相体积分数 ϕ 的关系式

研究者	黏度公式	假设条件
Simha	$\eta_r=1+2.5\phi+3.74\phi^2+\cdots$	等径球、最疏填充
Kynch	$\eta_r=1+2.5\phi+7.5\phi^2+\cdots$	等径球
Vand	$\eta_r=1+2.5\phi+7.349\phi^2+\cdots$	等径球（理论公式）
Brinkman	$\eta_r=(1-\phi)^{-2.5}$	粒径分布较高
Roscore	$\eta_r=(1-1.35\phi)^{-2.5}$	粒径均一，$0.1<\phi<0.5$
Mooney	$\eta_r=\exp[2.5/(1-m\phi)]$	m 是由颗粒决定的系数
Robinson	$\eta_r=1+m[\phi/(1-S_v\phi)]$	S_v 是相对沉降体积；m 是由颗粒决定的系数
Vand	$\eta_r=1+2.5\phi+7.17\phi^2+16.2\phi^3+\cdots$	经验式
Hatschek	$\eta_r=(1-\phi^{1/3})^{-1}$	高浓度乳液
森乙竹	$\eta_r=1+D_pF_v/2\phi$	F_v 是单位体积颗粒的表面积
北浦长濒	$\eta_r=\exp[2.5(1+n)\phi/(1-0.609\phi)]$	对于等径球，$n=0.45$
Ford	$(1-2.5\phi)^{-1}$	稀悬浮液
Thomas	$\eta_r=1+2.5\phi+10.05\phi^2+0.00273\exp(10.6\phi)$	等径球，浓悬浮液

建立这些关系式的方法有两种：一是从微观角度，即从悬浮液各组分的性质以及它们之间的相互作用，通过理论分析建立起来的，由于悬浮液的复杂性，至今尚难得到在大范围内应用的关联式；二是着眼于悬浮液的宏观流动行为，即通过实验观察悬浮液的流变特征，提出包含几个参数的流变模式，再由实验确定这些参数。

Vand 认为产生黏度增大的主要原因有颗粒的形状、流体力学的相互干涉和束缚液三个方面。在浓的悬浮液中，任何时刻总有一部分颗粒在碰撞，束缚液定义为两个球形碰撞颗粒间不能自由流动的液体（图 7.4），阴影部分的液体处于不能自由流动的状态，这部分液体为束缚液。束缚液的存在

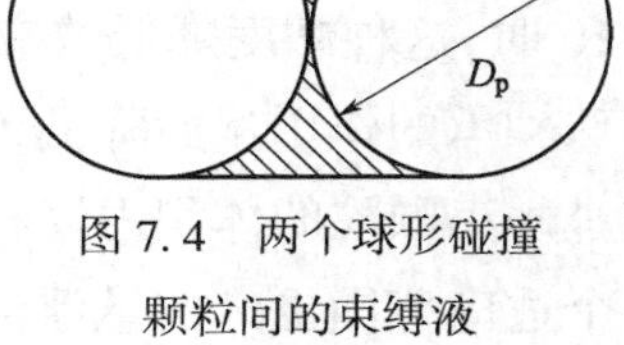

D_p

图 7.4　两个球形碰撞颗粒间的束缚液

相当于增大了颗粒的体积分数。若球形颗粒的直径为 D_p，则两个颗粒的体积为$\frac{1}{3}\pi D_p^3$，而束缚液的体积为$\frac{1}{12}\pi D_p^3$。因此，两个颗粒的碰撞相当于使 ϕ 比原来增加 25%。

Vand 提出的关联式为

$$\ln\eta_r=\frac{\bar{k}\phi}{1-Q_v\phi} \tag{7.9}$$

$$\bar{k}=k_1+p(k_2-k_1)\phi$$

式中 $\bar{k}$——等径球的平均形状系数，包括由碰撞引起的球轴比变化和束缚液的影响；

k_1, k_2——爱因斯坦式中的形状系数，$k_1=2.5$，$k_2=\frac{2.54}{2.50}\times\frac{5}{4}=3.175$；

p——碰撞系数，$p=4$；

Q_v——流体力学中相互干涉系数，它反映由于颗粒的存在使颗粒周围的速度场产生的变化，$Q_v=0.609$。

把上述相关数值代入式(7.9)，并用一个级数来近似，则得表 7.1 中的 $\eta_r=1+2.5\phi+7.349\phi^2+\cdots$

北浦长濒认为对于浓悬浮液仅考虑两个颗粒的碰撞是不够的，应考虑一堆颗粒絮凝在一起形成一个颗粒团。由于等径球在最密充填时球所占的体积分数 $\phi_c=0.74=1/1.35$。因此，可以认为浓悬浮液中包含了束缚液在内的内相体积分数 ϕ_R 是实际内相体积分数 ϕ 的 1.35 倍。于是北浦长濒在 Vand 的基础上提出下式，

$$\ln\eta_r=\frac{2.5\phi_R}{1-0.609\phi}=\frac{3.38\phi}{1-0.609\phi} \tag{7.10}$$

式(7.10)即表 7.2 中的 $\eta_r=\exp[2.5(1+n)\phi/(1-0.609\phi)]$。该式可用于内相体积分数 $\phi<0.45$ 的悬浮液。

Chong 详细地研究了呈双峰分布的刚性球形颗粒所形成的浓悬浮波的零剪切黏度。他使用平均直径 $D_p=236\mu m$ 的玻璃球作为大颗粒，而用 $d_p=112.5, 73.8, 33.0\mu m$ 的玻璃球作小颗粒构成具有颗粒呈双峰分布的悬浮液(简称双分散悬浮液或双分散体系)。小颗粒尺寸选择的原则是：由大颗粒堆砌构成的空隙容纳不下直径为 112.5μm 的颗粒，而能让直径为 33.0μm 的颗粒顺利地穿过由这些空隙构成的曲曲弯弯的通道。研究者发现双分散体系的最大内相体积分数 ϕ_c 比单分散体系高得多，而且小颗粒直径与大颗粒直径之比 d_p/D_p 越小，ϕ_c 值越大。也就是说，在相同的内相体积分数下，双分散体系的黏度比单分散体系(等径球)的黏度要小得多。这在工程上有非常实用的价值。但当 $d_p/D_p<1/10$ 时，这种黏度降低效应明显下降，这是因为在通常情况下小颗粒在大颗粒之间起着滚珠轴承的作用从而降低了悬浮液的黏度；而当 $d_p/D_p<1/10$ 时，小颗粒的这种作用逐渐减小。小颗粒的体积占固相体积的 25%~30%时，能获得最小的相对黏度。Chong 提出了一个适应范围更广的悬浮液黏度关系式：

$$\eta_r=\left(1+0.75\frac{\phi/\phi_c}{1-\phi/\phi_c}\right)^2 \tag{7.11}$$

式(7.11)不仅对低浓度、高浓度、单分散、双分散及其他粒径分布的悬浮液均适用，也适用于固体颗粒分散于有交联的和无定形的黏弹性材料中所形成的悬浮液。对于单分散体系，式(7.11)中的 $\phi_c=0.65$。在极稀浓度时，$1-\frac{\phi}{\phi_c}=1$，则该式可化为爱因斯坦方程式。

Wildemwuh 通过对各种悬浮液黏度关系式的分析指出，所有实用的浓悬浮液黏度关系式中均含有最大内相体积分数 ϕ_c 与之相应，适用于稀悬浮液的黏度关系式必还有特性黏度$[\eta]$。这里的特性黏度定义为

$$[\eta]=\lim_{\phi\to 0}\frac{\eta_{sp}}{\phi} \tag{7.12}$$

式中，η_{sp} 称为增比黏度，是悬浮液黏度比分散介质黏度增加的百分数，表示为内相对体系黏度的贡献；$\frac{\eta_{sp}}{\phi}$称为固有黏度。

$$\eta_{sp}=\frac{\eta-\eta_s}{\eta_s}=\eta_r-1 \tag{7.13}$$

对于理想刚性球，在爱因斯坦黏度公式中，特性黏度$[\eta]=\frac{5}{2}$。

Wildemuth 认为悬浮液具有的物理和化学的特征均是通过特性黏度和最大内相体积分数来表征的。特性黏度反映了颗粒的形状和颗粒之间的电黏效应。对于无电荷的球形颗粒特性黏度与剪切速率无关。一般来说，特性黏度与剪切速率关系不大；颗粒和尺寸(除通过电黏效应外)、多分散性和表面化学特性均对特性黏度无影响。特性黏度表示单个内相颗粒对悬浮液黏度的贡献。只有颗粒凝聚时，剪切速率才对特性黏度有明显的影响。显然 ϕ_c 是颗粒形状的函数。对于等径球体系，ϕ_c 的上限是 0.74，这相应于最密堆砌的情况；粒径不均一时，ϕ_c 值便会增大，因为小颗粒可以进入大颗粒堆砌所形成的空隙中；当粒径具有无穷的多分散分布时，则 ϕ_c 等于 1。

在高内相体积分数时，温度对悬浮液的黏度影响很大，这是因为颗粒和分散介质的热膨胀情况不同，从而使$\frac{\phi}{\phi_c}$值改变的缘故。

最大内相体积分数 ϕ_c 反映颗粒的絮凝状态，它直接反映颗粒所带电荷以及颗粒的表面物理化学行为，而这两者都影响颗粒的絮凝倾向，以及絮凝体的微结构和破坏能力。絮凝体的微结构可呈链状，也可呈球状。对于呈球状时，絮凝体内可带有许多不能运动的流体，即所谓束缚液，相当于内相体积分数 ϕ 增大。即使 ϕ_c 是常数，由于$\frac{\phi}{\phi_c}$增大，也能使相对黏度 η_r 增大。

Krieger Dougherty 方程式(简称 K-D 方程式)特别适合于 ϕ 接近于 ϕ_c 的情况，即

$$\eta_{r0}=\frac{1}{\left(1-\frac{\phi}{\phi_c}\right)^{[\eta]\phi_c}}$$

式中　η_{r0}——零剪切下的相对黏度。

上面所述的许多悬浮液的黏度关系式中均不含有剪切速率参数，这些关系式适用于低浓度悬浮液，或者是在相对黏度的零剪切或低剪切速率下求得的。事实上，在中等浓度或高浓度时，剪切速率对悬浮液黏度有明显的影响。然而至今有关在宽的内相体积分数范围，剪切速率与悬浮液黏度的关系式很少。

7.2.4.3　悬浮液的非牛顿黏性

液体中加入颗粒不只改变黏度大小，它还使其偏离牛顿行为。图 7.5 给出不同体积分数的聚合物乳胶的流变数据结果，从图中可以观察明显的剪切稀释和剪切增稠情况。在高浓度和低剪切应力下，牛顿平稳段消失而发展为存在屈服应力。当剪切速率超过 $10^3 s^{-1}$，高浓度样品则显现出剪切增稠。

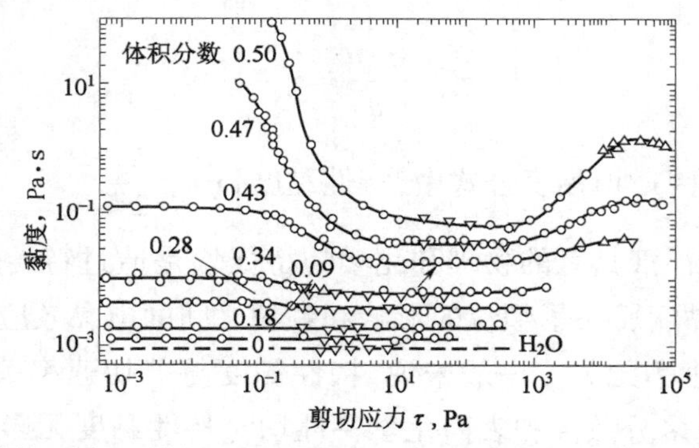

图 7.5　聚苯乙烯—丙烯酸乙酯乳胶在不同体积分数下黏度与剪应力的关系

1. 剪切稀释

Kriggr 在一定的内相体积分数下改变旋转黏度计的转速，将测得的相对黏度与无因次剪切速率的数据绘图，所有实验点恰好落在一条曲线上（图 7.6）。图中，R_p 和 k 分别是粒子半径和玻尔兹曼常数，kT 是热能变量，也是布朗运动的度量，η_s 为连续相的黏度。Willey 对聚氯乙烯颗粒形成的悬浮液也获得了同样的结果。图 7.6 为单分散聚苯乙烯（ϕ=0.5）分散于不同介质中的相对黏度与无因次剪切速率的关系。悬浮液的黏度随剪切速率（或剪切应力）的变化主要是由于剪切作用改变了最大内相体积分数 ϕ_c。在低剪切速率下，颗粒进行任意的絮凝，也可能形成某种结构，从而产生一个零剪切速率的最大内相体积分数 ϕ_c；而在高剪切速率下，颗粒发生定向，并且小颗粒会迁徙到大颗粒堆砌产生的空隙（多分散体系），从而絮凝成更密实的微结构。

总之，可把最大内相体积分数 ϕ_c 看作剪切作用的函数，即 $\phi_c=\phi_c(\tau)$。这样把其他影响视黏度——剪切关系的因素，例如颗粒的形状、多分散性、电吸引力和表面化学作用

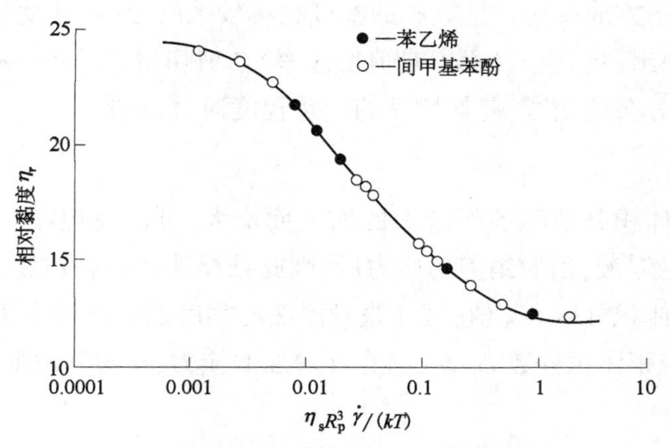

图 7.6　相对黏度与无因次剪切速率的关系

均考虑在内。Wildemuth 等利用其他研究者的黏度—剪切应力数据，通过式(7.14)K—D 方程进行计算，证实了上述设想。

2. 剪切增稠

在一定条件下，所有非絮凝固体颗粒悬浮液都会表现出剪切增稠。剪切增稠的出现时间和程度与相体积、颗粒分布和连续相黏度有关。剪切增稠的区域通常在颗粒分层带来的剪切变稀区域之后。层状结构是不稳定的，当剪切速率超过临界剪切速率 $\dot{\gamma}_c$ 会被破坏，结果造成的随机排列增加了悬浮液的黏度。

众多研究表明，当内相体积分数 ϕ 在 0.5 附近时，临界剪切速率随内相体积变化很小。但是当内相体积相当高时，临界剪切速率下降；反过来，当内相体积很小时，临界剪切速率很高，如图 7.7 所示。

在转变区以上，视黏度—剪切速率曲线的水平和斜率随颗粒浓度的增加而增加(图 7.8)，在非常高的剪切速率下，黏度再次下降。

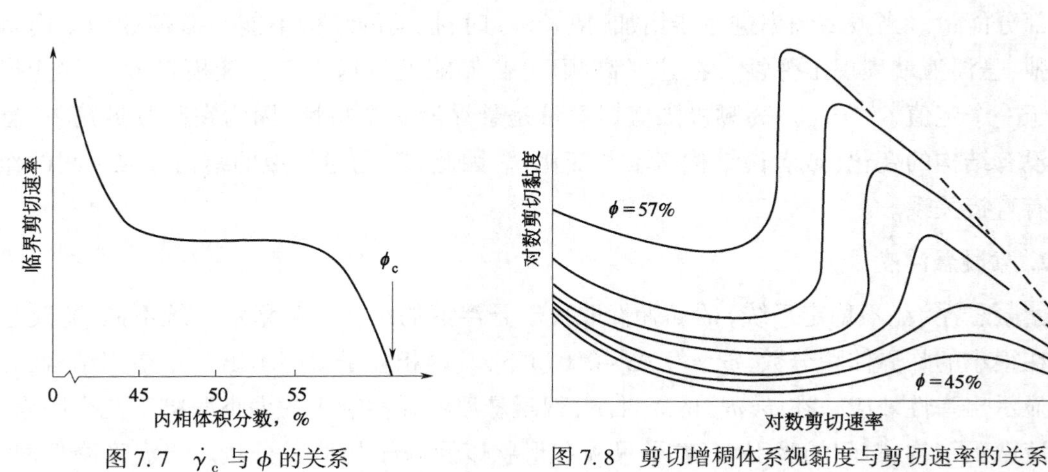

图 7.7　$\dot{\gamma}_c$ 与 ϕ 的关系

图 7.8　剪切增稠体系视黏度与剪切速率的关系

当内相体积分数在 0.5 附近时，颗粒体积对临界剪切速率的影响相当大。事实上，它近似与颗粒体积的平方成反比。连续相的黏度也有较大的影响，黏度的增加，导致临界剪切速率下降，这反映出剪切应力（而不是剪切速率）与剪切增稠的起点有更大的相关性。

随着颗粒尺寸分布的变宽，剪切增稠的严重程度通常减弱。

3. 屈服应力

由于最大内相体积分数随剪切应力的增大而增大，可以设想在高剪切应力（如强搅拌）下制备一种浓悬浮液，当撤销剪切应力后，则此悬浮液的内相体积分数 ϕ 必然大于零剪切下的最大内相体积分数 ϕ_{c0} 值，因此该悬浮液的黏度趋近于无穷大，且存在一个屈服应力。总之，只要内相体积分数 $\phi>\phi_c$，必存在着屈服应力，这对非球形颗粒或生成絮凝物的体系均适用。

7.2.4.4 悬浮液的黏弹性

1. 非絮凝悬浮液

浓悬浮液一般都表现出黏弹性。对于非絮凝悬浮液（稳定系统），黏弹性来源于颗粒间的各种相互作用。在静止时，颗粒按能量最小原则趋向最佳排列，也就是说颗粒总存在着回复或松弛到这种最佳排列的趋势。通过对这种最佳排列施加小振幅扰动可以测出悬浮液的黏弹性，其黏弹性可用储能模量 G'来表示。

以胶体稳定（无粒子的絮凝）的浓悬浮液为例，当悬浮粒子间的平均距离与粒子间的排斥力作用范围处于相同数量级时，其黏弹性响应强烈。因此，对于这样的稳定系统，其黏弹性主要是粒子间的排斥能。随着内相体积分数和频率的增加，储能模量 G'增加。随着内相体积分数的增加，内相粒子间的平均距离减少，空间斥力增大，导致悬浮液弹性的增加。对于 G'随频率或振荡角速度 ω 增加而增加的特性，可以通过悬浮液松弛特性来解释。在低频率下，实验进行的时间 $t_E=1/\omega$，大于悬浮液的松弛时间 t_R。由于振荡剪切而受扰的结构能够在振荡周期内得到松弛，导致一个以黏性为主的响应，这是悬浮液能够耗散大部分能量。当振荡频率进一步增加，使 $t_E>t_R$ 时，扰动的结构不能在振荡的周期内得到松弛，悬浮液就表现出弹性。在这一高频区内，储能模量远大于耗能模量 G''。储能模量趋于一个定值 $G'\to G_\infty$。高频极限剪切模量是悬浮液一个特性，因为在高频振荡下，悬浮体没有结构的变化（或者说结构来不及变化）。因此，G_∞ 与悬浮液的结构和粒子间的作用力有直接关系。

2. 絮凝悬浮液

絮凝悬浮液（不稳定系统）的黏弹性取决于悬浮液的结构。与稳定系统不同，絮凝悬浮体在很小的临界体积分数（$\phi_{ct}=0.05\sim0.07$）下，其内相粒子就显示出一定空间结构，并开始显示出弹性效应。在 $\phi>\phi_{ct}$ 的条件下，絮凝悬浮液弹性响应的大小取决于几个因素：悬浮液微观结构、粒间的吸引力、粒子尺寸和形状以及粒子的体积分数。当温度降低时，悬浮粒子间的吸引力增加，从而导致其储能模量增加；当温度升高时，粒子间的吸引力弱而不能形成粒子的空间结构，弹性效应不显著。在给定的体积分数下，随着粒子尺寸的减少，储能模型增加，这是因为随着粒子尺寸的减少，单位体积内相接触的粒子数增加。对于絮凝体系黏弹性研究还需进一步研究。

7.3 钻井液常用的流变模型

钻井液的常规性能包括流变性、密度、滤失特性（API 滤失量、HTHP 滤失量、滤饼质量）、润滑性能、pH 值及碱度等。其中，钻井液的流变性在解决以下钻井问题时起着十分重要的作用：（1）携带岩屑，保证井底和井眼的清洁；（2）悬浮岩屑和重晶石；（3）合理地确定水力参数，减少循环压力损失，充分发挥钻头马力的作用，提高机械钻速；（4）减轻钻井液造成的压力激动和对井壁的冲刷，防止井漏和井塌等事故的发生；（5）有效地发挥固控设备的效能；（6）防止气侵。总的来说，基于流变性可用来分析和评价钻井液携砂、净化井眼和悬浮能力（如悬浮岩屑和重晶石）；用在环空水动力学计算中研究水力冲刷、压力激动和压力损耗，确定井底循环当量密度，为钻井施工提供优化设计；判别井下钻井液污染情况（根据钻井液流变学的变化）；指导钻井液工艺的处理和调整。

绝大部分钻井液属于非牛顿流体，具有屈服应力、剪切稀释特性和触变性。常用的流变模型有宾汉（Bingham）模型、幂律模型、Herschel-Bulkley 模型、卡森模型等。

7.3.1 宾汉模型

长期以来，宾汉（Bingham）模式和幂律模式一直作为最常用的两种钻井液流变模式而被广泛应用。

宾汉模式用于描述塑性流体的流变性，这种钻井液的特点是具有较好的悬浮岩屑的能力。其数学表达式为

$$\tau=\tau_0+\eta_p\gamma$$

式中　η_p——塑性黏度；

　　　τ_0——屈服值（或称动切力）。

塑性黏度是流体中“固体—固体、固体—液体、液体—液体”内摩擦力的总和，它与固相颗粒的含量、形状、分散度、化学性质等有关，而与剪切速率无关。动切力反映了钻井液在层流流动时形成空间网架结构之力，与黏度含量、分散度、黏土颗粒 ζ 电位以及高分子聚合物的使用等因素有关，同时它又是剪切速率的函数。η_p 和 τ_0 可分别由以下两式确定：

$$\eta_p=\theta_{600}-\theta_{300}\text{（单位 mPa·s）}$$

$$\tau_0=0.51(\theta_{300}-\eta_p)\text{（单位 Pa）}$$

式中　θ_{600}、θ_{300}——当范氏旋转黏度计转速为 600r/min 和 300r/min 时，刻度盘读数。

7.3.2 幂律模型

幂律模型用于描述假塑性流体的流变性，其数学表达式为

$$\tau = K\gamma^n$$

式中　n——流性指数；

　　　K——稠度系数。

流性指数反映偏离牛顿流体的程度，与 1 的差值越大，其流变曲线曲率越大，非牛顿性越强。稠度系数用来描述钻井液稠与稀的程度。n、K（单位 $mPa \cdot s^n$）的计算式为

$$n = 3.32\lg\frac{\theta_{600}}{\theta_{300}}$$

$$K = \frac{0.511\theta_{300}}{511}$$

由幂律模型可知，由于 $n<1$，所以钻井液的黏度将随剪切速率的增加而降低，即所谓的剪切稀释性。钻井液所具有的这种剪切稀释特性对于钻井是十分有利的。在钻井过程中，钻井液在环空内所受的剪切速率较小，此时钻井液的黏度较大。当钻井液沿环空返回井口时，钻井液的高黏度特性有利于钻井液携带和悬浮岩屑的能力；钻井液在钻头处所受的剪切速率最大，可达 $10^3 s^{-1}$ 甚至更高，此时，根据幂律模型可知，钻井液的黏度将比较小。在此处钻井液的小黏度特性有利于冲洗钻头、清扫井底岩屑，从而提高钻井的速度和效率。假如钻井液具有牛顿流体特性，其黏度不随剪切速率的变化而变化，则钻井液不具有上述优越性。

7.3.3　卡森模型

近年来，卡森（Casson）模型也越来越广泛地用来描述钻井液的流变性。陈剑萍等人曾证明在很高的剪切速率范围内（$10^4 \sim 10^6 s^{-1}$），卡森（Casson）模型能够较好地描述水基钻井液的流变性。对于常用的水基不加重钻井液，Casson 模式适合于用来描述高剪切速率范围内钻井液的流变性。

卡森模式的数学表达式为

$$\tau^{\frac{1}{2}} = \tau_c^{\frac{1}{2}} + \eta_\infty^{\frac{1}{2}} \times \dot{\gamma}^{\frac{1}{2}} \tag{7.14}$$

式中　τ_c——卡森动切力（或称卡森屈服值），Pa；

　　　η_∞——极限高剪速率下的黏度，$mPa \cdot s$。

将式（7.14）中每一项分别除以 $\dot{\gamma}^{\frac{1}{2}}$，可得卡森模式的另一形式：

$$\eta^{\frac{1}{2}} = \eta_c^{\frac{1}{2}} + \tau_c^{\frac{1}{2}} \times \dot{\gamma}^{-\frac{1}{2}}$$

式中　η——某一剪切速率下的表观黏度。

卡森方程中两个流变参数的物理意义是：τ_c 表示钻井液内可供拆散的结构强度，该值一般低于宾汉动切力，而与初始静切力较接近；η_∞ 表示体系的内摩擦作用强度，常用以近似表示钻井液在钻头水眼处紊流状态下的流动阻力，俗称极限高剪黏度或水眼黏度。τ_c 和 η_∞ 同样使用范氏旋转黏度计测得，测量时的转速一般选用 600r/min 和 100r/min（分别相当于剪切速率 $1022 s^{-1}$ 和 $170.3 s^{-1}$）。其计算式如下：

$$\tau_c^{\frac{1}{2}}=0.475[(6\theta_{100})^{\frac{1}{2}}-\theta_{600}^{\frac{1}{2}}]$$

$$\eta_\infty^{\frac{1}{2}}=1.195(\theta_{600}^{\frac{1}{2}}-\theta_{100}^{\frac{1}{2}})$$

卡森模型的另一特性参数是剪切稀释指数 I_m，它反映钻井液剪切稀释性能的强弱，计算式为

$$I_m=\left[1+\left(\frac{100\tau_c}{\eta_\infty}\right)^{\frac{1}{2}}\right]^2$$

除以上流变参数外，表征钻井液流变性的其他参数还有漏斗黏度(s)、表观黏度(mP·s)、静切力(Pa)以及动塑比(动切力与塑性黏度的比值 τ_0/η_p)等。

表观黏度是剪切应力与剪切速率的比值，表示特定剪切速率下摩擦黏度与结构黏度的总和，是剪切速率的函数。它的一般计算式为

$$\eta_a=\frac{300\theta_N}{N}$$

式中 η_a——表观黏度；

N——转速，r/min；

θ_N——转速为 N 时的黏度计读数。

在不同剪切速率下，η_a 有不同的数值。一般地，剪切速率增加，钻井液中的结构被拆散越多，钻井液的表观黏度下降，这种性质称为剪切稀释特性。但通常所指的 η_a，是当 $N=600$r/min 时的测得值，即

$$\eta_a=\frac{1}{2}\theta_{600}$$

静切力(又称切力或凝胶强度)，是使钻井液开始流动所需的最低切应力，表示钻井液静止形成空间网架结构之力。它的影响因素与动切力基本类似，但它是时间的函数，一般用 τ_s 表示。测量 τ_s 时，先将钻井液充分搅拌(600r/min 下搅拌 1min)，然后分别测量静置 10s 后和 10min 后在 3r/min 下黏度计的读数。前者称为初切，后者称为终切。测定初切和终切的目的是用两者的差值表示钻井液触变性的大小。触变性是指钻井液搅拌后变稀，静止后钻井液又变稠的性质。图 7.9 总结了钻井液的 τ_s 随时间变化的 4 种典型情况，曲线 1 表示快速强凝胶，曲线 2 表示慢速强凝胶，曲线 3 表示快速弱凝胶，曲线 4 表示慢速弱凝胶。其中曲线 3 所示的触变性(τ_s)是我们所期望的，这类钻井液具有初切较低、终切适中的特征，按经验规律，能够悬浮重晶石的最低初始静切力

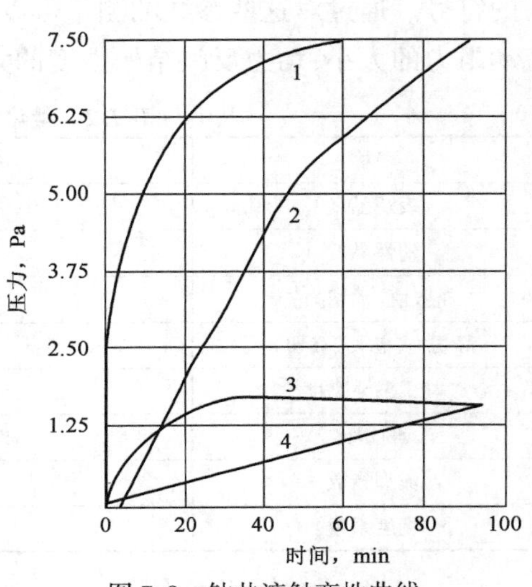

图 7.9 钻井液触变性曲线

为1.44Pa。

7.3.4 牛顿流变模型

对于钻井来说,并不希望钻井液具有牛顿流体特性,这一点可以通过钻井液在钻井中所起的作用来解释。在钻井过程中,钻井液在不同位置(如环空、喷嘴处)所受的剪切速率不同,喷嘴处的剪切速率大,同时要求钻井液黏度相对小,有利于破岩,提高钻速;在环空内,剪切速率小,同时要求钻井液的黏度相对大,有利于携砂。但是,部分油基钻井液在很高的温度下的确具有牛顿流体特性。

此外,有些钻井液既具有拟塑性钻井液的特点,又具有 Bingham 型钻井液的特点,可用 Herschel—Bulkley 模型描述。

流变模型和相应的流变参数可通过以下两种方式确定:

(1)利用六速范氏黏度计进行测量,再选择流变模式进行回归,模式的选择可利用钻井液成分进行初选,如:高固相钻井液及加重钻井液(相对密度高于1.5),其流变特性近似宾汉流体;低固相钻井液,其流变特性近似幂律流体;加入了一些生物聚合物,则其流变特性更接近于幂律流体。很明显,这只是靠经验估计,然而,应用以上几条可使选择步骤在某种程度上减少盲目性。

(2)根据流变仪测量其材料函数。流变模型选择的原则是尽量与钻井液实验曲线相吻合,并方便水利学计算。

7.3.5 量化钻井流变性能的主要参数

表7.2给出了室内评价工程应用中钻井液流变性能一些流变参数或工程术语及其缩写的符号。通过对这些参数的测量可以预测钻井液在循环系统中的流动状态。黏度反映流动阻力的大小,均力反映结构强度的大小,流型系数反映剖面的流型。

表7.2 量化钻井流变性能的主要参数

名称	符号	单位
表观黏度	*AV*	cP
塑性黏度	*PV*	cP
屈服值(动切力)	*YP*	$lb/100ft^2$
静切力(初切、终切)		$lb/100ft^2$
马氏漏斗黏度	*FV*	s/qt
动/塑比	*YP/PV*	$lb/100ft^2/cP$ 或 Pa/mPa·s
流型指数	*n*	无量纲
稠度系数	*K*	$mPa \cdot s^n$

7.4 钻井液流变性的影响因素

钻井液工艺的目的之一是通过改变钻井液的配方来调整泥浆的流变特性,从而满足某一具体地层的钻井需要,也就是说在调整钻井液流变特性时必须考虑所钻地层的深度、地层压力、岩性以及地层流体的物性,以利于提高钻井的速度,改善钻井的质量,降低钻井的成本。

钻井液流变特性的一些主要影响因素包括分散相或固相的类型及表面电荷的大小、固相的浓度、分散介质本身的黏度、固相颗粒的大小、形状以及粒径的分布、温度和压力等。

7.4.1 分散相或固相的类型及表面电荷的大小

对于不同种类的黏土,如常用的高岭石、伊利石、蒙脱石和海泡石,由于其矿物种类不同,因而具有不同的水化膨胀特性以及不同的表面电荷,这样,不同种类的黏土分散特性、胶溶特性以及形成具有一定强度的结构体系的能力也各不相同,其宏观表现是不同种类的黏土配制而成的钻井液具有不同的流变特性。屈服值是由于颗粒表面存在电荷,颗粒间产生内聚力所引起的。内聚力的大小取决于:固相的类型及其表面电压;固相含量;液相中离子浓度。

高屈服值可能是由于以下原因造成的:(1)钻头、钻杆等使固相磨碎,使固相比表面积增加;(2)固相含量增加,导致粒间的距离减小;(3)钻井液受盐、石膏等侵污,使固相颗粒凝聚(絮凝),(4)用于中和吸引力的稀释剂的浓度不够。加入中和电荷的物质如稀释剂,以及加入沉淀侵污物质的化合机均可使屈服值减小。如清除侵污物质不可能时(例如盐侵),可用减少固相含量(稀释作用)的方法,降低屈服值。

7.4.2 固相的浓度

分散相或固相浓度的大小主要影响钻井液的屈服应力和塑性黏度或表观黏度。在一般情况下,固相浓度越大,其屈服应力、塑性黏度或表观黏度越大。随着固相含量的增加,塑性黏度增大,或者是固相含量不变,随着固相颗粒数的增加(颗粒变细)而增大,即颗粒比表面积增加,塑性黏度增大。反之,随着固相含量的减少,塑性黏度减小或者固相含量不变,随着固相颗粒数的减少(颗粒变粗,凝聚作用)而减小,即比表面积减少,塑性黏度减小。

7.4.3 固相颗粒的大小、形状以及粒径的分布

在固相浓度不变的条件下,颗粒的粒径越小,由于其总的表面积增加,因而钻井液的屈服应力和黏度将随之增加。

7.4.4 分散介质本身的黏度

如油基钻井液,若油的黏度不同,则所配钻井液的黏度也将随之变化。

7.4.5 温度和压力

在不同的温度和压力下钻井液具有不同的流变特性。

一般说来,大多数水基钻井液的表观黏度随温度的升高而降低,随压力的增加而增

加。图 7.10 为水基和油基钻井液的流变曲线，给出了在各种不同温度和压力条件下，其剪切应力与剪切速率的关系曲线。从图 7.10 中可以看到，油基钻井液所受的温度越小，压力越高，则在某一剪切速率下所产生的剪切应力越大。图 7.10 表明，这种油基钻井液在某些温度和压力下表现为牛顿流体；在另一些温度和压力条件下又表现为典型的宾汉流体；而在较低的温度以及较高的压力下表现为具有屈服应力的拟塑性体。

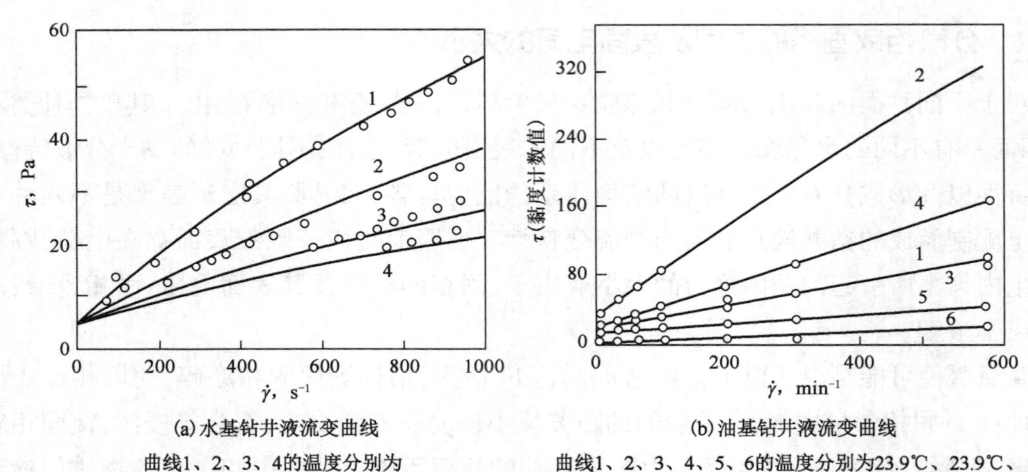

(a)水基钻井液流变曲线

曲线1、2、3、4的温度分别为21℃、39℃、59℃、80℃，压力均为600bar

(b)油基钻井液流变曲线

曲线1、2、3、4、5、6的温度分别为23.9℃、23.9℃、21.2℃、23.9℃、121.2℃、201.1℃，压力分别为0.1013MPa、103.4MPa、103.4MPa、41.37MPa、41.37MPa、103.4MPa

图 7.10　钻井液流变曲线

由上可知，温度和压力对油基钻井液的流变特性有比较显著的影响。大量实验结果表明，温度越低、压力越大，则油基钻井液的屈服应力、表观黏度以及塑性黏度越高。

McMordie 等人在 1974 年曾提出了一个同时考虑温度和压力的油基钻井液流变模式：

$$\tau = K\dot{\gamma}^{n}\exp(Ap+B/T) \tag{7.15}$$

式中　p——压力；

T——温度；

A、B——常数。

式(7.15)是根据大量实验资料整理出来的经验公式。对于带有屈服应力的钻井液，式(7.15)可以改写成如下形式：

$$\tau = \tau_0 + K\dot{\gamma}^{n}\exp(Ap+B/T) \tag{7.16}$$

上述考虑温度和压力的流变模式具有一定的实用性。

7.4.6　化学添加剂的种类和含量

对于不分散、无固相或低固相聚合物钻井液，聚合物的种类则是影响其流变性的主要因素之一。例如，对于拟塑性钻井液，下面几种添加剂可降低幂指数 n：(1) 生物聚合物；(2) 已絮聚的预水化膨润土；(3) 某些 CMC、瓜尔胶、石棉纤维等。

7.4.7 钻井液的 pH 值

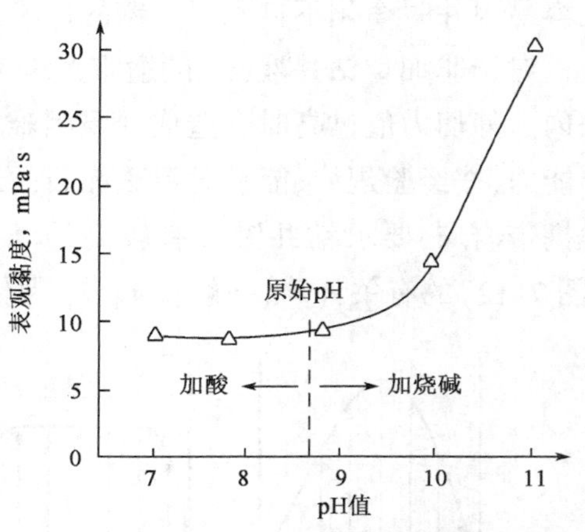

图 7.11 钻井液 pH 值对钻井液黏度的影响

通常用钻井液滤液的 pH 值表示钻井液的酸碱性，由于酸碱性的强弱直接与钻井液中黏土颗粒的分散程度有关，因而在很大程度上影响着钻井液的黏度和其他性能参数。图 7.11 表示经预水化的膨润土/水悬浮体的表观黏度 η_p 随 pH 值的变化，其中膨润土含量为 57.1kg/m^3。由图可知，当 pH 值大于 9 时，η_p 随 pH 值的升高而剧增。其原因是当 pH 值升高时，会有更多的 OH^- 被吸附在黏土晶层的表面，进一步增强表面所带的负电性，从而在剪切作用下使黏土更容易水化分散。在实际应用中，大多数钻井液的 pH 值要求在 9.5~10.5 之间，即维持在一个较弱的碱性环境。这一方面是为了使体系中的黏土颗粒处于适度的分散状态，从而使钻井液的各种性能便于控制和调整，与此同时还有以下几个原因：(1) 可减轻对钻具的腐蚀；(2) 可抑制体系中钙、镁盐的溶解；(3) 有许多有机处理剂在碱性介质中才能充分发挥其效能，如丹宁类、褐煤类和木质素磺酸盐类处理剂等。

烧碱（即工业用 NaOH）是调节钻井液 pH 值的主要添加剂，有时也使用纯碱（Na_2CO_3）和石灰 $Ca(OH)_2$。通常用 pH 试纸测量钻井液的 pH 值，如要求精度较高时，可使用 pH 计。对不同类型的钻井液，所要求的 pH 值范围也有所不同。例如，一般要求分散型钻井液的 pH 值超过 10，石灰处理钻井液的 pH 值多控制在 11~12，石膏处理钻井液的 pH 值多控制在 9.5~10.5，而许多情况下不分散聚合物钻井液的 pH 值只要求控制在 7.5~8.5。

总的来说，钻井液的流变特性是十分复杂的，其影响因素也比较多。就目前钻井液流变特性的研究情况来看，对钻井液的黏度特性以及温度、压力与其他因素的影响研究及得比较多，而且也提出了许多钻井液的流变模式，不过，关于钻井液的黏弹特性目前还研究得比较少，而黏弹性参数也是评价钻井液性能的重要参数之一。

7.5 钻井工艺对钻井液流变性的要求和调整方法

7.5.1 钻井工艺对钻井液流变性的要求

钻井液良好的流变性能是通过对流变参数的控制和调整来实现的。在一定条件下，各流变参数的数值必须维持在适宜范围，否则就会引起一系列不良的后果。一般来讲，当钻井液黏度、切力过高时，不仅流动阻力增加，使钻速受到影响，而且还容易出现泥包钻头、脱气困难、压力激动大以及固控设备难以充分发挥其效能等问题。但黏度、切力过低，又容易因井眼净化不良和对井壁的冲刷加剧而导致卡钻、井塌等复杂情况的发生。

对于非加重钻井液，η_p 的适宜范围为 5～12mPa·s，τ_0 一般应保持在 1.4～14.4Pa 范围内。静切力值过高时会造成开泵困难，甚至憋漏地层；其值过低又直接影响钻井液的悬浮能力，按经验规律，能够悬浮重晶石的最低初始静切力为 1.44Pa。此外，为了能够有效地携带岩屑，要求钻井液具有较高的动塑比值。根据现场经验和平板型层流流核直径（图 7.12）的有关计算，一般将 τ_0/η_p 保持在 0.48Pa/(mPa·s) 左右是适宜的。

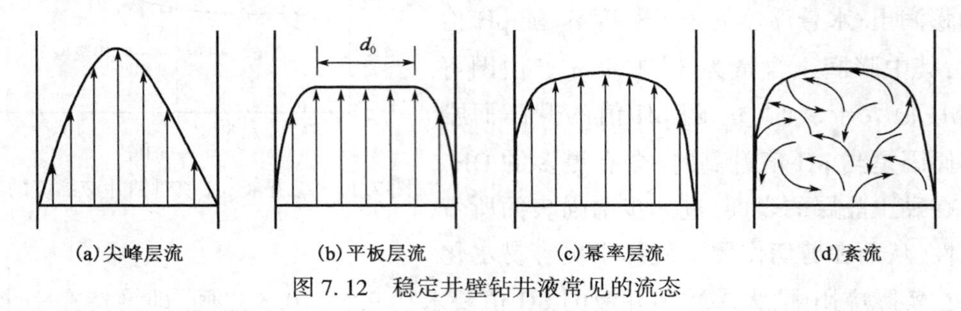

图 7.12 稳定井壁钻井液常见的流态

在使用幂律模式时，n 值保持在 0.4～0.7 之间对维持平板型层流和剪切稀化性能是有利的。K 值尚未明确其适宜范围，但原则上应在保证有效携岩的前提下，尽量维持较低的 K 值，以提高钻速和降低开泵时所需的压力。为了满足喷射钻井的需要，将卡森模式的流变参数保持在以下范围是必要和可能的：$\tau_c = 0.6 \sim 3.0\text{Pa}$；$\eta_\infty = 2.0 \sim 6.0\text{mPa·s}$；$\eta_{环}$（环空有效黏度）= 20～30mPa·s；$I_m = 300 \sim 600$。

7.5.2 流变参数的调整

调整宾汉模式和幂律模式流变参数的方法可概括如下：

（1）降低 η_s。通过合理使用固控设备，加水稀释或化学絮凝等方法。尽量减少固相含量。

（2）提高 η_s。加入低造浆率黏土，重晶石以及混入原油均可提高，另外增加聚合物浓度使钻井液的滤液黏度提高，也可起到提 η_p 的作用。

（3）降低 τ_0。最有效的方法是加入适合于本体系的降黏剂，以拆散钻井液中已形成的网架结构，如果是因 Ca^{2+}、Mg^{2+}等污染引起的 τ_0 升高，则可用化学沉淀方法除去这些离子。此外，适当加水稀释也可起到降 τ_0 的作用。

（4）提高 τ_0。可加入预水化膨润土或增大聚合物的加量。对于钙处理或盐水钻井液，还可通过适当增加 Ca^{2+}、Na^+浓度来达到提 τ_0 的目的。

（5）降低 n 值。增加钻井液中高分子聚合物和无机盐的含量，以及将预水化膨润土加入盐水钻井液体系等，均可使 n 值降低，但是，通过增加膨润土含量和矿化度来降 n 值，一般来讲不是好的方法，而应优先考虑选用适合于本体系的聚合物来降低 n 值（改进流型）。试验表明，XC 生物聚合物和聚丙烯酸钙（CPA）等都是非常有效的流型改进剂。

(6)降低或提高 K 值。与前面降低或提高 η_p、τ_0 值的方法基本相同。

7.6 流变理论在钻井和水力参数设计中的应用

7.6.1 复杂情况预报

钻井中钻遇各类流体、具有侵污性的岩层,钻井液流变参数反应最为敏感。例如,油气侵、盐水侵、盐膏侵、钙侵等钻井液的动切力都要急剧升高,塑性黏度相对下降。黏土侵时钻井液的动切力和塑性黏度同时升高。淡水侵时钻井液的动切力和塑性黏度同时降低。因此,为安全钻井必须适时监控钻井液的流变参数的变化。

7.6.2 稳定井壁的流态设计

钻井过程中井眼清洁困难,或因水力作用造成井壁坍塌、井漏和现象,这主要取决于钻井液的流态设计。常见的流态如图 7.6 所示。紊流与尖峰形层流携岩屑的比较,紊流携带岩屑比较但要求钻井液的排量大,上返速度高,因此,实现紊流常常受到钻井泵的功率、井深、环形空间尺寸、钻井液性能和地层条件等的限制。采用高压喷射钻井需要的泵压高。而在泵功率一定的条件下,要求泵压高,则排量减小。另外,排量大时,循环系统的阻力损失也大,因此,泵压分给钻头水眼的部分就小,不利于高压喷射钻井。此外,紊流对井壁的冲刷作用大,对于易坍塌的地层来说,则影响更大,轻则使井壁岩石掉块,重则引起坍塌。对于宾汉流体采用平板形结构流,或对于拟塑性流体采用流性指数较小的平缓形层流,则所需要的排量比较小,能有利于钻深井和高压喷射钻井,同时克服了紊流对井壁的冲刷作用。

7.6.3 避免压力激动

所谓井内液柱压力激动(简称“压力激动”),是指在起下钻和钻进过程中由于钻柱上下钻和钻进过程中由于钻柱上下移动、钻井泵的开动等原因,使得井内流体压力产生突然变化(升高或降低)的现象。压力激动对钻井是有害的,它破坏了液柱压力与地层压力之间的平衡,破坏了井壁岩石与井内液柱之间的相对稳定,引起井漏、井喷和井塌。影响压力激动的因素是多方面的,除了起下钻速度、钻头和钻柱的泥包程度、环形空间的间隙、井深等以外,还与钻井液的黏度、切力有密切关系。在同样条件下,钻井液黏度、切力越大,压力激动也越大。因此,当钻遇高压层、易漏层或易塌地层,尤其是钻井液的黏度、切力又较大时,在起下钻、开泵操作上不要过猛,避免造成大的压力激动,正确。

7.6.4 凝胶钻井液压力的计算

如钻井液静止,由于其固有的触变性而形成凝胶,然后需施加一定的压力才能破坏凝胶,恢复钻井液的流动性。如果静切力(长时间静切力)用范氏黏度计测定为 g_t 用于恢复钻井液循环的压力可从如下方程求得：

$$p_r = \frac{4g_t L}{D_o - D_i}$$

式中 g_t——长时间的静切力（$g_t > g_{10}$）；

L——井段长度；

D_o——井径；

D_i——钻杆柱外径；

p_r——压力。

但是，地面所测定的静切力并不能完全代表井内的有效静切力，特别是不能代表在受热影响下钻井液的胶凝作用。

操作人员必须保证钻井液由静止到运动（钻柱运动或开泵）时，不致产生过压的危险。尽可能在开始循环钻井液之前，转动钻柱破坏凝胶。

7.6.5 最优排量及钻头压力损失的确定

岩屑在环空中上升的排量，岩屑的迁移速度主要取决于在环空中的上升速度。如果流速减小，由于岩屑含量的增加，钻井液变相，随之产生：(1)超压力的危险；(2)压力差增大及钻速降低。因此可推荐如下环空上返速度：

软地层中，$v = 30 \sim 40\text{m/min}$；硬地层中，$v = 25 \sim 30\text{m/min}$。

由于下列原因，有时工作排量低于计算排量最优值：(1)钻井液高速流过环空时对井联产生冲油的危险，如想要得到规则的井眼，是不希望看到这种冲蚀的；(2)环空中压力损失大，使井底的当量密度增大。

其他有关问题如环空岩屑浓度、井壁稳定指数、重晶石的悬浮、循环当量密度的确定，充分发挥泵功率等问题都与钻井液流变学有关。

复习思考题

1. 结合钻井液的主要功用，分析钻井液应具备什么流变性能。
2. 解释悬浮液的增黏机理。
3. 钻井液流变性的影响因素有哪些？如何影响？
4. 简述钻井液的主要流变特征。
5. 解释钻井液的静切力。
6. 根据钻井液的流变性，在钻井和固井施工中应注意什么？并说明其理由。
7. 什么是压力激动，钻井液的流变性对压力激动有何影响？
8. 某井六速旋转黏度计实测数据如下：$\phi_3 = 52$，$\phi_{100} = 105$，$\phi_{200} = 166$，$\phi_{300} = 210$，ϕ_{600}超量程，求塑性黏度、动动力，并预测 ϕ_{600} 的读数。
9. 钻井中钻遇具有侵污性的岩层时，钻井液流变参数会发生哪些变化？

第 8 章　压裂液的流变性

压裂液是水力压裂改造油气层过程中的工作液,压裂液提供了水力压裂施工作业的手段,它起着传递压力、形成地层裂缝、携带支撑剂深入人工裂缝以及压裂完成后,化学分解或破胶到低黏度,保证大部分压裂液返排到地面以净化裂缝的作用。压裂液的流变特性对水力压裂的效果以及作业成本等有着直接的影响。本章将基于压裂液作用、组成和类型讨论其流变性及在评价压裂液体系中的应用。

8.1　油层压裂

8.1.1　水力压裂的概念

油层水力压裂,简称为油层压裂或压裂,是油气井增产、水井增注、提高油气井产能和采收率的重要的增产措施之一。所谓水力压裂,是利用高压泵组,如图 8.1 所示,以大大超过地层吸收能力的排量将高黏度液体注入井中,随即在井底憋起高压,压力超过井壁附近地应力及岩石的抗张强度后,在井底附近地层中产生裂缝;然后将带有支撑剂的液体注入缝中,此缝向前延伸并在缝中填以支撑剂。这样在停泵后即可形成一条足够长,具有一定高度和宽度的填砂裂缝,从而改善油气层的导流能力,达到油气增产的目的。

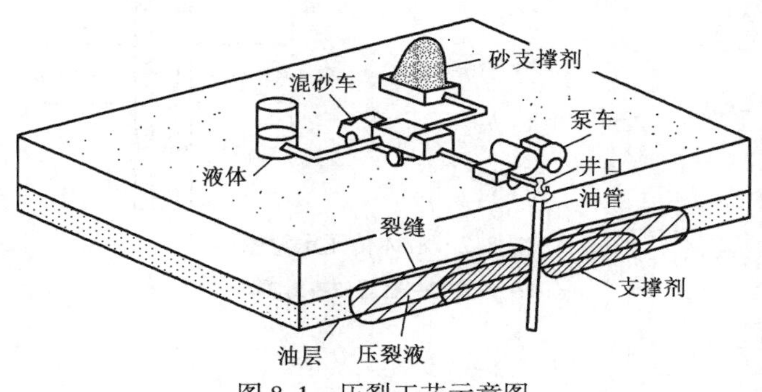

图 8.1　压裂工艺示意图

自 1947 年水力压裂在美国得克萨斯州实验成功后。主要用于低渗透特低渗透砂岩油气藏,在高渗透砂岩油藏和部分地区碳酸岩油气藏也取得了成功应用。美国石油储量的 25%~30%是通过压裂达到经济开采条件的。在我国,越来越多的油田采用水力压裂来提高油气井的开采能力和注水井的增注能力,取得了明显的效果。例如,20 年来,华北油田共计实施压裂 2000 余井次,累计增油 200×10^4t,对老油田的后期治理起到重要作用。而且,压裂规模从单井发展到区块压裂,压裂层从单层发展到多层,从厚层发展到薄层,从浅层发展到 4000 多米的深层。

8.1.2 油层压裂原理

利用液体传压的原理,在地面采用高压泵组(压裂车)及辅助设备,以大大高于地层吸收能力的注入速度(排量),向油层注入具有一定黏度的液体(统称为压裂液),如图 8.2 所示,使井筒内压力逐渐增高。当压力增高到大于油层破裂压力时,油层就会形成对称于井眼的裂缝。油层形成裂缝后,随着液体的不断注入,裂缝也会不断地延伸与扩展,直到液体注入的速度与油层吸入的速度相等时,裂缝才会停止延伸和扩展。此时如果地面高压泵组停止泵入液体,由于外来压力的消失,又会使裂缝重新闭合。为了保持裂缝处于张开位置和获得高的导流能力,在注入压裂液时携带一定粒径的高强度支撑材料,铺垫在裂缝中,从而形成一条或几条高导流能力的通道,增大了排油面积,降低了流体流动阻力,使油井获得增产的效果。

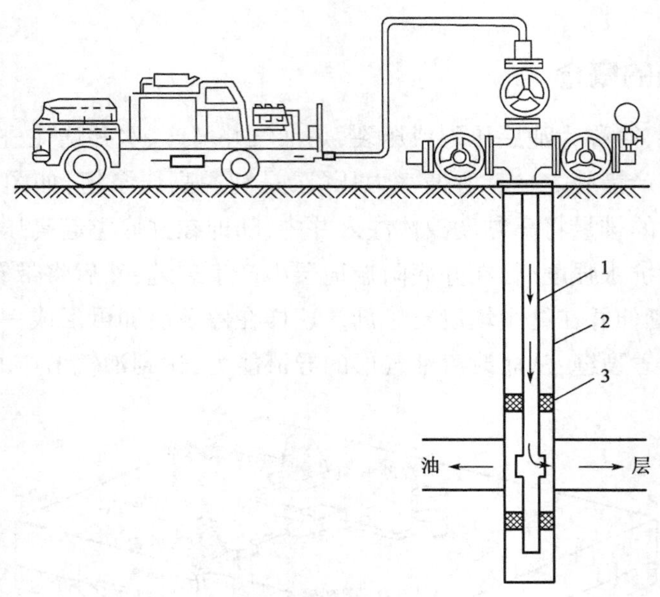

图 8.2 液体传压示意图

1—油管;2—套管;3—封隔器

8.2 压裂液的组成和类型

8.2.1 压裂液的概念

压裂液是压裂工艺技术的一个重要组成部分,是水力压裂改造油气层过程中的工作液。压裂液提供了水力压裂施工作业的手段,它起着传递压力、形成地层裂缝、携带支撑剂深入人工裂缝以及压裂完成后,化学分解或破胶到低黏度,保证大部分压裂液返排到地面以净化裂缝的作用。压裂液是一个总称,由于在压裂过程中,注入井内的压裂液在不同的阶段有各自的作用,所以可以分为以下几种。

(1)前置液。其作用是破裂地层并造成一定几何尺寸的裂缝,同时还起到一定的降温作用,从而有利于裂缝的发育以及携砂液的黏度稳定性,以便减少砂粒或其他支撑剂的沉降速度。为提高其工作效率,特别是对高渗透层,前置液中需加入降滤失剂,加细砂或粉陶(粒径 100~320 目,砂比 10%左右)或 5%柴油,堵塞地层中的微小缝隙,减少液体的滤失。

(2)携砂液。它起到将支撑剂(一般是陶粒或石英砂)带入裂缝中并将砂子放在预定位置上的作用。在压裂液的总量中,这部分占的比例很大。携砂液和其他压裂液一样,都有造缝及冷却地层的作用。

(3)顶替液。其作用是将井筒中的携砂液全部替入裂缝中。

根据不同的设计工艺要求及压裂的不同阶段,压裂液在一次施工中可使用一种液体,其中含有不同的添加剂。对于占总液量绝大多数的前置液及携砂液,都应具备一定的造缝力并使压裂后的裂缝壁面及填砂裂缝有足够的导流能力。

8.2.2 压裂工艺对压裂液性能的要求

为满足压裂工艺的要求,压裂液须具备如下性能:

(1)滤失小。这是造长缝、宽缝的重要性能。压裂液的滤失性,主要取决于它的黏度,地层流体性质与压裂液的造壁性,黏度高则滤失小。在压裂液中添加降滤失剂能改善造壁性大大,减少滤失量。在压裂施工时,要求前置液、携砂液的综合滤失系数不大于 $1\times10^{-3}m/min^{1/2}$。

(2)悬砂能力强。压裂液的悬砂能力主要取决于其黏度。压裂液只要有较高的黏度,砂子即可悬浮于其中,这对砂子在缝中的分布是非常有利的。但黏度不能太高,如果压裂液的黏度过高,则裂缝的高度大,不利于产生宽而长的裂缝。一般认为压裂液的黏度为 50~150mPa · s 较合适。由表 8.1 可见,液体黏度大小直接影响砂子的沉降速度。

表 8.1 黏度对悬砂的影响

黏度,mPa · s	1.0	16.5	54.0	87.0	150
砂沉降速度,m/min	4.00	0.56	0.27	0.08	0.04

(3)摩阻低。压裂液在管道中的摩阻越大,则用来造缝的有效水马力就越小。摩阻过高,将会大大提高井口压力,降低施工排量,甚至造成施工失败。

(4)稳定性好。压裂液稳定性包括热稳定性和剪切稳定性,即压裂液在温度升高、机械剪切下黏度不发生大幅度降低,这对施工成败起关键性作用。

(5)配伍性好,压裂液进入地层后与各种岩石矿物及流体相接触,不应产生不利于油气渗滤的物理、化学反应,即不引起地层水敏及产生颗粒沉淀。这些要求是非常重要的,往往有些井压裂后无效果就是由于配伍性不好造成的。

(6)低残渣。要尽量降低压裂液中的水不溶物含量和返排前的破胶能力,减少其对岩石孔隙及填砂裂缝的堵塞,增大油气导流能力。

(7)易返排。裂缝一旦闭合,压裂液返排越快、越彻底,对油气层损害越小。

(8)货源广,便于配制,价格便宜。

此外,在设计压裂液体系时还需考虑的主要问题包括:(1)地层温度、液体温度剖面以及在裂缝内停留时间;(2)建议作业液量及排量;(3)地层类型(砂岩或灰岩);(4)可能的滤失控制需要;(5)地层对液体敏感性;(6)压力;(7)深度;(8)泵注支撑剂类型;(9)液体破胶需要。

8.2.3 压裂液的类型

针对各类储层在温度、渗透率、岩性、孔隙压力等方面的差异,目前已研制出许多不同类型的液体以适应不同的储层特性。主要类型有油基压裂液、水基压裂液、酸基压裂液,乳化压裂液和泡沫压裂液,见表8.2。最初的压裂液为油基液,20世纪50年代,用瓜尔胶增稠的水基压裂液日见普及,1969年,首次使用了交联瓜尔胶液。目前,约为65%以上的压裂施工用的是以瓜尔胶或羟丙基瓜尔胶增稠的水基凝胶液;油基压裂液作业和酸压作业各占5%;增能气体压裂约占20%~25%。

表8.2 主要压裂液类型及其应用条件

压裂液基液	压裂液类型	主要成分	应用对象
水基	线型	HPG、TQ、CMC、HEC、CMHPG、CMHEC、PAM	短裂缝、低温
	交联型	交联剂+HPG,HEC或CMHEC	长裂缝、高温
油基	线型	油、胶化油	水敏性地层
	交联型	交联剂+油	水敏性地层、长裂缝
乳状液	O/W乳状液	乳化剂+油+水	适用于控制滤失
泡沫基	酸基泡沫	酸+起泡剂+N_2	低压、水敏性地层
	水基泡沫	水+起泡剂+N_2或CO_2	低压地层
	醇基泡沫	甲醇+起泡剂+N_2	低压存在水锁的地层
酸基	乳化酸	乳化剂+酸液	碳酸盐地层
	泡沫酸	酸液+起泡剂+N_2或CO_2	
醇基	线性体系	胶化水+醇	消除水锁
	交联体系	交联体系+醇	

注:HPG—羟丙基瓜胶;TQ—田菁胶;CMC—羧甲基纤维素钠;HEC—羟乙基纤维素;CMHEC—羧甲基羟乙基纤维素;CMHPG—羧甲基羟丙基瓜胶。

8.2.3.1 水基压裂液

水基压裂液是以水作溶剂或分散介质,向其中加入稠化剂、添加剂配制而成的。主要采用三种水溶性聚合物作为稠化剂,即植物胶(瓜尔胶、田菁、魔芋等)、纤维素衍生物及合成聚合物。这几种高分子聚合物在水中溶胀成溶胶,交联后形成黏度极高的冻胶。具有黏度高、悬砂能力强、滤失低、摩阻低等优点。天然植物胶压裂液包含如瓜尔胶及其衍生物羟丙基瓜胶、羟丙基羧甲基瓜尔胶、延迟水化羟丙基瓜尔胶;多糖类有半乳甘露糖胶,如田菁及其衍生物、甘露聚葡萄糖胶。纤维素压裂液包含羧甲基纤维素、羟乙基纤维素、羧甲基—羟乙基纤维素等。合成聚合物压裂液包含聚丙烯酰胺、部分水解聚丙烯酰胺、甲叉基聚丙烯酰胺及其共聚物等。

水基压裂液配液过程是:水+添加剂+稠化剂→溶胶液,水+添加剂+交联剂→交联液,溶胶液+交联液→水基冻胶压裂液[溶胶液∶交联液=100∶(1~12)]。

8.2.3.2 油基压裂液

油基压裂液是以油作为溶剂或分散介质,与各种添加剂配制成的压裂液。主要包括稠化油压裂液和油基冻胶压裂液。稠化油压裂液一般用脂肪酸盐(皂)或油溶性高分子作为稠化剂,溶于油中配制而成。目前,普遍采用的是铝磷酸酯与碱的反应产物在油中形成"缔合",将油稠化。当油溶性高分子,如聚丁二烯、聚异丁烯、聚异戊二烯、α-烯烃聚合物,聚烷基苯乙烯,氢化聚环戊二烯、聚丙烯酸酯等浓度超过一定数值,就可在油中形成网络结构,使油稠化。油基冻胶压裂液配制方法为:原油(成品油)+胶凝剂+活化液──→溶胶液,水+$NaAlO_2$ ──→活化液,溶胶液+活化液+破胶剂──→油基冻胶压裂液。目前国内外普遍使用的油基压裂液胶凝剂主要是磷酸酯。常用的破胶剂有碳酸氢钠、苯甲酸钠、醋酸钠、醋酸钾。磷酸酯铝盐油基冻胶压裂液是目前性能最佳的油基压裂液。其黏度较高,黏温性好,具有低滤失性和低摩阻。磷酸酯铝盐油冻胶需要用较大量的弱有机酸盐进行破胶。磷酸酯铝盐油基冻胶压裂液适用于水敏、低压和油润湿地层的压裂。砂比可达30%。

油基压裂液的基本特点是:(1)容易引起火灾;(2)易使作业人员、设备及场地受到油污;(3)基油成本高;(4)溶于油中的添加剂选择范围小,成本高,改性效果不如水基液;(5)油的黏度高于水,摩阻比水大;(6)油的滤失量大;(7)油的相对密度小,液柱压力低,有利于低压油层压裂后的液体返排,但需提高泵注压力;(8)油与地层岩石及流体相容性好,基本上不会造成水堵,乳堵和黏土膨胀与迁移而产生的地层渗透率降低。油基压裂液适用于低压、强水敏地层,在压裂作业中所占比重较低。

8.2.3.3 酸基压裂液

酸基压裂液主要适合于碳酸盐地层的压裂作业。酸压施工是以足够使地层破裂或使原来天然裂缝张开的压力将酸液泵入碳酸盐岩地层中。常用酸液是盐酸。当酸液沿裂缝流动时,裂缝表面部分被溶解,流动酸液以不均匀方式刻蚀裂缝表面,所以裂缝闭合后,常常留下一些导流通道。裂缝有效长度依酸液刻蚀的长度而定,酸蚀裂缝的长度取决于酸液用量、酸反应速度、酸液滤失量。最常用的延长活性酸穿透距离的方法之一是在酸蚀前泵入一种黏性的非反应前置液,以增加裂缝长度和冷却裂缝表面,由此而降低酸反应速度。酸性较弱的有机酸(乙酸)可作为缓释酸。此外,添加缓释剂,通过在碳酸盐表面形成一层憎水保护膜来降低反应速度。为了控制酸液滤失量,可以加入液体滤失添加剂,如微粒(油溶树脂和100目砂)或胶凝剂。由于性能和费用的局限性,最常用的方法是在酸处理前,使用黏性前置液。

8.2.3.4 乳化压裂液

乳化压裂液是一种油水分散体系,内相的百分比越高,微滴运动的阻力越大,黏度也就越大。最常用的液体被称作聚乳化液,是由67%的碳氢化合物作内相,33%的稠化盐水作外相,并加入乳化表面活性剂组成。稠化的水相改善了乳化液的稳定性。聚合物的浓度一般很小,因此,对地层伤害较小,而且可快速清洗。聚乳化液的不足是摩擦阻力高,而且液体的费用较高。此外,随着温度的升高,聚乳化液明显地变稀薄,不适宜于高温井中。乳化压裂液适用油井和气井、致密砂岩,适用的最高井底温度为175℃。

8.2.3.5 泡沫压裂液

泡沫压裂液是一个大量气体分散于少量液体中的均匀分散体系,由两相组成,气体约占70%,为内相,液体占30%,为外相。气相一般为氮气或二氧化碳气。目前最常用的是氮气。液相一般采用水或盐水。对高水敏地层可用原油、凝析油或精炼油。对碳酸盐地层可用酸类。因此,液相必须含有足够的增黏剂、表面活性剂和泡沫稳定剂等添加剂以形成稳定的泡沫体系。泡沫直径常小于0.25mm。泡沫压裂液具有如下特点:

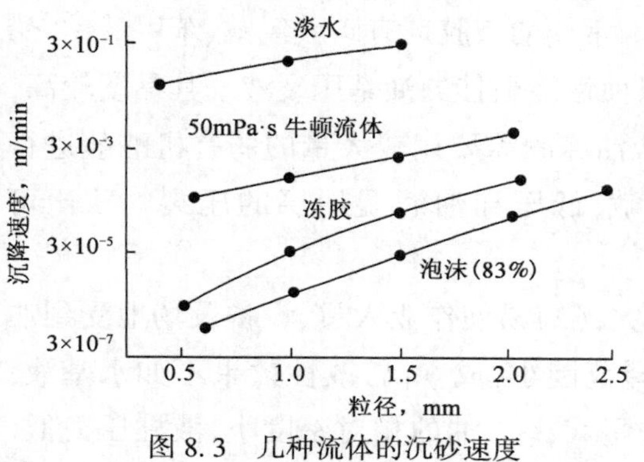

图 8.3 几种流体的沉砂速度

(1)泡沫液视黏度高,携砂和悬砂性能好,砂比高达64%~72%,如图8.3所示,泡沫83%(泡沫质量)的携砂能力比交联的冻胶强。

(2)泡沫液滤失系数低,液体滤失量小。泡沫液浸入裂缝壁面的深度一般在12.7mm以内。

(3)对油气层损害较小。泡沫压裂液内气体体积占60%~85%,液体含量较少,减少了对油气层微细裂缝的堵水问题。特别是对黏土含量高的水敏性地层可减少黏土膨胀。

(4)排液条件优越。泡沫破裂后气体驱动液相到达地面,省去抽汲措施,排液时间仅占通常排液时间的一半,既迅速又安全,气井可较快地投入生产,井下的微粒还可以较快地带出地面,排液彻底。

(5)摩阻损失小,泡沫液摩阻比清水可降低40%~60%。

(6)压裂液效率高,在相同液量下裂缝穿透深度大。

泡沫压裂液很适合于低压、低渗透、水敏性强的浅油气层压裂。当油气层渗透率比较高时,泡沫滤失量很快增加,如图8.4所示。油气层温度过高,对泡沫的破坏较大,泡沫压

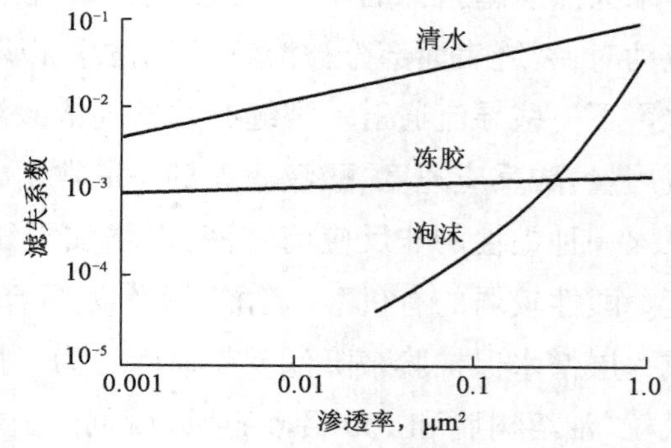

图 8.4 几种流体滤失量比较

裂液适于 2000m 左右的中深井压裂。

8.3 基液和压裂液的流变模型

8.3.1 基液的流变模型

基液是指准备增稠或交联的液体，主要包括各种高分子稠化水溶液、矿物油或成品油。一般基液属于牛顿流体或拟塑性非牛顿流体，主要采用牛顿模型和幂律模型。通常用基液黏度来评价未经稠化的水、油等作为基液的品质，评价稠化剂的溶解速度，其溶解速度可作为稠化液配制或进一步增稠的依据。未经稠化的水、油等基液为牛顿流体，其基液黏度可用黏度计在一定剪切速率下和给定温度下测定。用稠化剂增稠的基液，可用黏度计在 $170s^{-1}$ 下，测定并绘出给定温度下的稠化剂溶解增稠的 η—t 曲线，如图 8.5 所示。由图可以给出稠化剂充分溶解的时间 t 和稠化液的表观黏度 η_a。

8.3.2 压裂液的流变模型

通常所指的压裂液指已充分增稠或交联的，可用于携砂但内部不含支撑剂的液体。由于压裂液的品种繁多，流变性各异。一般情况下，水基和油基高分子增稠性压裂液属于黏塑性非牛顿流体，并且具有抗剪切、触变特性和较好的黏弹性，一般均以测定其黏性流性质为主。而水基和油基冻胶压裂液则是属于黏弹性非牛顿流体，同时具有黏性和弹性，需进行黏性和弹性的测定。通常，在实验室内进行压裂液流变性评价是在稳定剪切情况下，它所液体表观黏度作为剪切速率、温度和液体组成和时间函数。

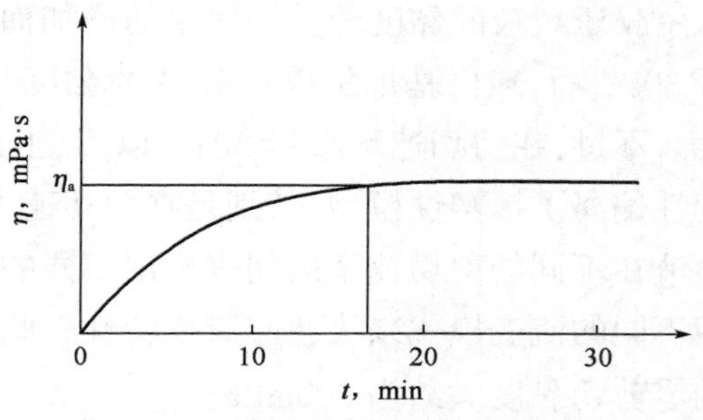

图 8.5　增稠剂溶解时间与黏度关系

压裂液初始黏度是评价压裂液携砂性能的一个重要参数之一，是指基液开始进一步增稠或交联 15s～2min 内的黏度变化范围。它代表压裂液在混砂罐内的携砂黏度，也反映压裂液延缓交联或增稠的性能。初始黏度和交联的压裂液的流动特性是变化的，但基本上属于黏塑性非牛顿流体，可用黏度计测定出在地面温度下，$170s^{-1}$ 时的表观黏度 η_a。

考虑到压裂液在裂缝中的携砂性能，还要考虑流动中的剪切速率大小、剪切时间及剪切历史的对流变性的影响。

8.3.2.1 压裂液黏度与剪切速率的关系

压裂液具有明显剪切依赖性，这就是说其表观黏度取决于它所经历的剪切。在温度恒定的条件下,大部分压裂液的黏度随剪切速率的增加而减小。有些压裂液在很高的剪切速率范围内,能出现黏度随剪切速率的增加而增加的现象,不过,在实际的压裂过程中,压裂液所受的剪切速率一般不可能那样高,所以,在一般情况下可不予考虑上述胀流现象。

压裂液的非牛顿性对其在管路和裂缝中的摩擦阻力及输送支撑剂的能力具有重要的影响。非牛顿流体的流变性能表征需要确定流体对剪切速率变化的响应以及使用的相同模型,以便计算流体在裂缝中所经历的不同剪切情况下的表观黏度。

图 8.6 表示油水乳化形成的压裂液的黏度特性,在该乳化状压裂液中,水占 35%,而油及乳化剂等占 65%。从图 8.4 可见,在一定的剪切速率范围内,这种压裂液的黏度随剪切速率增加缓慢下降,当达到某一临界剪切速率时,其黏度便急剧下降。当压裂液的黏度下降到一定程度后,又随剪切速率的增加而缓慢下降。

出现上述现象的原因可能是剪切速率达到某一临界值时,产生了破乳现象,因而其黏度急剧下降。

图 8.7 表示一种羧丙基瓜尔胶压裂液的黏度特性曲线。从图 8.7 可以看出,羧丙基瓜尔胶压裂液的黏度随剪切速率的增加而下降。由图 8.4 可以看出,当剪切速率大约大于 $30s^{-1}$ 后,羧丙基瓜尔胶压裂液的黏度与剪切速率呈较好的线性关系,即表现为拟塑性。不过,在剪切速率小于 $30s^{-1}$ 以后,上述线性关系发生了变化,这表明该压裂液的流变性偏离了拟塑性模型,特别是在剪切速率很低时尤其明显。这一实例说明了同一种压力液在不同的剪切速率区间表现出不同的流变特性,因而在不同的剪切速率区间应该采用不同的流变模式来描述其流变特性。此外,从图 8.7 可以看出,该羧丙基瓜尔胶压裂液的零剪切黏度大约为 900mPa · s。

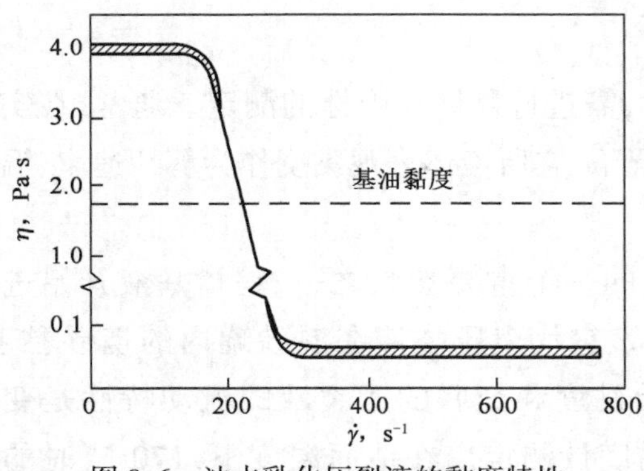

图 8.6 油水乳化压裂液的黏度特性

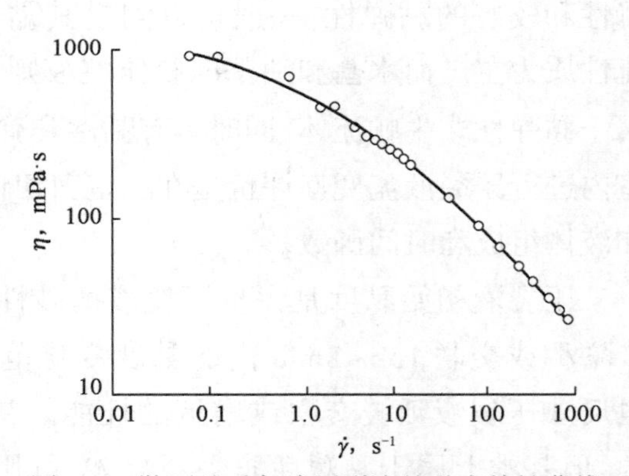

图 8.7 羧丙基瓜尔胶压裂液的黏度特性曲线

以往对于羧丙基瓜尔胶压裂液的黏度特性进行了较多的研究,大部分结果表明,该压裂液在所测剪切速率范围内属于拟塑性流体。主要原因是以往采用常规的旋转黏度计测量,由常规的旋转黏度计是可控剪切速率型的,其剪切速率范围有限,很难精确测定低剪切速率下流体样品的黏度。而应用可控剪切应力黏度计一方面可以增加剪切速率的测量范围,另一方面可以测定出样品的零剪切黏度(即剪切速率趋于零时的黏度),该参数是常规可控剪切速率旋转黏度计不可能测定的。样品的零剪切黏度可以用来评价悬浮液的沉降稳定性以及颗粒在该液体样品中的沉降速率。

8.3.2.2 压裂液的黏时特性以及剪切历史的影响

对于大部分压裂液，在剪切速率恒定不变时，其黏度将随剪切时间的增加而下降，而停止剪切静置后，其黏度又将随静置时间的增加而增加，这是压裂液具有触变性的一种表现。图8.8为0.48%的羧丙基瓜尔胶（HPG）水基压裂液在不同剪切历史下的黏度随时间的变化规律。从图中可以看出，该压裂液的黏度在恒定的剪切速率下随剪切时间的增加而下降，而且在不同的剪切历史条件下，其变化的趋势及变化的速度也不相同。在一般的情况下，经过高剪切后，压裂液的黏度随时间的变化速度较为缓慢。

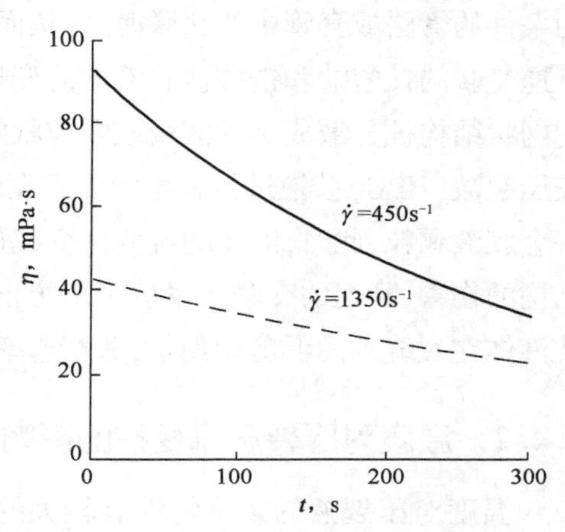

图8.8 0.48%HPG压裂液黏度—时间特性

8.3.2.3 压裂液的流变模型

在压裂设计模拟器中中广泛使用的代表压裂液流变性能的模型是幂律模型，该模型在很宽的剪切速率范围内适合于大多数的压裂液。在一个剪切速率和剪切应力的双对数绘图中，整个剪切范围内，其关系通常是一条直线，直线的斜率等于特性指数 n，在剪切速率为 $1s^{-1}$ 时，剪切应力的值乘于稠度系数 K。

8.3.3 破胶降黏液的流变模型

施工结束后，压裂液在油层温度条件下，破胶剂发生作用而破胶降黏。破胶降黏液接近牛顿流体，采用牛顿流变模型模拟。破胶降黏液的黏度是对压裂液在油层条件下破胶彻底性的衡量，它关系到破胶液的返排率及对油层的损害程度，可以用毛细管黏度计或其他黏度计测定。通常，要求破胶液黏度应控制在10mPa·s（30℃）以下。

8.4 压裂液流变性的影响因素

8.4.1 剪切对流变性的影响

以交联压裂液为例为说明剪切对液体流变性的影响。交联压裂液分为两种类型，即可逆交联压裂液和非可逆交联压裂液。两种压裂液看起来同样像块状的固体或液体，但是交联的可逆性使得胶液的流动性能和微结构具有很大差异。剪切作用对两类压裂液的流变性具有不同的影响。对于瓜尔胶浓度为40lb/100gal的硼交联瓜尔胶液体，其聚合物密度在空间分布上是均匀的,因为这个浓度比临界重叠浓度高 6 倍,在这种情况下,剪切历史的影响较小。当瓜尔胶浓度降低,聚合物浓度接近于重叠浓度,剪切可使胶液不稳定,出现相分享,液体在微观结构上分为高低两个浓度范围,在浓度低于临界重叠浓度,不可能再形成均质交联,导致胶液黏度下降。停止剪切后,经过一段时间,硼交联可能恢复,胶液重新达到其初始黏度,但液体可能需要数小时的时间才能重新达到平衡。在聚合物浓度接近临界重叠浓度时,为了减小剪切引起的相分享,可以调整液体的化学组成,控制液体在高剪切条件件的管路或套管中的交联速度,从而得到低凝胶剂浓度的均质高黏压裂液。剪切对不可逆交联的钛酸盐和锆酸盐胶液的流变性有显著的影响。在剪切作用下,不可逆交联胶液的网状结构被分散成小的区域或颗粒状的胶液。对经过剪切和非剪切的钛交联羧丙基瓜尔胶压裂液(HPG)胶液进行显微镜观察发现,经过剪切后,胶液被分成碎块,每一个碎块就是一个胶液颗粒,此时,液体的流变性变成这些弹性球悬浮液的流变性。为了减少剪切对交联结构的伤害,延迟的交联体系被用来防止在液体流过井筒的高剪切期间形成交联。然而,即使液体在裂缝内的低剪切期间,剪切速率也影响其最终的黏度。

8.4.2 温度对压裂液流变性的影响

温度对压裂液的黏度特性有较大的影响,而且,在不同的温度区间,或者以不同的加热速度,压裂液的黏度特性都有不同的变化。图 8.9 表示温度以及加温速度对羧丙基瓜尔胶压裂液(HPG)黏度特性的影响。

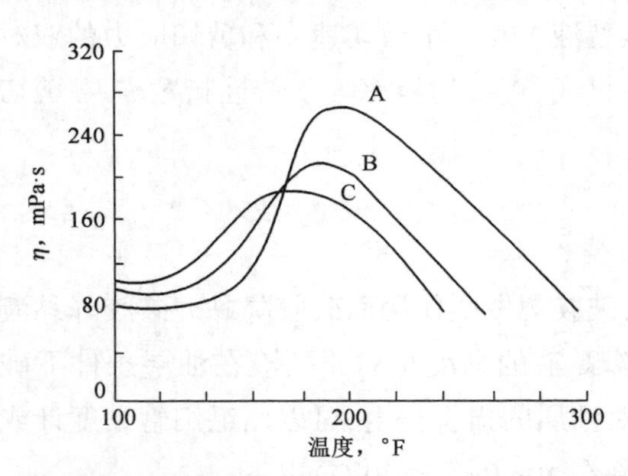

图 8.9　温度对羧丙基瓜尔胶压裂液的影响($\dot{\gamma}=170s^{-1}$)
温升速度(℉/min):A—10;B—50;C—40

从图 8.9 可以看出,当温度刚开始上升时,不论升温速度如何,该压裂液的黏度都略有增加;达到某一温度时,其黏度随温度的增加迅速增加,黏度达到某一峰值后,压裂液的黏度又开始随温度增加而迅速下降。从图 8.6 中还可以看出,升温速度越快,压裂液的最高黏度也越大。出现上述黏度随温度变化规律的主要原因可能是在不同温度下交联反应的速度以及交联反应所形成的结构体系的破坏程度不同。当温度较低时,即达到交联剂产生交联反应温度之前,交联反应没有发生或反应很弱,因此,结构体系的强度没有增加,或者增加很少。其宏观表现便是压裂液的黏度不变或者缓慢增加。当温度升高到交联反应温度时,交联反应所形成的结构体系的强度迅速增加,表现为黏度迅速增加。当超过某临界温度后,形成的结构体系又开始被破坏,因而压裂液的黏度又随温度的增加而下降。

图 8.10 表示另一种改性羧丙基瓜尔胶压裂液在不同浓度、相同升温速度下其黏度随温度的变化规律。从该图中可以看出,成胶浓度越大,在相同温度和剪切速率下压裂液的黏度越大。图 8.7 中的黏度变化特征还表明,不同浓度下该压裂液出现最大黏度峰值所

对应的温度是基本相同的。

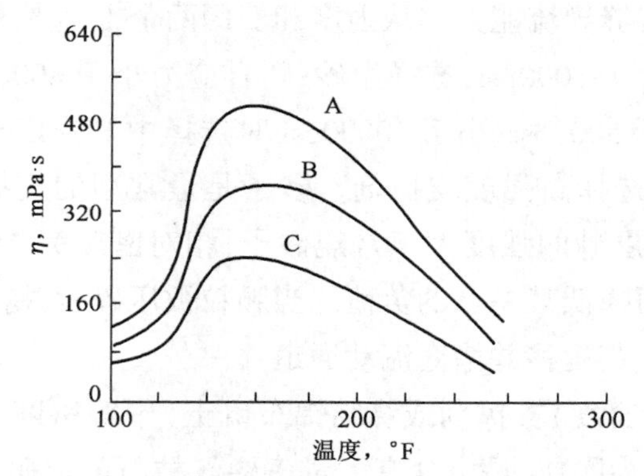

图 8.10 温度对不同浓度改性羧丙基瓜尔胶压裂液黏度的影响($\dot{\gamma}=170s^{-1}$)

CMHPG 浓度(lb/gal):A—60;B—50;C—40

图 8.11 则表示在不同剪切速率下温度及升温速度对某种 HPG 压裂液黏度的影响，其总的变趋势基本上与前述图 8.6 所示的规律基本相同。从图 8.11 还可以看出，在不同剪切速率下，HPG 压裂液达到最大表观黏度时所对应的温度是基本相同的。

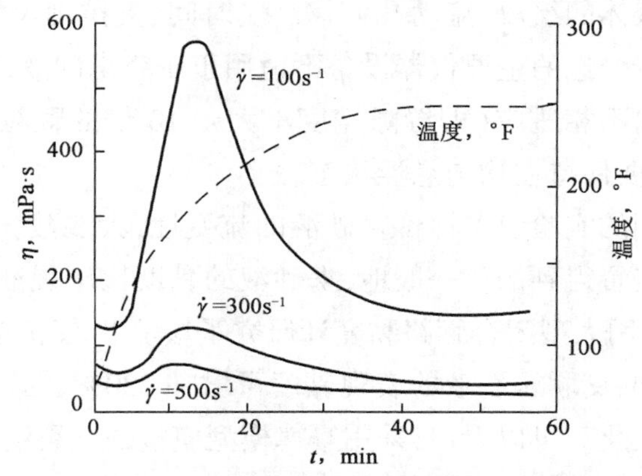

图 8.11 温度对 HPG 压裂液流变性的影响

8.4.3 支撑剂对流变性的影响

8.4.3.1 支撑剂

支撑剂用于支撑张开的裂缝，以便在停泵和压裂液滤失后，形成一条通往井筒的导流通道。影响裂缝导流能力(支撑裂缝在油井开采期输送产出液能力的量度)的因素如下：(1)支撑剂的组分；(2)支撑剂的物理性能；(3)支撑剂充填层的渗透率；(4)闭合后裂缝内聚合物浓度的影响；(5)地层中细小微粒在裂缝中移动；(6)支撑剂长期破碎性能。

为了压开并延伸水力裂缝，必须克服地应力的影响。油井投入生产后，应力作用将使裂缝闭合并封闭了支撑剂。如果支撑剂的强度不够，闭合应力作用将使支撑剂破碎，从而导致支撑剂充填层渗透率及导流能力下降。支撑剂可由多种材料制成且具有各种粒径尺寸,以满足设计要求和裂缝导流能力。从强度和费用两个方面考虑,可以参考以下方案来选择支撑剂:闭合应力小于6000psi,选择用砂;闭合应力小于8000psi,选择树脂涂层支撑剂(RCP);闭合压力大于5000psi,小于10000psi时选择中等强度支撑剂(ISP);闭合压力等于或大于10000psi时选择高强度支撑剂。砂子是最常用的支撑剂,既经济又现成,相对密度为2.65。树脂涂层砂的强度大于常规砂子,相对密度为2.25,树脂有助于增加砂粒承受应力的面积,从而降低某一点的负荷。当颗粒被压碎时,树脂涂层有助于包胶颗粒被压碎的部分,从而防止其运移并堵塞流动通道。

ISP是烧结陶瓷(低密度)支撑剂或烧结铝布矾土(中等密度)支撑剂,烧结铝布矾土(中等密度)支撑剂或称为陶粒,是由含有大量多铝红柱石的铝矾土矿石加工而成的。由于刚玉含量较高,所以强度高,相对密度介于2.7~3.3之间。高强度支撑剂是含有大量刚玉的烧结铝矾土,相对密度为3.4或更大,强度大,费用最高。

8.4.3.2 携砂液的流变性

携砂液一般含有占压裂施工总体积20%~80%的支撑剂。确定携砂液的流变性难点在于其流变性取决于液体的组成、流动几何、温度、时间、支撑剂尺寸、密度和浓度。一般用来确定不含砂液体流变性的主要仪器设备不适用于研究携砂液,因为:它们的几何尺寸与流动边界之间的距离不相适应(即缝隙宽度不大于10倍的颗粒直径);含砂液体含砂浓度过高;支撑剂必须要保持在均匀悬浮状态。

由于很难用小比例的实验设备评价含砂液的流变性,大多数含砂液的流变数据都是用大管路或窄缝流动装置得到的。一般地,携砂液的黏度比压裂液的黏度要高。Gardner和Eikcrts在1982年使用大型闭合管路黏度计研究了层流状态下的交联水基携砂液。发现支撑剂浓度稍微增加,交联压裂液的表观黏度可增加230%。图8.12给出稠度系数和幂指数随含砂浓度的变化。可以看出,采用幂律模型模拟的压裂液,随着支撑剂浓度的增加,稠度系数迅速增加到一定值后达到平稳,幂指数大幅下降后达到稳定。这说明,只要携砂量略微增加,黏性阻力增大,且剪切稀释非牛顿性增加。Nolte(1988)给出了携砂液黏度与压裂液(非携砂液)黏度的关系:

$$\frac{\eta_s}{\eta_f}=\frac{1}{(1-f_p/f_{pm})^{2.5n}}$$

式中 η_s——携砂液黏度;

η_f——压裂液(非携砂液)黏度;

f_p——支撑剂的体积百分数;

f_{pm}——流动携砂液携带支撑剂最大体积百分数;

n——幂指数。

此外,研究还发现,携砂液的摩阻随支撑剂浓度的增加而增加,在湍流情况下,由支撑剂引起的摩阻增加,其关系式为

$$\Delta p_t = \eta_t^m \rho_t^{1-m}$$

式中　Δp_t——携砂液与非携砂液的摩阻之比；

η_t——携砂液与非携砂液的表观黏度之比；

ρ_t——携砂液与非携砂液的密度之比；

m——摩阻与雷诺数双对数绘图的斜率[Hannah 等(1983)用 $m=0.2$]。

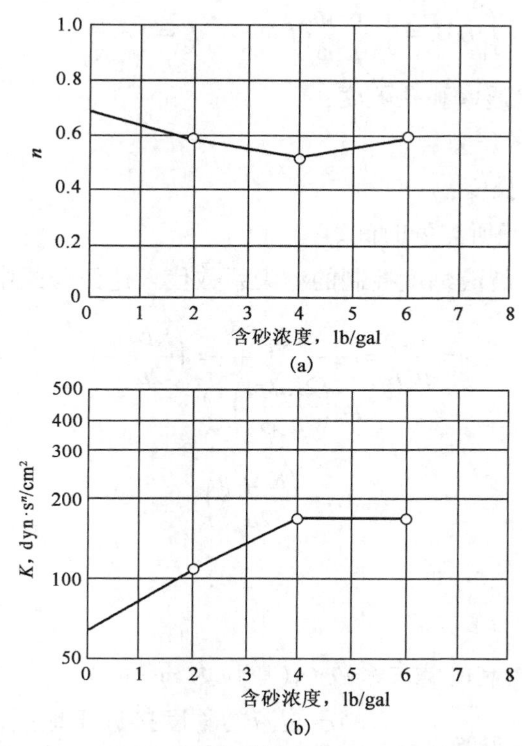

图 8.12　幂指数(a)和稠度系数(b)与含砂浓度的关系

8.5　压裂液的流变性在水力压裂设计中的应用

压裂液在压裂作业过程中起着关键性的作用，事实证明，压裂液的流变特性是决定压裂作业成败的主要因素之一。改善压裂液的流变特性可以改善压裂作业的质量，降低压裂作业的成本。

水力压裂要求压裂液的滤失少、悬砂能力强、热稳定性好、抗剪切能力强、返排能力较好、摩阻低以及残渣量少，而压裂液的滤失性、悬砂能力、稳定性等直接取决于其流变性能。

8.5.1　压裂液滤失性与流变性的关系

在一定剪切速率及温度下，压裂液的黏度越高，压裂液的滤失就越少，则压裂作业形成长缝、宽缝的能力越强。聚合物浓度越高，压裂液效率越高，这是因为通过裂缝壁面的液体滤失速度较低和黏度控制了滤失效率以及因高净压力而获得的较宽的裂缝。

当压裂液的黏度大大超过地层油的黏度(即 $\eta_a<\eta_o$)时,压裂液的滤失速度主要取决于压裂液的黏度,压裂液在多孔介质中的实际渗流速度 v_a 为

$$v_a=\frac{K\Delta p}{\mu_a\phi L}=\frac{dL}{dt} \tag{8.1}$$

$$\int_0^L L dL=\int_0^t \frac{K\Delta p}{\mu_a\phi}dt \quad \Rightarrow \quad L=\sqrt{\frac{2K\Delta pt}{\mu_a\phi}} \tag{8.2}$$

式中 K、ϕ——地层的渗透率和孔隙度;

Δp——地层单元的压差;

L——地层单位的长度;

t——流经地层单元所需的时间。

将式(8.2)所得受压裂液黏度控制的滤失系数代入达西公式中,其达西渗透率为

$$v=\frac{K\Delta p}{\mu_a L}=\frac{K\Delta p}{\mu_a\left(\frac{2K\Delta pt}{\mu_a\phi}\right)^{\frac{1}{2}}}=\left(\frac{K\Delta p\phi}{2\mu_a t}\right)^{\frac{1}{2}} \tag{8.3}$$

令

$$C_1=\left(\frac{K\Delta p\phi}{2\mu_a}\right)^{\frac{1}{2}}$$

则

$$v=\frac{C_1}{\sqrt{t}}$$

从而得到受压裂液黏度控制的滤失系数 C_1(单位为 $m\cdot s^{\frac{1}{2}}$)。

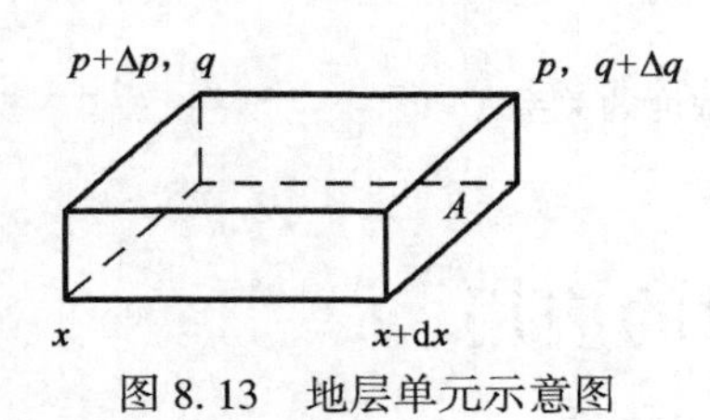

图 8.13 地层单元示意图

当压裂液的黏度接近于地层流体的黏度时,即($\mu_a=\mu_o$)时,压裂液的滤失主要取决于地层流体的压缩性。这是因为流体受到压缩,让出一部分空间,压裂液才得以滤失进来。压裂液渗滤到地层单元(图 8.13)中的流量 Δq 为因压力降低 Δp 所引起的液体的膨胀 dV(忽略岩石的体积膨胀),则地层单元体积内液体的体积 V 为

$$V=A\phi dx,\ dx=-C_1 V dp \tag{8.4}$$

式中 C_1——地层流体的压缩系数,Pa。

$$\frac{dV/dt}{dx}=-C_1(A\phi)\cdot\frac{dp}{dt} \tag{8.5}$$

$$\partial q=-C_1(A\phi\partial x)\frac{\partial p}{\partial t},\ \frac{\partial q}{\partial x}=-C_1 A\phi\frac{\partial p}{\partial t}$$

$$q=-\frac{KA}{\mu_a}\frac{\partial p}{\partial x} \quad \Rightarrow \quad \frac{\partial q}{\partial x}=-\frac{KA}{\mu_a}\frac{\partial^2 p}{\partial x^2}$$

所以

$$-C_1 A\phi\frac{\partial p}{\partial t}=-\frac{KA}{\mu_a}\frac{\partial^2 p}{\partial x^2}$$

$$\eta=\frac{K}{\mu_a C_1 \phi}$$

则
$$\frac{\partial^2 p}{\partial x^2}=\frac{1}{\eta}\frac{\partial p}{\partial t}$$

对无限地层,边界压力为常数的解为

$$\frac{p(x,t)-p_e}{\Delta p}=\operatorname{erfc}\left(\frac{x}{2\sqrt{\eta t}}\right) \tag{8.6}$$

式中,p_e 为边界压力,对式(8.6)中 x 求导得缝壁面上的压力梯度值:

$$\left(\frac{\partial p}{\partial x}\right)_{x=0}=-\frac{\Delta p}{\sqrt{\pi \eta t}}$$

因为
$$v=-\frac{K}{\mu_a}\left(\frac{\partial p}{\partial x}\right)$$

壁面处
$$v_{x=0}=-\frac{K}{\mu_a}\left(\frac{\partial p}{\partial x}\right)_{x=0}=\frac{K}{\mu_a}\frac{\Delta p}{\sqrt{\pi \eta t}}$$

令
$$C_2=\frac{K}{\mu_a}\frac{\Delta p}{\sqrt{\pi \eta}}=\frac{K}{\mu_a}\frac{\Delta p}{\sqrt{\pi \dfrac{K}{\mu_a C_1 \phi}}}=\Delta p\left(\frac{K C_1 \phi}{\pi \mu_a}\right)^{\frac{1}{2}}$$

则
$$v=\frac{C_2}{\sqrt{t}}$$

8.5.2 压裂液悬砂能力与流变性的关系

压裂液的流变性是影响其悬砂能力的主要因素。一般来说,在一定温度和剪切速率下压裂液的黏度越高,则压裂液的悬砂能力越强,压裂液的悬砂能力越强,砂粒或其他支撑剂在裂缝中的分布越合理,压裂后增产增注的效率越高。

砂子在缝中的移动,主要受重力与液流携带力的控制。重力企图使砂子沉降下来,携带力则将砂子送至裂缝深处。压裂液黏度高,砂子在液体中呈悬浮状态,在相当长的施工过程中,砂子很少或基本上没有沉降,液体所到之处,皆有砂子。由于液体的滤失,离井轴越远,该处的砂子浓度越高。若压裂液黏度不足以使砂子悬浮,砂子进入裂缝后,逐渐沉降下来。砂子粒径不是均等,流速在裂缝中是变化的,黏度也不能保持恒定,这样就出现了复杂的布砂现象。有的砂沉下来,有的砂还被携带着往远处流动,直到流速低于该粒径的平衡流速,砂子即下沉。

压裂液长距离的携砂能力是裂缝长度的优化中关键因素之一。因为压裂液黏度随时间和温度降解,因此,压裂设计中总是设计出比实际需要更高的压裂液黏度。有研究显示,在完全不考虑压裂液对支撑剂沉降影响的情况下,压裂液设计黏度可能高出需要黏度的 50 倍。

8.5.3 压裂液热稳定性与流变性的关系

如果压裂液的黏度在一定剪切速率范围内随温度的升高而急剧下降,那么,由于地层的温度一般较高,当压裂液(携砂液)沿裂缝进入地层时,其黏度的迅速下降会造成砂粒的快速沉降(即压裂液的悬砂能下降),因而导致砂粒或其他支撑剂不能达到裂缝的深度。这样,当停止压裂作业后,深部的裂缝将重新闭合,因而不能有效地实现增产或增注的作用。所以,要求压裂液的黏温特性必须符合压裂作业的特点,即压裂液的黏度随温度的增加不应急剧下降。

在设计的压裂作业时间内,压裂液的温度应从地面温度升高至油层温度,再继续恒温的条件下,观察压裂液在 $170s^{-1}$ 下的黏温与剪切时间、黏度与温度的叠加效应,示意图如图 8.14 所示。图中 t_T 为到达油层温度的时间,t_f 为施工结束时间。从图 8.14 所示压裂液在作业过程中黏度变化中可以给出初始黏度 η_0、最高黏度 η_{max} 和最低黏度 η_{min}。一般要求初始黏度 η_0 以 100~200mPa · s 为宜,最高黏度 η_{max} 控制在 1000~3000mPa · s,最低黏度 η_{min} 不低于 50mPa · s。

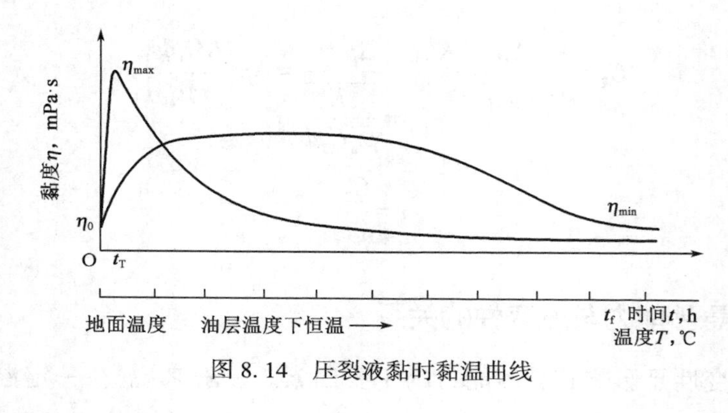

图 8.14 压裂液黏时黏温曲线

8.5.4 压裂液的抗剪切性

压裂液在流动过程中经历较宽范围剪切速率的剪切作用。压裂液在管道中受到高剪切作用,流体的剪切速率为 $800 \sim 2500s^{-1}$;压裂液在裂缝内受到低剪切作用,流体的剪切速率一般仅为 $20 \sim 200s^{-1}$。若压裂液的黏度随剪切速率与剪切时间的增加而急剧下降,则压裂液抗剪切能力低;若压裂液的黏度随剪切速率与剪切时间的增加而缓慢变化,则其抗剪切能力较强。如果压裂液的抗剪切能力较弱,则携砂压裂液进入裂缝后由于压裂液所受的剪切速率增加,其黏度将显著下降,从而导致其悬砂能力大大降低,砂粒在裂缝中的分布不合理,最终使压裂的效果变坏。因此,要求压裂液具有一定的抗剪切能力。此外,在压裂设计中还需要考虑摩阻性能和压裂液返排性。

8.5.5 压裂液的摩阻性能与流变性的关系

压裂液的摩阻损失(或摩阻系数)取决于压裂液的流变性。从能耗强度来说,摩阻越低越有利。也就是说压裂液在管道中的摩阻越小,则在地面高压泵功率一定的条件下,用来造缝的功率越多。摩阻过高不仅降低了有效功率,而且还有可能导致井口压力高于地面高压泵的额定工作压力,使水力压裂无法进行。但是,从携砂能力来说,则要求压裂液具有较高的黏度。在压裂液设计中,对这两个相互矛盾的要求必须统筹考虑、优化设计。

一般通过管理流动特性来测定摩阻压降。在备有不同管长 L、不同管径 d_i 的管路流动仪上,测定不同压差 Δp、不同时间 t 的压裂液流量 Q。绘制 $\lg\tau$—$\lg\gamma$ 关系的流动曲线图,如图 8.15 所示。管路流动仪的剪切速率范围在 $1\sim10^5\mathrm{s}^{-1}$ 之间,测得的冻胶压裂液流动曲线是一条多段折线,每段直线求得的压裂液的 K' 和 n' 值各不相同,表明压裂液结构在剪切作用下发生了变化。而稠化液压裂液的流动曲线仅是一条直线,只有一定的 K' 和 n' 值。

图 8.15 中虚线框图 A 表明压裂液湍流减阻现象,一般管径中流动的"湍流"减阻率实际上是在同一剪切速率下,清水的湍流摩擦压降与冻胶过渡区的摩擦压降的比值。根据现场施工的管径和排量计算,其剪切速率为 $(2\sim3)\times10^3$。此速率为基准计算压裂液的减阻效率。由计算和图 8.15 可给出:(1)压裂液在不同剪切速率区内流动曲线的 K' 和 n' 值;(2)压裂液的摩擦系数 f;(3)压裂液与清水相比的降阻率。

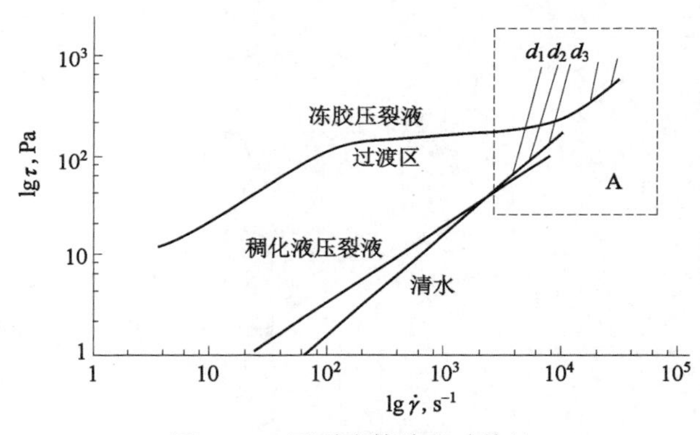

图 8.15　压裂液管路流动特性

8.5.6　压裂液的返排性能与流变性的关系

排液量的多少直接影响压裂的效果,特别是低压井的排液尤为重要。一般地,排液量越多,压裂效果越好;反之亦然。显然,压裂液的黏度越低,其排液特性越好。由此可知,排液特性对压裂液流变性的要求与热稳定性、抗剪切特性对流变性的要求可能是相互矛盾的。所以,压裂设计过程中,对压裂液的流变特性应综合考虑,避免顾此失彼。通常,要求破胶液黏度应控制在 10mPa·s(30℃)以下。

复习思考题

1. 试分析压裂液在水力压裂作业中的功用。

2. 简述压裂液的主要流变特征。

3. 什么是基液和破胶降黏液,其主要流变特征是什么?

4. 试分析剪切对交联压裂液流变性的影响。

5. 试分析温度对交联压裂液流变性的影响。

6. 试分析支撑剂对交联压裂液流变性的影响。

7. 解释压裂液滤失性能与流变性的关系。

8. 解释压裂液悬砂能力与流变性的关系。

9. 解释压裂液在各工作环节应具备的流变性能。

第9章　聚合物的流变性

聚合物驱油是目前国内外油田主要提高石油采收率方法之一。矿场试验显示,该方法可以在水驱基础上提高采收率15%以上。聚合物驱油是通过在注入水中加入一定量的高分子聚合物,来增加注入水的黏度,改善油水流度比。由于油层对聚丙烯酰胺分子的吸附、捕集作用,而降低了高、中渗透层或高、中水淹层的渗透性,增加了注入水的渗流阻力,使低渗透层或低而未水淹层的吸水量增加,扩大了注入水在油层平面上的波及范围和油层纵向上的水淹厚度,从而扩大水淹体积,将水驱时未动用的原油驱替出来,达到提高原油采收率的目的。学习和掌握驱油用聚合物溶液的流变性对于高效利用聚合驱提高驱油效率以及避免一些不利的因素造成其流变性能损失具有重要的意义。

9.1　聚合物及其特点

9.1.1　聚合物的概念

聚合物是由一种单体经聚合反应而生成的物质。按照分子量高低可以分为低聚合物和高聚合物。低聚合物是相对分子质量较低的聚合物;高聚合物(高分子化合物)是分子量在几百万甚至上千万的聚合物。大庆油田在1998年以前,工业化聚驱区块基本上采用分子量一般采用$(1000\sim1500)\times10^4$分子量的聚合物,2002—2003开始使用2500×10^4超高分子量的聚合物,2004年以后,在油田所使用聚合物的分子量又增加至2500×10^4,见表9.1,驱油效果见表9.2。

表9.1　大庆油田工业化聚驱区块使用聚合物的相对分子质量

时间	1998年前	2002—2003年	2004年以后
聚合物的分子量	$(1000\sim1500)\times10^4$	2500×10^4	3500×10^4

表9.2　不同相对分子质量的驱油效果

聚合物的分子量,10^4	500	1000	1860
采收率的提高值,%	10.6	17.9	22.6

9.1.2　聚合物的特点

相比于小分子化合物(有机或无机化合物),聚合物有以下显著的特点。

9.1.2.1　分子量高,存在一定的分布

对于一种小分子化合物(有机或无机化合物),其所有分子的分子量都相同。然而聚合物却并非如此,即使一种“纯粹”的聚合物,也往往是由分子量不等的同系聚合物所组

成,因素通常所测得的分子量都具有统计平均意义。

9.1.2.2 多分散性的长链结构

高分子有很大的分子量,其分子链很长。通常合成的高分子链为线型结构,根据分子结构和外部条件的不同,它们可以呈现不同的形态,在适当的溶剂中可以溶解,在一定的温度下可以熔融。如果所选用的单体有三个或以上的官能团,或在加聚过程中产生了链转移反应,均可生成支化高分子或交联高分子。支化按照支链的长短可以分为长链支化和短链支化;按照支链与主链的连接方式可以分为无规支化、梳型支化、星型支化,如图 9.1 所示。

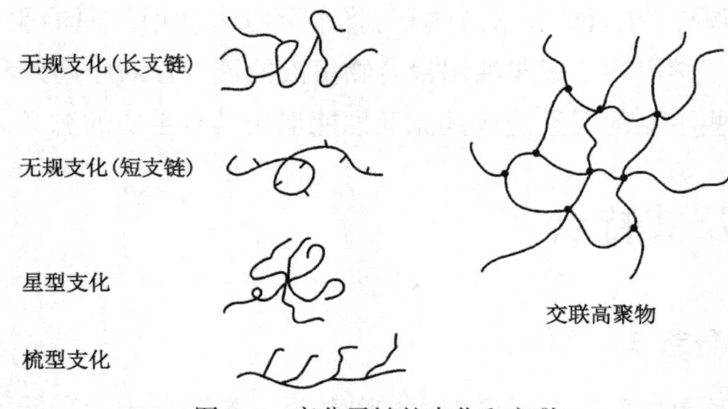

图 9.1 高分子链的支化和交联

当支链间以化学键相连形成三维的空间网络时,则为交联结构。在交联高分子的支链间存在着化学键的结合,交联度的大小将影响材料的使用性能。从键接结构上看,当高分子链由一种结构单元组成时,称为均聚物;由两种或两种以上的结构单元组成的高分子,称为共聚物。若一种共聚物是由 A、B 两种结构单元组成,按其连接方式可以分为以下几种类型:

```
无规共聚物   ~AAABBAABABBABAAB~
交替共聚物   ~ABABABABABABABAB~
嵌段共聚物   ~AAABBBBAAABBBBAAA~
接枝共聚物   ~AAAAAAAAAAAAAAA~
                     |    |
                     B    B
                     |    |
                     B    B
```

物质的分子结构是指分子中各原子之间存在着的相互吸引力和排斥力达到平衡时原子的几何排列。在的键合原子之间存在着共价键、离子键、配位键等,在非键合原子之间存在着氢键、范德华力等。分子的运动与分子结构有着直接的关系。与小分子相比,高分子的结构更为复杂,并有着自身的特点。高分子由若干结构单元组成,其结构单元可以是多种,高分子结构存在不均一性。在同一反应中生成的高分子,其相对分子量、分子结构、分子的空间构型、支化度和交联度不同。

高分子的结构主要包括高分子链的结构和高分子的凝聚态结构,如图 9.2 所示。高分子链的结构指单个分子的结构和形态,又分为近程结构和远程结构。近程结构又称为一级结构,研究的高分子结构单元的化学组成、结构单元的键全方式和序列、结构单元的立体和空间排列、支链的类型及长度、交联、端基和取代基(侧基,以化学键与高分子主链连接并分布在高分子主链两侧的化学基团,侧基的体积、极性、柔性等对高分子链的柔性、凝聚态结构、高分子链的运动均有很大的影响)的结构;远程结构又称为二级结构,包括高分子的形态和相对分子质量及相对分子质量分布。高聚物在宏观上体现为若干高分子链以一定的规律堆集形成的状态,这种高分子链之间排列和堆砌结构称为凝聚态结构,或超分子结构。高分子除不具有气态外,与小分子物质一样,同样具有固态(包括晶态、非晶态和取向态)、液态和液晶态。高分子的凝聚态结构是指高分子在凝聚态中的堆砌方式以及织态结构。高分子的堆砌方式包括晶态结构,非晶态结构、取向态结构、液晶态结构,这些又称为三级结构。而织态结构属于更高层次的结构,如图 9.2 所示。

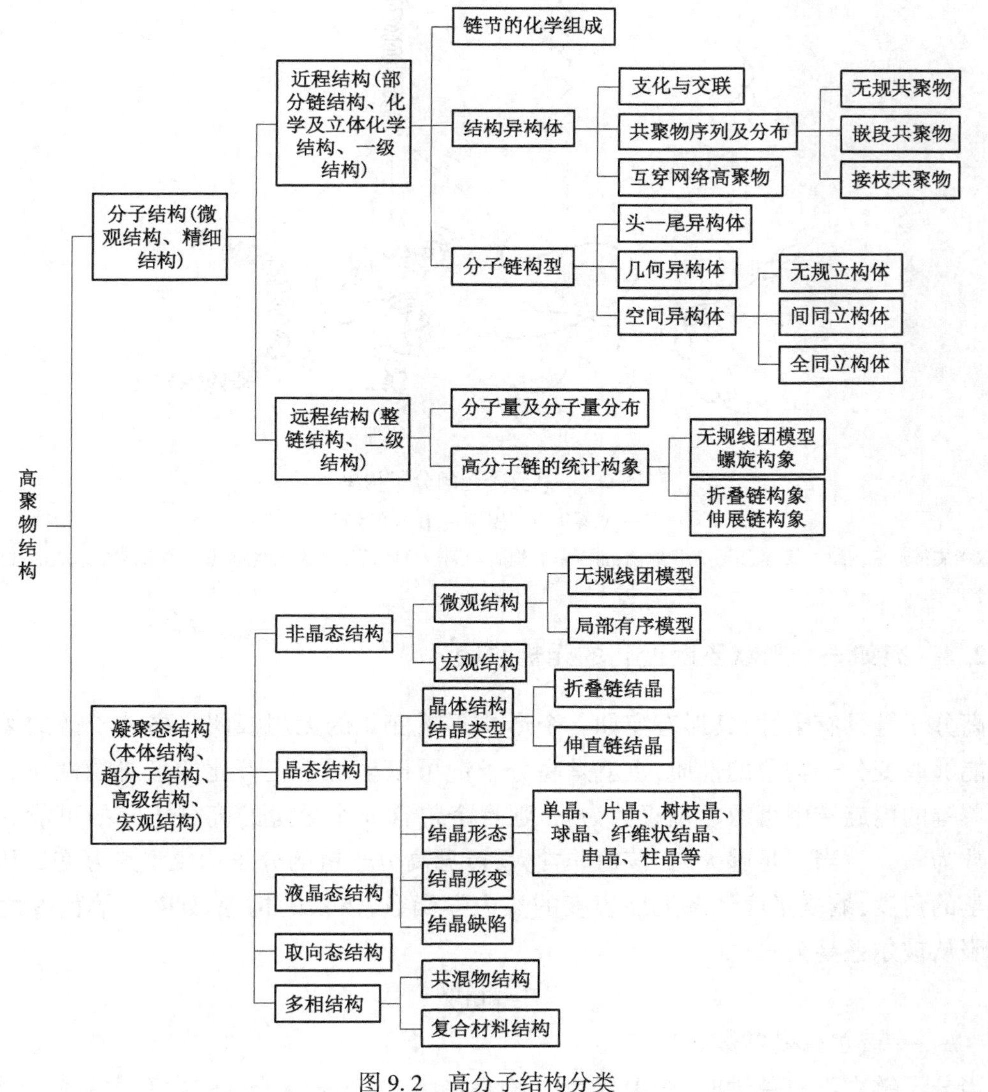

图 9.2　高分子结构分类

高分子的构型是分子中由化学键所固定的原子在空间的排列,这种排列是稳定的,要改变必须通过化学键的断裂和重组。构型主要包含两方面:一是具有相同组成的中原子以彼此不同的序列连接形成的异构体,称为构造异构体;另一种是具有相同原子序列但不同空间排列的原子组成的分子,称为立体异构。

9.1.2.3 运动有多重性

高分子有很大的相对分子质量,其分子链很长,它通常并不呈现出伸直的状态。在无外力作用时,高分子链呈蜷曲状,在空间采取各种不同的形态,如图 9.3 所示。这种形态结构与高分链中单键的内旋转是密不可分的。高分子链中许多 σ 键的微构象和微构象序列称为分子构象或宏构象。

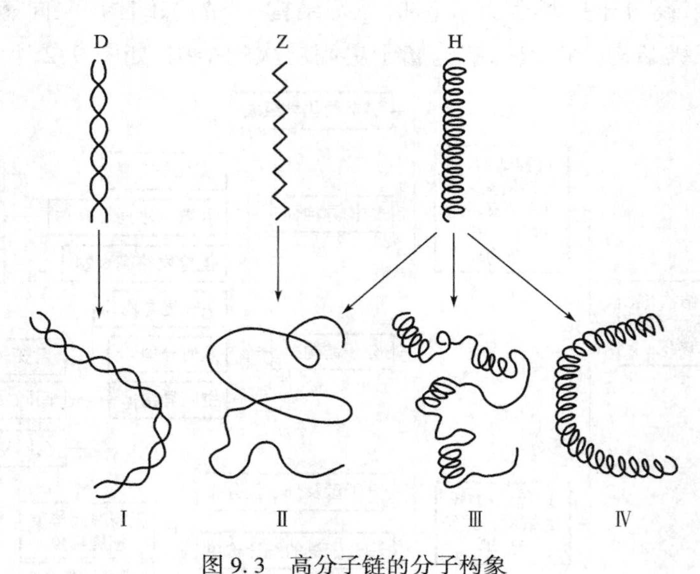

图 9.3 高分子链的分子构象

D—双螺旋;Z—锯齿状;H—单螺旋

Ⅰ—双螺旋链形成的蠕虫状链;Ⅱ—无规线团;Ⅲ—具有螺旋和无规线团链段的无规线团;Ⅳ—单螺旋链形成的蠕虫状链

9.1.2.4 宛如一个形状不断变化的无规线团

高分子链具有柔性,其形态宛如一个形状不断变化的无规线团。高分子链的柔性是指其能够改变分子构象的性质,也就是高分子链可以呈现千变万化的形态的性质。假设每个单键的内旋转中可取的位置数为 m,则一个包含 n 个单键的高分子链的可能的分子构象数为 m^{n-1}。当 n 足够大时,该值非常大,可见高分子链的分子构象瞬息万变。从统计热力学的角度,熵是量度体系无序程度的热力学函数,体系的构象数 W 与熵值 S 之间的关系服从玻尔兹曼公式:

$$S=k\ln W$$

式中 k——玻尔兹曼常数。

当分子链中没有单键时,构象数为 1,构象熵为 0;当高分子链中含有大量的 σ 键时,构象数很大,相应的构象熵很高。根据热力学理论,在无外力作用时,高子链总是自发地向熵增大的方向发展,即随着分子的热运动,高分子链总是自发地趋于卷曲的分子构象,如非晶态的聚合物溶液和熔体,线性高分子链通常采取无规线团的分子构象。

高分子链的柔性受到多方面因素的影响,高分子链的结构是影响因素中最重要的,一般而言,凡是有利于单键内旋转的因素,都会使链的柔性提高:

(1)主链结构,在C—C链聚合物中,碳氢化合物的极性最小,分子间的作用力小,因而一般柔性较好。Si—O比C—C单键的内旋更容易,其键长和键角较大,使得邻近的非键合原子间的距离更大。当分子链中含有芳杂环时,由于芳杂环不能内旋转,所以其柔性较差,刚性较大。

(2)侧基,当侧基为极性基团时,极性越大,分子间的作用力越大,分子链的柔性越差。如聚氯乙烯,聚丙烯腈,当侧基为非极性时,侧基的体积越大,所产生的空间位移越大,使链不易内旋转,刚性增大。

(3)高分子链的长短,当高分子链很短时,可以内旋转的单键数目少,分子的构象数少,分子的刚性较大,因此小分子物质没有柔性。只有当相对分子质量足够大,分子可以有很大的构象数时,分子链的柔性才能体现出来。

(4)氢键,如果高分子内或分子间形成氢键,则由于氢键的作用而使分子链的刚性极大。

(5)交联,当高分子之间以化学键交联起来形成三维网络结构时,交联点附近的单键内旋转便受到很大的阻碍,柔性降低。

9.1.3 聚合物的溶解性

所谓溶解,就是溶质分子通过分子扩散与溶剂分子均匀混合成为分子分散体系的均相体系。由于高聚物结构的复杂性,它的溶解要比小分子的溶解缓慢而又复杂得多,一般需要几小时、几天,甚至几个星期。从溶解过程看,不管是非晶态的聚合物还是晶态聚合物,其溶解必须经历两个阶段:先溶胀,后溶解。所谓溶胀,就是溶剂分子渗透进入高聚物中,使高聚物体积膨胀,然后高分子才逐渐分解到溶剂中,达到完全溶解。高聚物溶解的这一特性,与高聚物的相对分子质量有很大关系,由于高分子与溶剂分子的尺寸相当悬殊,两者的分子运动速度存在着数量级的差别,因而溶剂分子首先渗入高聚物中,并与链段发生溶剂化作用。在高分子的溶剂化程度达到能摆脱高分间的相互作用之后,高分子才向溶剂中扩散,从而进入溶解阶段。

大多数线型或支链型高聚物均可自发地溶于适当的溶剂中,形成高分子溶液。分为浓溶液和稀溶液,有人把浓度超过5%(质量百分数)的高分子溶液称为浓溶液,例如,纺丝用的溶液、油漆、胶黏剂等都是生产实践中常常应用到的高分子浓溶液。凝胶是交联高聚物的溶胀体,不能溶解,也不能熔融,具有高弹性,小分子物质能在其中扩散或进行交换。这种凝胶又为不可逆性凝胶。凝胶虽有弹性,但是本身的力学强度很小,能承受的形变程度是很有限的,超过此限度就会发生破裂,所以从力学的角度来分析,凝胶是代表流体和固体过渡区域的状态。冻胶则是范德华力缔合而成的网络结构。当温度升高,在机械搅拌、振荡或较大的剪切应力的作用下,网络结构有可能破坏,溶液黏度会发生急剧的降低变成具有流动性的溶液,这种性质称为触变性,可见冻胶的变化是可逆的,所以冻胶又为可逆性凝胶。稀溶液的浓度一般在1%以下,如驱油用的聚合物溶液。

我们知道,单个高分子链的模型是无规线团。在溶液中,高分子链也蜷曲成无规线团,但线团所占的体积要比纯高分子的体积大得多,如图9.4所示。这是因为这些线团被溶剂化的,即它们被溶剂所饱和。被线团所吸收的溶剂称内含溶剂或束缚溶剂。在高分子稀溶液中,除了内含溶剂之外,还有自由溶剂。线团内含溶剂的体积可占到90%~99.8%。线团和存在于线团内的溶剂,成为一个运动单元。在高分子溶液中除了线团的移动和转动外,还有线团链段的连续运动。

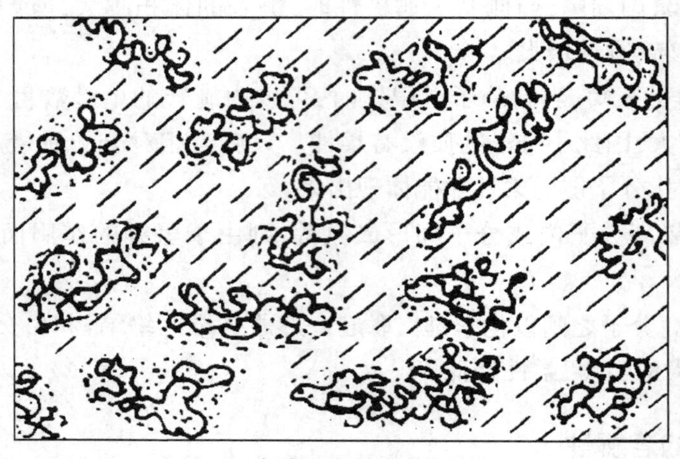

图9.4　高分子在稀溶液中的状态

其中包括高分子内含溶剂线团体积自由溶剂

9.1.4　聚合物的增稠作用

低分子液体的增稠,可以加入固体粒子形成悬浮液,也可以加入可溶性高分子化合物。前一方法的增稠机理是悬浮粒子的出现使液体流场发生扰动,相当于在连续相内部建立了无数绕流流场,使体系在流动中出现额外的能量消耗而表现出黏度增加。

高分子物质的增稠作用可以从分子力学的观点加以解释。形变和流动是物质内部质点可移动性的反应,宏观的形变和流动现象起源于微观的质点间距和相对位置的变化。在处理低分子液体流动的分子力学方法中,把流动与分子向自由体积的扩散(跃迁)过程相联系,将流动看成是分子在外力场方向上的择优扩散。对于高分子流体的流动过程,其分子运动远比小分子液体复杂。高聚物分子与普通的低分子相比有显著的不同之处,它具有分子量极高并带多分散性的长链结构。这种结构使高聚物中的分子运动有多重性。就单个长链分子而言,由于单链的内旋转,首尾相接链段可以像小分子一样自由运动,使整个分子链的构象不断变化,宛如一个形状不断变化的无规线团。当有外力作用时,整个长链分子的质心就相当于周围分子产生平移，这种质心平移并不意味着整个长链分子作为一个整体单元在运动，而是为数众多的链段运动的综合结果。长链分子的链段运动虽然可以与小分子运动相比拟，但是对流动过程的影响就不大相同。假定长链分子由 N 个统计链段构成，若链段每次跃迁的距离为 a，在小分子，每次跃迁就使分子质心向前移动距离 a，而对长链分子则只使整个分子的质心移动距离 a/N，因而在同样的切应力之下，质心移动的速率就大为减少，从而表现出极大的黏性。

与增稠作用直接相关的问题便是高分子溶液黏度的浓度依赖性。高聚物溶液虽然是一种分子分散状态的真溶液，但由于分散在溶剂中的大分子的体积比溶剂分子大得多，使高分子溶液具有胶体溶液的特性，如丁达尔效应、渗透压等，这是低分子溶液所不具备的。因此不少人企图将处理胶体溶液依数性的方法推广用于联系高聚物溶液黏度与浓度的关系，即将处理刚性球形粒子稀悬浮液的爱因斯坦公式加以修正而推广至形变粒子的浓悬浮液，进而用于高分子溶液。然而比较成功的是对高聚物稀溶液的应用，而得出了特性黏数$[\eta]$与相对分子质量的关系。至今这个处理结果仍然是高聚物分子量常规测定的基础，对于高浓度下的 η—C 关系，目前大多采用经验的“黏度—浓度—分子量”的关系，如在 $C\geqslant10\%$（质量分数）的高浓度下，有人得出下列经验公式：

$$\eta_{\rm rel}\approx\left(\frac{[\eta]C}{n}\right)^n$$

式中，n 是决定于高聚物—溶剂体系的常数，如对聚醋酸乙烯在良溶剂和中等溶剂中形成的溶液 $n=4\sim5$；聚苯乙烯在良溶剂中形成的溶液 $n\approx3$。

与此类似的公式还有一些，如凯利—比克（Kelly-Bueche）公式：

$$\lg\eta/B=4\lg\rho\{\phi_2[0.025+48\times10^{-4}(T-T_{\rm g})]+(1-\phi_2)[0.025+a_{\rm s}(1-T'_{\rm g})]\}$$

式中　B——表征高分子的参数；

ρ——高聚物溶液的密度；

ϕ_2——高聚物的体积分数；

T——温度；

$T_{\rm g}$ 和 $T'_{\rm g}$——高聚物和溶剂的玻璃化温度；

$a_{\rm s}$——自由体积的温度系数。

实验表明，所导出的这些关系仅适用于个别物质，此外，也不在那个温度范围内具有普遍性。在已经提出的许多经验关系中，有的给出黏度和浓度之间的线性关系；有的给出 $\lg\eta$—C 的线性关系，还有的给出 $\lg\eta$—$\lg C$ 线性关系和 $\lg\lg\eta$—$\lg C$ 线性关系，例如：

$$\lg\lg\eta=K+a\lg C$$

可见，该式在不同的情况下能给出上述种种线性关系。

浓度是影响聚合物溶液性质最主要的之一，通常，在一定的溶剂、温度及剪切速率条件下，通过测量聚合物溶液黏度随浓度的变化趋势来表征和比较聚合物溶液的增黏特性。根据 Flory 和 Huggins 水溶性高分子溶液理论，聚合物水溶液的黏度和浓度的关系一般由下式表征：

$$\eta=\eta_1(1+aC_p+bC_p^2+cC_p^3+\cdots) \tag{9.1}$$

式中 η——聚合物水溶液黏度,mPa·s;

η_1——溶剂的黏度,mPa·s;

C_p——聚合物溶液的浓度,mg/L;

a,b,c——Huggins 常数,与聚合物种类,溶液性质,温度以及剪切速率有关。

聚合物溶液黏度在很宽的范围内与浓度呈非线性关系,由于聚合物分子间的缠绕作用,溶液黏度随浓度的增加而增加;当聚合物浓度降低很多时,即在很低的浓度下,分子间不会出现微粒重叠,缠绕作用不再发生,聚合物分子呈线性团状,分子间相互作用最小。在此范围内,溶液黏性的增加只是由于分子链同溶剂之间的阻力作用,即可把聚合物溶液的黏度与浓度间的关系视为线性关系。此时的黏度是由单个聚合物分子贡献的结果。因此在式(9.1)中,当聚合物浓度趋于零时,方程中的高次项可以忽略,变为如下形式:

$$\frac{\eta-\eta_1}{\eta_1}=aC_p$$

定义特性黏度$[\eta]$为

$$[\eta]=\lim_{c_p\to 0}\frac{\eta-\eta_1}{\eta_1 C_p}$$

则特性黏度为一与聚合物浓度无关的反映聚合物溶液增黏能力的物理量,它只与聚合物本身的结构和溶液的性质有关。Flory-Huggins 方程可用另一形式表示:

$$\frac{\eta-\eta_1}{\eta_1 C_p}=[\eta]+K[\eta]^2C_p$$

用低剪切速率、低浓度条件下测得的黏度与浓度的关系对以上方程用最小二乘法进行回归,得到的截距即为特性黏度,斜率为$K[\eta]^2$,K称为 Huggins 常数,它表示聚合物分子在溶剂中的溶解状况,优良溶剂的K呈现较高的数值,黏度与浓度曲线的斜率K开始变化时对应的浓度C^*称为高分子间开始重叠(缠绕)的浓度,大于此浓度时,分子间相互缠绕,溶液的浓度急剧增加。

聚合物的分子量大,呈长链结构的聚合物的分子相互缠绕,长链结构难于运动,聚合物溶液中聚合物的无规线团吸收了溶剂,体积进一步增大,且起润滑作用的自由溶剂量少,使得摩擦和碰撞作用增加。表现出聚合物水溶液流动阻力大、黏度高。同时,由于聚合物溶液中蜷曲的高分子链在力的作用下可以拉伸,当拉伸力去掉后又可恢复自然的蜷曲状,所以聚合物同时具有一定的弹性特征,即在流变形为上表现为黏弹性。

9.2 聚合物驱常用的聚合物

目前聚合物驱用的聚合物有三类,分别是合成聚合物、天然聚合物及其改性产物。合成聚合物如聚氧乙烯、聚丙烯酰胺、部分水解聚丙烯酰胺(HPAM)等;天然聚合物是有机体在碳水化合物上产生微生物作用而生成的生物聚合物，如黄胞胶等；天然聚合物改性产物如瓜尔胶、钠羧甲基纤维素、羟乙基纤维素等。此外，改性聚合物还包括交联聚合物，功能改性聚合物（如梳型聚合物、疏水缔合聚合物）等。不同类型的聚合物具有不同的使用性能指标。

9.2.1 聚丙烯酰胺

9.2.1.1 聚丙烯酰胺的化学结构及其在水溶液中的形态

聚丙烯酰胺是通过丙烯酰胺及其衍生物单体自由基聚合而制得的，可采用溶液聚合法、悬浮聚合法、固态聚合法以获得水溶胶、干粉和乳液等各种产品，是一种人工合成聚合物。部分水解聚丙烯酰胺水溶液黏度高，控制油水流度比作用明显，吸附损失不大，对细菌的侵害不敏感，但机械剪切安全性差，在盐水中有黏度损失，长时间放置或较高温度下易降解。

聚丙烯酰胺是丙烯酰胺单体聚合而成的长链、分子量大的物质，其平均分子量可高达到 2500×10^4。分子构型为 C—C 键相互连接的线型分子，由于分子链上含有酰胺基（图 9.5），所以亲水性强，易与水形成氢键，因而易溶于水。长链分子水化后具有较大的水动力体积，且分子间相互缠绕，加入少量便可达到高效增黏的目的。聚丙烯酰胺是非离子型聚合物，在碱性条件下水解，可得到水解聚丙烯酰胺（HPAM），如图 9.6 所示，属于阴离子型，增黏效果更好，水解度在 25%～35%之间。有报道称早年 EOR 所用的 HPAM 的分子量在 $(1\sim8)\times10^6$，分子线团尺寸约为 0.1～0.3μm。但近年由于油气开采过程中苛刻条件的要求，其分子量已远超过此限，有的油田已高达 18×10^6 之大。HPAM 是由部分水解聚丙烯酰胺单体合成的直链聚合物，是一种阴离子型聚合物。水解度越高，其在水中溶解能力越强，溶液的黏度越大。但若水解度过高，其抗盐、抗硬度、抗剪切能力会明显降低。所以 HPAM 水解度不宜过高，一般控制在 7%～35%。HPAM 分子上的酰胺基和羧基都有很强的极性，它们对水有很强的亲和力。所以能溶于水，并离解出 Na^+，使分子成为带负电的大分子，相邻的带负电的羧基（COO—）相斥使大分子由卷曲变为伸展；同时由于分子带负电，吸附阳离子（Na^+），形成双电层，在离子表面形成一溶剂化层，使离子体积增加，分子间的内摩擦阻力增加，对水产生增黏作用。由于 HPAM 分子链长，直径较小，因此，极易受到机械破坏或剪切降解，但是对细菌侵害不敏感。

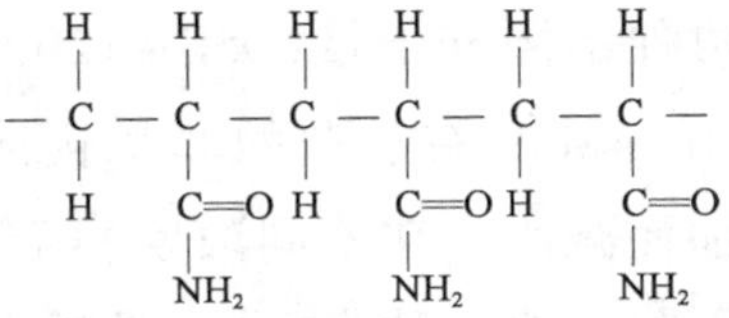

```
  H    H    H    H    H    H
  |    |    |    |    |    |
— C  — C  — C  — C  — C  — C —
  |    |    |    |    |    |
  H   C=O   H   C=O   H   C=O
       |         |         |
      NH2       NH2       NH2
```

图 9.5 聚丙烯酰胺的结构（未水解）

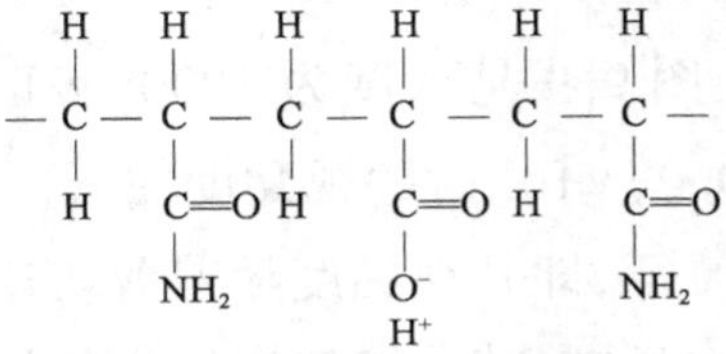

```
  H    H    H    H    H    H
  |    |    |    |    |    |
— C  — C  — C  — C  — C  — C —
  |    |    |    |    |    |
  H   C=O   H   C=O   H   C=O
       |         |         |
      NH2        O-       NH2
                 H+
```

图 9.6 部分水解聚丙烯酰胺的分子结构

为了了解聚合物在水溶液中的分子的形态、大小和尺寸，采用美国 Digitel instruments

公司 Nanoscope Ⅲa 型原子力显微镜,对水解度为 26.7%、平均分子量 15.0×10^6 的 HPAM (大庆油田助剂厂)溶液中聚合物分子形态进行了研究,结果如图 9.7 所示。

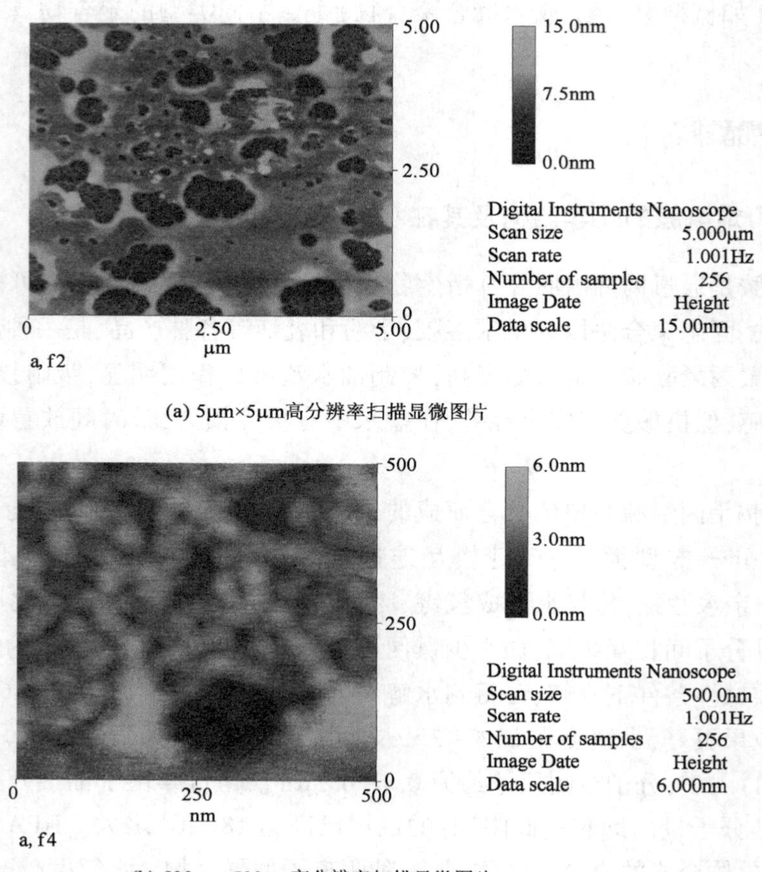

(a) 5μm×5μm高分辨率扫描显微图片

(b) 500nm×500nm高分辨率扫描显微图片

图 9.7 高分辨率扫描显微图片

此外,HPAM 的相对分子质量在很大程度上决定了其水溶液的流变特性,驱油用的 HPAM,其平均分子量一般介于$(200\sim2000)\times10^4$ 之间。

9.2.1.2 HPAM 的黏性

图 9.8 和图 9.9 是通过流变仪 RS150 进行稳态剪切流动所测的视黏度曲线。图 9.8 绘制了分子量为$(950\sim1200)\times10^4$ 不同浓度的 HPAM 视黏度 η 与剪切速率 $\dot{\gamma}$ 的关系曲线,图 9.9 是浓度为 1000mg/L HPAM 在两种不同分子量$(950\sim1200)\times10^4$ 和$(1600\sim1900)\times10^4$ 时的视黏度曲线。由图可见,HPAM 具有显著的非牛顿性,表现为剪切稀化特征,即其视黏度随着剪切速度率的增加而减小。在不同浓度和不同分子量下,HPAM 视黏度随剪切速率的增加呈乘幂规律下降。浓度越高、分子量越大,同一剪切速率下的视黏度越大。其视黏度随剪切速率的变化可由 $\eta=K\dot{\gamma}^{n-1}$ 的关系给出(K 为稠度系数,n 为幂指数)。

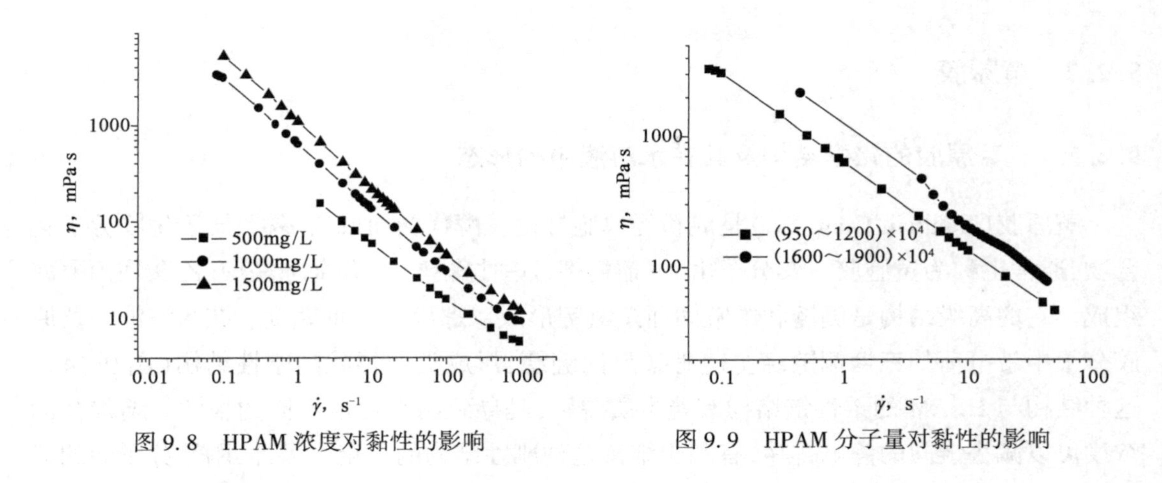

图 9.8　HPAM 浓度对黏性的影响

图 9.9　HPAM 分子量对黏性的影响

9.2.1.3　HPAM 溶液的弹性

在小幅振荡剪切条件下，HPAM 的储能模量 G'、耗能模量 G''、损耗角 φ 等黏弹性参数可以在一定程度上反映出的内部结构特征。这些黏弹性参数与振荡频率密切相关，为了进一步深入了解 HPAM 的黏弹特性，图 9.10～图 9.13 就是小幅振荡频率扫描实验的结果。可以看出聚合物分子量越高，溶液浓度越高，其弹性特征越显著。

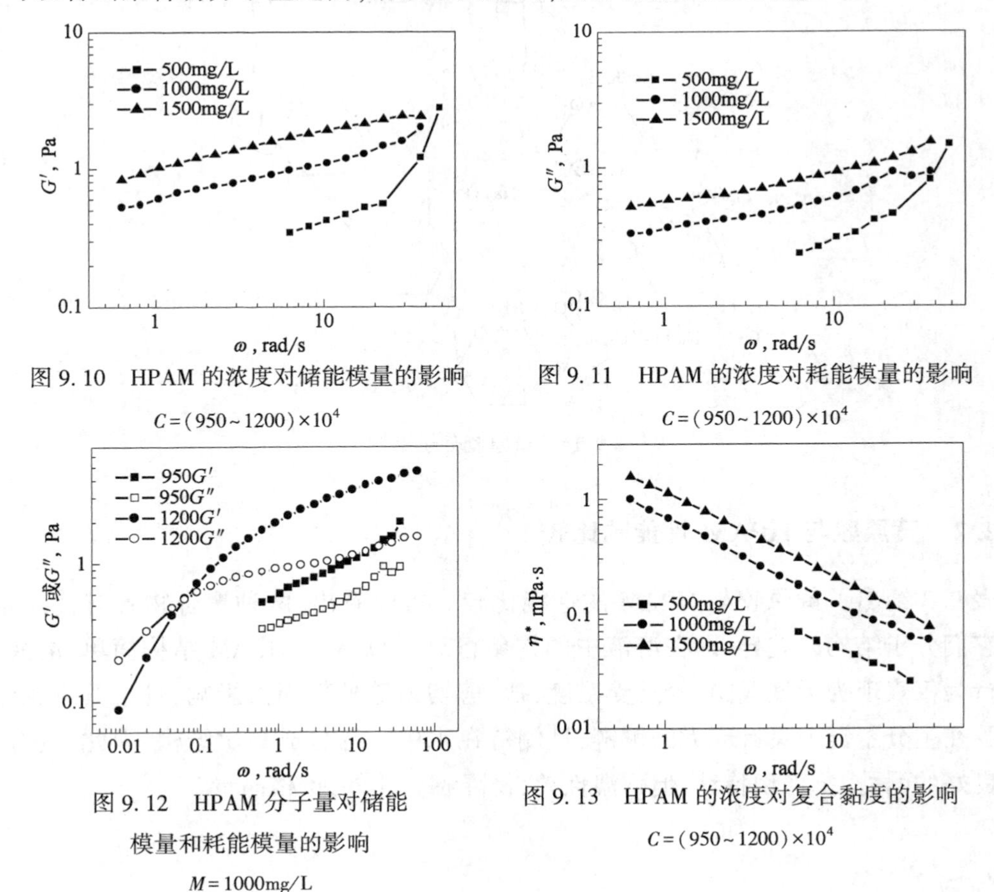

图 9.10　HPAM 的浓度对储能模量的影响

$C=(950\sim1200)\times10^4$

图 9.11　HPAM 的浓度对耗能模量的影响

$C=(950\sim1200)\times10^4$

图 9.12　HPAM 分子量对储能模量和耗能模量的影响

$M=1000$mg/L

图 9.13　HPAM 的浓度对复合黏度的影响

$C=(950\sim1200)\times10^4$

9.2.2 黄原胶

9.2.2.1 黄原胶的化学结构及其在水溶液中的形态

黄原胶(Xanthan Gum,XG)是淀粉经单胞杆菌发酵代谢而成的多糖,属于生物分子化合物,通常也称为黄胞胶。其分子由D-葡萄糖、D-甘露糖、D-葡萄糖醛酸、乙酸和丙酮酸组成。它的高级结构是侧链和主链间通过氢键形成双螺旋和多重螺旋。在水溶液中黄原胶分子中带电荷的三糖侧链绕主链骨架反向缠绕,形成类似棒状的刚性结构(图9.14)。这种结构与HPAM的柔性链结构有着本质差别,是导致两者性能不同的根源。增加盐的浓度可以减小链间的静电排斥,有利于维持这种刚性结构的稳定。另外,刚性分子间的联合,可以构成一种有序排列的螺旋网状联合体结构。所以它具有抗盐、抗剪切能力,但是对细菌十分敏感。黄原胶分子量变化范围非常大,在$(200\sim5000)\times10^4$之间变化,用于提高采收率一般选择分子量介于$(200\sim500)\times10^4$之间。

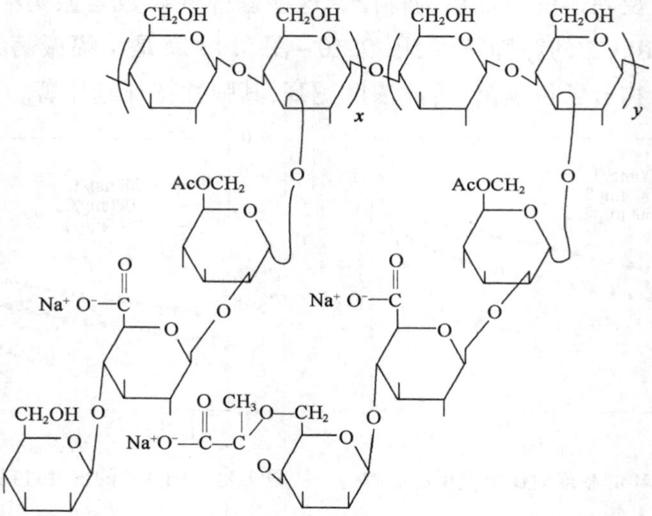

图9.14 黄原胶分子结构

9.2.2.2 黄原胶与HPAM性能的比较

表9.3给出了黄原胶与HPAM的性能比较。可以看出,两种聚合物各有优缺点,决定于它们分子结构的差异,即在溶液中的构象行为。总体上,HPAM结构简单,溶液中的构象行为仅表现为无规线团,容易受温度、盐、剪切力等外部因素影响,且不具有悬浮性;黄原胶在主分子链上具有庞大的侧链,且侧链在水中可缔合成高次结构,因此,具有悬浮性及良好的耐盐、抗剪切特性,但耐温性差,易降解。此外,价格昂贵。

表 9.3 HPAM 与 XC 性能比较

性能	HPAM	XG
增黏能力	良好	良好
剪切稀释性	良好	良好
水溶液悬浮性	差	好
耐盐能力	差	好
限制温度	93℃	71℃
抗剪切性	差	好
水解稳定性	酸、碱催化水解	酸、碱催化水解
氧化稳定性	易氧化降解	极易氧化降解
微生物降解	不易降解	易降解
堵塞倾向	不易堵塞	易堵
在地层中滞留量	高(不好)	低(好)
价格	较低,约 2000 元/t	极高(60000 元/t)

9.2.2.3 黄原胶与 HPAM 流变性的比较

图 9.15 和图 9.16 分别为浓度为 2800mg/L 黄原胶溶液(分子量为 200×10^4)与浓度为 1000mg/L HPAM(分子量为 950×10^4~1200×10^4)黏性和黏弹性流变曲线的比较图。由图可见,随着剪切速率的增加,黄原胶溶液的视黏度和松弛时间呈幂函数规律降低。在两者视黏度相近的剪切速率范围内,HAPM 溶液的松弛时间远远大于黄原胶,所以研究中黄原胶溶液可视为纯黏流体。其视黏度随剪切速率的变化与 HPAM 相似,在中等剪切速率下,其流变性符合幂律模式。

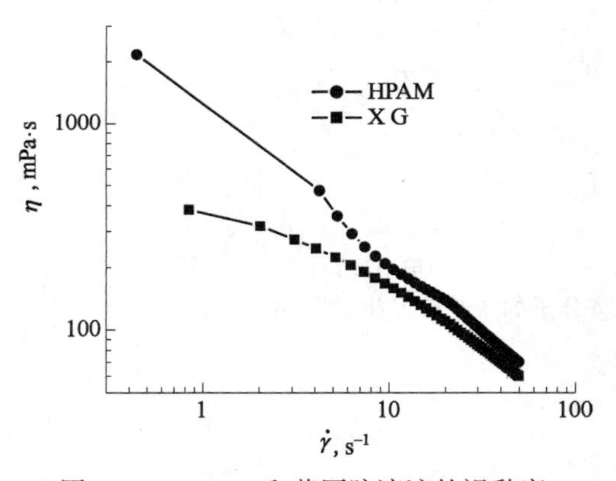

图 9.15 HPAM 和黄原胶溶液的视黏度

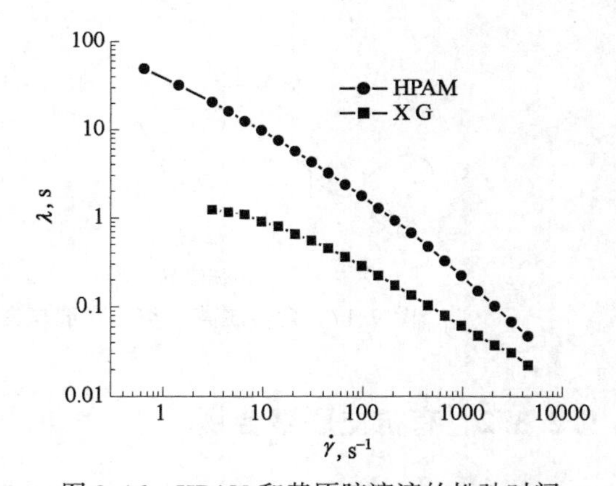

图 9.16 HPAM 和黄原胶溶液的松弛时间

9.2.3 交联聚合物

国内外解决为解决污水配制聚合物的降黏问题主要有两个途径:一是通过聚合物加交联剂,形成交联聚合物溶液而使黏度大幅度增加,以解决污水中盐类对聚合物溶液黏度的降低；二是从聚合物分子本身结构进行改性，以达到保持污水配制聚合物溶液的黏度。第一种方法所要求的工艺较为复杂，在实施中存在较多问题，目前国内许多油田将其作为调驱技术使用；第二种方法是从聚合物本身结构改性，以抵抗污水的高矿化度对聚合物的降解。

HPAM 分子中有两种可交联基团：酰胺基和羧基，能与聚丙烯酰胺发生交联反应的交联剂可有多种，因此交联反应的类型有多种。交联剂主要分为两类：(1) Al^{3+}、Cr^{3+}多价金属离子，它们水解生成多核羟桥络离子，与带—COO^-基的聚丙烯酰胺交联，形成离子键型交联体；(2) 含醛基的化合物和含醛基或含甲氧基的酚醛树脂、脲醛树脂和三聚氰胺树脂等，它们在酸性条件下与带—$CONH_2$ 基的聚丙烯酰胺发生胺醛加成反应，形成共价键型交联体。共价键型交联体的耐温性能比离子键型交联体有明显的改进和提高。

9.2.3.1 含金属离子类交联聚合物

含金属离子类交联剂与聚丙烯酰胺分子的羧钠基发生交联反应，从分子结构示意图图 9.17 可以看到，当聚丙烯酰胺分子中的羧钠基含量低时(低水解度)，交联剂与聚丙烯酰胺分子的交联点较少，可形成大的网络结构，网络中包容了大量的水，宏观上看到的是聚合物凝胶。随着聚丙烯酰胺分子中的酰胺基在高温下水解变成羧钠基，分子中的羧钠基含量升高(高水解度)，交联剂与聚合物的交联点变多，形成的网络结构越来越小，网络所能包容的水也越来越少，宏观上看到的是聚合物凝胶破胶脱水。因此，这类交联聚合物的应用温度在 75℃以下。

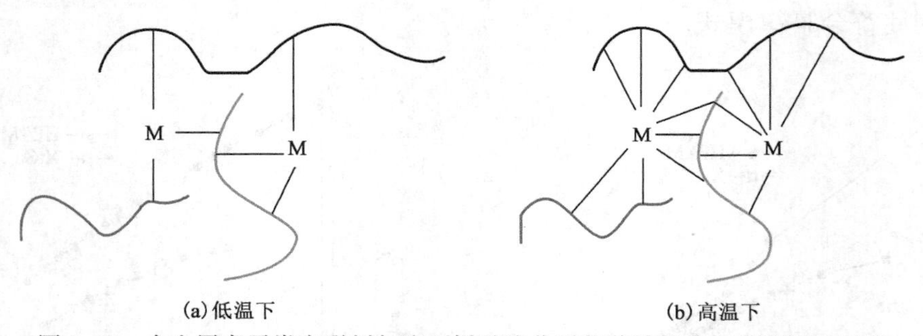

图 9.17　含金属离子类交联剂与聚丙烯酰胺分子的羧钠基发生交联的示意图

9.2.3.2 有机交联聚合物

有机交联剂与聚丙烯酰胺分子的酰胺基发生交联反应，形成大的网络结构，网络中包容了大量的水，宏观上看到的是聚合物凝胶。当聚丙烯酰胺分子中的酰胺基在高温下水解变成羧钠基，分子中的酰胺基全部水解成羧钠基后，进一步的水解反应在有机交联剂与聚丙烯酰胺分子的酰胺基链接处发生，交联剂与聚丙烯酰胺的交联逐渐解离，形成的网络结构被破坏，如图 9.18(b)所示，宏观上看到的是聚合物凝胶破胶脱水。因此，建议这类交联聚合物应用温度在 85℃以下。

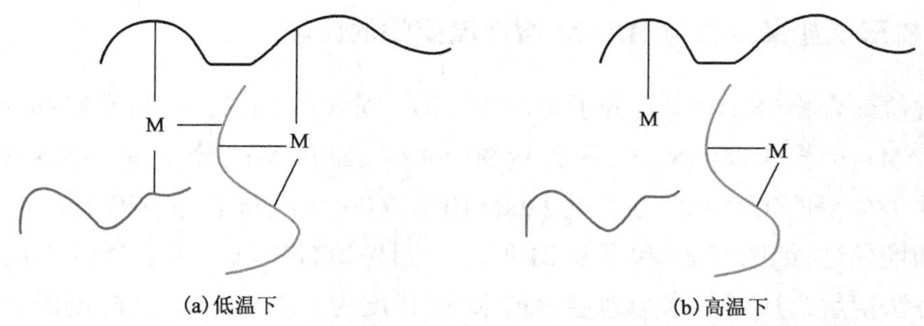

图 9.18　有机交联剂与聚丙烯酰胺分子的酰胺基发生交联的示意图

测定交联流变性用来评价交联反应时间、凝胶强度、屈服应力等。

9.2.3.3　应用情况

在胜利孤东和孤岛油田 3 个区块或井区开展了交联聚合物驱油矿场先导实验取得了明显的增油降水效果。此外,在河南下二门油田浅 25 井上进行了有机交联弱凝胶驱油矿场试验。试验结果表明,该体系驱油效果优于聚合物驱,在保证相同驱油效率的情况下,凝胶驱可节省大量投资,而成本只有聚合物驱的 50%。

9.2.4　梳型聚合物

9.2.4.1　聚合物的构成和分子形态

1999 年,中国石油勘探开发研究院采油工程研究所提出了油田三次采油用梳形聚合物分子设计思路,高分子的侧链同时带亲油基团和亲水基团,通过亲油基团和亲水基团的相互排斥及亲水基团之间的相互排斥,高分子链在水溶液中排列成梳子形状。根据这一思路,通过丙烯酰胺与新型功能单体(AHPE)的共聚得到梳形抗盐聚合物。梳形抗盐聚合物由于聚合物在盐水中的分子内和分子间卷曲减少,增稠盐水的能力提高了 50% 以上。2000 年研制成功梳形抗盐聚合物,工业化产品代号为 KYPAM。在电子显示镜下分子形态如图 9.19 所示。梳形抗盐聚合物分子在淡水和盐水中的构型几乎不变。

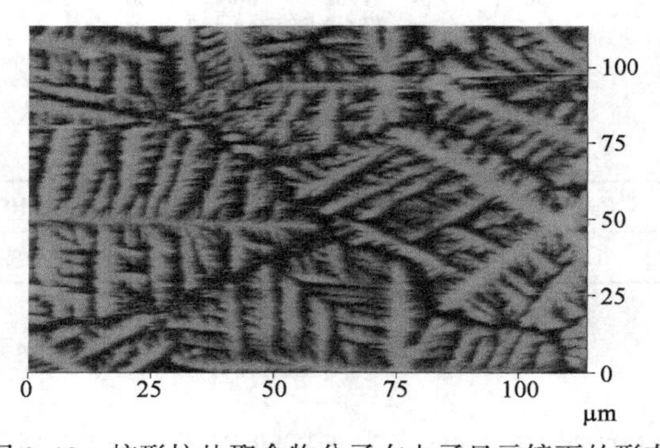

图 9.19　梳形抗盐聚合物分子在电子显示镜下的形态

9.2.4.2 梳形抗盐聚合物与 HPAM 溶液流变性的比较

梳形抗盐聚合物(KYPAM5,分子量 2200×10^4,固含量 95.23%)与常规部分水解聚丙烯酰胺 HPAM(分子量 2600×10^4,固含量 90.94%)、ZLPAM1(分子量 1900×10^4 ~ 2300×10^4,固含量 98%)和 ZLPAM2(分子量 2200×10^4 ~ 2600×10^4,固含量 97%)相比,具有较好的溶解性和增黏性,如图 9.20 和图 9.21 所示。四种聚合物均在常温条件采用常规配制聚合物的方法溶解。所用的水为地层模拟水,矿化度为 1612mg/L。在配制的聚合物母液溶解过程中测定其黏度随溶解时间的变化,并得到聚合物的溶解过程中黏度稳定的时间(在 74℃条件下)。

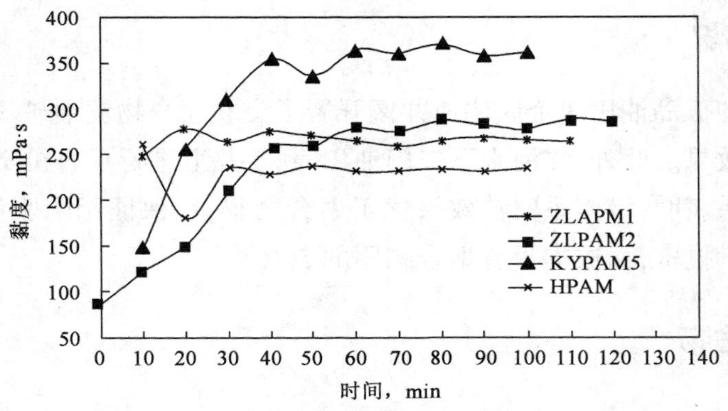

图 9.20 4 种聚合物(3000mg/L)的溶解曲线

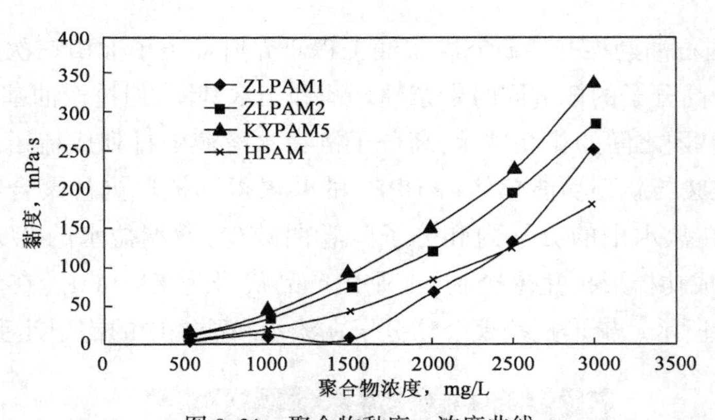

图 9.21 聚合物黏度—浓度曲线

表 9.4 地层水离子组成

组成	$Na^{+}+K^{+}$	Ca^{2+}	Mg^{2+}	Cl^{-}	SO_4^{2-}	HCO_3^{-}	CO_3^{2-}	矿化度
离子浓度,mg/L	355	15	9	193	18	677	0	1267

9.2.4.3 应用情况

梳形抗盐聚合物在大庆油田采油一厂、大庆油田采油六厂、胜利油田胜利采油厂和胜利油田孤岛采油厂的聚合物驱,大庆油田采油四厂、大庆油田采油三厂的三元复合驱,新疆克拉玛依油田、华北油田蒙古林及渤海绥中36-1油田的深部调驱得到应用。与普通超高分子量聚丙烯酰胺相比,减少用量1/3以上,油田综合含水率下降幅度比用普通超高分子量聚丙烯酰胺多15.5%以上,提高采收率增加2%。

9.2.5 疏水缔合聚合物

9.2.5.1 聚合物的构成和特点

疏水缔合聚合物(HAWP)是在传统的水溶性聚合物的主链上引入极少量的疏水基团的一类新型水溶性聚合物。在疏水缔合水溶性聚合物的水溶液中,疏水基团之间由于疏水作用而发生聚集,使聚合物链产生缔合,分子形态如图9.22所示。在临界缔合浓度(critical association concentration,CAC)以下,主要形成分子内缔合,其结果是使线团收缩,流体力学体积减小;在CAC以上则主要形成以分子间缔合为主的超分子结构而具有较好的增黏性。通过分子间缔合形成的超分子网状结构,使聚合物溶液在宏观性能上表现出增黏性强,具有一定的抗温、抗盐和抗剪切能力的特点。

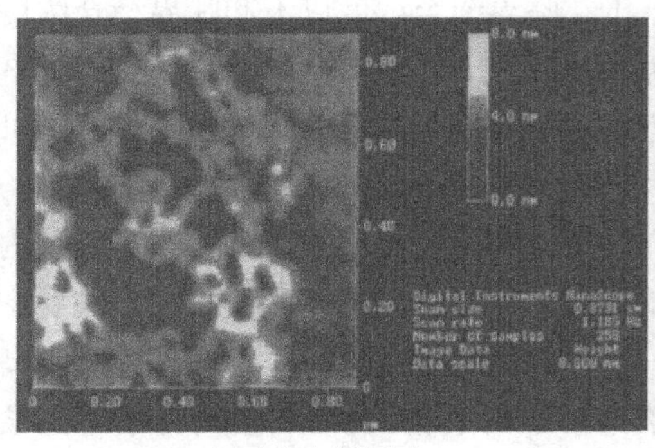

(a)疏水缔合聚合物　　(b)PAM

图9.22　原子力显微镜(AFM)下聚合物溶液的结构

9.2.5.2 增黏原理

影响聚合物溶液表观黏度的两个主要因素是聚合物分子的流体力学尺寸和因分子间作用形成高分子链束的流体力学尺寸。稀溶液增加黏度以增加平均分子量为主,聚合物的黏度对分子量具有依赖性,一般来讲,聚合物的黏度随着分子量的增加而增加,因此靠增加分子量、增加分子链伸展程度来增大聚合物分子的流体力学尺寸,是以往指导设计高黏度聚合物的主要理论依据,然而,超高分子量具有众所周知的制造困难和易于剪切降解的问题,在实际应用中可能达不到预期的效果。除单纯靠增加分子量而增加聚合物分子链的流体力学尺寸外,通过分子链的高级结构即通过缔合形成三级结构来获得水溶液的优良流变性,则是另一条提高溶液黏度的途径。缔合的方式可以通过离子键、氢键、疏水基间的范德华力三种方式。

图9.23是缔合聚合物溶液黏度与其浓度的关系曲线。从图中可以看出,曲线上有1

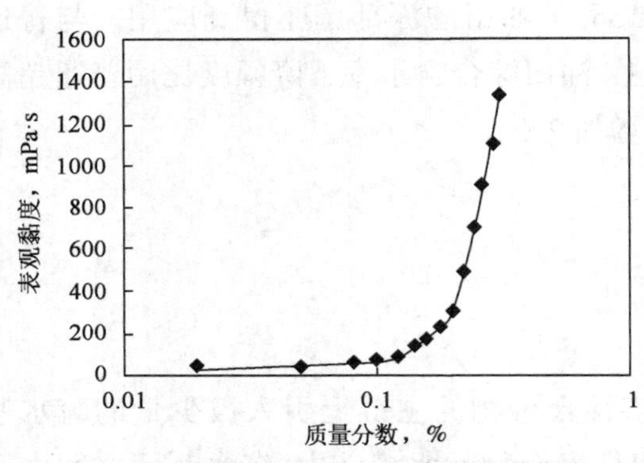

图 9.23　聚合物 HAWP-1 溶液黏浓曲线

个转折点。此点特称作该共聚物的临界聚集浓度(CAC),质量分数约为 0.2%。随着聚合物浓度的增加,转折点前,溶液黏度缓慢增加,此时聚合物分子以卷曲构象存在于溶液中,水动力学体积减小,即使有少量分子缔合在一起,也还不足以引起宏观黏度的急剧增加,溶液黏度的变化趋势与普通高分子溶液相似。当溶液浓度大于 CAC,水溶性疏水缔合聚合物溶于水中时,强极性基团与水分子间形成强烈的氢键而溶解,分子间形成大量疏水微区,并以此为结点,形成空间网络结构,水动力学体积显著增加,从而使溶液宏观黏度急剧增加。疏水缔合水溶性聚合物这一特殊的黏浓关系曲线与诸多文献报道相似,是其特有的黏度/浓度关系。这种疏水微区和网络结构的存在,人们分别用深度冷冻透射电镜和荧光光谱得到了证实。

由此可见,疏水缔合水溶性聚合物 HAWP-1 在临界缔合浓度以下和临界缔合浓度以上表现出完全不同的流体力学行为。在临界缔合浓度以下,也就是在聚合物的稀溶液中,HAWP-1 的行为就像 Flory-Krigbaum 稀溶液理论所描述的那样:整个高分子稀溶液可看作被溶剂化了的"链段云"一朵朵地分散在溶液中,如图 9.24 所示,就整个溶液来说,链段分布是不均匀的,有的地方链段分布较密,有的地方几乎没有链段。即使在链段云内部即使在链段云内部链段密度的经向分布也是不均匀的,中心部位的密度较大,愈向外密度愈小。在稀溶液中,一个高分子很难进入另一个高分子所占的区域,也就是说,每个高分子都有一个排斥体积。高分子电解质在稀溶液中由于溶剂化而扩张,使高分子不能彼此接近,故因分子内形成氢键及分子内疏水基团的缔合作用而使分子链呈卷曲构象,黏度较低。

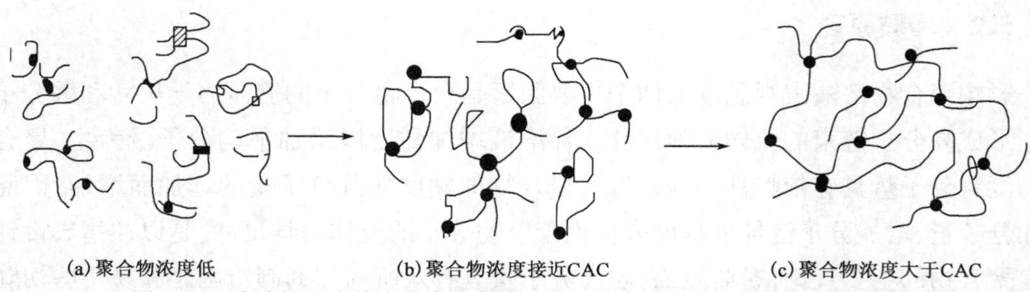

图 9.24　水溶性疏水缔合聚合物在溶液中随浓度增加微观结构变化示意图

当溶液浓度增大,高分子互相接近时,溶液的热力学性质与分子尺寸都会发生变化,Flory-Krigbaum 稀溶液理论不再适用。而当疏水缔合水溶性聚合物的浓度大于临界缔合浓度后,由于聚合物能与水分子形成大量的氢键而有利于溶解,疏水基团因疏水作用而倾向于聚集,形成缔合微区,大量分子间缔合微区的形成,相当于在分子链间形成了大量的结点,整个溶液中的链段分布趋于均一,网络结构的形成使得溶液黏度急剧增大。

疏水缔合聚合物溶液与常规水溶性聚合物相比有着独特的黏度性质。在水溶液中,此类聚合物的疏水基团由于疏水作用而发生聚集,使大分子链产生分子内和(或)分子间缔合。在稀溶液主要以分子内缔合的形式存在,使大分子链发生蜷曲,流体力学体积较小,溶液黏度较低。当聚合物浓度高于临界缔合浓度 CAC 后,大分子链之间通过疏水缔合作用聚集,形成以分子间缔合为主的超分子结构—动态物理交联网络,流体力学体积增大,溶液黏度大幅度提高。

疏水缔合聚合物溶液的黏度由结构黏度和本体黏度两部分组成,本体黏度表示单个聚合物链水化后形成的水动力学体积对溶液黏度的贡献,而结构黏度表示由缔合作用形成的溶液结构对溶液黏度的贡献。在 CAC 以上,结构黏度在溶液表观黏度中起主导作用,所以从驱油用缔合聚合物的可用性来说,可以把缔合聚合物叫作结构型聚合物。图 9.23 可以说明在浓度变化时本体黏度和结构黏度在溶液黏度中所起作用的变化。当聚合物溶液很稀时,分子主要以单分子的形式存在于水中,这时由于分子间发生缔合作用的概率很低,且即使发生了缔合作用,其强度也非常弱,黏度与聚丙烯酰胺溶液的差别不大,这时溶液的黏度主要是本体黏度的贡献;当聚合物浓度达到某一临界浓度时,由于分子间碰撞作用概率增大,绝大部分疏水缔合基团发生了分子间的缔合作用,且随着浓度的增大,这种缔合作用也越来越大,逐渐在水溶液中形成了空间网状结构,结构黏度在溶液黏度中逐渐占据了主要地位,因此缔合聚合物溶液的表观黏度急剧上升。

疏水缔合的思路就是利用聚合物分子链(束、团)间作用来建立体系黏度。这种思路假设:

(1)聚合物溶液中聚合物分子链间适当结合,形成一定形态的超分子聚集体,而各超分子聚集体之间相互联结,在静止条件下形成一均匀的、布满整个体系的三维立体网状结构(多级结构)。

(2)超分子聚集体以及由它们联结而组成的空间网状结构的形成和拆开随疏水缔合程度的增减而可逆变化。

(3)此溶液体系为结构流体,视黏度由结构部分形成的黏度和非结构部分形成的黏度所构成。其中非结构黏度 M 由分子链(束、团)的流体力学尺寸所决定,而结构黏度由分子链间的作用状态和强弱所决定。

这样链间缔合形成超分子聚集体,其聚集数及聚集体大小受多种因素影响,但人为可调、可控,而聚集体之间也可靠这种链间缔合作用而相互连接。从而静止时形成布满体系空间的网络结构,此网状结构将随剪切速率变化而可逆变化。

9.2.5.3 聚合物溶液的流变性

在模拟渤海油藏条件下,不同浓度的缔合聚合物溶液的流变曲线见图 9.25。缔合聚合物(AP—P4,阳离子缔合单体为烷基二甲基烯丙基氯化铵,疏水基含量小于 1%),固含量为 90.0%,水不溶物含量为 0.151%,分子量为 1077×10^4,水解度为 1.82%。四川光亚科技股份有限公司提供，适用于渤海绥中 36-1 油藏条件，注入水水质分析见表 9.5。

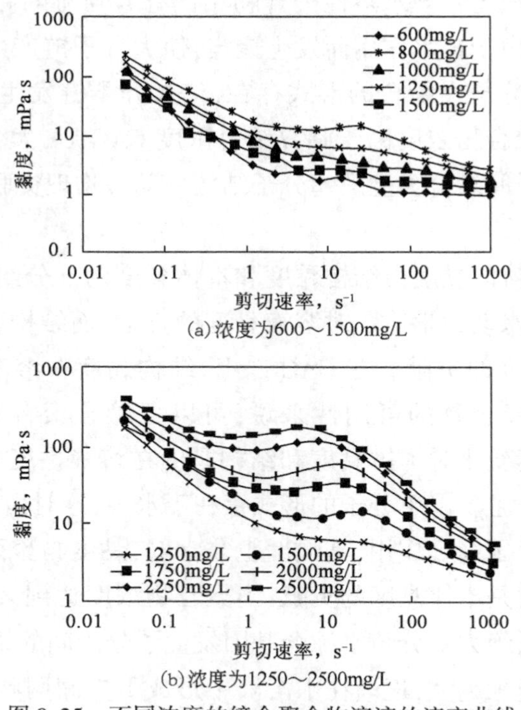

(a)浓度为600～1500mg/L

(b)浓度为1250～2500mg/L

图 9.25　不同浓度的缔合聚合物溶液的流变曲线

表 9.5　渤海油田绥中 36—1 注入水水质分析

组成	NaCl	KCl	$NaHCO_3$	Na_2SO_4	CaCl	$MaCl_2 \cdot 6H_2O$	总矿化度
含量，mg/L	6190.0	49.0	262.8	54.2	1578.7	1935.2	10069.9

由图 9.25 可知，当浓度小于 CAC 时，随着剪切速率的增加缔合聚合物溶液的黏度不断降低，表现出了剪切稀释性。在浓度低于 1000mg/L 时，如浓度为 600mg/L 和 800mg/L 的缔合聚合物溶液的黏度随着剪切速率的增加在降低的同时表现出了几次波动。出现这种现象的原因主要是由分子内与分子间的疏水缔合结构随剪切速率的变化相互转变引起的，在一定剪切速率作用下，剪切应力破坏了稀溶液中聚合物的分子内缔合结构，引起聚合物分子链扩张伸展，可以使一部分的分子内缔合结构转换成分子间的缔合结构，黏度增加，表现出剪切增稠性能。但进一步增加剪切速率，当剪切应力大于缔合力时，分子间缔合结构遭到破坏，引起溶液黏度下降。这种分子内和分子间的缔合结构在剪切应力的作用下不断发生变化，从而使溶液黏度随剪切速率变化表现出波动。当浓度大于 CAC 时，随着剪切速率的增加缔合聚合物溶液依次表现出了剪切变稀、剪切增稠和剪切变稀的流变规律，即缔合聚合物的剪切黏性的变化规律是先降低后增加到最大值后又降低。根据对图 9.25 的分析可知，CAC 介于 1000~1250mg/L 之间。

将缔合聚合物溶液与部分水解聚丙烯酰胺（日本产超高分子量 MO4000，分子量为 2191×10^4）溶液的流变曲线进行比较。图 9.26 分别是渤海油藏条件下，缔合聚合物在临界缔合浓度上、下与相同浓度的 MO4000 溶液流变性的对比图，可以看出，低浓度条件下两种聚合物流变性差异很小,但浓度超过缔合浓度后,缔合聚合物溶液的视黏度明显高于部分水解聚丙烯酰胺溶液。

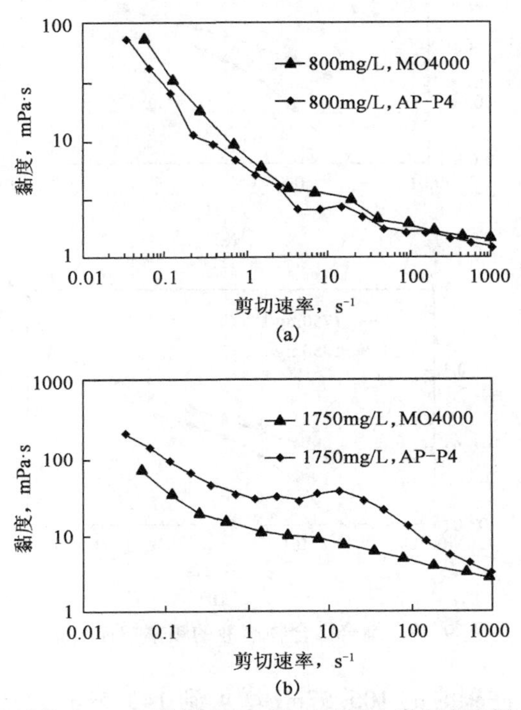

图 9.26　缔合聚合物 AP—P4 溶液和 MO4000 溶液在渤海产出污水中的流变曲线

缔合聚合物除了具有黏性流变性能以外,在一定浓度和流动条件还具有弹性流变性能。在渤海油藏条件下,CAC 以下的溶液中以分子内的缔合作用为主,而分子链间的缔合作用很弱,所以溶液中因分子链间缔合作用而形成的聚集体数量很少,强度很弱,因此,在 CAC 以下缔合聚合物溶液没有表现出弹性。测试结果也显示,当缔合聚合物浓度低于 CAC 时,没有测出溶液的储能模量,说明在实验的研究条件下,缔合聚合物溶液没有表现出弹性。当在浓度大于 CAC 后,大量分子链间缔合作用的形成导致了缔合聚合物溶液超分子缔合网状结构的形成,例如在浓度为 1500~2500mg/L 时,缔合聚合物溶液都表现出了弹性,如图 9.27 所示。

9.2.5.4　应用情况

室内研究结果表明,缔合聚合物的溶解性完全可以满足矿场注聚的要求,而且具有理想的增黏性、抗温耐盐性和抗剪切性,在油藏条件下其化学稳定性比较好。浓度为 1750mg/L 的缔合聚合物 AP-P4 在注入量为 0.225~0.25PV 时,缔合聚合物的驱油效果最佳。

在渤海绥中 36-1 油田进行缔合聚合物驱油试验,有注入井 1 口(J3 井),生产井 5 口(J16、A2、A7、A12 和 A13 井),平均注采井距 370m。注聚后其中 A12、A7、J16 和 J3 井组产液量下降比较明显,相应地,这些井的含水率也有了明显下降,A2 井从 2004 年 8 月开

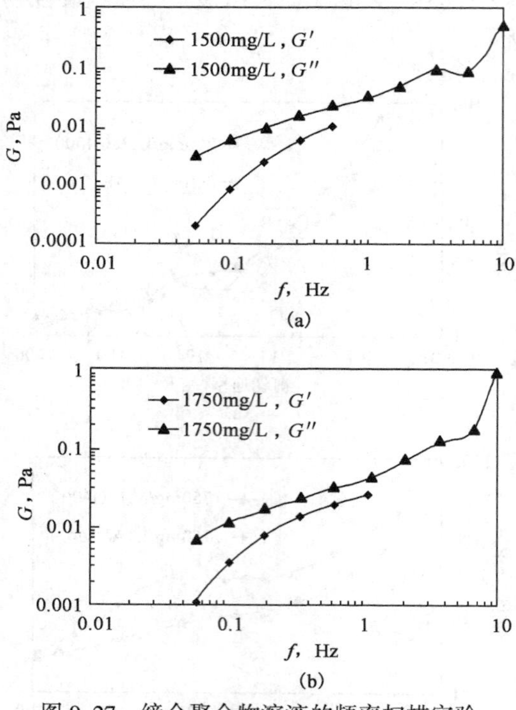

图 9.27　缔合聚合物溶液的频率扫描实验

始日产油量明显上升，从注聚时的 105.57m³ 增加到 143.59m³。产液量和含水率的下降、产油量的增加最明显的油井是 J16，从注聚开始到 2004 年 12 月，平均产液量从见效前 233.25m³ 下降到了 161.06m³，平均含水率从见效前的 96.5%下降到了 84.1%，下降了 12.4%，含水率最低时为 66.06%，到 2004 年底累积增油量大约为 2358.45m³。

文 209 块油藏属于典型的高温高盐油藏。目前油层实际温度是 98℃，原始地层水矿化度达到了 320000~370000mg/L。通过室内实验模拟了中原油田文 209 块油藏条件，研究了缔合聚合物 AP-P3 对文 209 块井区聚驱的适用性。研究认为缔合聚合物 AP-P3 具有很好的高效增黏性、理想的抗高温、抗高盐和抗剪切性，缔合聚合物 AP-P3 可以满足文 209 块井区聚合物驱的基本技术要求。

9.3　聚合物溶液的主要流变模型

在油田开发中，常用的驱油剂有水、部分水解聚丙烯酰胺（HPAM）溶液和黄原胶溶液。此外，室内和矿场试验中将一定浓度的碱或表面活性剂加入聚合物溶液中复配成二元、三元复合驱油体系。研究结果表明，三元复合驱油体系既能提高波及系数也能提高驱替效率，可以在水驱的基础上提高采收率 20%。复合体系中所用的碱剂有碳酸钠、氢氧化钠、亚硫酸钠、硫酸钠、磷酸钠等；表面活性剂一般用石油磺酸盐或羧酸盐（阴离子型）、十二烷基三甲基溴化铵（阳离子型）、聚氧乙烯烷基醇醚（非离子型）等；聚合物通常是部分水解聚丙烯酰胺和黄原胶。一般地，与聚合物复合而成的二元、三元驱油体系的流变特征与聚合物溶液本身的流变性基本相同。所以,除了其他组分对体系流变性影响的特殊性外,就其流变性的基本规律而言,可用聚合物溶液作为代表,研究所有含聚合物的驱油体系。

聚合物溶液的 $\eta \sim \dot{\gamma}$ 关系,一般包括三个区域:在较低或极高的切变速率下为牛顿流动,而中间的过渡区是非牛顿流动区,如图 9.28 所示,低切变速率下的牛顿黏度称为零切变黏度 η_0,高切变速率下的牛顿黏度称为极限黏度 η_∞,而中间区域的 $\eta(\dot{\gamma})$ 称为表观黏度(又称视黏度)η_a。大多数高聚物浓溶液的表观黏度属于切力变稀的类型,可用幂律关系来描写,此时流动指数 $n<1$。

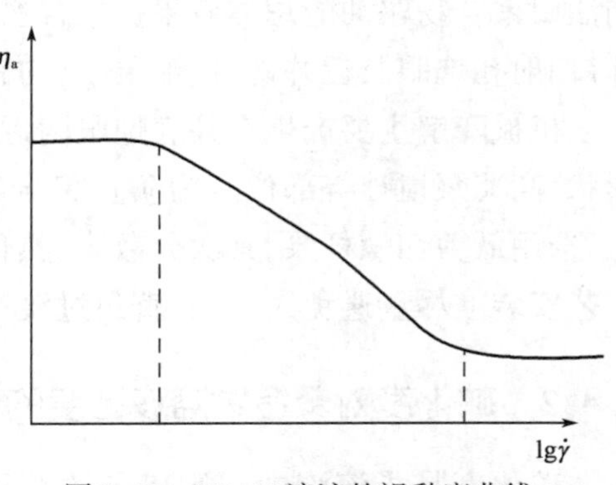

图 9.28　HPAM 溶液的视黏度曲线

对某些浓度不太高的高聚物溶液,也同悬浮液的黏度相类似,随剪切速率的继续升高,聚合物分子沿受力的方向取向稳定,表观黏度不再随剪切速率增加发生变化。因此,在牛顿区之后还会出现非牛顿流动区和第二牛顿区。

比较简单而且常用描述聚合物溶液在管流中流变性的流变模型主要是幂律模型。此外,描述更宽剪切速率范围的模型还用 Cross 模型。在多孔介质流动条件下,有只考虑聚合物黏性特征的幂律模型,还有考虑剪切—拉伸流动条件下的黏弹模型,如上随体 Maxwell 模型、下随体 Maxwell 模型、共转 Maxwell 模型、PhanThien-Tanner 模型等,见表 9.6。

表 9.6　黏弹流变模型

模型名称	方程
上随体 Maxwell 模型	$T_{ik}+\lambda_1 \overset{\nabla}{T}_{ik}=2\eta_o d_{ik},\dfrac{\delta b^{ik}}{\delta t}=\dfrac{\partial b^{ik}}{\partial t}+v^m\dfrac{\partial b^{ik}}{\partial x^m}-\dfrac{\partial v^m}{\partial x^i}b^{mk}-\dfrac{\partial v^m}{\partial x^k}b^{im}$
下随体 Maxwell 模型	$T_{ik}+\lambda_1 \overset{\Delta}{T}_{ik}=2\eta_o d_{ik},\dfrac{\delta b_{ik}}{\delta t}=\dfrac{\partial b_{ik}}{\partial t}+v^m\dfrac{\partial b_{ik}}{\partial x^m}+\dfrac{\partial v^m}{\partial x^i}b_{mk}+\dfrac{\partial v^m}{\partial x^k}b_{im}$
共转 Maxwell 模型	$T_{ik}+\lambda_1 \overset{o}{T}_{ik}=2\eta_o d_{ik},\dfrac{Db_{ik}}{Dt}=\dfrac{\partial b_{ik}}{\partial t}+v^s b_{ij,s}-\underset{i}{W^s} b_{sj}-\underset{j}{W^s} b_{is}$
PhanThien-Tanner 模型	$T_{ik}+\lambda_1 T_{ik}=2\eta_o d_{ik}$,Johnson-Segalman(1977)
Oldroyd-A	$T_{ik}+\lambda_1 \overset{\Delta}{T}_{ik}=2\eta_o(d_{ik}+\lambda_2 \overset{\Delta}{d}_{ik})$,Oldroyd(1950)
Oldroyd-B	$T_{ik}+\lambda_1 \overset{\nabla}{T}_{ik}=2\eta_o(d_{ik}+\lambda_2 \overset{\nabla}{d}_{ik})$,Oldroyd(1950)
四参数 Oldroyd	$T_{ik}+\lambda_1 \overset{\nabla}{T}_{ik}+\mu_o T_{jj}d_{jk}=2\eta_o(d_{ik}+\lambda_2 \overset{\nabla}{d}_{ik})$,Walters(1979)

9.4　影响聚合物溶液流变性的主要因素

9.4.1　机械剪切的影响

当聚合物分子受到的拉伸应力,超过了聚合物分子内化学键所承受的能力时,分子链断裂的现象,称为聚合物机械降解。聚合物降解的结果,会使其特有的高相对分子质量和优良的机械性能降低或完全丧失,引起弹性的消失、强度的降低和黏度的减少等,最终影响油田聚合物驱油的总体效果。聚合物溶液在配送系统中,经过配制、输送、过滤、稀释、井口、射孔炮眼及近井地带、油层中,均有黏度损失。

机械降解主要产生在井底炮眼附近泄流、聚合物溶液传输中因注入泵阀门的开度与形状、高速泵搅拌等部位。为防止聚合物产生机械降解,首先要在溶液输送设备的选择上,选用低剪切螺杆泵,其次分散罐、熟化罐、存储搅拌机的转速应小于 82r/min。同时在工艺安装上尽量避免大小头、直角过渡等局部节流,阀门最好选用直通阀。

9.4.2 矿化度对聚合物溶液黏度的影响

矿化度是指溶液中阴阳离子的总和。它包括 CO_3^{2-}、Cl^-、HCO_3^-、SO_4^{2-}、Ca^{2+}、Mg^{2+}、K^+、Na^+。图 9.29 和表 9.7 分别给出了矿化度对聚合物 HPAM 溶液黏度的影响。

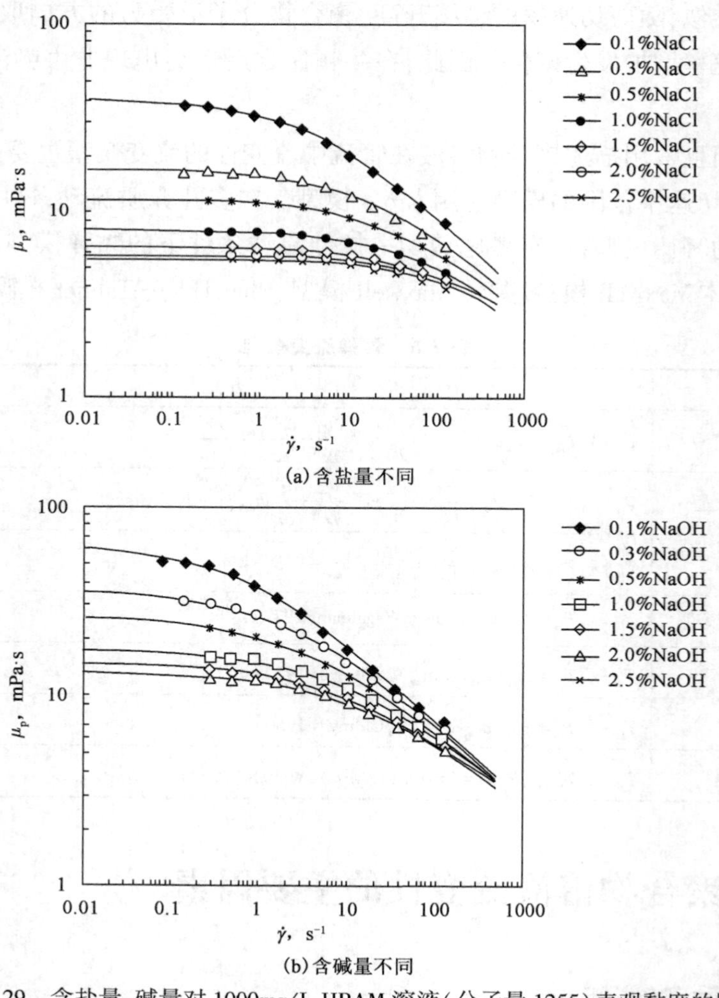

(a)含盐量不同

(b)含碱量不同

图 9.29 含盐量、碱量对 1000mg/L HPAM 溶液(分子量 1255)表观黏度的影响

表 9.7　NaCl 对分子尺寸的影响

NaCl 浓度,mg/L	特性黏度,dL/g	分子尺寸,μm	分子量
200	9.90	0.2950	5×10^6
1000	7.18	0.2650	5×10^6
10000	6.42	0.2550	5×10^6

注:根据 Unsal 等(1979)的资料,分子量用 Mark-Houwink 方程计算出来,其中常数 $K_m=3.73\times10^{-5}$,$a=0.66$。这些是根据 Meister 等(1980)资料得到的聚丙烯酰胺的典型值。

HPAM 溶液的黏度随矿化度的变化通常称为盐敏性。由于无机盐中的阳离子比偶极分子水有更强的亲电性,因而它们优先或取代了水分子,与 HPAM 分子链上的羧基形成反离子对,从而屏蔽了高分子链上的负电荷,排出了一些束缚水分子。因而,随着矿化度的升高,溶液中 HPAM 分子由伸展构象使分子的有效体积缩小,因而溶液黏度降低,多价阳离子降黏作用更强,金属阳离子中,主要影响聚合物溶液黏度的有 Mg^{2+}、Ca^{2+}、Fe^{3+} 等多价金属阳离子。

聚合物本身具有盐敏性,随着地层水矿化度的增加,聚合物溶液的黏度大幅度下降。而黏度的高低是决定能否提高采收率的决定因素。因此,从保持聚合物溶液有较高的黏度和经济有效方面考虑,地层水的矿化度应小于 6000mg/L。地面上采用的水质,矿化度应控制在 200~400mg/L。

目前国内各油田用于聚合物驱的聚合物溶液均采用清水(矿化度小于 1000mg/L)配制,随着老油田注水开发已进入后期,油田的产出水不断增多,产出污水的排放问题日趋严重。同时,国家对地面、地下清水资源的开采应用进行了严格的限制,采用油田产出污水配制聚合物势在必行。大庆油田和胜利油田在清水资源上比大港油田有一定的优势,大庆油田配制聚合物用的是松花江水和嫩江水,胜利油田配制聚合物用的是黄河水。目前,这两个油田已经出现了清水的严重短缺问题,均已开始进行污水聚合物驱油研究,分别投入了几个单元的污水注聚区块,采用清水配制聚合物母液,新鲜污水稀释至目标溶液的方法。

为解决污水配制聚合物的降黏问题,国内外的研究人员考虑解决问题的途径主要有两个:一是通过聚合物加交联剂,形成交联聚合物溶液而使黏度大幅度增加,以解决污水中盐类对聚合物溶液黏度的降低;二是从聚合物分子本身结构进行改性,以达到保持污水配制聚合物溶液的黏度。第一种方法所要求的工艺较为复杂,在实施中存在较多问题,目前国内许多油田将其作为调驱技术使用;第二种方法是从聚合物本身结构改性,以抵抗污水的高矿化度对聚合物的降解。近几年,国内研究者在聚合物结构改型方面取得了突破性进展,纷纷推出新型抗温抗盐聚合物,如梳型聚合物、疏水缔合聚合物,这些聚合物在污水的高盐高矿化度条件下的增黏性比部分水解聚丙烯酰胺要高得多,如图 9.30 所示,疏水缔合聚合物增黏性随矿化度的增加下降幅度相对小。

在污水配聚现场试验中遇到了现场新鲜污水对聚合物的降解问题。污水分为两种状态:一种是从现场取到实验室的污水,这种污水已经与空气接触,称为暴氧污水;另一种是现场高压密闭状态下的污水,这种污水未与空气接触,污水中含有一定量的厌氧活性物质

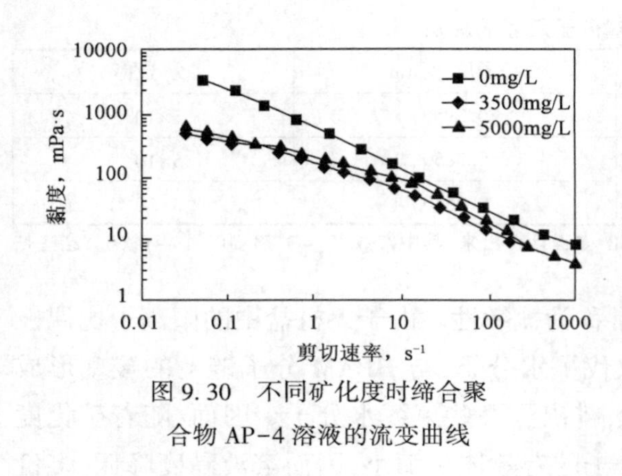

图 9.30　不同矿化度时缔合聚合物 AP-4 溶液的流变曲线

(二价铁、硫化氢、厌氧菌等),这种污水称为新鲜污水。这两种污水对聚合物的降解机理不同,暴氧污水是由于无机盐对带电基团的电荷屏蔽作用而使得顺着大分子链延伸的静电斥力作用减小,且无机盐的去水化作用引起大分子链的水化作用被削弱,因而大分子链收缩蜷曲,线团流体力学尺寸减小,导致溶液黏度显著降低,但这种影响基本被疏水缔合聚合物所克服;而新鲜污水对聚合物的降解,则是由活性物质连续不断的氧化还原反应产生,它对聚合物的降解程度远大于污水高矿化度对聚合物的降解。应用新的现场水处理技术,新鲜污水对聚合物的降解问题也已得到解决。目前,污水配制聚合物驱油技术的主要问题还是新型聚合物的开发、污水聚合物的驱油机理、新型聚合物与油藏的适应性等问题。但污水聚合物驱必将是中国陆上油田提高采收率的发展趋势。

9.4.3　温度的影响

因为过高的温度会使聚合物溶液产生降解,即分子链断裂,高分子变成较小的分子。所以随着温度的升高,黏度损失随之增大。

从分子运动论的角度看,黏度是由扩散决定的,因此温度对黏度有极大的影响,可用安得雷德(Andrade)方程表示:

$$\eta = A\mathrm{e}^{\frac{E}{RT}}$$

式中　E——黏流活化能;

R——普适气体常数;

T——热力学温度;

A——常数。

这个方程的物理意义是:分子或大分子链段通过一个平衡位置跃迁至另一个平衡位置而实现黏性位移时需要克服位垒,位垒的大小取决于活化能 E。Andrade 方程除了对水和酒精外,对许多流体皆适用,自然也适用于高聚物流体(熔体或溶液)。

9.4.4　浓度的影响

聚合物溶液的浓度是指一定体积的聚合物溶液中所含有的聚合物质量,单位为 mg/L(毫克/升),即原来所称的 ppm[百万分之一(10^{-6})的缩写字母]。在聚合物驱注入方案实施过程中,聚合物溶液从配制到注入过程中,要多次对方案进行修订,一般配制站浓度应保持 5000mg/L 左右。在注入井的井口应保持 1000mg/L 的浓度和 30mPa·s 以上的黏度。在相同的相对分子质量下,聚合物溶液浓度越高,黏度越大。因为浓度升高后,高分子相互缠绕的机会明显增加,形成网络结构,从而引起流动阻力增加,黏度增加。

9.4.5 分子量及分子量分布的影响

在相同的浓度下,相对分子质量数值大,其黏度就大。因为聚合物在溶液中的形状是无规则团状,它的流动是大分子通过各分子链段跳跃而实现整个质心的位移。相对分子质量越高、分子链越长,需要协同跳跃的链段就越多、困难也就越大,所以表现为黏度越大。高聚物溶液的黏度随高聚物分子量的增加而极其迅速地增加,如图 9.25 所示。研究表明,零切黏度与分子量之间存在着如下关系:

$$\eta_0 = KP^a$$

式中 P——平均聚合度;

a——常数,与某个临界聚合度值 P_{cr} 有关,当 $P<P_{cr}$ 时,a 为 1~2.5,当 $P>P_{cr}$ 时,$a=3.4$;

K——与高聚物种类相关的常数。

图 9.31 是 $\lg\eta_0$ 对 $\lg CP$ 作图的示意。各种高聚物的临界分子量极不相同,但若以主链原子数计算,则各种高聚物大致相同,一般在 300~700 个原子之间,实际上在 $\lg\eta_0 \times \lg CP$ 图上,图线斜率的过渡并不如图 9.31 那样突然,在过渡区域一般服从如下关系:

$$\eta_0 = KC \cdot M\left[1+\left(\frac{CM}{\rho M_{cr}}\right)^{2\cdot 4}\right]$$

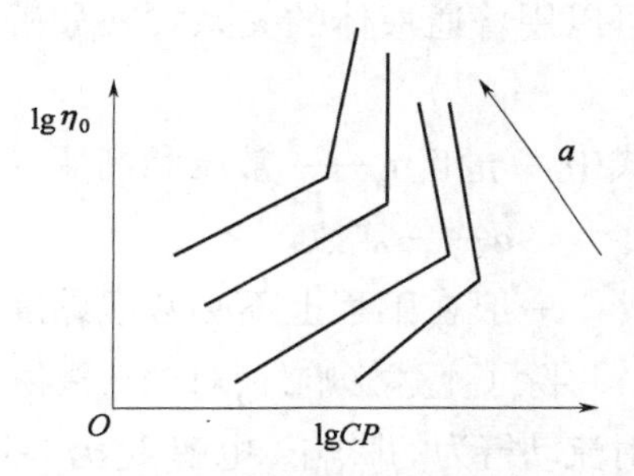

图 9.31 高聚物溶液黏度对浓度 C 与聚合度 P 乘积的依赖关系

分子量还对出现切力变稀的临界切变速率有影响,分子量增大会使溶液在更低的切变速率下出现切力变稀行为,如图 9.32 所示。分子量分布对溶液的黏度也有明显的影响,在平均分子量相近时,分子量分布加宽会使非牛顿行为在更低的切变速率下出现(图 9.33)。此外,分子链分枝对高聚物溶液的黏度有影响,有长枝链时,η_0 显著增大。

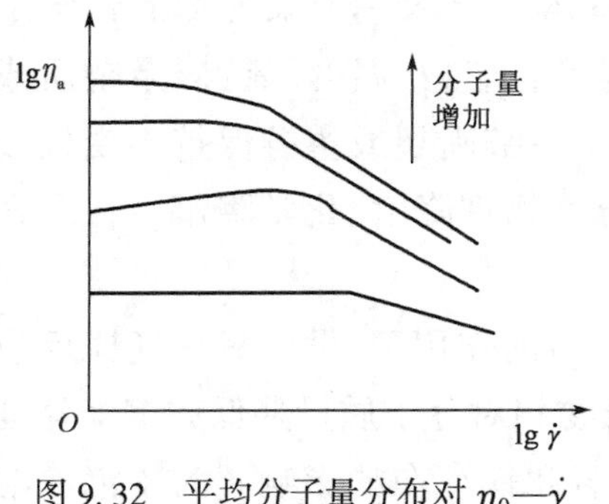

图 9.32 平均分子量分布对 η_0—$\dot{\gamma}$ 关系的影响示意图

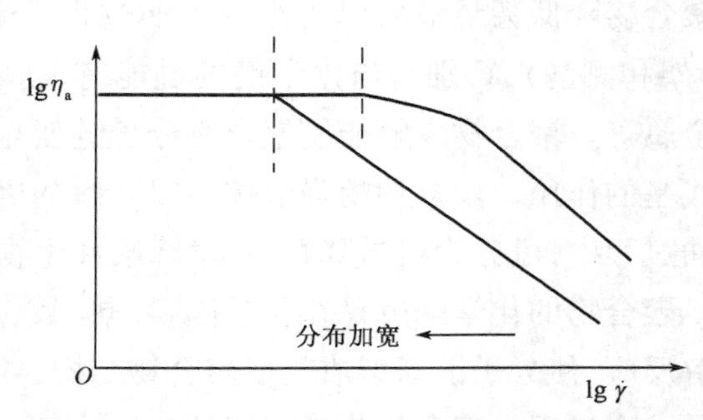

图 9.33 分子量分布 η_0—$\dot{\gamma}$ 关系的影响示意图

9.4.6 pH 值的影响

pH 值是指,质量溶液中每升(克)当量氢离子(H^+)浓度以 10 为底的负对数。它是鉴定溶液酸碱度的指标。pH 值的范围在 0~14 之间。pH 值小于 7 时为酸性溶液;等于 7 时为中性溶液;大于 7 时为碱性溶液。地面水 pH 值增高,它的碱性增强,使聚合物的水解度变大,分子带有更多的负电荷,分子更趋伸张,引起溶液黏度增大。但随着 pH 值增高,溶液黏度增加幅度越来越小。

9.4.7 流体静压的影响

液体的黏度与分子间作用力密切相关,因为它决定了分子跃迁的位垒大小。压力会使液体积收缩,从而减小分子间距而使分子间作用力增强,故流体静压提高将导致液体黏度升高。但许多液体在寻常的增压情况下,可压缩性是微乎其微的,观察不出黏度改变,只有在很高的压力下才会出现可观的黏度增加。高聚物溶液的可压缩性比熔体小得多,可以用普通液体的关系式来分析,对于大多数液体有如下实验关系:

$$\eta_p = \eta(1-ap)$$

式中 η 和 η_p——常压和高压 p 下的黏度;

a——常数。

一般在工程上不必考虑黏度的静压修正。

除了上述影响外,对于高聚物聚电解质溶液,如聚丙烯酰胺的水溶液,还应考虑离解程度对流动行为的影响。电解质溶液的黏度理论仍然沿袭对爱因斯坦公式作修正推广的方法,即考虑分散粒子带电荷时的修正。通常其黏度随离解程度的增加而升高,然而并不是简单的线性关系。高聚物聚电解质溶液离解度的控制对于流变性有极大的意义和影响。

9.4.8 其他因素的影响

此外,还有一些其他因素会引起聚合物的降解。聚合物的降解是指在一定条件下,聚合物的聚合度降低的现象。聚合物的降解过程,是聚合物在化学或物理因素的作用下,发生聚合物降低甚至最后成为小分子的过程。聚合物降解主要取决于聚合物的化学结构(骨架和侧基),特别是与化学键的键能有关。外界因素有应力、温度、氧、残余杂质或过渡金属等。聚合物降解能使聚合物分子链变短,高分子主链断裂或主链保持不变仅改变取代基的作用。聚合物的降解按引起降解的因素可分为物理降解、化学降解。在聚合物驱油过程中,可分为机械降解、化学降解和生物降解。

聚合物的化学降解是在化学因素(热、氧、金属离子)的作用下,发生氧化还原反应或水解反应,使分子链断裂或改变聚合物结构,导致聚合物相对分子质量降低和溶液黏度损失的一个过程。聚合物化学降解的产生,主要是水中氧和铁存在的影响。为了消除溶液中的氧,将溶液接触到的部位,均采用密封方式密封,使聚合物溶液不与空气接触。预防铁的存在,要对储罐和注入管线做好防护。储罐采用玻璃纤维罐及塑料涂层或不锈钢注入管线,使聚合物溶液中 Fe^{2+} 的含量控制在小于 0.1mg/L。

聚合物的生物降解是指聚合物分子被细菌或受酶控制的化学过程所破坏而产生的降解。生物降解常发生在低温度、低矿化度情况下。为使聚合物溶液不产生生物降解,需要采取的措施主要有:

(1)采用全封闭地面流程。在河南双河油田,地面注入流程进行了全封闭管理,抽空除氧,水中含氧控制在低于 0.3~0.08mg/L;地面流程管线设备均采用不锈钢,防止氧化铁溶解。

(2)加入除氧剂或抗氧剂。常用的试剂一般为强还原剂,如硫酸氢钠、联二亚硫酸钠、联氨、二氧化硫、三氮钠、硫脲等。

(3)加入杀菌剂。常用的杀菌剂有甲醛、五氯苯钠、丙烯醛等。在选择添加剂时应当考虑它同聚合物、地层水、岩石等的配伍性,以防止造成其他伤害。

9.5 聚合物溶液在多孔介质中的流变性

9.5.1 等效剪切速率

驱油剂在储层孔隙中流动的一个重要特性参数是剪切速率,不论是研究微观渗流和驱油机理,还是研究聚合物的剪切降解,都离不开这一参数。通过聚合物溶液在圆管中的流动特性可以导出多孔介质中剪切速率的近似表达式,即等效剪切速率。

9.5.1.1 假定聚合物溶液为牛顿流体

假定多孔介质的孔隙由均匀等径毛管束模型模拟,并假定聚合物溶液为牛顿流体。

毛细管壁上的剪切速率为

$$\dot{\gamma}_{w}=\frac{4\bar{v}}{R} \tag{9.2}$$

式中 $\bar{v}$——流体在毛细管中作稳定层流时的平均速度;

R——毛细管半径。

令流体质点通过孔隙介质的流动时间与其通过相应的毛细管中流动时间相等:

$$\left(\frac{L_t}{\bar{v}}\right)_{\text{tube}}=\left(\frac{L}{v}\right)_{\text{c}} \tag{9.3}$$

式中 L_t——水平毛细管长度;

L——岩心的表观长度;

v——岩心中的达西速度。

由式(9.3)可知,$\bar{v}=v\xi^{1/2}$,其中 $\xi^{1/2}=L_t/l$,代入式(9.1)可得

$$\dot{\gamma}_{\text{eq}}=\frac{4v\xi^{1/2}}{R} \tag{9.4}$$

由毛管束模型渗透率 K、孔隙度 ϕ 与 ξ、R 之间的关系，$K=\dfrac{R^2\phi}{8\xi}$，得到 ξ 的表达式，且将

$$v=u/\phi=Q/A\phi \tag{9.5}$$

代入式(9.4)中，则可得到

$$\dot{\gamma}_{eq}=4v\left(\frac{\phi}{8k}\right)^{1/2}=\frac{4Q}{A\sqrt{8k\phi}} \tag{9.6}$$

式中 Q——岩心中流速。

值得注意的是，以上各式都是在牛顿流体和均匀毛细管假设条件下推导出的，无法描述非牛顿流体在结构复杂的储层孔隙中的真实流动。因此，式(9.4)不能用于精确计算流体在储层孔隙中的剪切速率，而只能用于估算其数量级。

9.5.1.2 考虑到聚合物溶液的剪切稀释非牛顿性

考虑到聚合物溶液的剪切稀释非牛顿特性，并假设聚合物溶液的视黏度变化满足幂律模型，幂指数小于1。

毛细管壁上的剪切速率为

$$\dot{\gamma}_{w}=\frac{1+3n}{4}\frac{4\bar{v}}{R}$$

等效渗透率为

$$\dot{\gamma}_{eq}=\frac{1+3n}{4}\frac{4v\xi^{1/2}}{R} \tag{9.7}$$

多孔介质的等效毛管束模型的半径可以用多孔介质渗透率、孔隙度来表示，Savins (1969)将 R 定义为

$$R=\sqrt{\frac{8KC}{\phi}} \tag{9.8}$$

将式(9.8)连同式(9.5)代入式(9.8)中可得

$$\dot{\gamma}_{eq}=\left(\frac{1+3n}{4}\right)a\frac{4Q}{\sqrt{8k\phi}}$$

式中，a 是一个经验常数，往往不同研究者根据所研究的问题给出了不同的值。

9.5.2 聚合物溶液通过岩心后的视黏度变化和黏度损失率

9.5.2.1 视黏度变化

聚合物溶液在岩心中渗流，受到剪切作用、地层水的稀释作用及滞留作用的影响，从而造成聚合物溶液在岩心中的实际黏度远远低于注入前的黏度。图9.34给出分子量为 1100×10^4，浓度为500mg/L的聚合物溶液流过5~10cm长岩心采出液黏度的变化。可以看出，即使通过渗透率较高的岩心，其黏度损失也是很大的。增加流动速度会进一步降低

岩心中聚合物溶液的黏度(图9.35),这主要是因为流速增加,剪切降解作用使部分聚合物分子链变短。由图9.35可知,当流速达到一定值后,黏度不再进一步降低。

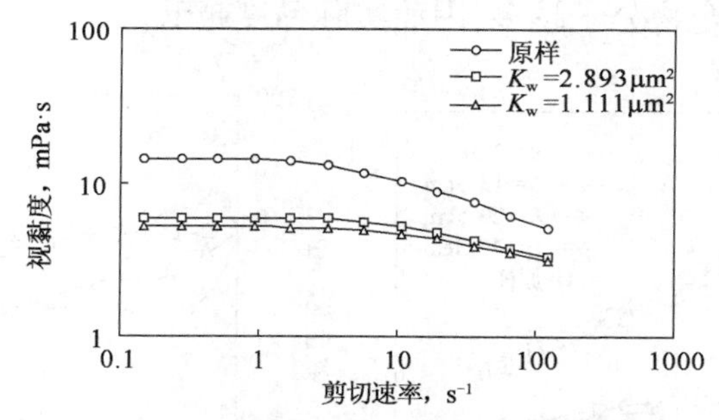

图9.34　HPAM溶液通过不同渗透率岩心后流变曲线

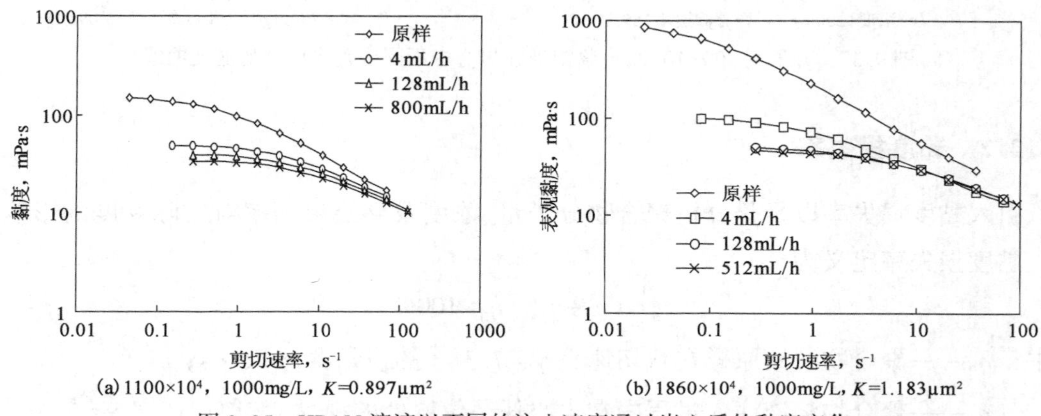

图9.35　HPAM溶液以不同的注入速度通过岩心后的黏度变化

进一步模拟聚合物溶液在岩心中流动不同位置采出液视黏度的变化,如图9.36和图9.37所示。图中,L为取样点距注入端的距离,单位cm。可以看出,实际黏度随距注入端距离的增加而不断降低,越靠近出口端,其黏度损失越严重。这是因为中低分子量聚合物的分子链相对较短,受流动过程中的剪切作用影响较小,其黏度损失主要来自吸附滞留的影响。运移的距离越长,由于吸附滞留而损失的聚合物越多,因而其实际黏度较原样的黏度降低幅度越大。对比分子量800×10^4和400×10^4聚合物溶液在不同渗透率岩心中

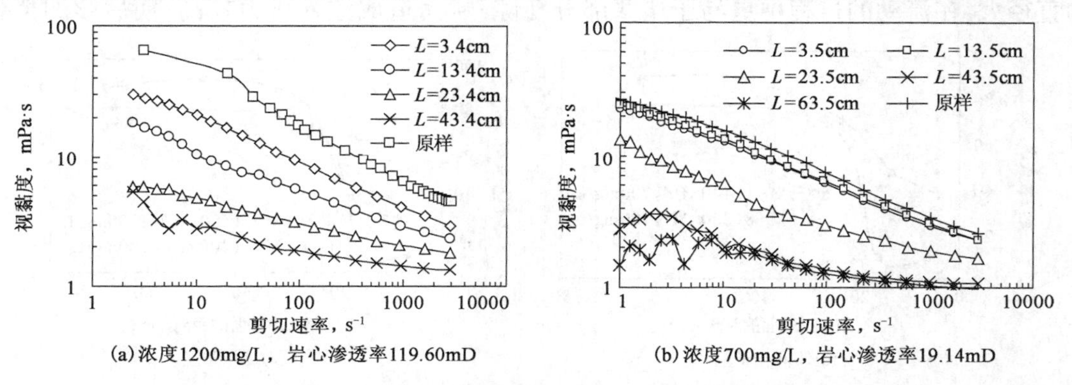

图9.36　分子量800×10^4聚合物溶液在岩心中不同位置采出液的流变曲线

的实际黏度可知，前者的黏度损失明显高于后者，尤其是在渗透率约为20mD的岩心中。原因是聚合物的分子量越大，其分子链平均尺度大，渗透率越低，孔隙平均尺度越小，由于水动力条件等滞留的聚合物分子越多，因而实际黏度越低。

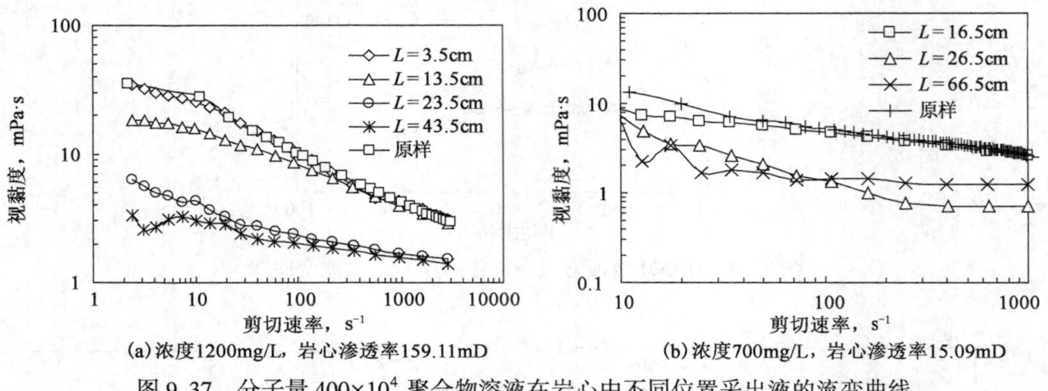

图9.37　分子量 400×10^4 聚合物溶液在岩心中不同位置采出液的流变曲线

9.5.2.2　黏度损失率

引入黏度损失率以量化分析聚合物分子量、浓度及储层渗透率对实际黏度的影响规律。黏度损失率定义为

$$\xi=(\eta_0-\eta_1)/\eta_0\times100\%$$

式中　η_0——聚合物溶液原样在剪切速率 $\dot{\gamma}=7.3\text{s}^{-1}$ 的视黏度，mPa·s；

η_1——聚合物溶液注入过程中在岩心任一位置处的视黏度（剪切速率 $\dot{\gamma}=7.3\text{s}^{-1}$），mPa·s。

图9.38给出了不同分子量和不同浓度的聚合物溶液黏度损失率随距入口端面距离的变化。可以看出，随着距入口端面距离的增加，黏度损失率不断增加，且其增加的速率逐渐减缓。分子量越高，浓度越高，其黏度损失越严重。由图9.38(b)可知，在距注入端40cm处，浓度(700mg/L)低，黏度损失率约为70%，而浓度(1200mg/L)高的聚合物溶液黏度损失率高达90%。由于浓度高的聚合物溶液分子间存在着缠绕作用，分子线团的平均直径大，在流动的过程中更易于堵塞部分孔隙，从而造成注入压力较高，使后续的聚合

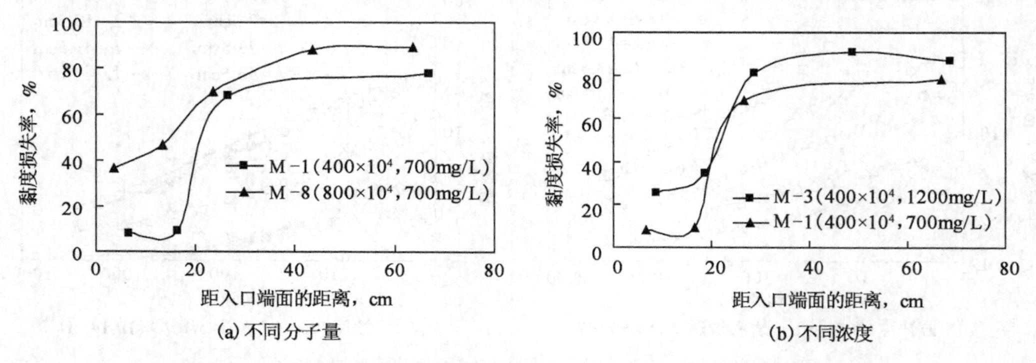

图9.38　聚合物溶液在岩心中黏度损失率(岩心渗透率约为20mD)

物溶液受到的较强剪切力的作用,所以其黏度损失较为严重。

由图 9. 39 可以清楚地看出渗透率对黏度损失率的影响。随着渗透率的降低,聚合物溶液的黏度损失率不断增加。岩心的渗透率越低,在相同的流速条件下,所受的剪切力越大,特别是对于中低分子量聚合物分子,由于孔隙尺度减小而导致滞留的损失率增加,因而黏度损失率也越高。

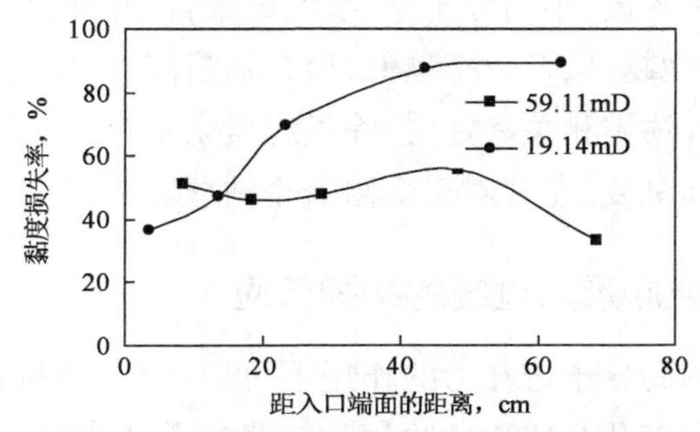

图 9. 39　分子量 800×10^4 浓度 700mg/L 聚合物溶液的实际黏度及黏度损失率随岩心渗透率的变化

9. 5. 3　聚合物溶液实际黏度和黏度损失率在地层中的分布

将岩心的总长度与实际油层井距(125m)对应起来,用以模拟矿场中工程人员所关心的距注入井 1/3 井距、1/2 井距和 2/3 井距及采油井处聚合物溶液的实际黏度及黏度损失率(图 9. 40)。可以看出,分子量为 800×10^4 的聚合物溶液在渗透率为 119. 60mD 的储层中流动(流速 1m/d),在 1/3 井距处,实际黏度约为 7. 9mPa · s,黏度损失率约为 85%,

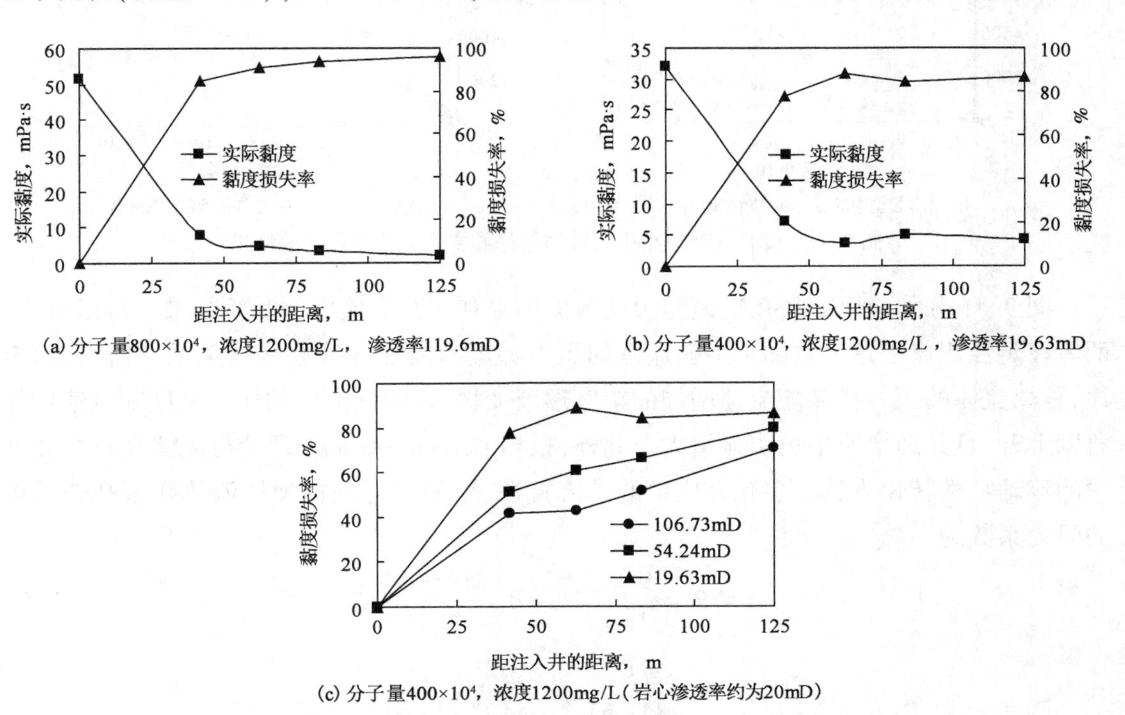

图 9. 40　不同分子量聚合物溶液在油藏中沿渗流方向的实际黏度及黏度损失率

在2/3井距处，黏度损失率超过90%。分子量为400×10^4、浓度1200mg/L聚合物溶液在渗透率为19.63mD的储层中流动，在1/3井距处的实际为7.2mPa·s，黏度损失率为78%，在2/3井距处为85%。比较图9.40所示不同渗透率条件下聚合物溶液在储层中的黏度损失率可知，分子量为400×10^4、浓度为1200mg/L聚合物溶液在渗透率为106.73mD、54.24mD、19.63mD储层中流动，黏度损失率分别为41%、51%、78%。

聚合物溶液在油藏中渗流，不同分子量、浓度的聚合物溶液沿渗流方向上具有不同的黏度损失率，分子量和浓度越高、渗透率越低，聚合物溶液的黏度损失率越大。因此，在评价聚合物驱油效果和设计注聚相关参数时，除了应考察聚合物在注入前增黏特性以外，还应考察其在油藏中的实际黏度，尤其对于低渗透率油藏。

9.5.4 聚合物溶液在岩心渗流过程的黏弹效应

聚合物溶液中蜷曲的高分子链在力的作用下可以拉伸，当拉伸力去掉后又可恢复自然的蜷曲状。聚合溶液在多孔介质连续收缩—扩张的孔道中流动，即存在拉伸流动又存在剪切流动，因而具有显著黏弹效应。其中一个重要的标志是聚合溶液在多孔介质渗流中具有异常高的流动阻力，如图9.41所示。

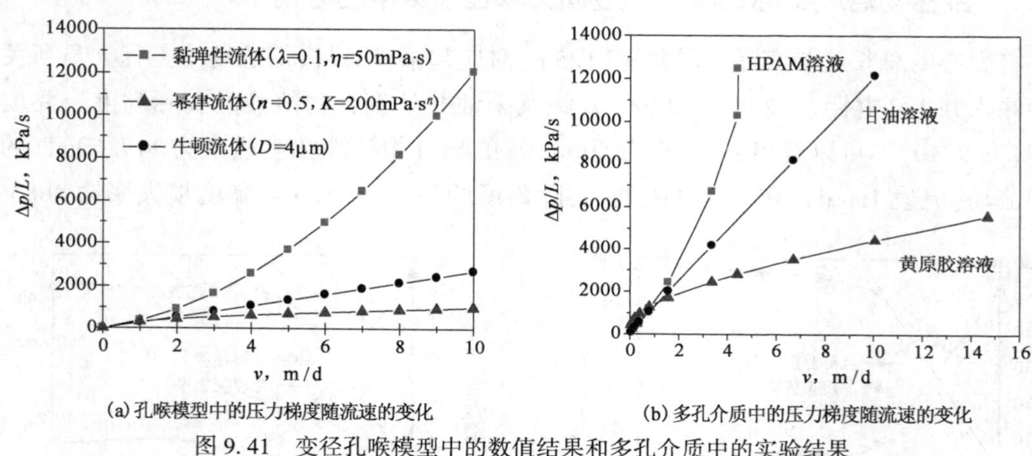

(a)孔喉模型中的压力梯度随流速的变化　(b)多孔介质中的压力梯度随流速的变化

图9.41　变径孔喉模型中的数值结果和多孔介质中的实验结果

图9.41分别给出变径孔喉模型中的数值结果和多孔介质中的实验结果。可以看出，两者在定性规律上是一致的。牛顿流体的压力梯度与流速为线性递增关系，符合达西定律；幂律流体的压力梯度随流速增加的幅度逐渐变缓；黏弹性流体的压力梯度随流速增加急剧上升，且其递增速率也明显增大。此外，根据Carman-Kozeny理论将流体在单个孔喉中的流动特性转化为其在多孔介质中的渗流特性，可分别得到黏弹性流体在多孔介质中的阻力系数为

$$\Lambda = fRe = \frac{9}{4}B_0C' + \frac{27}{8}B_1\frac{\lambda v(1-\phi)}{D_p\phi^2}C' \tag{9.9}$$

其中

$$Re = \frac{\rho v D_p}{\eta(1-\phi)}, f = \frac{\Delta p}{\rho v^2}\frac{D_p}{L'}\frac{\phi^3}{(1-\phi)}$$

式中 Λ——阻力系数；

f——摩擦因子；

Re——雷诺数；

B_0, B_1——与流体的特征黏度、松弛时间、充填层的孔隙度和颗粒尺寸有关的常数，需通过进一步的系统研究确定（前文中的常数 b_0, b_1 只是一个特例）。

当 $\lambda=0$ 时，则式(9.9)退化为牛顿流体在多孔介质中的流动阻力方程：

$$\Lambda = fRe = \frac{9}{4} B_0 C' \tag{9.10}$$

对于牛顿流体在等直径均匀毛细管中流动而言，流动方程为 $\frac{\Delta p}{L} = 32 \frac{\eta v}{D^2}$，$B_0=32$，所以由等直径毛细管模型得到的牛顿流体在多孔介质中的阻力系数为

$$\Lambda = fRe = 72C' \tag{9.11}$$

由式(9.9)至式(9.11)可知，对于牛顿流体，在本书计算的参数范围内，无论以等直径毛细管模型，还是以孔喉模型作为研究流体在多孔介质中渗流机理的模型，最终得到的阻力系数均为常数；对于黏弹性流体，阻力系数随流体的松弛时间、流速、充填颗粒层的孔隙度和充填颗粒尺寸的变化而发生显著的变化。阻力系数随松弛时间和流速的增加而增大，随充填颗粒直径的减小而增大。

幂律流体在多孔介质中的阻力系数为

$$\Lambda = fRe = \frac{3}{2}^{n+1} (C_0 + C_1 n + C_2 n^2) C'$$

式中，C_0，C_1 和 C_2 为与流体的稠度系数、幂指数、颗粒充填层渗透率和孔隙度有关的常数，需通过进一步系统的研究确定。前文中的常数 C_0，C_1，C_2 只是一个特例。

9.6 聚合物溶液流变性在矿场方案设计中的应用

9.6.1 聚合物的筛选

驱油用的驱油用聚合物溶液与油藏条件的配伍性是聚合物驱技术成败的关键。因此，在聚合物驱技术应用时，必须针对具体的油藏条件，从驱油效果和经济效益方面综合考虑，选择适当的聚合物。就其普遍的原则而言，驱油用聚合物应满足以下基本条件：

(1)具有良好的水溶性，能够在水中快速溶解。

(2)具有良好的流变性，在较低浓度条件下，聚合物溶液具有较强的黏弹性。

(3)具有良好的化学稳定性，使用的聚合物与油层水及注入水中的离子不发生化学降解。对于生物聚合物，受细菌的影响应尽可能小。

(4)具有良好的剪切稳定性，聚合物溶液在油藏孔隙中流动时，不会因为剪切而大幅

度地降解。

(5)具有较强的抗吸附性,聚合物溶液在油藏孔隙中的吸附滞留损失不能过大,以使到达油藏深部的聚合物溶液仍可具有足够的浓度,注入井附近油藏不至于因聚合物大量吸附而造成堵塞。

(6)具有良好的注入性,在保证具有良好的流度控制能力的前提下,聚合物溶液的注入压力不应过大。

(7)具有良好的环保特性,不会造成对油藏和环境的污染。

(8)来源广、价格低,这是聚合物驱能够实现大规模工业化应用的必要条件。

在筛选过程中,条件(1)、(2)、(3)和(4)聚合物的性能都要通过测定其流变性进行评价。如溶解性的评价方法时测定聚合物溶液黏度($7.34s^{-1}$)随溶液时间的变化,一般要求在2h之内能够达到最终的黏度,尤其是筛选海上油田应用的聚合物。此外,还需要评价聚合物的热稳定性,对于热稳定性评价的主要方法是聚合物溶液黏度($7.34s^{-1}$)随老化时间的变化。对于中高温油藏,往往要增加对聚合物耐温性的评价,即测定聚合物溶液黏度($7.34s^{-1}$)随温度时间的变化。

9.6.2 聚合物溶液地面配注工艺

聚合物驱的主要目的在于通过增加水相黏度和降低水相渗透率,来改善水驱油流度比,提高波及系数,最终提高原油采收率。因此,保持聚合物溶液的黏度是聚合物驱地面工艺设计中的核心。在地面工程中,影响聚合物溶液黏度的因素及对策见表9.8。

表9.8 影响聚合物溶液黏度的因素及其对策

影响黏度的因素	水质	铁离子	机械降解	微生物
对　　策	尽量使用低矿化度水作为注入水	与聚合物相接触的容器、管线及其他设备尽量采用不锈钢或玻璃钢衬里材料,聚合物溶液可加入螯合剂	聚合物溶液输送设备选用低剪切螺杆泵;分散罐、熟化罐、存储搅拌机的转速应小于82r/min。同时在工艺安装上尽量避免大小头、直角过渡等局部节流,阀门最好选用直通阀;注入泵应采用容积积式,降低黏度损失;注入设备应满足设计的配注量及长时间稳定注入的要求	在注入水中加入杀菌剂

9.6.3 聚合物溶液注入方案

聚合物驱的注入方案包括聚合物的相对分子质量、聚合物用量、注入段塞和浓度及注入方式等各项指标,主要利用室内渗流实验、流变性测试、驱油试验、数值模拟和经济评价等手段,对比指标为技术指标和经济指标两种。筛选的过程是首先进行室内驱油试验,初步确定聚合物溶液浓度、段塞大小和用量,然后设计不同注入用量、浓度和注入方式,利用数值模拟进行计算,确定各项技术指标和经济指标。最终综合室内试验、数值模拟和经济优化结果,考虑现场实际,选取提高采收率的幅度和经济效益两者都相对较高时的各项参数作为最佳的注入方案。

9.6.3.1 聚合物的分子量和浓度

在油层条件允许的注入压力下,相同用量的聚合物,分子量越高,聚合物的增黏性越好,残余阻力系数越大,驱油效果越好;相同分子量的聚合物,分子量分布越宽,残余阻力系数越大,驱油效果越好。但是分子量过大也会给注入带来困难,甚至造成油层堵塞,此外,分子量过大,机械剪切降解严重。因此,可以认为在可行的注入压力及聚合物分子量和油层渗透率相匹配的条件下,应最大限度地采用分子量分布宽的高分子量的聚合物。

9.6.3.2 聚合物溶液的浓度

就聚合物驱效果而言,数值模拟的研究结果表明在相同用量下,采用高浓度的段塞驱油比采用低浓度的段塞驱油效果要好,对于非均质越严重的油层,更是浓度越高效果越好。但随着段塞浓度提高,注入液黏度增大,注入压力升高,聚合物溶液注入会变得更加困难。由此看来浓度的提高是有限的,在选择聚合物溶液浓度时要考虑到现场技术的可能性。在选择聚合物溶液浓度时应综合考虑数值模拟计算结果和矿场试验结果。

9.6.3.3 聚合物段塞注入方式

数值模拟的研究结果表明:当聚合物用量大于500PV · mg/L时,应采用单一整体段塞注入方式;当聚合物用量小于500PV · mg/L时,应采用优化的聚合物段塞组合注入方式。对于段塞组合问题应采用数值模拟方法进行段塞组合筛选计算,根据计算结果确定最佳的聚合物溶液段塞组合注入方式。

聚合物溶液提高采收率的作用在于它提高了注入液的黏度,使油水流度相近,但聚合物溶液的黏度对注入水的矿化度高低十分敏感,矿化度高,黏度就下降,驱油效果就差。为了保持注入油层的聚合物溶液能保留较高的黏度,在聚合物段塞前后分别注入低矿化度的清水或含聚合物的产出污水,对聚合物段塞起保护作用。在方案编制中对聚合物溶液段塞前后加保护段塞问题,应根据注入水(清水或含聚合物的产出污水)的矿化度,应用数值模拟方法进行效果计算,由计算结果确定是否需要预注保护段塞或后置保护段塞及段塞的大小。

9.6.3.4 注入速度

聚合物溶液的注入速度是聚合物驱实施过程中的一项重要参数。注入速度太大,会造成注入压力过大,聚合物溶液在油藏中的实际黏度降低,驱油效果变差;注入速度太小,会延长开采时间,势必增加一定的管理费用,这在经济上也是不划算的,而且注入速度过低,聚合物本身在地下滞留的时间就要相应延长,黏度下降,进而影响聚合物驱油效果。注入速度选择得合理与否,将直接影响聚合物驱的技术效果和经济效益,为此,对聚合物溶液注入速度进行了选择。注入速度的选择主要考虑驱油效果、注入压力和开采年限。

9.6.4 聚合物溶液动态监测

聚合物驱监测的主要目的在于及时了解聚合物驱油动态,调整聚合物驱方案,保证聚合物驱顺利实施,降低聚合物驱风险和提高聚合物驱效果。聚合物驱监测对象包括:注入井、生产井以及油藏内部。监测内容为注入井的注入压力、注入聚合物浓度和黏度、注入速度、累计注入量、注采比、注入井吸水剖面等;生产井含水率、产液量、产油量、产出聚合物浓度以及产层剖面变化;油藏的驱替特征曲线、IPR 曲线、霍尔曲线以及数值模拟跟踪拟合等。

9.6.4.1 注入井聚合物溶液视黏度监测

视黏度是聚合物驱中的最为重要的参数。如果井口聚合物取样的黏度不能达到设计要求,聚合物就很难在地层中达到预期的流度控制指标。通常在聚合物驱的监测中,要求每天在井口至少取样一次,测定注入聚合物溶液视黏度。应该用井口取样器进行高压取样,以保证取样过程中聚合物不被机械降解。

视黏度的测定是十分重要的,所取样品的黏度测定应在相同条件下进行。如果在聚合物驱中井口取样的黏度值变化幅度较大,应立即对聚合物注入系统进行检查,检查注入设备是否运行良好,争取尽早发现问题,减少对聚合物驱的影响。

9.6.4.2 生产井聚合物聚合物浓度监测

聚合物注入油层一段时间后,生产井就会有聚合物突破。聚合物突破时间取决于油藏渗透率、注入聚合物量以及井网部署(井距等)等因素。聚合物提前突破而且产出液中聚合物浓度迅速上升,达到或接近注入聚合物浓度的一半意味着油层存在着高渗透条带。正常情况是,聚合物在生产井突破后,浓度缓慢上升。而且伴随着富集油带产出,即产油量明显上升,含水率下降显著。当产出的聚合物浓度达到峰值时,油井产油量最高,也是聚合物驱油效果最好的时期。

复习思考题

1. 试解释解释聚合物的增稠作用。
2. 部分水解聚丙烯酰胺与黄原胶溶解流变性有什么区别,为什么?
3. 简述交联聚合物和疏水缔合聚合物的增黏机理的差异性。
4. 在简单剪切流条件下,写出两种典型的聚合物溶液黏性流变模型。
5. 影响聚合物溶液流变性因素有哪些,各因素对流变性如何影响?

6. 假定聚合物溶液为牛顿流体,给出其在多孔介质中流动的等效剪切速率。

7. 聚合物溶液在多孔介质中的实际黏度为什么低于注入前的黏度,为什么?

8. 聚合物溶液在多孔介质中的实际黏度受哪些因素影响,各因素对其实际黏度如何影响?

9. 试解释聚合物溶液在多孔介质中渗流过程中的黏弹效应。

第10章 乳状液的流变性

10.1 乳状液的组成和分类

乳状液是一种液体在另一种与其不相溶的液体中分散而形成的多相分散体系。被分散成液珠的一相称为分散相,也称不连续相或内相;另一个液相称为分散介质,也称连续相或外相。在两个液相中往往有一相极性较强,常常是水或水溶液,故称水相;另一相非极性较强,常称油相。若分散相为油相,分散介质为水相,此乳状液被称为水包油型乳状液,或油/水型(O/W 型)乳状液。反之,若分散相为水相,分散介质为油相,此乳状液被称为油包水型乳状液,或水/油型(W/O 型)乳状液。当改变条件后引起乳状液的类型从油/水型转变为水/油型,反之称为乳状液的变型。转相(相变或变型)是指在一定作用条件下,一种类型的乳状液变成另一种类型乳状液的过程。在某些特殊条件下,可形成稳定的多重乳状液。常见的多重乳状液有水/油/水型(W/O/W 型)、油/水/油型(O/W/O 型)两种。

10.2 乳状液的稳定性

乳状液的基本特征在于其分散度及稳定性。大多数乳状液分散相的液珠直径在100nm 以上,故在分散体系分类中属于粗体系不属于胶体范畴。但它与胶体一样,属于高比表面积的分散体系,有许多共同的特性,故同属于胶体化学的研究对象。精细制备的乳状液液珠直径可小于100nm,甚至为20~50nm。有些分散介质黏度较大,或界面膜强度很大的乳状液,分散液珠的直径可达毫米级以上。因此,乳状液是分散液珠大小分布很宽、粒径较大的分散体系。同时乳状液的稳定差别较大,与乳状液的存在状态(尤其是剪切状况)有较大关系。乳状液的分散珠大小及分布常常是不断变化的,使得对其分散液珠的大小、分布的研究比较难。

对于一个分散体系,单位体积(或单位质量)的分散相所具有的表面积(或界面积)称为比表面积。它表示分散体系中分散相的分散程度,也称为分散度。在乳状液体系中,吉布斯函数的自发下降趋势表现为界面分子自发地进入体相而减小界面积的趋势,即表现为分散相的液珠自发聚并、变大,乳状液被破坏的趋势。乳状液的这种不稳定趋势就是热力学不稳定性。这是多相分散体系共同具有的特性。破乳是指乳状液的分散相液滴经过絮凝和聚结,液滴数目减少并最终完全分离。

此外,两个互不相溶的液相形成乳状液是界面积增加的过程,在不做非体积功的条件下是非自发过程,从热力学第二定律看是不可能实现的。要制得乳状液必须对体系施加一定的机械功或其他非体积功,即不通过摇荡、剪切等做功或分散的手段,两种互不相溶的液相不能形成乳状液。

许多文献介绍了“自发乳化”的现象。“自发乳化”现象出现的条件是界面张力足够低和存在由于湍流、扩散引起的扰动、重力场等作用。此时由于界面张力极低,热力学不稳定性较弱,只需不明显的机械作用就能使一种液体被分散。因此,这里的“自发”不是热力学上的意义,只表示人为的意愿而已。实际上乳化仍需要环境对体系做非体积功,在热力学的意义上乳化是不会自发进行的。

在一个分散体系中,由于两相的密度不同在重力场作用下分散相的粒子有上浮或下沉的趋势。若分散相液珠为球形,其半径为 a,密度为 ρ,分散介质密度为 ρ_0,则分散相液珠受的沉降重力 F_1 为

$$F_1=\frac{4}{3}\pi a^3(\rho-\rho_0)g$$

式中 g——重力加速度;

π——圆周率。

如果分散介质为层流分布,液珠之间无作用力,液珠以速度 v 沉降,按 Stokes 定律,所受的阻力 F_2 为

$$F_2=6\pi\eta av$$

式中 η——分散介质黏度。

当达到液珠匀速沉降时 F_1、F_2 相等,则沉降速度为

$$v=\frac{2a^2(\rho-\rho_0)}{9\eta}g \tag{10.1}$$

当分散相液珠密度大于分散介质密度时,沉降速度为正值,液珠下沉。当分散相液珠密度小于分散介质密度时,沉降速度为负值,液珠上浮。此定律适用于刚性粒子。用于乳状液时由于分散相为可变形的悬浮液珠,应考虑分散相的黏度。由式(10.1)看出,沉降速度 v 与液珠半径 a 的平方成正比,液珠越小,下沉或上浮的趋势越弱。

由表 10.1 看出,O/W 型的苯—水乳状液的动力稳定性较金溶胶好得多,对于半径为 50μm 以上的液珠动力稳定性较差,半径在 5μm 以下的液珠动力稳定性已相当好。由于乳状液是多分散的,分层速率可近似地视为各种分散液珠沉降速率的加权平均值,则沉降速度 $\bar{v}$ 表达为

$$\bar{v}=\frac{8\pi g(\rho-\rho_0)}{27V\eta}\sum_i n_i r_i^5 \tag{10.2}$$

式中 n_i——单位体积乳状液内半径等于 r_i 的液珠数目(即粒子浓度);

V——分散相液珠总体积;

π——圆周率。

表 10.1 在水中悬浮粒子下沉或上浮 1cm 所需的时间

半径,μm	50	5	0.5	0.05
金下沉时间	0.095s	9.5s	15.8min	26.3h
苯上浮时间	13.2s	22.1min	1.53d	153d

实际上对分散度足够高的颗粒，由于不断受到分散介质分子的不平衡碰撞，会发生方向和行程不断变化的运动，即发生布朗运动(Brownian motion)。在布朗运动形成的扩散运动与重力场引起的下沉或上浮运动的共同作用下，分散相粒子如同大气层的分布那样，形成分布密度变化的沉降平衡。可以导出，达到沉降平衡时，如果在高度 h_1 处单位体积内液珠个数浓度为 n_1，则高度 h_2 处液珠浓度 n_2 为

$$n_2=n_1\exp\left[-\frac{N_A}{RT}\frac{4}{3}\pi a^3(\rho-\rho_0)g(h_2-h_1)\right] \tag{10.3}$$

式中，N_A 为阿伏伽德罗常量；R 为摩尔气体常量；T 为热力学温度。

因此达到沉降平衡后宏观上分散相粒子不再发生上浮或沉降，体系具有了动力稳定性。多数情况下对于水/油型乳状液，$\rho-\rho_0<0$，$n_2<n_1$，即水珠沉降平衡。对于油/水型乳状液，$\rho-\rho_0<0$，$n_2>n_1$，即油珠上浮平衡。从式(10.3)可以看出，分散液珠半径 a 及密度差 $\rho-\rho_0$ 越小，相同 n_2 与 n_1 比值时的高度差越大，说明体系均匀沉降作用不明显。其中分散液珠半径是指数上的三次方关系，是更为敏感的因素。与一般溶胶或悬浮液相比，乳状液的特点在于两相密度差小，分散液珠的半径较大(一般在50nm以上)，沉降平衡的高度分布较小，常常可以忽略不计(见表10.2中的计算结果)。因此，当乳状液的分散相液珠较小，且具有聚结稳定性时，体系具有较好的动力稳定性。一旦乳状液失去聚结稳定性，分散相液珠聚并，分散度下降，布朗运动减弱，动力稳定性即将消失。与聚结稳定性的重要性相比，乳状液的动力稳定性是第二位的。

表10.2　金溶胶与乳状液沉降平衡的高度分布(计算温度为25℃)

体系	r, nm	$\rho-\rho_0$, kg/m^3	粒子浓度减少一半的高度差, m
粗分散金溶胶	93	1.83×10^4	4.7×10^{-6}
金溶胶	4.2	1.83×10^4	5.1×10^{-2}
高分散金溶胶	0.93	1.83×10^4	4.7
W/O型乳状液	500	200	2.8×10^{-6}
W/O型乳状液	50	200	2.8×10^{-3}
W/O型乳状液	5	200	2.8

布朗运动是分散相粒子碰撞的重要原因。分散相分散度的增加，布朗运动的加剧，是破坏体系聚结稳定性的重要因素。乳状液的稳定性主要依靠乳化剂的作用维持稳定。

10.3　常用的乳化剂

两种不相溶的液体能形成乳状液，必须有乳化剂在两个液相界面存在，形成界面层，阻止分散的液珠之间聚并。乳化剂对乳状液的稳定作用包括降低界面自由能、稳定界面膜、稳定双电层和空间稳定。乳化剂的类型有多种，从分子结构大致可分为如下几类：(1)碱；(2)表面活性剂；(3)有极性和非极性官能团的聚合物；(4)固体颗粒。

一类乳化剂为 $NaCO_3$、$NaHCO_3$、NaOH、Na_2SiO_3 等碱类。碱之所以能作为稠油乳化降黏的乳化剂，是因为原油中含有天然表面活性物质，如脂肪酸、环烷酸、胶质和沥青质。这些酸性物质是潜在的表面活性物质，能被碱活化，形成 O/W 型乳化剂，反应式如下：

$$R—COOH+NaOH \longrightarrow R—COONa+H_2O$$

采用碱剂作乳化剂，所形成的原油乳状液稳定性较好。从乳状液稳定性考虑，稠油加碱水乳化降黏是可取的，而且碱的价格低廉，这正是长期以来许多油田用碱驱稠油的原因。但是从原油后处理即破乳脱水考虑，采用碱剂乳化降黏破乳困难。研究发现，破乳过程中加入适量酸能改善碱剂作为乳化剂时的破乳性能，其脱水率高、脱水率高。但乳状液中存在大量的酸、碱对集输管道和脱水装置有巨大的腐蚀作用，需要对各种成本进行综合评估。

表面活性剂是使用最多的乳化剂，表面活性剂作为乳化剂的优点是用量少、降黏效果好，但费用高。通常，只有亲油、亲水基团的性质相匹配时才能作为乳化剂。表面活性剂的亲油、亲水性用 HLB 值(Hydrophilelipophile balance)表示，HLB 值是乳化剂分子亲水亲油性的一种相对强度的数值量度。HLB 值越低，表示分子的亲水性强，是易于形成 W/O 型乳状液的乳化剂；反之，易于形成 O/W 型乳状液的乳化剂。规定石蜡的 HLB=0，亲油性强的油酸 HLB 值为 1，亲水性强的油酸钾 HLB 值为 20，十二烷基硫酸钠的 HLB=40 作为标准。其他表面活性剂的亲油亲水性与其比较可相对得出 HLB 值。一般认为，HLB 值介于 2-6 的表面活性剂可作为 W/O 型乳化剂，HLB 值在 8 以上的表面活性剂可作为 O/W 型乳化剂。表面活性剂的 HLB 值也可用公式计算，常用的有以下两种方法。

(1)质量分子数：用于计算有聚氧乙烯基的非离子型表面活性剂。

$$HLB=\frac{亲水基质量}{亲水基质量+亲油基质量}\times 100\%$$

(2)基数法：适合于阴离子型和非离子型表面活性剂的计算

$$HLB=\sum H+\sum L+7$$

式中，H 为表面活性剂中亲水基的基数；L 为表面活性剂中亲油基的基数。有关基数见表 10.3。

表 10.3　典型表面活性剂基团中的 H 和 L 的基数

亲水基	H	亲油基	L
$—OSO_3Na$	38.7	—CH— |	0.475
—COOK	21.1	$—CH_2—$	0.475
—COONa—	19.1	$—CH_3$	0.475
$—SO_3Na$	11	═CH—	0.475
—COO(R)	2.4	$—C_3H_6O—$	0.150
—COOH	2.1	$—CF_2—$	0.870
—OH	1.9	$—CF_3$	0.870

天然的动植物胶，合成的聚乙烯醇等可看作高聚物乳化剂。这类化合物的相对分子质量较大，在界面上不能整齐排列，虽然降低界面张力不多，但它们能被吸附在油—水界面上，既可以改进界面膜的力学性质，又能增加分散相和分散介质的亲和力，因而提高了乳状液的稳定性。

固体颗粒如黏土(如蒙脱土)、二氧化硅、炭黑、石墨、碳酸钙等都可作为乳化剂。Pickering 乳状液是以固体颗粒用作稳定乳化剂的一类乳状液。20 世纪初，V. Ramsden (1904)首次发现一些不溶于水的固体与油性溶剂混合后可以形成乳状液。S. Pickering (1907)对其进行了全面而详细的研究，因此，称此类固体颗粒用作稳定乳化剂乳液为 Pickering，主要用一些岩石粉末作为乳化剂。与传统的表面活性剂稳定乳剂相比，Pickering 乳液具有以下优点：低毒性、长期稳定性和显著的经济效益。Pickering 乳液在严苛条件下，尤其是高温高盐环境下具有良好的稳定性，近年来在石油行业越来越受重视。

10.4 乳状液流变性的影响因素

乳状液是一类典型的可形变颗粒悬浮液。在这种体系中，前面在钻井液的微观流变机理一节中提到的各种颗粒间的相互作用力依然存在，但是相体积的影响不像固体颗粒那些强烈。由于颗粒的可形变性，最大堆积体积较固体颗粒要大得多，颗粒形状可以是多面体的、类似于泡沫结构。通过最大堆积体积在 0.9 以上。

可形变颗粒悬浮液的黏度——剪切速率曲线像固体颗粒悬浮液一样，随着浓度的上升，非牛顿行为也增强。但是在相同内相体积的条件下，高剪切速率对应的黏度渐近值 η_∞ 远比固体悬浮液的小。这可归因于乳状液中颗粒的形变。相对于固体颗粒悬浮液，可变形粒子悬浮液，特别是乳状液，其流变性影响因素还包括内相颗粒的黏度和界面膜的性质。

总体上，乳状液的流变性与外相黏度、内相体积分数、分散相液滴大小及分布、内相黏度、乳化剂的化学组成和浓度、界面膜的性质、电黏效应等因素有关。

10.4.1 外相的黏度

几乎在所有关于乳状液表现黏度的理论或经验公式中，均把外相黏度(连续相黏度)作为决定乳状液黏度的最重要的因素。外相黏度越高，乳状液的黏度越高，多数公式表明，乳状液黏度与外相黏度成正比。尤其在内相体积分数较小时，乳状液黏度主要取决于外相黏度。

10.4.2 内相体积分数

内相体积分数较大时，乳状液黏度主要取决于内相体积分数。随着内相体积分数增大，分散相液滴相互作用增加，导致乳状液表观黏度增大，非牛顿性增强。

10.4.3　分散相液滴大小及分布

由于通常采用液滴破碎的方式制备乳状液,用这种方法得到单分散液滴的样品是很困难的。因此,研究中不一定能分清液滴的大小和大小分布的影响。通常是分散相液滴的直径越小,分布越均匀,乳状液表观黏度越大,非牛顿性越强。这是因为,液滴直径变小后,界面膜面积增大,单位体积内的液滴数目增多,液滴间接触点增多,相互摩擦作用增强。在乳状液制造过程中,强烈的混合促使液滴细小和分散均匀,增加输入的能量必然促进黏度增大。

10.4.4　内相黏度

关于内相黏度的影响,一般认为是液滴内的液体环流造成的。内相黏度高时乳状液黏度增高。当考虑分散相为可变形球时,如通过泵或在铺展的过程中,液滴内部的液体也流动,以类似于坦克履带的方式滚动。尽管没有刚性颗粒对流动扰动那么大,这种循环也可以造成悬浮液额外的能量耗损。从图 10.1 可以观察到流线上的差别,较高的黏度比 k(液滴液体的黏度与分散介质的黏度之比),流线变形越大。当液滴黏度趋于极限时,则接近于刚性球。

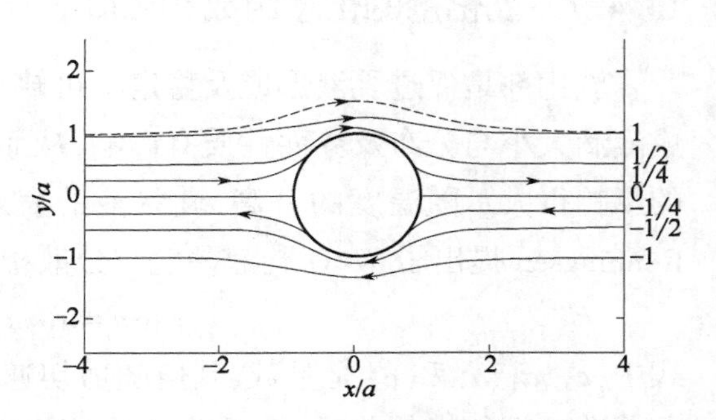

图 10.1　剪切流中液滴外部的流线

图中 a 为球形液滴的半径;实线表示 $k=0$(气泡),虚线表示 $k=\infty$(刚性球);对于气泡,流动受扰动较小

10.4.5　电黏效应

当液滴带电的乳状液受到剪切时,需要克服液滴表面电荷与周围双电层内反离子的相互作用,这就导致额外的能量损失,表现为黏度增大,即电黏效应。此外,带电液滴吸引反离子和极性分子,使内相有效体积增大,移动时阻力增大,也表现为黏度上升。

10.4.6　界面膜性质

界面膜性质(如界面膜强度、界面膜黏度等)对体系黏度的影响远比内相性质的影响大。界面膜性质与乳化剂和浓度性质有关。乳化剂性质对乳状液流变性的影响主要包括界面流变性质,油水相中的分配,对内外相之间的分散程度,油、水相液体中胶束的形成及其增溶作用等方面。Oldroyd 同时考虑内相黏度和界面的影响后,得到

$$\eta=\eta_s(1+z\phi)$$

其中

$$z=\frac{5\eta_d+2\eta_s+\eta_i/D}{2[\eta_d+\eta_s+\eta_i/(5D)]}$$

$$\eta_i=2\eta_{si}+3\eta_{ei}$$

式中　η——乳状液黏度;

η_s——球周围液体的黏度；

ϕ——液滴体积分数；

η_d——液滴黏度；

D——液滴平均直径；

η_i——界面黏度；

η_{si}——界面剪切黏度；

η_{ei}——界面拉伸黏度。

10.4.7 乳化剂的化学组成和浓度。

乳化剂是促进乳液形成及稳定不可缺少的组成部分。因此，其化学组成和浓度对形成液滴大小与分布及界面性质有影响，从而影响乳状液的流变性。温度对乳状液流变性的影响很大。随温度的升高，乳状液的表观黏度减少，并由非牛顿流体转业牛顿流体。Ronningsen 提出了 W/O 乳液黏度与分散相体积分数和温度的函数关系如下：

$$\ln\eta = a_1 + a_2 T + a_3\phi + a_4 T\phi \tag{10.4}$$

式中，a_1、a_2、a_3 和 a_4 是常数，其值随剪切速率变化。这种相关性是基于黏度和分散相体积分数之间的指数关系，并通过分析不同温度和剪切速率下的实验数据获得的。

对于原油及其馏分，通常应用 ASTM（美国材料与试验协会）运动黏度随温度变化的方程：

$$\ln\ln Z = A - B\ln T \tag{10.5}$$

式中 A 和 B——特定乳液的常数；

T——热力学温度；

Z——运动黏度。

当乳状液的黏度 η 大于 2.0cSt 时，$Z=\eta+0.7$。

ASTM 方法在石油工业中被广泛接受。然而，它的使用仅限于原油及其馏分。

假设 ASTM 方程（10.5）中的常数 A 和 B 的值与分散相体积分数呈线性关系：

$$A = k_1 + k_2(\phi) \tag{10.6}$$

$$B = k_3 + k_4(\phi) \tag{10.7}$$

并将式（10.6）和式（10.7）代入式（10.5）后可得

$$\ln\ln(\eta+0.7) = k_1 + k_2(\phi) + k_3\ln T + k_4(\phi)\ln T \tag{10.8}$$

对于固定的剪切速率，方程（10.8）允许预测原油包水乳液在任何温度和不同水体积分数下的黏度。

10.5 稀乳状液的流变性

稀乳状液或低浓度（体积分数 $\phi<0.5$）的乳状液通常表现出牛顿流体特性。乳状液的浓度通常用分散相的体积分数来表示。稀乳状液有很多应用，如配制成的农药乳

状液、低含水阶段原油采出液、牛奶以及人的乳汁等。乳状液黏度测试可以采用旋转黏度计、落球式黏度计或毛管黏度计。一些研究学者测试了具有不同浓度的乳状液在等温条件下剪切应力与剪切速率的关系，发现 $\phi<0.5$ 的 O/W 乳状液呈现牛顿流体行为，而 $\phi>0.5$ 或更高浓度时呈现非牛顿行为。以下汇总了研究者给出一些牛顿乳状液的黏度表达式。

当内相体积分数不大时，乳状液黏度主要取决于外相黏度。Einstein 公式给出一种球形刚性粒子在牛顿液体中的分散体系，只适用于内相体积分数足够小($\phi<0.02$)的体系中，用于其他内相体积分数乳状液存在一定误差，其表达式为

$$\eta=\eta_s\left(1+\frac{5}{2}\phi\right) \tag{10.9}$$

式中　η——乳状液黏度；

η_s——球周围液体的黏度；

ϕ——液滴体积分数。

式(10.9)的假设条件如式(7.1)。

Miller 和 Mann 给出了 O/W 和低浓度的 W/O 型牛顿型乳状液的黏度公式：

$$\eta=\eta_s^{\phi_s}\cdot\eta_d^{\phi} \tag{10.10}$$

式中　η_s——外相黏度或周围流体的黏度；

η_d——内相黏度或液滴液体的黏度；

ϕ——内相体积分数；

ϕ_s——外相体积分数。

Vermeulen 应用于(O/W 和 W/O 型)乳状液的黏度公式为

$$\eta=\frac{\eta_s}{1-\phi}[1+1.5\phi\eta_d/(\eta_s+\eta_d)] \tag{10.11}$$

Guth 和 Sinha 应用于低浓度的 O/W 型乳状液($\phi<0.06$)的黏度公式：

$$\eta=\eta_s(1+2.5\phi+14.1\phi^2) \tag{10.12}$$

Charason 应用于低浓度的 O/W 型乳状液的黏度公式：

$$\eta=\eta_s\exp(j\phi) \tag{10.13}$$

式中，j 为常数，$6.6\leqslant j\leqslant 8$。由于乳状液黏度测量条件性很强，所以不同的研究者、不同体系得出的 j 值有很大的差别。

Sherman 考虑了乳化剂浓度的影响，得到黏度公式：

$$\eta=\eta_s(M_4\theta_{em}+M_5) \tag{10.14}$$

式中　M_4、M_5——常数；

θ_{em}——乳化剂的浓度分数。

Smoluchowski 给出了多孔介质中稀乳状液的黏度公式，该方程能解释电黏性效应及颗粒直径的影响：

$$\eta=\eta_s\left[1+2.5\phi\left(1+\left(\frac{\epsilon\zeta}{2\pi}\right)^2/\eta_s KD_p^2\right)\right] \tag{10.15}$$

式中　ϵ——分散介质的介电常数；

ζ——带电颗粒的电动电势；

K——多孔介质的渗透率；

D_p——颗粒或液滴的直径。

Taylor 根据流体力学原理研究乳液，提出的黏度公式也适用于稀释溶液和球形液滴。这种关系类似于 Einstein 的关系，只是它引入了两相黏度的影响，大多数现有黏度模型基于称为相对黏度(η_r)：

$$\eta_r = 1+[2.5(k+0.4)/(k+1)]\phi \tag{10.16}$$

其中

$$\eta_r = \eta/\eta_s \tag{10.17}$$

$$k = \eta_d/\eta_s \tag{10.18}$$

式中　η_r——相对度，定义为乳状液和连续相黏度之间的比值；

k——分散相和连续相黏度之比。

Taylor 的模型及以上黏度公式没有考虑液滴的变形和它们之间的相互作用。

尽管有关乳状液表观黏度的公式很多，但实际计算中用得较多的是 Richardon 公式(10.13)。

10.6　浓乳状液的流变性

浓乳状液涵盖了很宽的中等浓度范围，其下限是稀乳状液的极限，即黏度与浓度不再是线性关系的(忽略液滴内部的作用)，上限是液滴呈球形紧密充填时的浓度，增加一个液滴也会改变球形充填的结构。实际上，这也是浓悬浮液的浓度范围，该范围起于存在任何颗粒间的相互作用的最低浓度，止于最紧密的充填状态所对应的浓度。

10.6.1　非牛顿黏性

图 10.2 给出了液滴平均直径为 4.6μm 不同浓度乳状液的流动曲线。可以看出，随着乳状液浓度(内相体积分数 ϕ)的增加，乳状液由牛顿流体变为非牛顿流体。如图 10.2 所

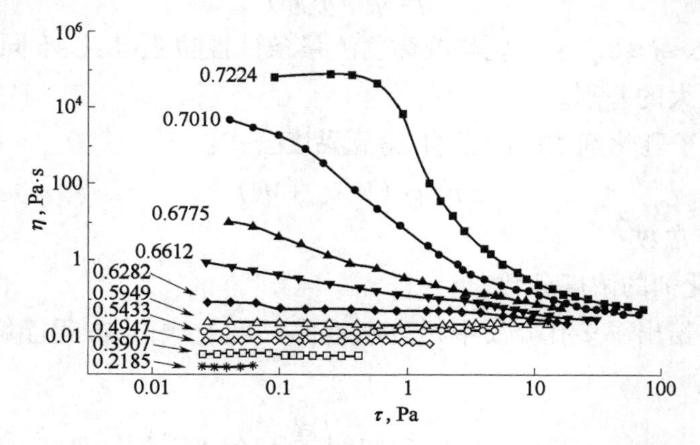

图 10.2　不同浓度 O/W 型乳状液(液滴平均直径为 4.6μm)的流动曲线

示，增加乳状液的液滴浓度，不仅增加低剪切速率时的黏度，而且具有明显的非牛顿效应，剪切黏度明显依赖于剪切应力。此外，出现非牛顿黏性时浓度总体上接近于中等浓度范围。

10.6.2 屈服应力

图 10.3 为当浓度接近于浓乳状液的上限，即接近于球形液滴最紧密填充，此时可以观察到乳状液流变性在很窄的浓度范围内发生急剧的变化。如图 10.2 和 10.3 所示，当接近高浓度上限和最紧密填充的转变区，乳状液流变性发生显著改变。牛顿黏性流被黏塑行为取代，视黏度在很窄的应力范围，阶跃式下降。在某些剪切应力时黏度的阶跃变化反映出结构的破坏，所对应的应力可视为屈服应力。当乳状液浓度进一步增加至高浓范围，即所谓“压缩”乳状液，屈服应力的存在变得更加显著。浓度的增加同时也增加了液滴尺寸对乳状液流变性的影响。液滴尺寸影响体积与面积比。增加直径导致液滴内部的流动更显著。当接近中等浓度的上限时这一现象才会变得更加重要。图 10.4 说明了这种影响。实验数据显示，在低浓度范围内，乳状液黏度与粒径无关，但当 ϕ 介于 0.6~0.75 时，液滴的平均尺寸强烈影响黏度。

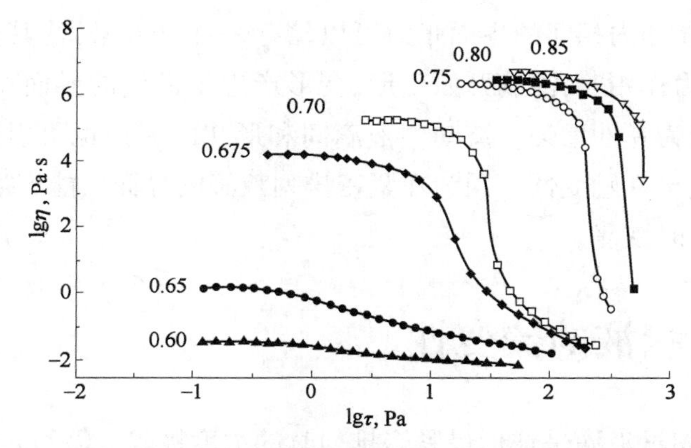

图 10.3　接近浓度极限（球形液滴最紧密填充状态）W/O 型乳状液的流动曲线

水相中含 0.5%NaCl，油相是环甲基硅油

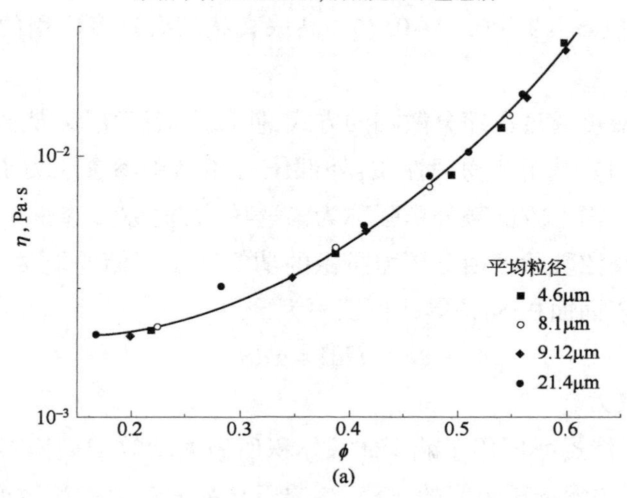

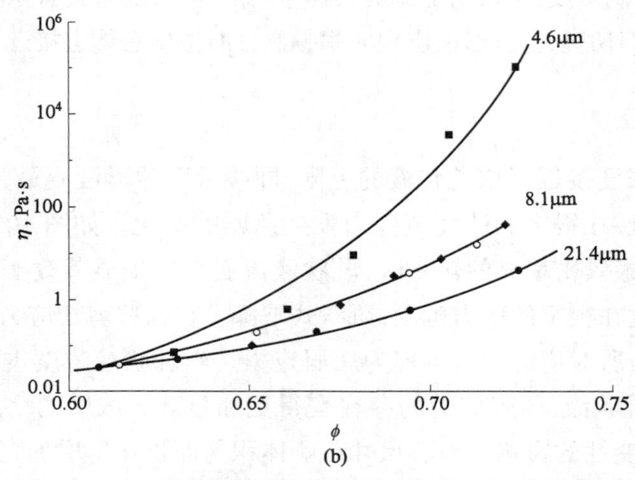

图 10.4　在不同液滴平均径粒径下乳状液对浓度的依赖性

10.6.3　黏弹性和触变性

乳状液中的外相和内相间的界面张力可以储存一部分能量,使其具有黏弹性当乳状液受到外界剪切应力作用时,液滴开始变形,变形产生了额外的界面积,需要消耗更多的功,所以宏观上表现为弹性增强。流动中液滴间和形状的变换也可以形成黏弹效应。对于浓乳状液,还可能出现触变性。因为在紧密排列液滴的界面层能产生某种结构,当发生形变被破坏,在静止时恢复。

10.7　高浓乳状液的流变性

当乳状液浓度超过液滴呈球形最紧密排列时的浓度极限 ϕ^* 后($\phi>\phi^*$),称为高浓乳状液。高浓乳状液是一种黏塑性介质,取决于液滴在空间尺寸分布和排列方式,分散相(液滴)的浓度极限值 ϕ^* 约为 0.71~0.75。高浓乳状液有许多应用的例子,如化妆品、合成洗发精、洗面奶等。

制备高浓乳状液可通过压缩分散相的方式,使球形液滴变形,从而液滴呈紧密充填多边形的形状占据空间。基于此物理性质,外部压力相当于渗透压力 Π(恰好能阻止渗透发生的施加于溶液液面上方的额外压强称为渗透压力,简称渗透压),作用在热动力系统的内部。形成这种高浓乳状液由于压力所做的功等同于存储的能量,存储能量由于液滴形状改变而增加了表面面积 S,该等式可以写为

$$-\Pi \mathrm{d}V=\sigma \mathrm{d}S \tag{10.19}$$

式中　σ——界面张力。

式(10.19)说明渗透率压用于减少体系体积所做的功等于表面新增所需的功。将浓度代入此式中,得到的渗透压最终的方程,渗透压是浓度和表面积改变量(由体积减小所

引起的)的函数:

$$\Pi=\sigma\phi^2\frac{\mathrm{d}(S/V)}{\mathrm{d}\phi}$$

储存的表面能作为一个整体体系(高浓乳状液)弹性的来源,这在剪切形变中可以观察到。实验方面的证明来自剪切弹性模量 G 对浓度依赖性与渗透压 Π 对浓度依赖性两者密切的相关关系(图 10.5)。

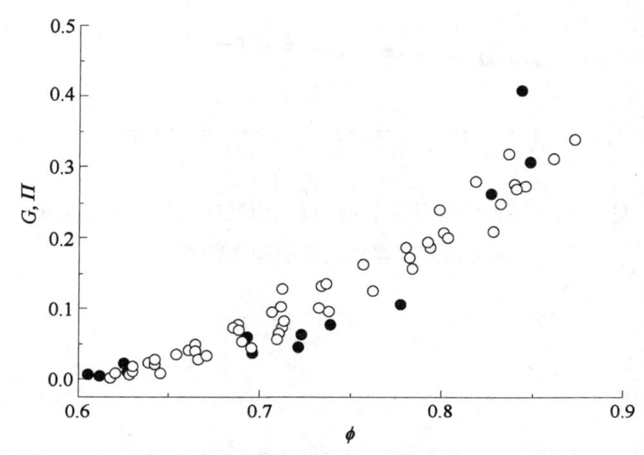

图 10.5　高浓乳液弹性模量 G(空心)和渗透压力 Π(实心)

图 10.6 为乳状液浓度由稀($\phi\ll1$)到高($\phi>\phi^*$),流变性的一般变化趋势。当$\phi>\phi^*$,可以观察到乳状液类固体的性质。毫无争议的是高浓乳状液被认为是中等弹性材料,其浓度依赖于弹性模量。图 10.7 给出这方面典型的测量结果,为不同浓度的乳状液(聚二甲基硅氧烷水中形成单分散液滴)弹性模量随频率的变化。可以非常明显地看到,在几个数量级的频率范围内,弹性模量是一个常数。这通常是理想弹性材料典型的性质,弹性模量与频率无关。因此,采用一阶近似,高浓乳状液可视为线性弹性材料,而弹性模量仅在非常高的频率下增加(图 10.8),具有玻璃态的力学过渡,高浓乳状液作为黏弹性材料。

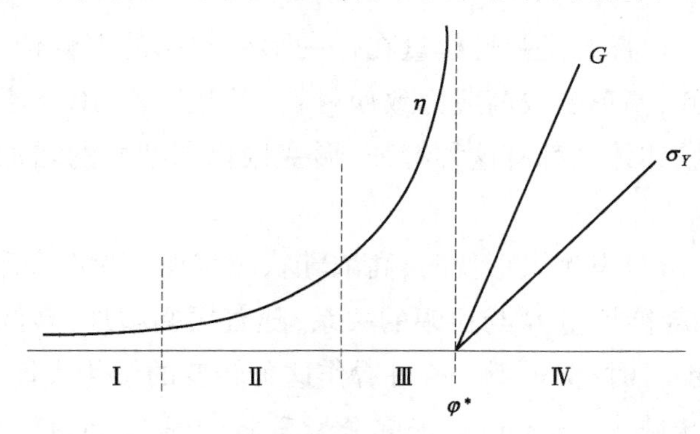

图 10.6　乳状液在整个分散相浓度范围通常的流变性

Ⅰ—稀乳状液区,牛顿流体,黏度等于常数;Ⅱ—中等浓度乳状液,乳状液为液体具有较弱的非牛顿性;
Ⅲ—相对较高浓度乳状液,非牛顿性显著、可能存在触变性和黏弹性;Ⅳ—高浓(压缩的)乳状液,
黏塑性材料具有显著的屈服性和宽频率范围内常剪切模量弹性

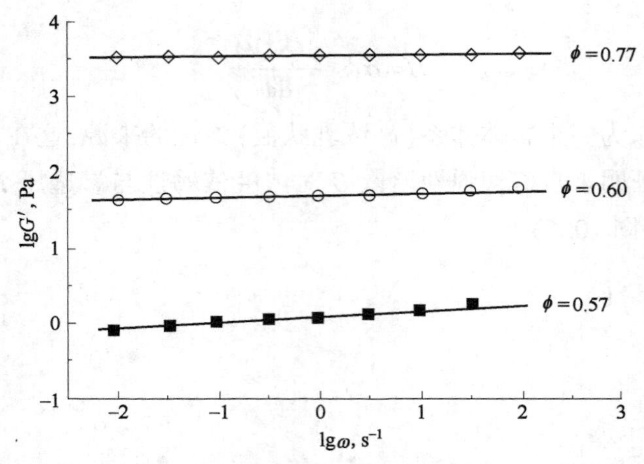

图 10.7　不同浓度的乳状液(聚二甲基硅氧烷水中形成单分散液滴)弹性模量随频率的变化

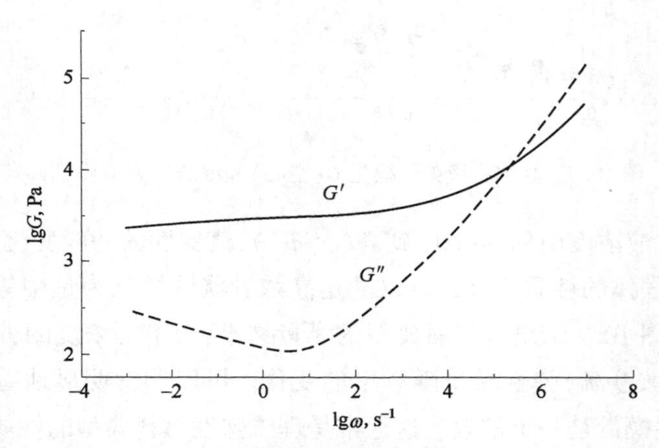

图 10.8　聚二甲基硅氧烷在水中的单分散液滴乳液($\phi=0.98, R=500$nm)动态模量分量与频率的关系

非线性黏弹性的一个标志是弹性模量在任一形变频率的振幅依赖性,由模量随形变振度的增加而下降可知,高形变或高应力致使材料“软化”,图 10.9 给出了这一现象的例子。许多不同结构的胶体体系都有这种特征,形变振幅周期性的增加导致内部结构的破坏和弹性模量的降低。

在振幅范围内,$G'>G''$,发生大形变时,高浓乳状液表现为弹性介质。分析高浓乳状液弹性(储能)模量 G'和耗能模量 G''与振幅的关系,随着振幅增加,高浓乳状液发生固体状向液体状转变,在形变 γ^* 时,$G'=G''$。γ^* 可看作这种转变的量化表征,表示材料结构的破坏点。对于单分散乳状液,$\gamma^*\approx0.1$,对于多分散乳状液,γ^* 非常低,量级为 0.01~0.02。这种结果可能反映出单分散和多分散乳状液的结构特点。大振幅剪切振荡实验可用来探究不同物质的非线性。

此外,在超过某应力阈值,即屈服应力 τ_y,在恒定应力或恒定剪切速率下,高浓乳状

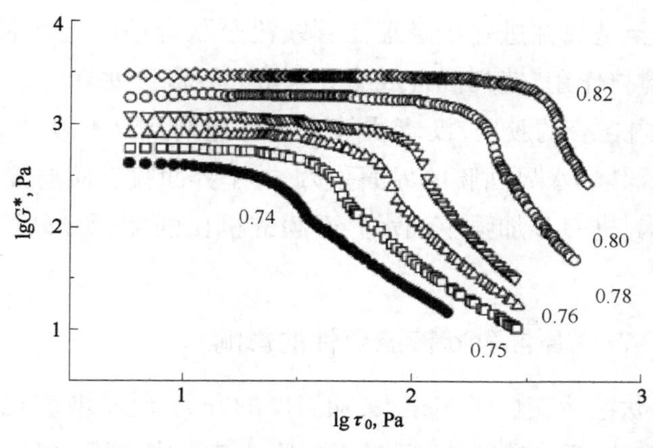

图 10.9　W/O 型高浓乳状液(化妆品级)在大变形振幅时的非线性黏弹性

液可能像其他流体一样表现出强烈的非牛顿性。从高浓度 W/O 型乳状液(用作液体炸药)典型完整的流动曲线(图 10.10)可以看出,即使分散相浓度稍有增长,屈服应力也会显著增加。低于屈服应力($\tau_y<\tau$),高浓乳状液不可能流动。实测中也观察到了相反的结果,在振荡实验中随着形变幅度增加,结构形成。这类似于反触变性,随形变速率增加,黏度增加。

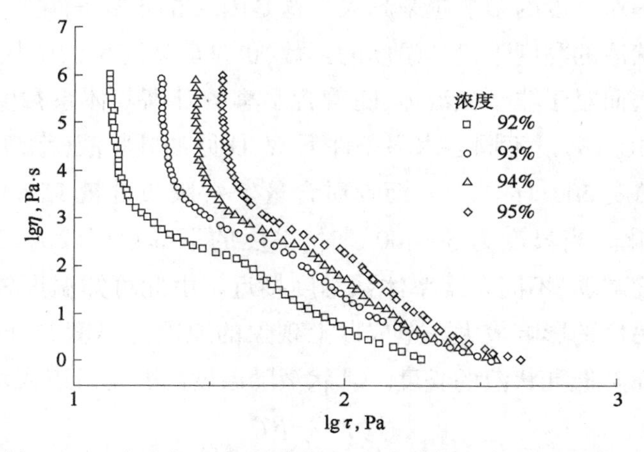

图 10.10　高浓度 W/O 型乳状液(用作液体炸药)的流动曲线

分散介质浓度不同;用来解释存在屈服应力

10.8　原油乳状液的流变性

在石油开采程中,采出液中很多是 W/O 型乳状液;而降黏过程中应用的是 O/W 型乳状液。

10.8.1　W/O 型原油乳状液的流变性

W/O 型原油乳状液大量形成于原油开采和油气集输过程中,以及油田在注水或注入聚合物的溶液等过程中。随着含水率的升高,原油与水通过多孔介质的剪切作用,形成乳状液;油水在从井底至地面并进一步经集输管线流至联合站的流动过程中,经过油嘴、管道、阀门、机泵时的搅拌作用,使其混合成为乳状液。除高含水期外,一般地采出液中绝大多数为 W/O。原油内含有的胶质、沥青质等天然乳化剂及具有乳化效果的人工添加剂,能通过化学作用降低其油水界面膜的界面张力,并于界面膜表面连接蜡晶,从而形成稳固的三维立体网状结构,进一步加强了油水界面膜的机械强度,所形成 W/O 型含蜡原油乳状液比较稳定。

10.8.1.1 温度对 W/O 原油乳状液流变性的影响

温度对 W/O 乳状液流变性影响很大,随温度的升高,乳状液表观黏度下降,并由非牛顿流体转变为牛顿流体(图 10.11)。但对不同原油甚至同一原油在不同含水体积分数的条件下,乳状液由非牛顿流体转变为牛顿流体的临界温度不同。图 10.12 给出不同剪切速率下 W/O 原油乳状液(渤海某平台脱气原油样品 2,65℃下黏度 750mPa·s,沥青质含量 7%,胶质含量 9%)黏度随温度变化。随温度的增加呈现非牛顿向牛顿流体的转变。随着温度的升高,剪切速率对黏度的影响逐渐减小,即原油乳状液的流变特性越来越接近牛顿流体,在温度大于 60℃以后,各剪切速率下的黏度值逐渐趋于相等。同时,随着含水率的上升,剪切速率对黏度的影响越来越大。这是因为在低温条件下,由于蜡晶的增多和聚集,使得原油乳状液的黏度不仅是温度的函数,也是剪切速率的函数,因此,原油乳状液有较强的非牛顿性,而对于非牛顿流体,随着含水率的升高其体系黏度越高,受剪切速率的影响也越大(图 10.13)。不同含水率条件下 W/O 原油乳状液(渤海油田某平台脱气原油样品 1,65℃下黏度 500.1mPa·s,沥青质含量 5%,胶质含量 15%)黏度(剪切速率为 $7.34s^{-1}$)随温度变化。当温度为 50~60℃时,黏度的下降幅度较大;当温度为 60~70℃时,黏度的下降幅度减弱,不同含水率体系黏度接近。由此可知温度较低时,黏度对温度较为敏感,温度对黏度的影响较大。造成以上现象的原因是温度的升高降低了油水乳状液外相的黏度,从而降低乳状液的黏度。乳状液随温度的变化可以表示为

$$\lg\eta = A - BT$$

式中 η——乳状液黏度;

T——温度;

A,B——常数,$B>0$。

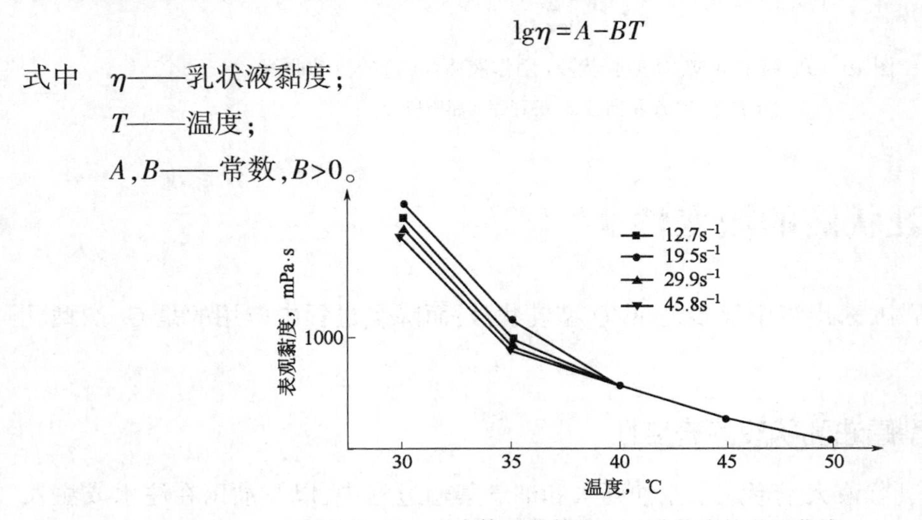

图 10.11 含水体积分数为 35%乳状液的黏温曲线

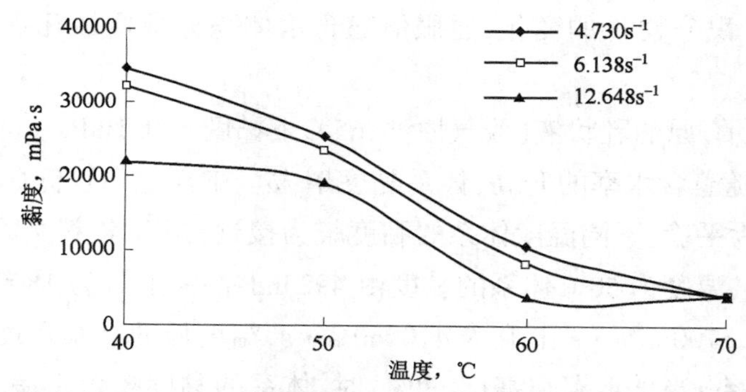

图 10.12 含水率为 60%原油乳状液黏度与温度关系曲线(渤海油田某平台原油样品 2)

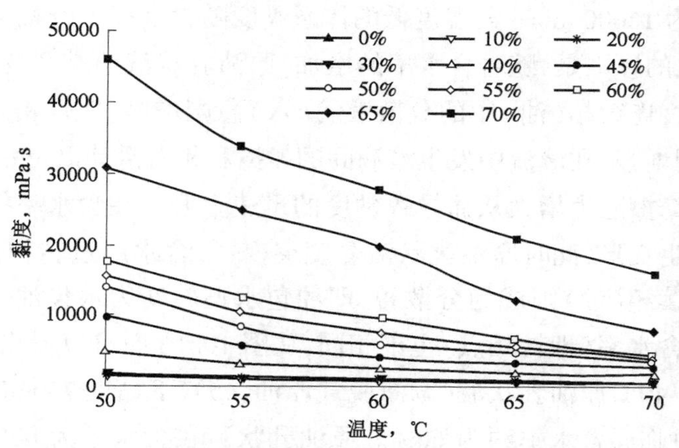

图 10.13 乳状液黏度随温度的变化曲线(渤海油田某平台原油样品 1)

10.8.1.2 含水率对原油乳状液流变性的影响

对于有些 W/O 型乳状液,在较低的含水体积分数 ϕ 时,具有黏塑性。随着含水体积 ϕ 增大,乳状液表观黏度升高,屈服值增大。图 10.14 为某含蜡原油 W/O 型乳状液

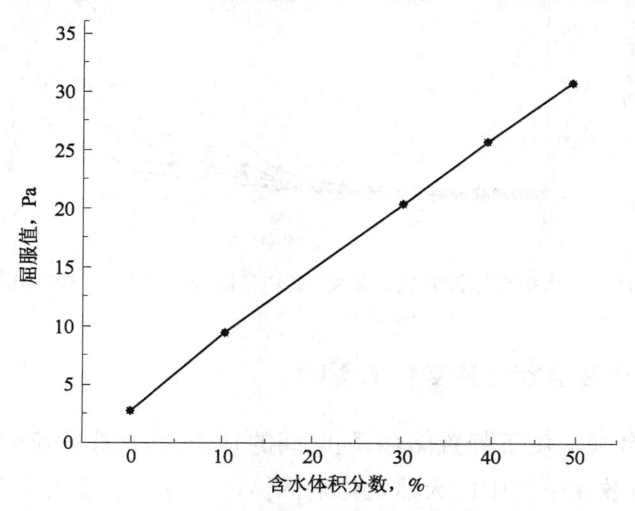

图 10.14 含蜡原油乳状液屈服值随含水体积分数的变化

的屈服值随含水体积分数 ϕ 的变化，屈服值随含水体积分数增加几乎是呈线性规律增大的。

如图 10.15 所示，原油乳状液（脱气原油，65℃下黏度 500.1mPa · s，沥青质含量 5%，胶质含量 15%）。随着含水率的升高，体系黏度增大。在含水率较低（<40%）时，体系的黏度变化不大，较为平稳，不同温度体系的黏度较为接近；当含水率较高（40%～60%）时，体系黏度迅速上升，温度为 50℃体系的黏度由 4925mPa · s 上升为 18000mPa · s，温度为 70℃体系的黏度由 1700mPa · s 上升为 4100mPa · s，温度低的体系黏度随含水率上升幅度大于温度高的体系；当含水率很高（>60%）时，体系的黏度随含水率上升急速上升，温度为 50℃体系的黏度由 18000mPa · s 上升为 46000mPa · s，温度为 70℃体系的黏度由 4100mPa · s 上升为 16000mPa · s，温度低的体系黏度随含水率上升幅度小于温度高的体系。产生这种变化的原因是，随着含水率的增加，原油乳状液的黏度变化不大；当含水率增大到一定程度时，连续相（油）中的分散液滴（水）急剧增多，使得相间的表面增大。由于液滴的相互作用增强，在液流中发生液滴间的碰撞和相对滑动以及相间表面能的作用，内相体积增加，内摩擦阻力增大从而导致黏度的迅速上升。在含水率接近临界值情况下发生转相，液滴发生变形，此时原油乳状液黏度突变；但含水超过转相点时，分散相（水）成为连续相，而连续相（油）则成为分散相，即油包水型转变为水包油型乳状液。原油的组分不同，其临界含水率（即转相点）也不相同，从图 10.16 中可以看出，渤海油样的临界含水率约为 70%。40℃原油乳状液（渤海脱气原油，65℃下黏度 750mPa · s，沥青质含量 7%，胶质含量 9%）临界含水率约为 60%。原油乳状液在含水率为 60%出现了明显的转相点，此时黏度达到最高，含水率为 60%时乳状液由 W/O 型变为 O/W 型，黏度迅速下降。

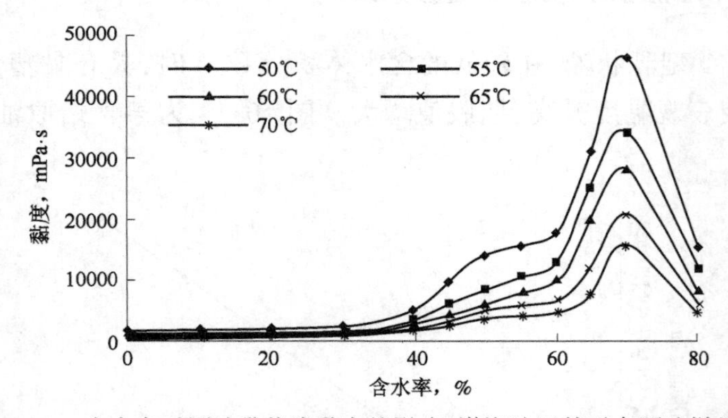

图 10.15 含水率对原油乳状液黏度的影响（渤海油田某平台原油样品 1）

10.8.1.3 老化对原油乳状液流变性的影响

新鲜乳状液在环境温度下静置储存，随时间的延长，乳状液的流变性会有所变化。这主要是因为：一是分散在原油中的天然乳化剂固体颗粒、胶质、沥青质等以胶体形式存在，它们在游山玩水不界面吸附并构成致密薄膜需要一定时间，因此，随时间推移，界面膜强

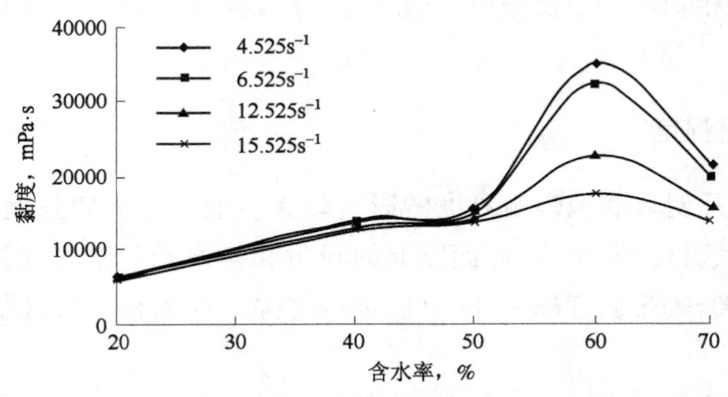

图 10.16　40℃时不同剪切速率对原油乳状液黏度影响(渤海油田某平台原油样品)

度增大,水化作用增强,从而表观黏度上升;二是由于大小液滴的化学势不同,导致乳状液液滴直径有自动增大的趋,又导致乳状液表面黏度减小。这两种作用是相反的,可能其中一种作用占主导。如采用胜利油田原油配制 W/O 型乳状液进行老化实验,静置 24h 后,乳状液的表观黏度上升(图 10.17)。

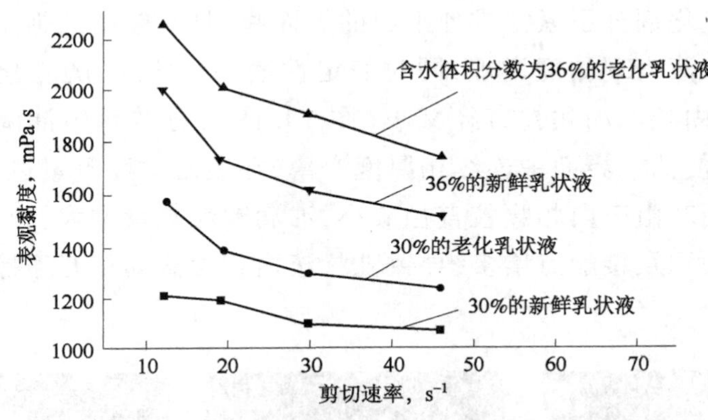

图 10.17　W/O 型乳状液老化前后表观黏度的变化

10.8.2　O/W 型原油乳状液的流变性

表面活性剂水溶液与原油形成的 O/W 型乳状液的黏度一般都很小,因为乳状液的黏度主要取决于外相。大多数 O/W 型乳状液都属于牛顿流体,少数属于非牛顿流体,主要为假塑性流体,也有部分用胀流型和触变性流体。由于原油组成及其性质的复杂性以及水相中不同粒子的影响,而且乳化剂类型及其浓度对乳状液的黏度也有重要的影响,使得稠油乳状液的影响因素众多,导致还没有一个完善的理论来解释 O/W 型乳状液的黏度。所以有关乳状液黏度的公式都是由实验结果得到的经验公式。但是这些经验公式大多不能反映原油种类、乳化剂性质和浓度、水相含量及形成乳状液条件的影响,而恰恰是这些因素对乳状液黏度的影响很大,甚至可改变其流型。理论上讲,影响 O/W 型乳状液流变性的因素和 W/O 型乳状液流变性的因素基本是一致的。但以降黏为目的或以驱油为目的,形成 O/W 型乳状液是人为添加乳化剂,并通过一定的制备条件制成的,除受连续相黏度、内相浓度、分散相颗粒大小及分布、电黏效应等因素影响以外,还需要特别注意以下几个方面。

10.8.2.1 界面膜强度

油水界面膜性质对乳状液表观黏度的影响较大。油水界面膜强度与原油的种类、乳化剂性质及其浓度、乳化剂分子在界面膜上的吸附和排列的紧密程度等有关。一般情况下,界面膜强度越大,表观黏度越大,同时稳定性越强。这也是导致乳状液老化时表观黏度增大的原因。

10.8.2.2 乳化剂结构、性质及其浓度

形成界面膜的乳化剂的结构、性质和浓度对界面膜的性质具有十分重要的影响。一股情况下,混合物质形成的界面膜比单一物质的紧密。同一类型的乳化剂中直链结构的比带有支链结构的膜紧密。乳化剂浓度较低,在界面上吸附的分子较少,膜中分子排列松散,界面膜的强度较低;当乳化剂浓度增加到一定程度后,界面上就会形成由定向吸附的乳化剂分子紧密排列组成的界面膜,具有较高的强度,可以阻碍液珠的聚并。从而乳状液表现黏度增加,同时稳定性增加。此外,随乳化剂浓度增大,形成 O/W 型乳状液内相油滴颗粒直径减小(图 10.18),分散相中油滴数目增大,油水界面膜面积增大;使油水界面中连续相厚度变薄,在表观黏度测量过程中油滴之间更容易相互接触。同时由于内相颗粒直径减小,油滴颗粒数量增大,根据显微图像可知油滴之间接触的面积及接触点增多,导致乳状液内相液滴间相互摩擦增大,表观黏度增大。

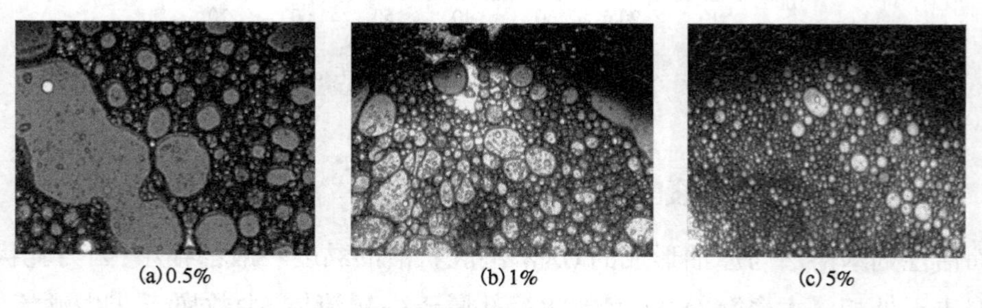

(a)0.5%　(b)1%　(c)5%

图 10.18　不同浓度 OP-10 形成乳状液显微照片

油水比均为 7∶3,搅拌 500r/min,搅拌时间 1min,60℃

图 10.19 为内相体积分数为 30%的 O/W 稠油乳状液在不同乳化剂含量条件下的黏温曲线。可见,当乳化剂含量增大到一定程度后,乳状液转变为非牛顿流体。这种流变性的突变是由于随乳化剂含量增大,界面膜增强,同时分散相油滴直径减小,导致油滴颗粒间相互作用增强,从而增加了流动阻力。

乳化剂的针对较强,对不同原油适应性不同。对于同一原油,不同乳化剂形成 O/W 型乳状液的黏度可以相差很大。如针对胜利油田草桥稠油,不同乳化剂形成乳状液的表

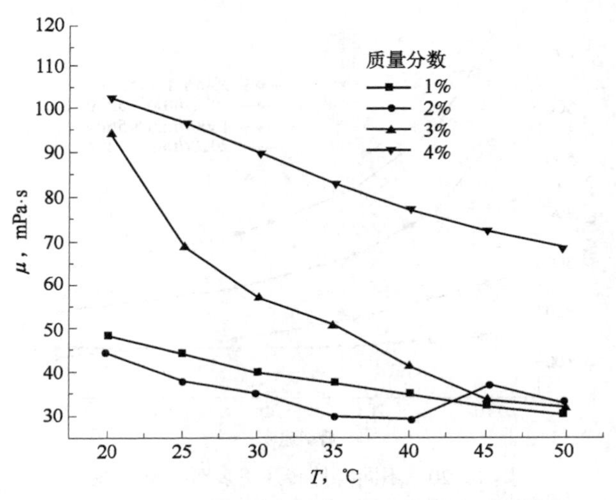

图 10.19　不同乳化剂含量的 O/W 乳状液黏温曲线

观黏度见表 10.4。

表 10.4　不同乳化剂对稠油乳化降黏的影响

乳化剂种类	OP-10	U-01	N-1	石油磺酸盐
60℃表观黏度,mPa·s	48.3	463	582.6	73.1

注:$\phi_{水}=30\%$,乳化剂浓度为 1%。

10.8.2.3　乳化条件

乳化条件包括乳化温度和搅拌强度。乳化温度越低,原油黏度越高,尤其是对于稠油,本身黏度高。在低温条件下不易分散,导致乳化温度较低时,稠油 O/W 型对乳状液中可能存在少量未乳化的油块,从而表观黏度较高。乳化温度越高,稠油乳化时越容易分散,乳状液表观黏度也越小,但如果油滴过于分散,又会使乳状液黏度增大。另外,乳化温度不能超过乳化剂的最高有效使用温度。例如,在乳化降黏中,大多采用非离子乳化剂,当乳化温度高于乳化剂浊点时,就不能形成 O/W 型乳状液。

搅拌强度对乳状液的流变性影响较大。随着搅拌强度增强,乳状液液滴颗粒直径减小,表观黏度增加,非牛顿性增加。但是目前为止,还没有搅拌强度的定量化衡量方法。有学者提出用搅拌输入能量来衡量搅拌强度大小,通过不同转速和不同作用时间下乳状液内相液滴直径的变化来研究搅拌强度的大小。虽然这种方法用一定的指导作用,但研究发现,相同输入功率在不同形状的搅拌叶轮作用下,乳状液的流变性相差很大。同时,搅拌时间大于 5~10min 后,再继续延长搅拌时间对乳状液液滴直径影响不大,流变性基本不变。图 10.20 为不同搅拌转速和搅拌时间条件下制备的内相体积分数为 30%的 O/W 型稠油乳状液的流变曲线。可见搅拌强度越大,制备的乳状液的黏度越大,非牛顿性质越高。

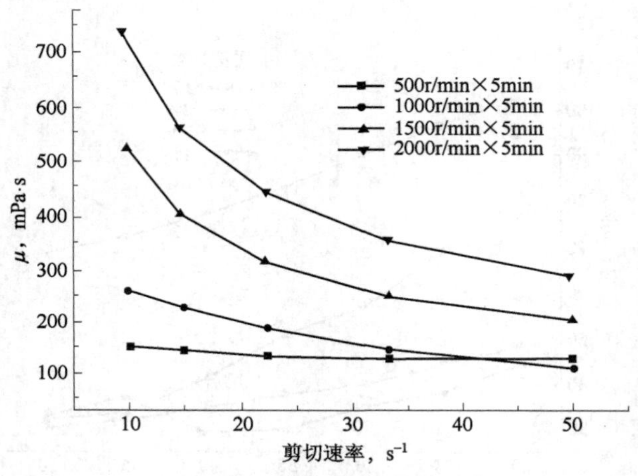

图 10.20　不同搅拌转速下表观黏度曲线

复习思考题

1. 什么是乳状液,乳状液具有哪些类型与特点?

2. 简述乳状液的转相和破乳

3. 乳化剂主要有哪些类型?

4. 影响乳状液流变性因素有哪些,各因素对流变性如何影响?

5. 给出一种描述稀乳状液黏度的经验公式。

6. 浓乳状液的浓度边界是如何定义的,具有哪些流变性,为什么?

7. 高浓乳状液储能模量随形变振幅如何变化,为什么?

8. 原油开采过程中,乳状液的主要类型是什么? 各因素对流变性有何影响?

9. 稠油降黏输运中的存在的乳状液类型是哪种? 乳状液降黏效果受哪些因素的影响?

参考文献

曹宝格,2006. 驱油用疏水缔合聚合物溶液的流变性及黏弹性实验研究. 成都:西南石油大学.

曹宝格,戴茜,陈定朝,等,2007. 疏水缔合聚合物溶液的抗剪切机理研究. 钻采工艺,30(3):121-124.

陈大均,陈馥,2006. 油气田应用化学. 北京:石油工业出版社.

陈文芳,1984. 非牛顿流体力学. 北京:科学出版社.

耿宏章,秦积舜,周开学,等,2003. 含水率对原油影响的实验研究含水率对原油黏度影响的实验研究. 油气田地面工程,22(2):68-69.

郭刚,2007. 稠油乳化降黏及破乳研究. 东营:中国石油大学(华东).

侯磊,张劲军,2007. 含蜡原油屈服特性的试验研究. 石油天然气学报(6):99-102,172.

江体乾,2004. 化工流变学. 上海:华东理工大学出版社.

赖 W M,鲁宾 D,克莱勃 E,1985. 连续介质力学引论. 康振黄,等译. 成都:四川科学技术出版社.

李传宪,2007. 原油流变学. 东营:中国石油大学出版社.

李明远,吴肇亮,2009. 石油乳状液. 北京:科学出版社.

李书田,石林,2002. 地球摩擦流变学. 武汉:中国地质大学出版社.

马爱洁,杨晶,陈卫星,2018. 聚合物流变学基础. 北京:化学工业出版社.

马自俊,2006. 乳状液与含油污水处理技术. 北京:中国石化出版社.

米卡尔 J 埃克诺米德斯,肯尼斯 G 诺尔特,2002. 油藏增产措施. 3 版. 张保平,等译. 北京:石油工业出版社.

沈仲棠,刘鹤年,1989. 非牛顿流体力学及其应力. 北京:高等教育出版社.

孙志铭,1985. 物理中的张量. 北京:北京师范大学出版社.

魏举鹏,2005. 疏水缔合聚合物室内研究与现场应用. 南充:西南石油学院.

夏惠芬,2002. 黏弹性聚合物溶液的渗流理论及其应用. 北京:石油工业出版社.

徐佩弦,2003. 高聚物流变学及其应用. 北京:化学工业出版社.

徐绍良,岳湘安,侯吉瑞,2007. 去离子水在微圆管中流动特性的实验研究. 科学通报,52(1):120-124.

许元泽,1988. 高分子结构流变学. 成都:四川教育出版社.

阎超,钱翼稷,连祺祥,2005. 黏性流体力学. 北京:北京航空航天大学出版社.

杨怀军,2005. 缔合聚合物结构溶液驱油有效性研究. 南充:西南石油学院.

于宝新,陈刚,2005. 油田聚合物驱油知识:岗位员工基础问答. 北京:石油工业出版社.

岳湘安,1996. 非牛顿流体力学原理及应用. 北京:石油工业出版社.

Barbara V F, Derek B, Allison H, et al, 2020. Nanodiamond-stabilized Pickering emulsions: Microstructure and rheology. Journal of Colloid and Interface Science, 580: 180-191.

Barnes H A, Hutton J F, Walters K, 1989. An Introduction to Rheology. Netherlands: Elservier Science Publishers.

Choi S J, Schowater W R, 1975. Rheological properties of non-dilute suspensions of deformable particles. Physics of Fluids, 18: 420-427.

Christopher W M, 1994. Rheology Principles, Measurements and Application. Berlin: VCH publisher, Inc.

Czarnecki J, 2009. Stabilization of water in crude oil emulision: part 2. Energy & Fuels, 23 (3): 1253-1257.

Dicharry C, Arla D, Sinquin A, et al, 2006. Stability of water/crude oil emulisions based Donald N S, 1991. Polymers as Rheology Modifiers (Acs Symposium Series). American Chemical Society.

Dullien F A, 2001. 现代渗流物理学. 范玉平, 等译. 北京: 石油工业出版社.

Fingas M, Fieldhouse B, 2009. Studies on crude oil and petroleum product emulsions: Water resolution and rheology. Colloids and Surfaces. Physicochemical and Engineering Aspects, 333: 67-81.

Fridtjov I, 2013. Rheology and Non-Newtonian Fluids. Berlin: Springer International Publishing.

Gebhard S, 1998. 实用流变测量学. 李晓晖, 译. 北京: 石油工业出版社.

Juntarasakul O, Maneeintr K, 2018. Evaluation of stability and viscosity measurement of emulsion from oil from production in northern oilfield in Tailand [J]. IOP Confeerce Series: arth and Environmental Scierce, 140: 12-24.

Oliveira R C G, Gonçalves M A L, 2005. Rheology-Theory vs Field Observation, Houston: the 2005 Offshore Technology Conference.

Pal R, 1998. A novel method to correlate emulsion viscosity data. Colloids and Surfaces. Physicochemical and Engineering Aspects, 137: 275-286.

Pal R, 2001. Evaluation of theorical viscosity models for concentrated emulsions at low capillary numbers. Chemical Engineering Journal, 81: 15-21.

Phan-Thien N, Pham D C, 1997. Differential multiphase models for poly-dispersed suspensions and particulate solids. Journal of Non-Newtonian Fluid Mechanics, 72: 305-318.

Roger I Tanner, 1985. Engineering Rheology. Oxford: Oxford University Press.

Sorbie K S, Phil D, 1991. Polymer-Improved Oil Recovery. London: Blackie and Son Ltd.

Sorbie K S, 2000. Polymer-improved oil Recovery. USA and Canada: CRC Press.

Svetlana R D, 2009. Rheology of emulsions. Advances in Colloid and Interface Science, 151: 1-23.

Tim O, Natalie R, 2015. Polymer Rheology Fundamentals and Applications. Cincinnati: Hanser Publications.

van Wazer J R, Lyons J W, Kim R E, 1963. Viscosity and flow measurement: A laboratory Handbook of Rheology. New York: Interscience, Inc.

Woelflin W, 1942. The Viscosity of Crude - Oil Emulsions. Drilling and Production Practice:

148-53.

Yaron I, Gal-Or B, 1972. Viscous flow and effective viscosity of concentrated suspensions and emulsions. Rheologica Acta, 11: 241-252.

Yasushi S, Clive A Prestidge, Roger G Horn, 2007. Effects of droplet deformability on emulsion rheology. Colloids and Surfaces A: Physicochem. Engineering. Aspects, 299: 65-72.

推荐书目

书号	书名	作者
ISBN 978-7-5021-9690-5	石油工程非牛顿流体力学	杨树人、崔海清
ISBN 978-7-5183-3947-1	工程流体力学(第二版)	马贵阳
ISBN 978-7-5183-0643-5	工程流体力学	陈小榆
ISBN 978-7-5183-1878-0	工程流体力学学习指南	陈小榆
ISBN 978-7-5183-1208-5	渗流力学(第四版)	翟云芳
ISBN 978-7-5183-0980-1	地下油气渗流力学(第二版)	李晓平
ISBN 978-7-5021-8091-1	石油工程(第二版)	陈涛平
ISBN 978-7-5021-7486-6	油藏工程基础(第二版)	刘德华、唐洪俊
ISBN 978-7-5021-6490-4	石油工程概论	孙艾茵、刘蜀知、刘绘新
ISBN 978-7-5021-5482-0	石油工程专业英语	陈铁龙、孙艾茵
ISBN 978-7-5021-5452-3	岩石力学与石油工程	楼一珊、金业权
ISBN 978-7-5021-0278-4	工程流体力学	袁恩熙
ISBN 978-7-5183-2898-7	石油工程专业思政案例(富媒体)	张继红、成庆林、冯福平
ISBN 978-7-5183-2183-4	海洋油气工程专业英语(富媒体)	李睿、杨二龙、李吉
ISBN 978-7-5183-1733-2	油藏工程原理(第三版)	李传亮